新版

管理类
数学
复习全书

主编：徐婕

副主编：李柱

编委会：万学海文考试研究中心

中国政法大学出版社

2024·北京

声　明　　1. 版权所有，侵权必究。

　　　　　　2. 如有缺页、倒装问题，由出版社负责退换。

图书在版编目（CIP）数据

管理类数学复习全书/徐婕主编.—北京：中国政法大学出版社，2024.1
ISBN 978-7-5764-1311-3

Ⅰ.①管… Ⅱ.①徐… Ⅲ.①高等数学－研究生－入学考试－自学参考资料 Ⅳ.①O13

中国国家版本馆CIP数据核字(2024)第033012号

出　版　者	中国政法大学出版社	
地　　　址	北京市海淀区西土城路25号	
邮寄地址	北京100088 信箱8034分箱　邮编100088	
网　　　址	http://www.cuplpress.com（网络实名：中国政法大学出版社）	
电　　　话	010-58908285(总编室) 58908433（编辑部）58908334(邮购部)	
承　　　印	河北鹏远艺兴科技有限公司	
开　　　本	787mm×1092mm　1/16	
印　　　张	20	
字　　　数	251千字	
版　　　次	2024年1月第1版	
印　　　次	2024年1月第1次印刷	
定　　　价	59.80元	

丛 书 序

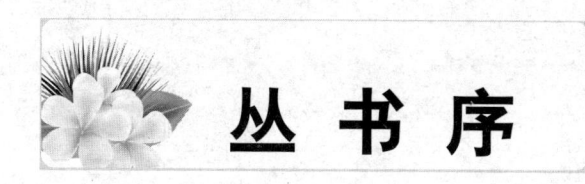

本丛书为参加管理类综合能力考试、经济类综合能力考试的考生设计,是报考管理类、经济类专业学位硕士考生的必备应试教材。本套丛书由经管类综合能力考试命题研究中心成员、资深命题专家和辅导教师联合编写,包括逻辑写作系列丛书和经管类数学系列丛书。

本丛书具有如下特点:

一、严格根据专业学位硕士考试大纲和真题命题规律编写

本套丛书完全根据《管理类专业学位(199科目)综合能力考试大纲》《经济类专业学位(396科目)综合能力测试考试大纲》进行编写,并对经管类综合能力考试的历年真题进行深度分类解析,形成完整、有效、易理解的应试书籍。丛书通过"知识点——经典例题——巩固习题——真题——模拟题"的方式,帮助考生充分理解和掌握所有考点,并能准确判断高频考点,以获得高分。

二、权威而富于教学经验的经管类综合能力考试命题研究中心老师编写

本套丛书的作者是经管类综合能力考试命题研究中心的权威资深辅导老师。逻辑写作丛书系列的主编杨岳老师、数学丛书系列的主编徐婕老师等参加了各大媒体组织的自2012届开始的经管类专硕研究生入学考试的"大纲解析"和"真题解析"工作。他们从2007年开始便致力于研究生入学考试的应试辅导,具有丰富的经管类综合能力考试辅导经验,既有对大纲的精准解析能力,又能对命题规律和真题进行深度把握,结合多年辅导经验编写的本套丛书,能快速地帮助考生达到经管类综合能力考试的应试要求。

三、提供基于零基础的、精细完整的经管类综合能力考试应试解决方案

对于参加经管类综合能力考试的考生而言,逻辑、写作一般都是零基础,数学基础一般较薄弱。本丛书充分考虑绝大多数考生的现实情况,提供了基于零基础的、包含考研各个阶段的精细完整的应试解决方案,帮助考生实现高分目标。

本系列丛书包括《逻辑复习全书》(基础篇)/(提高篇)、《写作复习全书》、《管理类数学复习全书》、《经济类数学复习全书》、《管理类综合能力历年真题》、《经济类综合能力历年真题》、《管理类综合能力最后成功五套题》和《经济类综合能力最后成功五套题》九本书。

我们最大的目标,是希望考生通过自己的努力和我们众多经管类联考命题研究中心专家、教师们的帮助,在经管类专硕考研中脱颖而出、金榜题名!

丛书编委会

前　言

　　基于多年参加199管理类综合能力、396经济类综合能力"大纲解析"、"真题解析"的工作经验和多年对考生进行经管类综合能力的应试辅导的关注和总结，作者对考生在数学学习中的难点、困惑和解决方案，有了越来越深的理解。帮助学生们避开陷阱、考出高分，是写作本书最直接的动力，同时逻辑写作系列的这四本书籍也算是作者对自己近十年工作的一个总结和交代。

　　本书为报考管理类专业硕士（会计硕士MPAcc、工商管理硕士MBA等）、经济类专业硕士（金融硕士、国际商务硕士等），需要参加199管理类综合能力和396经济类综合能力的考生编写使用，也可作为辅导老师的授课参考教材。

　　本书分为三个部分。

　　第一部分按章编写，基于考生学习的起点，按照"知识点——重要题型——题型方法分析——典型例题——习题"的思路来编写，目的是使考生从零开始构建完整的知识框架，并精确把握各个章节常考重要题型及题型方法，通过典型例题，迅速形成解题能力，每章至少配备30道习题，帮助大家加强固化解题能力，提升解题速度。

　　第二部分提供了5套模拟卷，每套25题，用于考生进行整体检测和查漏补缺。

　　第三部分新增了强化效果检测。

　　下面对本书的标签进行说明：

　　【章的各级标题】构建形式完整的理论体系。

　　【注】帮助理解知识点的说明、扩展。

　　【题型】每个章节的常考重要题型。

　　【题型方法分析】针对每种题型精炼出对应的解题方式。

　　【例题】对某一个或几个知识点进行考察的标准化考题。

　　【答案】提供A～E的具体答案。

　　【解析】提供详尽的深度精确解析。

　　【总结】每道例题后面都给出根据本道例题所总结、提炼的常规结论和方法。

　　【练习】学完一章的理论和例题后，以章为单位进行测试的标准化考题。

　　【模拟卷】以每套卷为单位，每次60分钟进行整体测试的标准化考题。

　　考生在使用本书过程中如有疑问，可以登录新浪微博@考研数学徐婕老师进行交流。

徐　婕

目 录

考点概述

第一章　算　术 …………………………… 1
　第一节　整　数 ………………………… 2
　第二节　实　数 ………………………… 7
　第三节　比与比例 ……………………… 10
　第四节　绝对值 ………………………… 13
　本章练习 ………………………………… 19
　本章练习答案解析 ……………………… 21

第二章　代数式和函数 …………………… 25
　第一节　整　式 ………………………… 25
　第二节　分式与根式 …………………… 29
　第三节　函　数 ………………………… 32
　本章练习 ………………………………… 37
　本章练习答案解析 ……………………… 40

第三章　方程与不等式 …………………… 44
　第一节　方　程 ………………………… 44
　第二节　不等式 ………………………… 52
　本章练习 ………………………………… 66
　本章练习答案解析 ……………………… 70

第四章　数　列 …………………………… 76
　第一节　数列的基本概念 ……………… 76
　第二节　等差数列 ……………………… 78
　第三节　等比数列 ……………………… 83
　第四节　数列求通项公式和前 n 项和公式
　　　　　…………………………………… 89
　本章练习 ………………………………… 94

　本章练习答案解析 ……………………… 97

第五章　几　何 …………………………… 103
　第一节　平面图形 ……………………… 103
　第二节　空间几何 ……………………… 116
　第三节　解析几何 ……………………… 121
　本章练习 ………………………………… 136
　本章练习答案解析 ……………………… 144

第六章　计数原理与概率初步 …………… 155
　第一节　计数原理 ……………………… 155
　第二节　概率初步 ……………………… 167
　第三节　数据描述 ……………………… 178
　本章练习 ………………………………… 183
　本章练习答案解析 ……………………… 187

第七章　应用题 …………………………… 192
　第一节　线性规划 ……………………… 192
　第二节　容斥原理 ……………………… 193
　第三节　溶液问题 ……………………… 194
　第四节　统筹问题 ……………………… 195
　第五节　经济利润问题 ………………… 196
　第六节　平均值问题 …………………… 197
　第七节　行程问题 ……………………… 198
　第八节　工程问题 ……………………… 201
　本章练习 ………………………………… 203
　本章练习答案解析 ……………………… 206

仿真模拟

模拟卷一 …………………… 210
模拟卷二 …………………… 213
模拟卷三 …………………… 216
模拟卷四 …………………… 219
模拟卷五 …………………… 222

模拟卷一答案解析 …………… 225
模拟卷二答案解析 …………… 229
模拟卷三答案解析 …………… 232
模拟卷四答案解析 …………… 236
模拟卷五答案解析 …………… 240

强化效果检测

第一章 算 术 …………………… 243
　第一节 整 数 …………………… 243
　第二节 实 数 …………………… 245
　第三节 比、比例、百分比 …………… 246
　第四节 数轴与绝对值 ……………… 248
第二章 代数式和函数 …………… 251
　第一节 整 式 …………………… 251
　第二节 分 式 …………………… 254
　第三节 函 数 …………………… 255
第三章 方程与不等式 …………… 258
　第一节 代数方程 ………………… 258
　第二节 不等式 …………………… 263
第四章 数 列 …………………… 267
　第一节 等差数列 ………………… 267
　第二节 等比数列 ………………… 269
　第三节 数列的基本概念 …………… 272
第五章 几 何 …………………… 274
　第一节 平面图形 ………………… 274
　第二节 平面解析几何 ……………… 279
　第三节 空间几何体 ………………… 284
第六章 数据分析 ………………… 287
　第一节 计数原理 ………………… 287
　第二节 概率初步 ………………… 294
　第三节 数据描述 ………………… 296
第七章 应用题集训 ……………… 299

附录 联考大纲说明 ……………… 306

考点概述

第一章 算 术

预备知识

一、数学基础考查目标

管理类专业学位联考综合能力考试中的数学基础部分主要考查考生的运算能力、逻辑推理能力、空间想象能力和数据处理能力,以及运用所学知识分析问题和解决问题的能力,通过问题求解和条件充分性判断两种形式来测试.

二、数学基础考试形式

考试答题方式为闭卷、笔试.不允许使用计算器.

三、数学基础试卷结构

数学基础共 25 道题,满分 75 分,有两种考查形式:

第一种是问题求解,有 15 道小题,每道小题 3 分,共 45 分;

第二种是条件充分性判断,有 10 道小题,每道小题 3 分,共 30 分.

四、数学基础解题说明

两种考查形式说明如下:

(一)问题求解(本题在试卷中为第 1~15 小题,每小题 3 分,共 45 分.下列每题给出的 A、B、C、D、E 五个选项中,只有一个选项符合试题要求.)

【考题范例 1】 (2016)某家庭在一年总支出中,子女教育支出与生活资料支出的比为 3∶8,文化娱乐支出与子女教育支出为 1∶2. 已知文化娱乐支出占家庭总支出的 10.5%,则生活资料支出占家庭总支出的(   ).

(A)40%　　　　(B)42%　　　　(C)48%　　　　(D)56%　　　　(E)64%

【答案】 D

【解析】 文化娱乐支出∶子女教育支出∶生活资料支出的比为 3∶6∶16.

由 $\dfrac{3}{10.5\%} = \dfrac{16}{x}$ 解得 $x = 0.56$.

(二) 条件充分性判断(本题在试卷中为第 16～25 小题,每小题 3 分,共 30 分)

解题说明：

本大题要求考生判断所给出的条件(1)和条件(2)能否充分支持题干中陈述的结论(而不必考虑条件是否必要)A、B、C、D、E 五个选项为判断结果,请选择一项符合试题要求的判断.

A. 条件(1)充分,但条件(2)不充分.

B. 条件(2)充分,但条件(1)不充分.

C. 条件(1)和(2)单独都不充分,但是条件(1)和(2)联合起来充分.

D. 条件(1)充分,条件(2)也充分.

E. 条件(1)和(2)单独都不充分,联合起来也不充分.

注：如果条件 A 成立,能推出结论 B 成立,即 $A \Rightarrow B$,称 A 是 B 的充分条件.

【考题范例 2】 (2016) 设 x, y 是实数,则 $x \leqslant 6, y \leqslant 4$.

(1) $x \leqslant y + 2$;

(2) $2y \leqslant x + 2$.

【答案】 C

【解析】 条件(1),举反例, $x = 10, y = 13$,不充分;条件(2),举反例, $x = 9, y = 5$,不充分;联立条件(1)和条件(2),可得 $2y - 2 \leqslant x \leqslant y + 2 \Rightarrow y \leqslant 4, x - 2 \leqslant y \leqslant \dfrac{x}{2} + 1 \Rightarrow x \leqslant 6$,充分,选 C.

第一节　整　数

知识精讲

一、整数的除法

整数加上、减去、乘以整数,结果仍然是整数.但整数除以整数,结果不一定是整数.

1. 带余除法

对任意的两个整数 $a, b(b \neq 0)$,总唯一存在整数 p, r,使得 $a = b \cdot p + r$,其中 $0 \leqslant r < |b|$,r 称为余数,a 称为被除数,b 称为除数,p 称为商.

2. 整除

当 $r = 0$,即 $a = b \cdot p$ 时,称 b 能整除 a,或者称 a 能被 b 整除,记为 $b \mid a$,此时 b 称为 a 的约数(或者因数),a 称为 b 的倍数.

由上述定义可知,a 除以 b 的余数为 r 的充分必要条件为 b 能整除 $a - r$,即 $a = b \cdot p + r \Leftrightarrow b \mid (a - r)$.

整除具有如下性质：

(1) 传递性　若 $c \mid b, b \mid a$,则 $c \mid a$.

(2) 关联性　若 $c \mid b, c \mid a$,则对任意的整数 m, n,有 $c \mid (ma + nb)$.

(3) 推论：若 $c \mid a$,则对任意的整数 n,有 $c \mid (a \pm nc)$;若 $c \nmid a$,则对任意的整数 n,有 $c \nmid (a \pm nc)$,且 a 除以 c 的余数与 $a \pm nc$ 除以 c 的余数相同.

常见整除数的特征：

能被 2 整除的数：末一位能被 2 整除(即末位为 0, 2, 4, 6, 8);

能被 4(8) 整除的数:末两(三)位能被 4(8) 整除;

能被 5 整除的数:末一位能被 5 整除(即末位为 0,5);

能被 25(125) 整除的数:末两(三)位能被 25(125) 整除;

能被 3 整除的数:各个位上的数字之和能被 3 整除;

能被 9 整除的数:各个位上的数字之和能被 9 整除;

能被 10 整除的数:既能被 2 整除又能被 5 整除(即末位为 0);

能被 6 整除的数:既能被 2 整除又能被 3 整除;

能被 12 整除的数:既能被 3 整除又能被 4 整除.

二、整数的分类

根据除以整数所得余数的情况,可以对整数进行分类.

1. 奇数、偶数

根据整数除以 2 的余数可将整数分为偶数和奇数.

能被 2 整除的整数称为偶数(即余数为 0),记为 $2k(k \in \mathbf{Z})$;不能被 2 整除的整数称为奇数(即余数为 1),记为 $2k+1(k \in \mathbf{Z})$.

类似的,还可以根据除以其他整数的余数情况对整数进行分类. 例如,根据整数除以 3 的余数 $(0,1,2)$ 将整数分为 $3k,3k+1,3k+2(k \in \mathbf{Z})$;也可以根据整数除以 4 的余数 $(0,1,2,3)$ 将整数分为 $4k,4k+1,4k+2,4k+3(k \in \mathbf{Z})$,等等.

奇数、偶数的运算性质:

加法"同偶异奇":奇数 $\pm$ 奇数 $=$ 偶数;偶数 $\pm$ 偶数 $=$ 偶数;奇数 $\pm$ 偶数 $=$ 奇数;

乘法"一偶则偶":奇数 $\times$ 奇数 $=$ 奇数;偶数 $\times$ 偶数 $=$ 偶数;奇数 $\times$ 偶数 $=$ 偶数.

2. 质数、合数

(1) 大于 1 的正整数中,只有 1 和其本身两个正因数的,称为质数(或者素数);除了 1 和其本身外还有其他正因数的,称为合数.

(2)(质数分解定理)任一大于 1 的整数,均可以表示为若干质数的乘积,即对于任一整数 $a > 1$,有 $a = p_1 \cdot p_2 \cdot \cdots \cdot p_n$,其中 $p_1, p_2, \cdots, p_n$ 均为质数,且这样的分解形式是唯一的.

(3) 有关质数的常用性质:

① 1 既不是质数也不是合数;

② 2 是最小的质数,也是质数中唯一的偶数,其他质数均为奇数;

③ 若两个质数的和为奇数,则其中有一个是 2;

④ 若 p 是质数,a 是任一整数,则 $p \mid a$ 或者 $(p,a) = 1$(互质);

⑤ 设 p 是质数,$a_1, a_2, \cdots, a_n$ 是 n 个整数,若 $p \mid (a_1 \cdot a_2 \cdots a_n)$,则至少有一个 $a_i (1 \leqslant i \leqslant n)$,使得 $p \mid a_i$.

三、公约数、公倍数

1. 公约数、最大公约数

设 a,b 是两个整数,若整数 d 满足 $d \mid a$ 且 $d \mid b$,则称 d 为 a,b 的公约数(公因数);公约数中最大的一个称为最大公约数,记为 (a,b).

例如 20 与 60 的公约数有 $1,2,4,5,10,20$,而 $(20,60) = 20$.

特别地,当 $(a,b) = 1$ 时,称 a,b 是互质的. 例如 8 与 9 是互质的.

2. 公倍数、最小公倍数

设 a,b 是两个整数,若整数 t 满足 $a \mid t$ 且 $b \mid t$,则称 t 为 a,b 的公倍数;公倍数中最小的一个称为最小公倍数,记为$[a,b]$.

例如 20 与 60 的公倍数有 $60,120,180,240,\cdots$,而$[20,60]=60$.

3. 有关公约数、公倍数的常用性质

(1) $a \cdot b = (a,b) \cdot [a,b]$；

(2) 若$d|a$且$d|b$,则$d|(a,b)$；若$a|t$且$b|t$,则$[a,b]|t$；(公约数都是最大公约数的约数,公倍数都是最小公倍数的倍数.)

(3) 若$a|t,b|t$且$(a,b)=1$,则$a \cdot b | t$；

(4) 若$d|(a \cdot m)$且$(d,m)=1$,则$d|a$；

(5) 设整数$a,b,a=(a,b) \cdot k_1, b=(a,b) \cdot k_2$,则$(k_1,k_2)=1$.(常用这条性质确定整数$a,b$的值.)

重要题型

题型一　质数、合数、奇数、偶数

【题型方法分析】

(1) 奇数、偶数的运算性质:加法"同偶异奇"、乘法"一偶则偶"；

(2) 若两个质数的和为奇数,则其中有一个是 2；

(3) 若p是质数,a是任一整数,则$p|a$或者$(p,a)=1$(互质)；

(4) 设p是质数,$a_1,a_2,\cdots,a_n$是n个整数,若$p|(a_1 \cdot a_2 \cdots a_n)$,则至少有一个$a_i(1 \leqslant i \leqslant n)$,使得$p|a_i$.

例 1.1　设a为整数,且$5a^2+8a+9$是偶数,则a一定是(　　).

(A) 奇数　　　　(B) 偶数　　　　(C) 质数　　　　(D) 合数　　　　(E) 无法确定

【答案】　A

【解析】　根据奇数、偶数的运算性质:$5a^2+8a+9$是偶数,则$5a^2+8a$是奇数,从而$5a^2$是奇数；则a^2是奇数,可以确定a是奇数,选 A.

【总结】　牢记奇数、偶数的运算性质:同偶异奇(加减),一偶则偶(乘法).

例 1.2　两个质数的和为 43,则它们的积为(　　).

(A) 41　　　　(B) 43　　　　(C) 81　　　　(D) 82　　　　(E) 83

【答案】　D

【解析】　**方法一**　结合质数的性质与奇数、偶数的运算性质.

设这两个质数为$a,b,a+b=43$,结果为奇数,可知a,b中有一个为 2,所以这两个数为 2,41,所以$a \cdot b = 82$,选 D.

方法二　结合选项,快速解答.

两个质数和为奇数,则其中有一个是 2,另一个是奇数,其乘积是偶数,结合选项,选 D.

【总结】　两个质数a,b且$a+b$为奇数,则a,b中必有一个是 2,另一个是奇数,这是经常考查的一个结论.

例 1.3　以下各数是质数的为(　　).

(A) 2 009　　　(B) 2 010　　　(C) 2 011　　　(D) 2 015　　　(E) 2 016

【答案】 C

【解析】 根据整除数的特点,易知选项 B,D,E 不是质数,因为 2010 有约数 2,2015 有约数 5,2016 有约数 3.对于选项 A,因为 7|2009,所以 2009 也不是质数,选 C.

> 【总结】 试数法是处理质数问题的一种常用方法.判断一个数是否为质数,可将比其小的所有质数按照从小到大分别去除该数,若都不能整除,则该数为质数.(实际上,只需要试比该数的一半小的所有质数即可.)

例 1.4 不超过 20 的质数的和为( ).
(A)74 (B)75 (C)76 (D)77 (E)78

【答案】 D

【解析】 不超过 20 的质数有:2,3,5,7,11,13,17,19.
方法一 列举法.这些数相加得 $2+3+5+7+11+13+17+19=77$,选 D.
方法二 尾数法.只将这些数的尾数相加 $2+3+5+7+1+3+7+9$,结果的尾数为 7,选 D.

> 【总结】 列举法也是处理整数的一种常用方法,利用列举法时,应结合题目尽可能地缩小范围,简化计算(如尾数法、估算法),以尽可能节省时间.

例 1.5 设 $126a$ 是一个自然数的完全平方数,其中 a 为正整数,则 a 必有正约数( ).
(A)2 和 7 (B)2、3 和 7 (C)3 和 7 (D)7 (E)2

【答案】 A

【解析】 根据题意可知,$126a=m^2$,m 是整数,则 $m=\sqrt{126a}=\sqrt{2\cdot 3^2\cdot 7\cdot a}$,可知 a 必有正约数 2 和 7,选 A.

> 【总结】 根据质数分解定理将整数分解为质数的乘积,是一种很好的处理整数的方法,类似于整式的因式分解.特别是遇到较大的整数时,经常将其分解为较小的质数的乘积,再结合质数的特殊性质来处理.

题型二　整数的除法

【题型方法分析】
(1) 带余除法;
(2) 整除及其性质.

例 1.6 设 x,y 是整数,且 x 被 3 除时余数为 1,y 被 9 除时余数为 8,则 xy 除以 3 的余数为( ).
(A)1 (B)2 (C)3 (D)4 (E)5

【答案】 B

【解析】 根据题意,由整数的带余除法可知,$x=3k+1,y=9t+8$,其中 $k,t\in \mathbf{Z}$,则 $xy=(3k+1)(9t+8)=27kt+24k+9t+8$,因为 $27kt+24k+9t$ 能被 3 整除,根据整除的性质推论,可知 xy 除以 3 的余数与 8 除以 3 的余数相同,余数为 2,所以选 B.

> 【总结】 整数 a 除以 c 的余数与 $a\pm nc$ 除以 c 的余数相同.

例 1.7 已知 n 是除以 5 余 3,除以 7 余 3 的最小自然数,则 n 的各位数字之积为( ).
(A)38   (B)35   (C)30   (D)28   (E)24

【答案】 E

【解析】 由带余除法有 $n = 5k + 3 = 7t + 3,(k,t \in \mathbf{Z})$.

方法一 试数法.依次试 $t = 1,2,3,\cdots$,解出整数 k,可得 $t = 5$,此时 $k = 7$,所以 $n = 38$,结果为 24,选 E.

方法二 利用带余除法与整除的关系.$n = 5k + 3 = 7t + 3,(k,t \in \mathbf{Z})$,则 $5 \mid (n-3),7 \mid (n-3)$,可知最小的 $n-3$ 是 35,所以 $n = 38$,选 E.

> 【总结】 $a = b \cdot p + r \Leftrightarrow b \mid (a-r)$.

题型三 公约数、公倍数

【题型方法分析】
(1) $a \cdot b = (a,b) \cdot [a,b]$;
(2) 设整数 $a,b,a = (a,b) \cdot k_1,b = (a,b) \cdot k_2$,则 $(k_1,k_2) = 1$;
(3) 若 $d \mid (a \cdot m)$ 且 $(d,m) = 1$,则 $d \mid a$.

例 1.8 已知两个正整数的最大公约数为 5,最小公倍数为 65,则这两个数的和为( ).
(A)70   (B)80   (C)90   (D)100   (E)110

【答案】 A

【解析】 设这两个数为 a,b,根据题意知 $(a,b) = 5,[a,b] = 65$,又可设 $a = (a,b)k_1 = 5k_1,b = (a,b)k_2 = 5k_2$,且 $(k_1,k_2) = 1$,由公约数、公倍数的性质 $(a,b) \cdot [a,b] = a \cdot b$,可得 $5 \cdot 65 = 5 \cdot k_1 \cdot 5 \cdot k_2 \Rightarrow k_1 \cdot k_2 = 13$,则 k_1,k_2 的值为 1,13,所以这两个数为 5 和 65,和为 70,选 A.

> 【总结】 牢记公约数、公倍数的性质,尤其是有关最大公约数与最小公倍数的性质 $(a,b) \cdot [a,b] = a \cdot b$.

例 1.9 $\dfrac{5a}{42}$ 是整数.

(1) $\dfrac{9a}{14}$ 是一个整数;

(2) $\dfrac{7a}{12}$ 是一个整数.

【答案】 C

【解析】 取 $a = 14$,易知条件(1)不充分;取 $a = 12$,易知条件(2)不充分;联立两个条件,$14 \mid 9a, 12 \mid 7a$,因为 $(14,9) = 1,(12,7) = 1$,所以 $14 \mid a, 12 \mid a$,由公倍数的性质有 $[14,12] \mid a$,即 $84 \mid a$,所以 $42 \mid a$,$\dfrac{5a}{42}$ 是整数,充分,选 C.

> 【总结】 此题有一定的难度,综合考查了公约数、公倍数的性质与整除的性质,牢记基本性质是解题的关键.

第二节　实　数

知识精讲

一、实数的基本运算

实数四则运算(加减乘除)的结果,仍然是实数.下面简单介绍一下实数的乘方、开方运算.

1. 乘方运算

$a^n = \overbrace{a \cdot a \cdots \cdot a}^{n}, a^{-n} = \dfrac{1}{a^n}$;特别地,$a^0 = 1$.

注:负数的奇数次幂还是负数,负数的偶数次幂是正数.

2. 开方运算

在有意义的情况下,$a^{\frac{n}{m}} = \sqrt[m]{a^n}$.

常用性质:

(1) 负实数没有偶次方根,例如$\sqrt{-9}$无意义;

(2) 正实数的偶次方根有两个,且互为相反数,例如 4 的平方根为 ± 2;

(3) $\sqrt{a} \geqslant 0$;$\sqrt{a^2} = |a|$;$\sqrt{ab} = \sqrt{|a|} \cdot \sqrt{|b|}$;$\sqrt{\dfrac{a}{b}} = \dfrac{\sqrt{|a|}}{\sqrt{|b|}}$;

(4) 有限个非负项的和为零时,则每项均为零.常见的非负项:绝对值、偶次方、偶次方根.

二、小数、分数

1. 小数的分类

小数可分为有限小数和无限小数,无限小数又可分为无限循环小数和无限不循环小数.无限不循环小数也称为无理数,如$\sqrt{2}, \sqrt{3}, \pi, e, \cdots$.

2. 分数的运算

形如$\dfrac{p}{q}(p, q \in \mathbf{Z}$且$q \neq 0)$的称为分数,分数也称为有理数.

(1) 约分、通分

约分:分子分母约去所有的公约数,使得分子分母互质.

最简分数(既约分数):分子分母互质的分数称为最简分数.

通分:把几个分母不同的分数化为分母相同,且与原分数相等的过程称为通分.经常取各分母的最小公倍数为相同的分母.

约分与通分是分数的两种基本运算.

(2) 分数的四则运算

加、减运算:同分母的分数相加减,分母不变,分子相加减;异分母的分数相加减,先通分,转化为同分母的分数,再计算.

乘法运算:分数乘以分数,分子与分子的乘积作分子,分母与分母的乘积作分母.

除法运算:分数除以分数,第二个分数取倒数,转化为分数的乘法,再计算.

3. 小数与分数的相互转化

分数化为小数,有限小数化为分数,是比较简单的.无限不循环小数不能化为分数.下面主要介绍循环小数化为分数的方法.

(1) 纯循环小数化为分数

先看一个例子,$0.\dot{3} = \frac{1}{3}$.

$0.\dot{3} = 0.3\dot{3} \Rightarrow 0.\dot{3} \times 10 = 3.\dot{3} = 3 + 0.\dot{3}$,则 $0.\dot{3} \times 10 - 0.\dot{3} = 3$,所以 $0.\dot{3} = \frac{3}{10-1} = \frac{1}{3}$.

$0.\dot{a}_1 a_2 \cdots \dot{a}_k = 0.a_1 a_2 \cdots a_k a_1 a_2 \cdots a_k$

$\Rightarrow 0.\dot{a}_1 a_2 \cdots \dot{a}_k \times 10^k = a_1 a_2 \cdots a_k . a_1 a_2 \cdots a_k = a_1 a_2 \cdots a_k + 0.\dot{a}_1 a_2 \cdots \dot{a}_k$,

则 $0.\dot{a}_1 a_2 \cdots \dot{a}_k \times 10^k - 0.\dot{a}_1 a_2 \cdots \dot{a}_k = a_1 a_2 \cdots a_k \Rightarrow 0.\dot{a}_1 a_2 \cdots \dot{a}_k = \frac{a_1 a_2 \cdots a_k}{10^k - 1}$.

结论:纯循环小数化为分数,分子为循环节,分母为 $10^k - 1$,其中 k 为循环节的位数.

(2) 混循环小数化为分数

方法:先将小数拆分为有限小数+纯循环小数,再将有限小数和纯循环小数化为分数,最后相加.

三、有理数、无理数

可以写成分数的实数称为有理数,无限不循环小数称为无理数.

1. 有理数与无理数的运算性质

有理数 $+,-,\times,\div$ 有理数 = 有理数;有理数 $+,-$ 无理数 = 无理数;非零有理数 $\times,\div$ 无理数 = 无理数;无理数与无理数四则运算的结果要根据具体情况具体分析.

结论:设 a,b 为有理数,$\sqrt{c}$ 为无理数,且 $a + b\sqrt{c} = 0$,则 $a = b = 0$.

2. 无理数的处理方法

(1) 平方 $(\sqrt{a})^2 = a$,可以通过两边平方去掉根号.

(2) 配方 $\sqrt{a^2 + b^2 - 2ab} = \sqrt{(a-b)^2} = |a-b|$,配成完全平方式,可以去掉根号.

(3) 有理化 $\frac{1}{\sqrt{a}+\sqrt{b}} = \frac{\sqrt{a}-\sqrt{b}}{(\sqrt{a}+\sqrt{b})(\sqrt{a}-\sqrt{b})} = \frac{\sqrt{a}-\sqrt{b}}{a-b}$,利用平方差公式,可进行分子有理化或者分母有理化.

3. 实数的整数部分和小数部分

对于任意实数 x,用 $[x]$ 表示不超过 x 的最大整数,称 $[x]$ 为 x 的整数部分;令 $\{x\} = x - [x]$,称 $\{x\}$ 为 x 的小数部分.例如,1.7 的整数部分为 $[1.7] = 1$,小数部分为 $\{1.7\} = 0.7$;-1.7 的整数部分为 $[-1.7] = -2$(注意不是 -1,因为 -1 超过了 -1.7),小数部分为 $\{-1.7\} = -1.7 - (-2) = 0.3$;$\pi$ 的整数部分为 3,小数部分为 $\pi - 3$.

性质:(1) $x = [x] + \{x\}$; (2) $0 \leqslant \{x\} < 1$. (3) $[x] \leqslant x < [x] + 1$.

重要题型

题型一 有理数、无理数的性质

【题型方法分析】

(1) 有理数与无理数的运算性质;

(2) 设 a,b 为有理数,$\sqrt{c}$ 为无理数,且 $a + b\sqrt{c} = 0$,则 $a = b = 0$.

例 2.1 若 a,b,c 为有理数,且 $a + b\sqrt{2} + c\sqrt{3} = \sqrt{11 - 4\sqrt{6}}$,则 $a + b + c = ($).

(A) 0　　　　　(B) 1　　　　　(C) 2　　　　　(D) 3　　　　　(E) 4

【答案】 B

【解析】 $\sqrt{11-4\sqrt{6}} = \sqrt{(\sqrt{3})^2+(2\sqrt{2})^2-2\cdot\sqrt{3}\cdot 2\sqrt{2}} = \sqrt{(2\sqrt{2}-\sqrt{3})^2} = 2\sqrt{2}-\sqrt{3}$，所以 $a+b\sqrt{2}+c\sqrt{3}=2\sqrt{2}-\sqrt{3}$，则 $a=0,b=2,c=-1$，故 $a+b+c=1$，选 B.

【总结】 处理无理数的三种方法：平方、配方、有理化.

例 2.2 已知 a 为实数，且 $a+\sqrt{15}$ 与 $\frac{1}{a}-\sqrt{15}$ 都是整数，则 $a=(\quad)$.

(A) $4-\sqrt{15}$　　　　(B) $4+\sqrt{15}$　　　　(C) $-(4+\sqrt{15})$

(D) $\sqrt{15}-4$ 或 $4+\sqrt{15}$　　(E) $4-\sqrt{15}$ 或 $-(4+\sqrt{15})$

【答案】 E

【解析】 设 $a+\sqrt{15}=m, \frac{1}{a}-\sqrt{15}=n, (m,n\in\mathbf{Z})$，则 $a=m-\sqrt{15}, \frac{1}{a}=n+\sqrt{15}$，所以，有 $1=a\cdot\frac{1}{a}=(m-\sqrt{15})(n+\sqrt{15})=mn+(m-n)\sqrt{15}-15$，整理得 $mn-16+(m-n)\sqrt{15}=0$. 再根据有理数与无理数的运算性质，得 $mn-16=0, m-n=0$，解得 $m=n=4$ 或 $m=n=-4$，所以 $a=4-\sqrt{15}$ 或 $-(4+\sqrt{15})$，选 E.

【总结】 牢记有理数与无理数的运算性质，并灵活应用以下结论：(1) 若 $a+b\sqrt{m}=0$，则 $a=b=0$；(2) 若 $a+b\sqrt{m}=c+d\sqrt{n}$，则 $a=c,b=d=0$.

题型二　实数的运算

【题型方法分析】

(1) 处理无理数：平方、配方、有理化；
(2) $x=[x]+\{x\}; 0\leqslant\{x\}<1; [x]\leqslant x<[x]+1$；
(3) 算式求值：裂项法.

例 2.3 $1+\frac{1}{1\times 2}+\frac{1}{2\times 3}+\cdots+\frac{1}{99\times 100}+\frac{1}{100\times 101}=(\quad)$.

(A) $\frac{199}{101}$　　(B) $\frac{200}{101}$　　(C) $\frac{201}{101}$　　(D) $\frac{202}{101}$　　(E) $\frac{199}{201}$

【答案】 C

【解析】 考查分数的运算.

$1+\frac{1}{1\times 2}+\frac{1}{2\times 3}+\cdots+\frac{1}{99\times 100}+\frac{1}{100\times 101}$

$=1+\left(1-\frac{1}{2}\right)+\left(\frac{1}{2}-\frac{1}{3}\right)+\cdots+\left(\frac{1}{99}-\frac{1}{100}\right)+\left(\frac{1}{100}-\frac{1}{101}\right)=1+1-\frac{1}{101}=\frac{201}{101}$.

选 C.

【总结】 裂项法是常用的一种化简方法：$\frac{1}{n(n+1)}=\frac{1}{n}-\frac{1}{n+1}$.

例 2.4 已知 $\sqrt{a^2} = (\sqrt{-a})^2$，则 $\sqrt{(a-1)^2} - |a| = ($).

(A)1 (B)-1 (C)$2a-1$ (D)$1-2a$ (E)0

【答案】 A

【解析】 因为 $\sqrt{a^2} = (\sqrt{-a})^2$，由根式的非负性知 $a \leqslant 0$，所以 $\sqrt{(a-1)^2} - |a| = 1 - a + a = 1$，选 A.

【总结】 注意偶次根式的非负性(根号下必须是非负的)，很多同学容易忽略基本性质.

例 2.5 设 $[x]$ 表示不超过 x 的最大整数，且 $[x] + [3x] = 18$，则 x 的取值范围是( ).

(A)$4 \leqslant x < 5$ (B)$4 \leqslant x < 4\frac{1}{3}$ (C)$4\frac{1}{3} \leqslant x < 4\frac{2}{3}$

(D)$4\frac{2}{3} \leqslant x < 5$ (E)$4 < x < 5$

【答案】 D

【解析】 因为 $x = [x] + \{x\}$，所以 $3x = 3[x] + 3\{x\}$；由 $[x] + [3x] = 18$，得 $4[x] + [3\{x\}] = 18$. 又 $0 \leqslant \{x\} < 1$，所以 $0 \leqslant 3\{x\} < 3$，从而 $[x] = \frac{18 - 3\{x\}}{4}$，解得 $\frac{15}{4} < [x] \leqslant \frac{18}{4}$，可知 $[x] = 4$. 代入 $4[x] + [3\{x\}] = 18$，得 $[3\{x\}] = 2$，则 $\frac{2}{3} \leqslant \{x\} < 1$，故 x 的取值范围是 $4\frac{2}{3} \leqslant x < 5$，选 D.

【总结】 关于实数的整数部分和小数部分有以下结论：$0 \leqslant n\{x\} < n (n \in \mathbf{Z}^+)$ 且

$$[n\{x\}] = \begin{cases} 0, & 0 \leqslant \{x\} < \frac{1}{n}, \\ 1, & \frac{1}{n} \leqslant \{x\} < \frac{2}{n}, \\ 2, & \frac{2}{n} \leqslant \{x\} < \frac{3}{n}, \\ \cdots\cdots \\ n-1, & \frac{n-1}{n} \leqslant \{x\} < 1. \end{cases}$$

第三节 比与比例

知识精讲

一、比、比例及其性质

比例问题是考试中的必考知识点，常以代数式整理化简和应用题形式考查.

1. 比、比例的定义

(1) 比

两个数 $a, b(b \neq 0)$ 相除称为这两个数的比，记为 $a : b$ 或 $\frac{a}{b}$；得到的商称为 a, b 的比值.

比的基本性质:(1) $a:b = k \Rightarrow a = bk$;(2) $a:b = ma:mb(m \neq 0)$.

(2)比例

若 $a:b = c:d$,则称 a,b,c,d 成比例,其中 a,d 称为比例外项,b,c 称为比例内项.特别的,当 $a:b = b:d$ 时,称 b 为 a 和 d 的比例中项.

2.比例的性质

设以下各比的分母均不为零,则

(1) 比例的基本性质:$\frac{a}{b} = \frac{c}{d} \Leftrightarrow ad = bc$(内项积等于外项积).

(2) 更比定理(互换):a,b,c,d 不为零时,$\frac{a}{b} = \frac{c}{d} \Leftrightarrow \frac{a}{c} = \frac{b}{d} \Leftrightarrow \frac{d}{b} = \frac{c}{a}$.

(3) 合比定理:$\frac{a}{b} = \frac{c}{d} \Leftrightarrow \frac{a+b}{b} = \frac{c+d}{d} \Leftrightarrow \frac{a}{a+b} = \frac{c}{c+d}$.

(4) 分比定理:$\frac{a}{b} = \frac{c}{d} \Leftrightarrow \frac{a-b}{b} = \frac{c-d}{d} \Leftrightarrow \frac{a}{b-a} = \frac{c}{d-c}$.

(5) 合分比定理:$\frac{a}{b} = \frac{c}{d} \Leftrightarrow \frac{a+b}{a-b} = \frac{c+d}{c-d}, \frac{a-b}{a+b} = \frac{c-d}{c+d}$.

(6) 等比定理:若 $\frac{a}{a_1} = \frac{b}{b_1} = \cdots = \frac{c}{c_1} = k$ 且 $a_1 + b_1 + \cdots + c_1 \neq 0$,则 $\frac{a+b+\cdots+c}{a_1+b_1+\cdots+c_1} = k$.

3.正比、反比

(1) 若 $y = kx(k \neq 0)$,则称 y 与 x 成正比例,k 为比例系数.

(2) 若 $y = \frac{k}{x}(k \neq 0)$,则称 y 与 x 成反比例,k 为比例系数.

4.百分比

(1) 若 $\frac{a}{b} \times 100\% = r\%$,即 $a = b \cdot r\%$,称 a 是 b 的 $r\%$.

(2) 若 $a = b \cdot (1+r\%)$,称 a 比 b 增长了 $r\%$.

(3) 若 $b = a \cdot (1-r\%)$,称 b 比 a 减少了 $r\%$.

【注】 "甲比乙增长 $r\%$" 与 "乙比甲减少 $r\%$" 是不同的.

重要题型

题型一　利用比例性质化简代数式

【题型方法分析】

(1) 等比定理:若 $\frac{a}{a_1} = \frac{b}{b_1} = \cdots = \frac{c}{c_1} = k$ 且 $a_1 + b_1 + \cdots + c_1 \neq 0$,则 $\frac{a+b+\cdots+c}{a_1+b_1+\cdots+c_1} = k$;

(2) 同构即等:和比定理、分比定理、更比定理,等等;

(3) 化分为整.

例 3.1 已知 $\frac{1}{x} : \frac{1}{y} : \frac{1}{z} = 4:5:6$,则使 $x+y+z = 74$ 成立的 y 值为（　　）.

(A) 24　　　　　(B) 36　　　　　(C) 48　　　　　(D) 72　　　　　(E) $\frac{37}{2}$

【答案】 A

【解析】 由 $\frac{1}{x} : \frac{1}{y} : \frac{1}{z} = 4:5:6$,可知 $x:y:z = \frac{1}{4} : \frac{1}{5} : \frac{1}{6} = 15:12:10$.

设 $x=15k, y=12k, z=10k$，则 $x+y+z=15k+12k+10k=74$，解得 $k=2$，所以 $y=24$，选 A．

【总结】 "见比设 k" 是处理比例问题的一种常用方法，即用一个新的变量 k 来表示原来的多个变量，解出 k 的值也就解出原来的变量了．另外，将分数比值转化为整数比值，能够提高准确率．

例 3.2 若 y 与 $x+1$ 成正比，又 y 与 $x-2$ 成反比，比例系数均为 k，则 $x=(\quad)$．

(A) $\dfrac{1-\sqrt{13}}{2}$ (B) $\dfrac{1+\sqrt{13}}{2}$ (C) $\dfrac{1\pm\sqrt{13}}{2}$ (D) 1 (E) $\dfrac{2-\sqrt{13}}{3}$

【答案】 C

【解析】 由正比与反比的定义得，$y=k(x+1), y=\dfrac{k}{x-2}$，两式相除，得 $(x+1)(x-2)=1$，解得 $x=\dfrac{1\pm\sqrt{13}}{2}$，选 C．

【总结】 记住正比与反比的定义．

例 3.3 已知 $\dfrac{b+c-3a}{a}=\dfrac{a+c-3b}{b}=\dfrac{b+a-3c}{c}=k$，则 $k^2=(\quad)$．

(A) 1 (B) -1 (C) -1 或 -4 (D) 1 或 4 (E) 1 或 16

【答案】 E

【解析】 当 $a+b+c\neq 0$ 时，根据等比定理有

$$k=\dfrac{(b+c-3a)+(a+c-3b)+(b+a-3c)}{a+b+c}=-1,$$

所以 $k^2=1$．

当 $a+b+c=0$ 时，有 $k=\dfrac{b+c-3a}{a}=\dfrac{-a-3a}{a}=-4$，所以 $k^2=16$，选 E．

【总结】 碰到联比问题，常考虑等比定理．注意等比定理成立的条件．

题型二 比例、百分比应用题

【题型方法分析】

根据题目中的比例关系，列出方程；再根据比例性质求解即可．

例 3.4 一公司向银行借款 34 万元，按 $\dfrac{1}{2}:\dfrac{1}{3}:\dfrac{1}{9}$ 的比例分配给甲、乙、丙三车间，则甲车间应得( )万元．

(A) 4 (B) 8 (C) 12 (D) 18 (E) 22

【答案】 D

【解析】 由 $\dfrac{1}{2}:\dfrac{1}{3}:\dfrac{1}{9}=9:6:2$，可知甲车间应得的款额为 $34\times\dfrac{9}{9+6+2}=18$，选 D．

【总结】 比例应用题是常考题型之一，见到分比化为整比．

例 3.5 某电子产品一月份按原定价的 80% 出售,能获利 20%. 二月份由于进价降低,按同样原定价的 75% 出售,却能获利 25%,那么二月份的进价是一月份进价的( ).

(A)92%　　　(B)90%　　　(C)85%　　　(D)80%　　　(E)75%

【答案】　B

【解析】　设原定价为 a,一月份的进价为 x,二月份的进价为 y,根据题意有
$\begin{cases} a \cdot 80\% = x \cdot (1+20\%), \\ a \cdot 75\% = y \cdot (1+25\%), \end{cases}$ 两式相比得 $\dfrac{y}{x} = \dfrac{75\%}{80\%} \cdot \dfrac{1+20\%}{1+25\%} = 90\%$,选 B.

【总结】　利润 = 售价 - 进价,利润率 = (售价 - 进价) ÷ 进价.

例 3.6 某城区 2001 年绿地面积较上年增加了 20%,人口却负增长,结果人均绿地面积比上年增加了 21%.

(1)2001 年人口较上年下降了 $8.26‰$;

(2)2001 年人口较上年下降了 10%.

【答案】　A

【解析】　人均绿地面积 = 总绿地面积 ÷ 总人数,由条件(1),2001 年人均绿地面积比上年增加的百分比为 $(1+20\%) \div (1-8.26‰) - 1 \approx 21\%$,条件(1)充分;可知条件(2)不充分,选 A.

【总结】　增长率 = 增长量 ÷ 原来量.本题中巧妙地把上年的人均绿地面积看成"1",极大地简化了计算过程.

第四节　绝对值

知识精讲

一、绝对值的定义与性质

1. 定义

$$|a| = \begin{cases} a, & a > 0, \\ 0, & a = 0, \\ -a, & a < 0. \end{cases}$$

类似的,含有绝对值的函数

$$f(x) = |x+a| = \begin{cases} x+a, & x > -a, \\ 0, & x = -a, \\ -(x+a), & x < -a. \end{cases}$$

2. 几何意义

数轴上,$|a|$ 表示 a 到原点的距离.类似的,$f(x) = |x-a|$ 在数轴上表示 x 到 a 的距离(x 与 a 之间的距离).

由以上可知,绝对值不可能是负的,这是绝对值最本质的性质.

3. 绝对值的基本性质

(1) 非负性:$|a| \geqslant 0$.

(2) 对称性：$|a|=|-a|$，$|ab|=|a|\cdot|b|$，$|a-b|=|b-a|$.

(3) 等价性：$|a^2|=|a|^2=a^2$，$\sqrt{a^2}=|a|$，$a\in \mathbf{R}$.

(4) 自比性：$-|a|\leqslant a\leqslant|a|$，$\dfrac{|a|}{a}=\dfrac{a}{|a|}=\begin{cases}1, & a>0,\\ -1, & a<0.\end{cases}$

4. 三角不等式

对任意的两个实数 a,b，有 $||a|-|b||\leqslant|a\pm b|\leqslant|a|+|b|$.

注意三角不等式等号成立的条件.

(1) $||a|-|b||\leqslant|a+b|\leqslant|a|+|b|$

当 $ab\geqslant 0$ 时，$|a+b|=|a|+|b|$；当 $ab\leqslant 0$ 时，$||a|-|b||=|a+b|$；

(2) $||a|-|b||\leqslant|a-b|\leqslant|a|+|b|$

当 $ab\geqslant 0$ 时，$|a-b|=||a|-|b||$；当 $ab\leqslant 0$ 时，$|a-b|=|a|+|b|$；

二、含绝对值的等式与不等式

1. 等式

基本形式：$|x-a|=b$

解：(1) $b<0 \Rightarrow$ 方程无解.

(2) $b=0 \Rightarrow$ 方程有唯一解 $x=a$.

(3) $b>0 \Rightarrow$ 方程有两个解 $x=a\pm b$.

2. 不等式

基本形式：(1) $|x|<a$；(2) $|x-a|<b$；(3) $|x|>a$；(4) $|x-a|>b$.

解集：

(1) 的解集：$\begin{cases}无解, & a\leqslant 0,\\ -a<x<a, & a>0.\end{cases}$

(2) 的解集：$\begin{cases}无解, & b\leqslant 0,\\ a-b<x<a+b, & b>0.\end{cases}$

(3) 的解集：$\begin{cases}全体实数, & a<0,\\ x\neq 0 的全体实数, & a=0,\\ x<-a 或 x>a, & a>0.\end{cases}$

(4) 的解集：$\begin{cases}全体实数, & b<0,\\ x\neq a 的全体实数, & b=0,\\ x<a-b 或 x>a+b, & b>0.\end{cases}$

求解含有绝对值的等式和不等式，还可以用零点分段讨论法去掉绝对值符号.

零点分段讨论法：以每个绝对值的零点为分段点，将整个实数轴分段；在每段上讨论每个绝对值内式子的符号，正的直接去掉绝对值符号，负的变成相反数去掉绝对值符号，转化为不含绝对值的问题；最后求出值，注意与每段的取值范围取交集.

三、绝对值的和、差的最值问题

1. $f(x)=|x-a|$

当 $x\geqslant a$ 时，$f(x)=x-a$；当 $x<a$ 时，$f(x)=a-x$，即 $f(x)=\begin{cases}x-a, & x\geqslant a,\\ a-x, & x<a,\end{cases}$ 其图像如下：

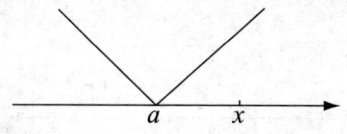

易知,当 $x=a$ 时,$f(x)$ 有最小值,$f_{\min}(x)=0$.

2. $f(x)=|x-a|+|x-b|$ ($a<b$)

当 $x<a$ 时,$f(x)=a+b-2x$;当 $a\leqslant x\leqslant b$ 时,$f(x)=b-a$;当 $x>b$ 时,$f(x)=2x-(a+b)$;即

$$f(x)=\begin{cases}a+b-2x, & x<a,\\ b-a, & a\leqslant x\leqslant b,\\ 2x-(a+b), & x>b.\end{cases}$$

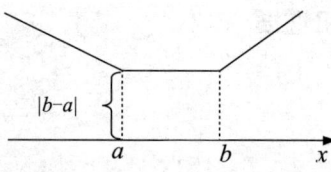

其图像如下:

易知,当 $a\leqslant x\leqslant b$ 时,$f(x)$ 有最小值,$f_{\min}(x)=b-a$.

3. $f(x)=|x-a|+|x-b|+|x-c|$ ($a<b<c$)

当 $x<a$ 时,$f(x)=a+b+c-3x$;当 $a\leqslant x\leqslant b$ 时,$f(x)=b+c-a-x$;当 $b<x\leqslant c$ 时,$f(x)=x-(a+b-c)$;当 $x>c$ 时,$f(x)=3x-(a+b+c)$,即

$$f(x)=\begin{cases}a+b+c-3x, & x<a,\\ b+c-a-x, & a\leqslant x\leqslant b,\\ x-(a+b-c), & b<x\leqslant c,\\ 3x-(a+b+c), & x>c,\end{cases}$$

其图像如下:

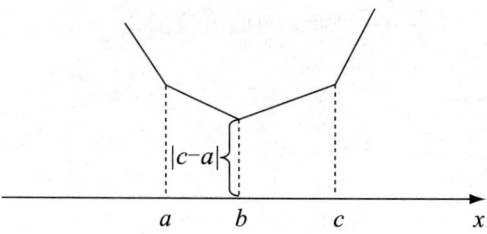

易知,当 $x=b$ 时,$f(x)$ 有最小值,$f_{\min}(x)=|c-a|$.

4. $f(x)=|x-a_1|+|x-a_2|+\cdots+|x-a_n|$ ($a_1<a_2<\cdots<a_n$)

当 x 取中间的零点时,函数取到最小值.

注意:应先将每个绝对值的零点按照从小到大排列起来,求最小值时,把中间的零点代入函数中计算即可.若 n 为奇数,则在 $a_{\frac{n-1}{2}}$ 处,若 n 为偶数则 $a_{\frac{n}{2}}\leqslant x\leqslant a_{\frac{n}{2}+1}$ 处都取最小值.

5. $f(x)=|x-a|-|x-b|$ ($a<b$)

当 $x<a$ 时,$f(x)=a-b$;当 $a\leqslant x\leqslant b$ 时,$f(x)=2x-(a+b)$;当 $x>b$ 时,$f(x)=b-a$;即

$$f(x)=\begin{cases}a-b, & x<a,\\ 2x-(a+b), & a\leqslant x\leqslant b,\\ b-a, & x>b,\end{cases}$$

其图像如下：

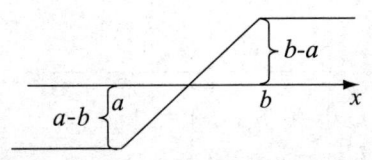

易知，当 $x \leqslant a$ 时，$f(x)$ 有最小值，$f_{\min}(x)=a-b=-(b-a)$；当 $x \geqslant b$ 时，$f(x)$ 有最大值，$f_{\max}(x)=b-a$.

【注】 也可以利用绝对值的几何意义来理解上述结论. 在利用上述结论时，x 的系数应化为1.

重要题型

题型一　绝对值的定义和性质

【题型方法分析】

(1) 定义

$$|a|=\begin{cases} a, & a>0, \\ 0, & a=0, \\ -a, & a<0. \end{cases}$$

(2) 非负性：$|a| \geqslant 0$.

(3) 对称性：$|a|=|-a|$，$|ab|=|a| \cdot |b|$，$|a-b|=|b-a|$.

(4) 等价性：$|a^2|=|a|^2=a^2$，$\sqrt{a^2}=|a|$，$a \in \mathbf{R}$.

(5) 自比性：$-|a| \leqslant a \leqslant |a|$，$\dfrac{|a|}{a}=\dfrac{a}{|a|}=\begin{cases} 1, & a>0, \\ -1, & a<0. \end{cases}$

(6) 三角不等式：$||a|-|b|| \leqslant |a \pm b| \leqslant |a|+|b|$.

例 4.1　已知 $\left|\dfrac{5x-3}{2x+5}\right|=\dfrac{3-5x}{2x+5}$，则 x 的取值范围是（　　）.

(A) $x<-\dfrac{5}{2}$ 或 $x \geqslant -\dfrac{3}{5}$ 　　　　(B) $-\dfrac{5}{2} \leqslant x \leqslant \dfrac{3}{5}$

(C) $-\dfrac{5}{2}<x \leqslant \dfrac{3}{5}$ 　　　　(D) $-\dfrac{3}{5} \leqslant x \leqslant \dfrac{5}{2}$

(E) $x<-\dfrac{3}{5}$ 或 $x \geqslant \dfrac{5}{2}$

【答案】　C

【解析】　因为 $\left|\dfrac{5x-3}{2x+5}\right|=\dfrac{3-5x}{2x+5}$，根据绝对值的定义知，$\dfrac{5x-3}{2x+5} \leqslant 0$，所以 $-\dfrac{5}{2}<x \leqslant \dfrac{3}{5}$，选 C.

【总结】　牢记绝对值的定义.

例 4.2　$|1-x|-\sqrt{x^2-8x+16}=2x-5$.

(1) $x>2$；

(2) $x<3$.

【答案】 C

【解析】 由 $|1-x|-\sqrt{x^2-8x+16}=2x-5$,而
$$|1-x|-\sqrt{x^2-8x+16}=|1-x|-\sqrt{(x-4)^2}=|1-x|-|x-4|,$$
所以 $|1-x|-|x-4|=2x-5$,成立的条件是 $1-x\leqslant 0, x-4\leqslant 0$,所以 $1\leqslant x\leqslant 4$,显然条件(1)和条件(2)单独都不充分,联立充分,选 C.

【总结】 利用绝对值的定义,可以得到结论 $|a|-|b|=b-a \Leftrightarrow a\leqslant 0, b\leqslant 0$.

例 4.3 $\dfrac{b+c}{|a|}+\dfrac{c+a}{|b|}+\dfrac{a+b}{|c|}=1$.

(1) 实数 a,b,c 满足 $a+b+c=0$;
(2) 实数 a,b,c 满足 $abc>0$.

【答案】 C

【解析】 显然条件(1)和条件(2)单独都不充分.联立条件(1)和条件(2),由条件(1)得 $b+c=-a, a+c=-b, a+b=-c$ 且 a,b,c 不可能全为正的;又 $abc>0$,所以 a,b,c 两负一正.此时,
$\dfrac{b+c}{|a|}+\dfrac{c+a}{|b|}+\dfrac{a+b}{|c|}=-\left(\dfrac{a}{|a|}+\dfrac{b}{|b|}+\dfrac{c}{|c|}\right)=1$,充分,选 C.

【总结】 绝对值的自比性 $\dfrac{a}{|a|}+\dfrac{b}{|b|}+\dfrac{c}{|c|}=\begin{cases} 3, & a,b,c \text{ 全是正的}, \\ 1, & a,b,c \text{ 两正一负}, \\ -1, & a,b,c \text{ 两负一正}, \\ -3, & a,b,c \text{ 全是负的}. \end{cases}$

例 4.4 已知 $|x-y+2|+(3x-y)^2=0$,则 $x^2+y^2=$( ).
(A)6　　　　(B)7　　　　(C)8　　　　(D)9　　　　(E)10

【答案】 E

【解析】 根据非负性的性质,由 $|x-y+2|+(3x-y)^2=0$,得 $\begin{cases} x-y+2=0, \\ 3x-y=0, \end{cases}$ 解得 $\begin{cases} x=1, \\ y=3, \end{cases}$ 所以 $x^2+y^2=10$,选 E.

【总结】 非负项的和为零,则每项均为零.

例 4.5 已知 $|a-3|=3, |b|=7, 3b>ab$,则 $|a+b-3|=$( ).
(A)4　　　　(B)10　　　　(C)3　　　　(D)7　　　　(E)13

【答案】 A

【解析】 因为 $3b>ab$,所以 $(a-3)b<0$.又 $|a-3|=3, |b|=7$,由三角不等式,可得 $|a+b-3|=|(a-3)+b|=||a-3|-|b||=4$.

【总结】 牢记三角不等式的结论并灵活应用.

题型二　含绝对值的等式和不等式

【题型方法分析】

(1) 利用定义和性质去掉绝对值;

(2) 牢记绝对值和、两个绝对值的差的最值结论;

(3) 利用最值求参数(无解、恒成立问题).

例 4.6　方程 $|x-6|+3=2x$ 的根为( ).

(A)1　　　　(B)-3　　　　(C)± 3　　　　(D)3　　　　(E)无解

【答案】 D

【解析】 **方法一**　直接求解绝对值等式. $|x-6|+3=2x \Leftrightarrow |x-6|=2x-3$,则 $2x-3 \geqslant 0 \Rightarrow x \geqslant \dfrac{3}{2}$(可排除选项 A、B、C). $x-6=2x-3 \Rightarrow x=-3$,不满足绝对值的非负性,舍掉. $x-6=3-2x \Rightarrow x=3$,选 D.

方法二　带选项.将选项中的值代入方程中,得 3 是方程的根,选 D.

> **【总结】**　注意不要忽略绝对值的非负性.

例 4.7　满足 $|5x-12| \leqslant 8$ 的质数有( )个.

(A)1　　　　(B)2　　　　(C)3　　　　(D)4　　　　(E)5

【答案】 B

【解析】 $|5x-12| \leqslant 8$,则 $-8 \leqslant 5x-12 \leqslant 8 \Leftrightarrow \dfrac{4}{5} \leqslant x \leqslant 4$,满足条件的质数有 2,3,选 B.

> **【总结】**　求解含绝对值的不等式.

例 4.8　不等式 $|x-2|+|4-x|<S$ 无解.

(1) $S \leqslant 2$;

(2) $S > 2$.

【答案】 A

【解析】　记 $y=|x-2|+|4-x|$,则 $|x-2|+|4-x|<S$ 无解,等价于 $|x-2|+|4-x| \geqslant S$ 恒成立,其等价命题为 $y_{\min} \geqslant S$. 根据绝对值和的最值的结论知, $y_{\min}=2$, 所以 $S \leqslant 2$,条件(1) 充分,条件(2) 不充分,选 A.

> **【总结】**　利用最值求参数的取值范围,牢记下列结论:
> $f(x) \geqslant a$ 恒成立 $\Leftrightarrow f(x)<a$ 无解 $\Leftrightarrow f_{\min}(x) \geqslant a$;
> $f(x) \leqslant a$ 恒成立 $\Leftrightarrow f(x)>a$ 无解 $\Leftrightarrow f_{\max}(x) \leqslant a$;
> $f(x) > a$ 恒成立 $\Leftrightarrow f(x) \leqslant a$ 无解 $\Leftrightarrow f_{\min}(x) > a$;
> $f(x) < a$ 恒成立 $\Leftrightarrow f(x) \geqslant a$ 无解 $\Leftrightarrow f_{\max}(x) < a.$

本章练习

1.三个人分苹果,每个人得到的苹果数都是质数且各不相同,苹果的总数不超过15个,则苹果个数可能有(　　)种情况.
　　(A)2　　　　　(B)3　　　　　(C)4　　　　　(D)5　　　　　(E)6

2.$\dfrac{a+b}{2},\dfrac{b+c}{2},\dfrac{c+a}{2}$ 中至少有一个整数.
　　(1)a,b,c 是三个任意的整数;
　　(2)a,b,c 是三个连续的整数.

3.三个不同质数的乘积等于它们和的5倍,则这三个质数的和为(　　).
　　(A)11　　　　(B)12　　　　(C)13　　　　(D)14　　　　(E)15

4.9121除以某质数,余数得13,这个质数是(　　).
　　(A)7　　　　　(B)11　　　　(C)17　　　　(D)23
　　(E)以上结论都错误

5.$a+b=25$.
　　(1)a,b 为质数;
　　(2)$5a+7b=129$.

6.$(a,b)=6,[a,b]=240$.
　　(1)$a=78,b=240$;
　　(2)$a=6,b=240$.

7.有一个四位数,它被131除余13,被132除余130,则此数字的各位数之和为(　　).
　　(A)23　　　　(B)24　　　　(C)25　　　　(D)26　　　　(E)27

8.已知 $22m+321n$ 能被9整除,则 $22m+321n$ 能被6整除.
　　(1)m,n 是整数;
　　(2)$22m+321n$ 能被2整除.

9.$8x^2+10xy-3y^2$ 是49的倍数.
　　(1)x,y 都是整数;
　　(2)$4x-y$ 是7的倍数.

10.已知 x,y 是有理数,且满足 $(1+2\sqrt{3})x+(1-\sqrt{3})y-2+5\sqrt{3}=0$,则 x,y 的值为(　　).
　　(A)$-1,2$　　　(B)$1,3$　　　(C)$1,2$　　　(D)$-1,3$　　　(E)$2,1$

11.已知 $x=\dfrac{1}{\sqrt{2}+\sqrt{3}}$,则 $x^2-\dfrac{\sqrt{3}}{x}=$(　　).
　　(A)$2-3\sqrt{6}$　(B)$3\sqrt{6}$　　(C)$2-\sqrt{6}$　　(D)$5+\sqrt{6}$　　(E)$2-\sqrt{3}$

12.设 x,y 是有理数,且 $(x-\sqrt{2}y)^2=6-4\sqrt{2}$,则 $x^2+3y^2=$(　　).
　　(A)3　　　　　(B)4　　　　　(C)5　　　　　(D)6　　　　　(E)7

13.比较 $a=\sqrt{7}-\sqrt{2}$ 与 $b=\sqrt{8}-\sqrt{3}$ 的大小,可得(　　).
　　(A)$a=b$　　　(B)$a>b$　　　(C)$a<b$　　　(D)$2a<b$　　　(E)无法判定

14. 某厂生产的产品分为一级品、二级品和次品,次品率为 8.6%.
   (1) 一级品、二级品的数量比为 5:4,二级品与次品数量比为 6:3.
   (2) 一级品、二级品、次品的数量比为 10:1:0.8.

15. 一个分数的分子减少 25%,而分母增加 25%,则新分数比原来分数减少的百分率是(　　).
   (A)40%　　　(B)45%　　　(C)50%　　　(D)60%　　　(E)55%

16. 容器内装满铁质或木质的黑球与白球,其中 30% 是黑球,60% 的白球是铁质的,则容器中木质白球的百分比是(　　).
   (A)28%　　　(B)30%　　　(C)40%　　　(D)42%　　　(E)70%

17. A 企业的职工人数今年比前年增加了 20%.
   (1) A 企业的职工人数去年比前年减少了 20%;
   (2) A 企业的职工人数今年比去年增加了 50%.

18. 某商店的两件商品,其中一件按成本价增加 25% 出售,另一件按成本价减少 20% 出售,这两件商品的售价恰好相等,则这两件商品的售价之和与它们成本价之和的比为(　　).
   (A)30:37　　(B) 35:51　　(C) 40:43　　(D) 40:41　　(E) 40:47

19. 已知 $a+b+c=0$,则 $a\left(\dfrac{1}{b}+\dfrac{1}{c}\right)+b\left(\dfrac{1}{a}+\dfrac{1}{c}\right)+c\left(\dfrac{1}{a}+\dfrac{1}{b}\right)=$(　　).
   (A)0　　　(B)1　　　(C)2　　　(D)-2　　　(E)-3

20. 已知 $\sqrt{x^3+2x^2}=-x\sqrt{2+x}$,则 x 的取值范围是(　　).
   (A)$x\leqslant 0$　(B)$x\geqslant -2$　(C)$-2\leqslant x\leqslant 0$　(D)$-2<x<0$　(E)$x<-2$

21. $(4x-10y)^z=\dfrac{1}{6}\sqrt{2}$.
   (1) 实数 x,y,z 满足 $(x-2y+1)^2+\sqrt{x-1}+|2x-y+z|=0$;
   (2) 实数 x,y,z 满足 $|x^2+4xy+5y^2|+\sqrt{z+\dfrac{1}{2}}=-2y-1$.

22. $|3+|2-|1+x|||=-x$ 成立.
   (1) $x<-4.5$;
   (2) $-4.5\leqslant x\leqslant -3$.

23. 方程 $x^2-|x|=a$ 有三个不同的解,则实数 a 的取值范围是(　　).
   (A)$a=0$　　(B)$a>0$ 或 $a<-1$　　(C)$a<-1$
   (D)$-1<a<0$　　　　　(E)$a>0$

24. $x^2-|x|-2<0$.
   (1) $x>-2$;
   (2) $x<2$.

25. $f(x)=\left|x-\dfrac{3}{4}\right|-\left|x-\dfrac{1}{4}\right|$ 的最小值为(　　).
   (A)$\dfrac{1}{2}$　　(B)$-\dfrac{1}{2}$　　(C)1　　(D)1　　(E)$\dfrac{1}{4}$

26. 任取 $n\in\mathbf{N}$,则 $|n-1|+|n-2|+|n-3|+\cdots+|n-100|$ 的最小值是(　　).
   (A) 2 475　　　　　　　(B) 2 500　　　　　　　(C) 4 950
   (D) 5 050　　　　　　　(E)以上结果均不正确

27. 若关于 x 的不等式 $|3-x|+|x-2|<a$ 的解集是空集,则实数 a 的取值范围是( ).

(A) $a<1$ (B) $a\leqslant 1$ (C) $a>1$ (D) $a\geqslant 1$ (E) $a\neq 1$

28. 方程 $|x-7|-|x+a|=10$ 有无数个解.

(1) $a=-3$；

(2) $a=3$.

29. 如果关于 x 的方程 $|x+1|+|x-1|=a$ 有实根,那么实数 a 的取值范围为( ).

(A) $a\geqslant 0$ (B) $a>0$ (C) $a\geqslant 1$ (D) $a\geqslant 2$

(E) 以上均不正确

30. $|5-3x|-|3x-2|=3$ 的解是空集.

(1) $x>\dfrac{5}{3}$；

(2) $\dfrac{7}{6}<x<\dfrac{5}{3}$.

本章练习答案解析

1. 【答案】 C

【解析】 不超过 15 的质数为:2,3,5,7,11,13,其中三个质数的和不超过 15,可能情况有:2、3、5；2、3、7；2、5、7；3、5、7 四种情况,选 C.

2. 【答案】 D

【解析】 条件(1), a,b,c 是三个任意的整数,则 a,b,c 中至少有两个数的奇偶性相同,其和为偶数,能被 2 整除,故 $\dfrac{a+b}{2},\dfrac{b+c}{2},\dfrac{c+a}{2}$ 中至少有一个整数,充分;条件(2)是条件(1)的特殊情况,故也充分,选 D.

3. 【答案】 D

【解析】 设这三个质数为 a,b,c,有 $abc=5(a+b+c)$,则其中有一个是 5.不妨设 $a=5$,代入上式得 $bc=5+b+c$, b,c 是不同的质数,则只能是 2,7,所以 $5+2+7=14$,选 D.

4. 【答案】 D

【解析】 设这个质数为 x,由题知 $x\mid(9121-13)$.而 $9121-13=9108=2\times 2\times 3\times 3\times 11\times 23$,故所求的质数为 23,选 D.

5. 【答案】 E

【解析】 单独都不充分,联立两个条件,取 $a=2,b=17$,满足条件但推不出结论,选 E.

6. 【答案】 B

【解析】 显然条件(2) 充分；条件(1),(78,240)=6,[78,240]=3120,不充分,选 B.

7. 【答案】 C

【解析】 设这个四位数为 x,则 $x=131n+13=132m+130(m,n\in\mathbf{Z})$,整理得 $131(n-m-1)=m-14\Rightarrow 131\mid(m-14)$.因为是四位数,可知 $m=14$,所以 $x=132\times 14+130=1978$,故选 C.

8. 【答案】 B

【解析】 条件(1),当 $m=3,n=1$ 时能被 9 整除,但是不能被 6 整除.故条件(1) 不充分.条件

(2)$22m+321n$ 能被 2 整除,同时由已知得能被 9 整除,即能被 18 整除,故条件(2)充分,选 B.

9.【答案】 C

【解析】 易知条件(1)和条件(2)单独都不充分,联立两个条件,由条件(2)有 $4x-y=7k\Rightarrow y=4x-7k(k\in \mathbf{Z})$,又 $8x^2+10xy-3y^2=(4x-y)(2x+3y)=7k(2x+12y-21k)=49k\cdot(2x-3k)$,充分,选 C.

10.【答案】 D

【解析】 $(1+2\sqrt{3})x+(1-\sqrt{3})y-2+5\sqrt{3}=(x+y-2)+(2x-y+5)\sqrt{3}=0$,所以 $x+y-2=0,2x-y+5=0$,解得 $x=-1,y=3$,选 D.

11.【答案】 A

【解析】 $x=\dfrac{1}{\sqrt{2}+\sqrt{3}}=\sqrt{3}-\sqrt{2}$,则 $x^2-\dfrac{\sqrt{3}}{x}=5-2\sqrt{6}-3-\sqrt{6}=2-3\sqrt{6}$,选 A.

12.【答案】 E

【解析】 因为 $(x-\sqrt{2}y)^2=x^2+2y^2-2\sqrt{2}xy$,所以 $x^2+2y^2-2\sqrt{2}xy=6-4\sqrt{2}$,即 $\begin{cases}x^2+2y^2=6,\\2xy=4\end{cases}\Rightarrow\begin{cases}x^2=4,\\y^2=1\end{cases}$ 或 $\begin{cases}x^2=2,\\y^2=2\end{cases}$(舍),故 $x^2+3y^2=4+3=7$,选 E.

13.【答案】 B

【解析】 $a=\sqrt{7}-\sqrt{2}=\dfrac{5}{\sqrt{7}+\sqrt{2}},b=\sqrt{8}-\sqrt{3}=\dfrac{5}{\sqrt{8}+\sqrt{3}}$,易知 $a>b$,选 B.

14.【答案】 E

【解析】 条件(1),一级品、二级品的数量比为 5∶4,二级品与次品数量比为 6∶3,则一级品、二级品、次品的数量比为 15∶12∶6,所以次品率为 $6\div(15+12+6)\approx 18.2\%$,不充分;条件(2),一级品、二级品、次品的数量比为 10∶1∶0.8,则次品率为 $0.8\div(10+1+0.8)\approx 6.8\%$,不充分,选 E.

15.【答案】 A

【解析】 设这个分数的分子和分母分别为 a,b,则 $\dfrac{\dfrac{a}{b}-\dfrac{a(1-25\%)}{b(1+25\%)}}{\dfrac{a}{b}}=1-\dfrac{1-25\%}{1+25\%}=40\%$,选 A.

16.【答案】 A

【解析】 根据题意,容器中木质白球的百分比为 $(1-30\%)\times(1-60\%)=28\%$,选 A.

17.【答案】 C

【解析】 显然,条件(1)与条件(2)单独都不充分,联立两个条件,将前年的职工人数看成是"1",则今年的职工人数比前年增加的百分比是 $(1-20\%)(1+50\%)-1=20\%$,充分,选 C.

18.【答案】 D

【解析】 设这两件商品的成本价分别为 a,b,根据题意有 $a(1+25\%)=b(1-20\%)\Rightarrow\dfrac{a}{b}=\dfrac{16}{25}$,则 $\dfrac{a(1+25\%)+b(1-20\%)}{a+b}=\dfrac{40}{41}$,选 D.

19.【答案】 E

【解析】 $a\left(\dfrac{1}{b}+\dfrac{1}{c}\right)+b\left(\dfrac{1}{a}+\dfrac{1}{c}\right)+c\left(\dfrac{1}{a}+\dfrac{1}{b}\right)=\dfrac{a+c}{b}+\dfrac{a+b}{c}+\dfrac{b+c}{a}=-3$,选 E.

20.【答案】 C

【解析】 由绝对值的性质有,$\sqrt{x^3+2x^2}=\sqrt{x^2(x+2)}=|x|\sqrt{(x+2)}=-x\sqrt{2+x}$,所以 $x\leqslant 0$ 且 $2+x\geqslant 0$,解得 $-2\leqslant x\leqslant 0$,选 C.

21.【答案】 B

【解析】 由条件(1),$(x-2y+1)^2+\sqrt{x-1}+|2x-y+z|=0\Rightarrow x=1,y=1,z=-1$,代入 $(4x-10y)^z=-\dfrac{1}{6}$,不充分;条件(2),$|x^2+4xy+5y^2|+\sqrt{z+\dfrac{1}{2}}+2y+1=0$,即 $x^2+4xy+4y^2+y^2+\sqrt{z+\dfrac{1}{2}}+2y+1=(x+2y)^2+(y+1)^2+\sqrt{z+\dfrac{1}{2}}=0$,所以 $x=2,y=-1,z=-\dfrac{1}{2}$.代入 $(4x-10y)^z=\dfrac{1}{6}\sqrt{2}$,充分;选 B.

22.【答案】 D

【解析】 条件(1),当 $x<-4.5$ 时,$|3+|2-|1+x|||=|3+|2+1+x||=|3-(3+x)|=|-x|=-x$,成立;条件(2) 当 $-4.5\leqslant x\leqslant -3$ 时,$|3+|2-|1+x|||=|3+|2+1+x||=|3-(3+x)|=|-x|=-x$,成立,选 D.

23.【答案】 A

【解析】 方法一 特值法.当 $a=0$ 时,$x^2-|x|=0$,解得 $x=0,1,-1$,符合题意,选 A.
方法二 令 $t=|x|$,原方程变为 $t^2-t-a=0$,当 t 有一正解和零解时,恰好 x 有三个不同的解,把 $t=0$ 代入方程解得 $a=0$,选 A.

24.【答案】 C

【解析】 令 $t=|x|$,原方程变为 $t^2-t-2<0$,解得 $-1<t<2$,又 $t=|x|\geqslant 0$,所以原方程的解为 $0\leqslant |x|<2$,解得 $-2<x<2$,选 C.

25.【答案】 B

【解析】 直接利用两个绝对值的差取最值的结论即可.

26.【答案】 B

【解析】 根据绝对值和取最值的结论可知,当 $n=50$ 时取最小值,代入求得 $|n-1|+|n-2|+|n-3|+\cdots+|n-100|=49+48+\cdots+1+0+1+2+\cdots+49+50=2500$,选 B.

27.【答案】 B

【解析】 令 $y=|3-x|+|x-2|$,则 $y<a$ 解集为空集的等价条件为 $y_{\min}\geqslant a$,又 $y_{\min}=1$,所以 $a\leqslant 1$,选 B.

28.【答案】 B

【解析】 条件(1),$|x-7|-|x-3|=10$,画出图像如图1所示,可知方程无解;同理条件(2),$|x-7|-|x+3|=10$,画出图像如图2所示,可知方程有无数个解,选 B.

图1

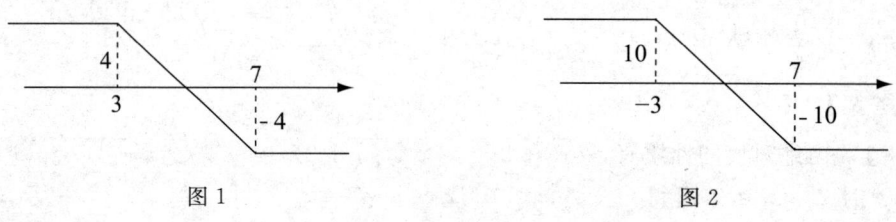

图2

29. 【答案】 D

【解析】 令 $y=|x+1|+|x-1|$，$y=a$ 有实根的等价条件是 $y_{\min}\leqslant a\leqslant y_{\max}$，而 $y=|x+1|+|x-1|\geqslant 2$，所以 $a\geqslant 2$，选 D.

30. 【答案】 D

【解析】 $|5-3x|-|3x-2|=3\Leftrightarrow\left|x-\dfrac{5}{3}\right|-\left|x-\dfrac{2}{3}\right|=1$，条件(1) $x>\dfrac{5}{3}$，代入上式得 $x-\dfrac{5}{3}-\left(x-\dfrac{2}{3}\right)=1\Rightarrow -1=1$，无解，充分；条件(2) $\dfrac{7}{6}<x<\dfrac{5}{3}$，代入上式得 $\dfrac{5}{3}-x-\left(x-\dfrac{2}{3}\right)=1\Rightarrow x=\dfrac{2}{3}$，不满足 $\dfrac{7}{6}<x<\dfrac{5}{3}$，故也无解，充分，选 D.

第二章　代数式和函数

第一节　整　式

知识精讲

一、代数式的化简

1. 基本概念

代数式：数或字母通过有限次加、减、乘、除、开方等代数运算所构成的式子.

有理式：只有加、减、乘、除的式子叫作有理式.

无理式：一般根号下含有字母的代数式称为无理式.

整式：分母中不含字母的有理式称为整式.

分式：分母中含有字母的有理式称为分式.

单项式：由数和字母相乘构成的且只有一项的代数式.

多项式：几个单项式的代数和. 有时也称多项式为整式.

同类项：两个单项式，所含字母相同，且相同字母的指数也分别相同，则称这两个单项式为同类项.

2. 多项式相等

(1) 一元 n 次多项式

$f(x) = a_n x^n + a_{n-1} x^{n-1} + \cdots + a_1 x + a_0 (a_n \neq 0)$ 称为关于 x 的一元 n 次多项式.

(2) 多项式相等定理

设 $f(x) = a_n x^n + a_{n-1} x^{n-1} + \cdots + a_1 x + a_0$，$g(x) = b_n x^n + b_{n-1} x^{n-1} + \cdots + b_1 x + b_0$，则 $f(x) = g(x) \Leftrightarrow a_n = b_n, a_{n-1} = b_{n-1}, \cdots a_1 = b_1, a_0 = b_0$.

特别的，$f(x) = 0 \Leftrightarrow a_n = a_{n-1} = \cdots = a_1 = a_0 = 0$.

3. 基本公式

$(x \pm y)^2 = x^2 \pm 2xy + y^2$

$x^2 - y^2 = (x+y)(x-y)$

$(x+y+z)^2 = x^2 + y^2 + z^2 + 2xy + 2yz + 2xz$

$x^2 + y^2 + z^2 - xy - yz - xz = \dfrac{1}{2}[(x-y)^2 + (y-z)^2 + (z-x)^2]$

$x^3 \pm y^3 = (x \pm y)(x^2 \mp xy + y^2)$

$(x \pm y)^3 = x^3 \pm 3x^2 y + 3xy^2 \pm y^3$

$(a+b)^n = C_n^0 a^n b^0 + C_n^1 a^{n-1} b^1 + C_n^2 a^{n-2} b^2 + \cdots + C_n^{n-1} a^1 b^{n-1} + C_n^n a^0 b^n = \sum\limits_{k=0}^{n} C_n^k a^{n-k} b^k$

二、整式的除法

与整数的运算性质类似,整式加、减、乘以整式,结果还是整式.但是整式除以整式的结果不一定是整式.

我们可以类似整数除法那样,对整式进行竖式除法,注意作竖式除法之前,应先将多项式按照同一字母降幂排序,再进行相除.除了竖式除法,带余除法是用得非常多的一种方法.

1. 带余除法

任意多项式 $f(x), g(x)(g(x) \neq 0)$,则存在唯一的 $p(x), r(x)$,使得 $f(x) = g(x) \cdot p(x) + r(x)$,其中 $r(x)$ 的次数比 $g(x)$ 的低,则称多项式 $f(x)$ 除以 $g(x)$ 商式为 $p(x)$,余式为 $r(x)$,$f(x)$ 称为被除式,$g(x)$ 称为除式.

2. 整除

(1) 定义:当 $r(x) = 0$ 时,$f(x) = g(x) \cdot p(x)$,称整式 $g(x)$ 能整除 $f(x)$,或者整式 $f(x)$ 能被 $g(x)$ 整除,称 $g(x)$ 为 $f(x)$ 的一个因式,记为 $g(x) \mid f(x)$.

(2) 性质:

若 $h(x) \mid g(x)$,且 $g(x) \mid f(x)$,则 $h(x) \mid f(x)$.

若 $h(x) \mid g(x)$,且 $h(x) \mid f(x)$,则 $h(x) \mid (u(x)f(x) \pm v(x)g(x))$.

3. 因式定理

$f(x)$ 含有 $(ax-b)$ 因式 $\Leftrightarrow f(x)$ 能被 $(ax-b)$ 整除 $\Leftrightarrow f\left(\dfrac{b}{a}\right) = 0$.

特别的,$f(x)$ 含有 $(x-a)$ 因式 $\Leftrightarrow f(x)$ 能被 $(x-a)$ 整除 $\Leftrightarrow f(a) = 0$.

注:一次因式的零点恰为对应多项式方程的根.

4. 余式定理

多项式 $f(x)$ 除以 $(ax-b)$ 的余数为 $r = f\left(\dfrac{b}{a}\right)$.

特别的,$f(x)$ 除以 $(x-a)$ 的余数为 $r = f(a)$.

注:当除式为一次因式时,余式是零次多项式,也就是常数,故余式定理也称为余数定理.因式定理可以看成特殊情况的余式定理(余数为零).

因式定理和余式定理都是由带余除法得出的,经常考查利用因式定理和余式定理求多项式的系数.

三、因式分解

将高次多项式分解为低次多项式乘积,称为多项式的因式分解.这是解决高次多项式问题的一种非常有效的方法.常见的因式分解的方法有:提公因式法、公式法、拆项补项法、十字相乘法(双十字相乘法)、待定系数法,等等.

重要题型

题型一 代数式求值

【题型方法分析】

(1) 乘法公式;

(2) 多项式相等定理:

设 $f(x) = a_n x^n + a_{n-1} x^{n-1} + \cdots + a_1 x + a_0$,$g(x) = b_n x^n + b_{n-1} x^{n-1} + \cdots + b_1 x + b_0$,则 $f(x) =$

$g(x) \Leftrightarrow a_n = b_n, a_{n-1} = b_{n-1}, \cdots, a_1 = b_1, a_0 = b_0$;

(3) 整体替换、求值代入.

例 1.1 对于实数 $x, y, x^2 + y^2 - 2x + 12y + 38$ 的值是（　　）.

(A) 正数　　　　(B) 负数　　　　(C) 零　　　　(D) 非负数　　　　(E) 非正数

【答案】 A

【解析】 $x^2 + y^2 - 2x + 12y + 38 = (x-1)^2 + (y+6)^2 + 1 > 0$，选 A.

【总结】 利用完全平方公式配方.

例 1.2 已知 $x^2 - 3x = 9$，则 $x^4 - 3x^3 - 27x + 5 = (\quad)$.

(A) 83　　　　(B) 84　　　　(C) 85　　　　(D) 86　　　　(E) 87

【答案】 D

【解析】 $x^4 - 3x^3 - 27x + 5 = x^2(x^2 - 3x) - 27x + 5 = 9x^2 - 27x + 5 = 9(x^2 - 3x) + 5 = 86$，选 D.

【总结】 求代数式的值时，可以将已知代数式"整体替换"，方便计算.

例 1.3 多项式 $(2x+1)^5 = a_0 + a_1 x + a_2 x^2 + a_3 x^3 + a_4 x^4 + a_5 x^5$，则 $a_2 + a_4 = (\quad)$.

(A) 117　　　　(B) 118　　　　(C) 126　　　　(D) 123　　　　(E) 120

【答案】 E

【解析】 **方法一** 二项式公式.

$(2x+1)^5 = a_0 + a_1 x + a_2 x^2 + a_3 x^3 + a_4 x^4 + a_5 x^5$，由二项式公式有

$(2x+1)^5 = C_5^0 (2x)^5 1^0 + C_5^1 (2x)^4 1^1 + C_5^2 (2x)^3 1^2 + C_5^3 (2x)^2 1^3 + C_5^4 (2x)^1 1^4 + C_5^5 (2x)^0 1^5$，

再根据多项式相等可知，$a_2 = C_5^3 2^2 1^3 = 40, a_4 = C_5^1 2^4 1^1 = 80$，所以 $a_2 + a_4 = 120$，选 E.

方法二 特值法.

设 $f(x) = (2x+1)^5 = a_0 + a_1 x + a_2 x^2 + a_3 x^3 + a_4 x^4 + a_5 x^5$，则 $f(0) = 1 = a_0, f(1) = 3^5 = a_0 + a_1 + a_2 + a_3 + a_4 + a_5, f(-1) = -1 = a_0 - a_1 + a_2 - a_3 + a_4 - a_5$，从而 $a_2 + a_4 = \dfrac{f(1) + f(-1)}{2} - a_0 = \dfrac{3^5 - 3}{2} = 120$，选 E.

【总结】 记住以下结论：设 $f(x) = a_0 + a_1 x + \cdots + a_{n-1} x^{n-1} + a_n x^n$，则 $f(0) = a_0, f(1) = a_0 + a_1 + \cdots + a_{n-1} + a_n, f(-1) = a_0 - a_1 + \cdots + (-1)^n a_n$，从而可知多项式中偶次项系数和为 $a_0 + a_2 + a_4 + \cdots = \dfrac{f(1) + f(-1)}{2}$，奇次项系数和为 $a_1 + a_3 + a_5 + \cdots = \dfrac{f(1) - f(-1)}{2}$.

题型二　带余除法、因式定理、余式定理

【题型方法分析】

(1) 因式定理：$f(x)$ 含有 $(x-a)$ 因式 $\Leftrightarrow f(x)$ 能被 $(x-a)$ 整除 $\Leftrightarrow f(a) = 0$；

(2) 余式定理：$f(x)$ 除以 $(x-a)$ 的余数为 $r = f(a)$.

例 1.4 多项式 $f(x) = x^4 + 2x^3 - 4x^2 + x + m$ 除以 $x+1$ 的余数为 2，则 $m = (\quad)$.

(A) 6　　　　(B) 7　　　　(C) 8　　　　(D) 9　　　　(E) 10

【答案】　C

【解析】　根据余式定理，有 $f(-1)=1-2-4-1+m=2$，解得 $m=8$，选 C.

【总结】　除式为一次式时，余数恰好为被除式在除式零点处的值.

例 1.5　设 $f(x)$ 是二次多项式，且 $f(2)=f(4)=3$，$f(0)=9$，则 $f(5)=(\quad)$.

(A) 5　　　(B) $\dfrac{21}{4}$　　　(C) $\dfrac{23}{4}$　　　(D) $\dfrac{27}{4}$　　　(E) 6

【答案】　B

【解析】　**方法一**　设 $f(x)=ax^2+bx+c$，由 $f(2)=f(4)=3$，$f(0)=9$，解得 $a=\dfrac{3}{4}$，$b=-\dfrac{9}{2}$，$c=9$，所以 $f(x)=\dfrac{3}{4}x^2-\dfrac{9}{2}x+9$，解得 $f(5)=\dfrac{21}{4}$，选 B.

方法二　设 $f(x)=a(x-2)(x-4)+3$，由 $f(0)=9$，解得 $a=\dfrac{3}{4}$，所以 $f(x)=\dfrac{3}{4}(x-2)(x-4)+3$，解得 $f(5)=\dfrac{21}{4}$，选 B.

【总结】　方法二是利用余式定理设出多项式，计算更为方便.

例 1.6　若 $f(x)=x^3+2x^2+ax+b$ 能被 x^2-4x+3 整除，则 $f(x)$ 除以 x^2-3x+2 的余式为（　）.

(A) $7x+8$　　(B) $-8x+8$　　(C) $-6x+6$　　(D) $-7x+7$　　(E) $8x-7$

【答案】　B

【解析】　$x^2-4x+3=(x-1)(x-3)$，$f(x)=x^3+2x^2+ax+b$ 能被 x^2-4x+3 整除，则 $f(x)=x^3+2x^2+ax+b$ 也能被 $(x-1)$ 和 $(x-3)$ 整除，由因式定理得 $\begin{cases} f(1)=1+2+a+b=0, \\ f(3)=27+18+3a+b=0, \end{cases}$ 解得 $\begin{cases} a=-21, \\ b=18, \end{cases}$ 所以 $f(x)=x^3+2x^2-21x+18$.

设 $f(x)=(x^2-3x+2)q(x)+(mx+n)=(x-1)(x-2)q(x)+(mx+n)$，则 $\begin{cases} f(1)=0=m+n, \\ f(2)=-8=2m+n, \end{cases}$ 解得 $\begin{cases} m=-8, \\ n=8, \end{cases}$ 所以所求的余式为 $-8x+8$，选 B.

【总结】　综合考查因式定理和余式定理. 已知除式的次数时，余式设为比除式低一次的多项式，求出系数.

题型三　利用因式分解化简代数式

【题型方法分析】

(1) 因式分解的方法：十字相乘法、待定系数法、提公因式法、拆项补项法，等等；

(2) 结合因式定理求多项式系数.

例 1.7　若 $3x^4-2x^3-5x^2-4x-4=(x+1)q(x)$，则 $q(x)=(\quad)$.

(A) $(3x-2)(x-2)(x+1)$　　　(B) $(3x^2+x+2)(x-2)$

(C) $(3x^2+x+2)(x+2)$　　　(D) $(3x+2)(x+2)(x-1)$

（E）以上结论都不正确

【答案】 B

【解析】 $3x^4-2x^3-5x^2-4x-4 = x^2(3x^2-2x-5)-4(x+1)$
$= x^2(3x-5)(x+1)-4(x+1)=(x+1)(3x^3-5x^2-4)$
$= (x+1)[(3x^3-6x^2)+(x^2-4)]$
$= (x+1)[3x^2(x-2)+(x+2)(x-2)]$
$= (x+1)(x-2)(3x^2+x+2)$,

所以 $q(x)=(3x^2+x+2)(x-2)$, 选 B.

【总结】 还可以结合选项, 利用因式定理求解更为方便. 设 $f(x)=3x^4-2x^3-5x^2-4x-4$, 因为 $f(2)=0, f\left(\dfrac{2}{3}\right)\neq 0$, 所以 $(x-2)$ 是因式, $(3x-2)$ 不是因式, 选 B.

第二节　分式与根式

知识精讲

一、分式及其运算

1. 分式的概念与基本运算

（1）形如 $\dfrac{A}{B}(B\neq 0)$ 的有理式称为分式, 其中 A 称为分子, B 称为分母, 分母中必须含有字母且分母不能为零.

（2）最简分式（既约分式）：分子和分母没有公因式的分式.

（3）分式的基本运算

分子和分母同乘以（或除以）同一个不为零的式子, 分式的值不变.

约分：把分式的分子与分母的公因式约去.

通分：把异分母的分式化为与原来的分式相等的同分母的分式.

2. 分式的部分分式

对于一个真分式 $\dfrac{p(x)}{q(x)}$, 若分母可分解为两个多项式的乘积 $q(x)=q_1(x)q_2(x)$, 则一定可以写成 $\dfrac{p(x)}{q(x)}=\dfrac{p_1(x)}{q_1(x)}+\dfrac{p_2(x)}{q_2(x)}$, 其中 $p_1(x), p_2(x)$ 的次数分别比 $q_1(x), q_2(x)$ 的低, 可利用待定系数法求出.

3. 有关 $x^n+\dfrac{1}{x^n}$ 的计算

已知 $x+\dfrac{1}{x}$ 的值, 可以求 $x^n+\dfrac{1}{x^n}$ 的值.

迭代公式：

$x^{2k}+\dfrac{1}{x^{2k}}=\left(x^k+\dfrac{1}{x^k}\right)^2-2$

$x^{2k+1}+\dfrac{1}{x^{2k+1}}=\left(x^k+\dfrac{1}{x^k}\right)\left(x^{k+1}+\dfrac{1}{x^{k+1}}\right)-\left(x+\dfrac{1}{x}\right)$

二、根式及其运算

1. 定义：

形如 $\sqrt{f(x)}$ 的式子叫做根式.

最简根式：满足下列条件的根式，叫作最简根式.

① 被开方数无完全平方数因子；

② 被开方数不含分母；

③ 化简后的式子分母中不含根号.

同次根式：根指数相同的根式，叫作同次根式.

2. 根式的性质：

$(f(x))^{\frac{m}{n}} = \sqrt[n]{f(x)^m}$

$[f(x)]^{-n} = \dfrac{1}{[f(x)]^n}$

$\sqrt[n]{f(x)^n} = \begin{cases} f(x), & n \text{ 为奇数}, \\ |f(x)|, & n \text{ 为偶数}. \end{cases}$

注：0 的正数次根都为零. 要注意偶次根式的非负性，这是考查的重点.

重要题型

题型一 分式的整理及其化简

【题型方法分析】

(1) 整体替换；

(2) 利用比例性质；

(3) 部分分式化简（裂项法）；

(4) 重要结论：

$x^{2k} + \dfrac{1}{x^{2k}} = \left(x^k + \dfrac{1}{x^k}\right)^2 - 2$； $x^{2k+1} + \dfrac{1}{x^{2k+1}} = \left(x^k + \dfrac{1}{x^k}\right)\left(x^{k+1} + \dfrac{1}{x^{k+1}}\right) - \left(x + \dfrac{1}{x}\right)$.

例 2.1 若 $\dfrac{1}{x} + \dfrac{2}{y} = 3$，则 $\dfrac{2x - 2xy + y}{3xy - 4x - 2y} = ($ $)$.

(A) 1 (B) -1 (C) 0 (D) $\dfrac{1}{3}$ (E) $-\dfrac{1}{3}$

【答案】 E

【解析】 由 $\dfrac{1}{x} + \dfrac{2}{y} = 3$，得 $\dfrac{2x - 2xy + y}{3xy - 4x - 2y} = \dfrac{\dfrac{2}{y} - 2 + \dfrac{1}{x}}{3 - \dfrac{4}{y} - \dfrac{2}{x}} = \dfrac{3 - 2}{3 - 2 \times 3} = -\dfrac{1}{3}$，选 E.

【总结】 代数式求值，注意整体替换.

例 2.2 已知 $abc \neq 0$，则 $\dfrac{ab + 2}{b} = 2$.

(1) $b + \dfrac{2}{c} = 1$；

(2) $c + \dfrac{4}{a} = 2$.

【答案】 C

【解析】 显然条件(1)和条件(2)单独都不充分. 联立两个条件, $\dfrac{ab+2}{b} = a + \dfrac{2}{b} = \dfrac{4}{2-c} + \dfrac{2c}{c-2} = \dfrac{4-2c}{2-c} = 2$, 充分, 选 C.

【总结】 整理分式时, 先观察再计算, 若有多个参数, 整体替换或化为同一个参数.

例 2.3 已知 $a+b+c=0$ 且 $abc=3$, $a^2+b^2+c^2=6$, 则 $\dfrac{1}{a} + \dfrac{1}{b} + \dfrac{1}{c} = (\quad)$.

(A) 0　　　　(B) -1　　　　(C) 1　　　　(D) 2　　　　(E) -2

【答案】 B

【解析】 $\dfrac{1}{a} + \dfrac{1}{b} + \dfrac{1}{c} = \dfrac{bc+ac+ab}{abc}$, 又 $(a+b+c)^2 = a^2+b^2+c^2+2(ab+bc+ac)$, 所以 $ab+bc+ac = \dfrac{(a+b+c)^2-(a^2+b^2+c^2)}{2} = -3$, 故 $\dfrac{1}{a} + \dfrac{1}{b} + \dfrac{1}{c} = \dfrac{-3}{3} = -1$, 选 B.

【总结】 牢记基本公式及其变形.

例 2.4 关于 x 的方程 $\dfrac{1}{x^2+x} + \dfrac{1}{x^2+3x+2} + \dfrac{1}{x^2+5x+6} + \dfrac{1}{x^2+7x+12} = \dfrac{4}{21}$, 则 $x = (\quad)$.

(A) 3　　　　(B) -7　　　　(C) 3 或 -7　　　　(D) 3 或 7　　　　(E) 7

【答案】 C

【解析】 先利用部分分式整理方程.
$\dfrac{1}{x^2+x} = \dfrac{1}{x(x+1)} = \dfrac{1}{x} - \dfrac{1}{x+1}$, $\dfrac{1}{x^2+3x+2} = \dfrac{1}{(x+1)(x+2)} = \dfrac{1}{x+1} - \dfrac{1}{x+2}$, $\dfrac{1}{x^2+5x+6} = \dfrac{1}{(x+2)(x+3)} = \dfrac{1}{x+2} - \dfrac{1}{x+3}$, $\dfrac{1}{x^2+7x+12} = \dfrac{1}{(x+3)(x+4)} = \dfrac{1}{x+3} - \dfrac{1}{x+4}$, 所以原方程化为 $\dfrac{1}{x} - \dfrac{1}{x+4} = \dfrac{4}{21}$, 解得 $x = 3$ 或 -7, 选 C.

【总结】 部分分式是裂项法的基础, 而裂项法是处理"大算式"的一种常用方法.

例 2.5 若 $x^2 - 3x + 1 = 0$, 则 $x^6 + \dfrac{1}{x^6} = (\quad)$.

(A) 322　　　　(B) 224　　　　(C) 122　　　　(D) 240　　　　(E) 186

【答案】 A

【解析】 由 $x^2 - 3x + 1 = 0$ 得 $x + \dfrac{1}{x} = 3$, $x^2 + \dfrac{1}{x^2} = \left(x + \dfrac{1}{x}\right)^2 - 2 = 7$, $x^3 + \dfrac{1}{x^3} = \left(x + \dfrac{1}{x}\right)\left(x^2 + \dfrac{1}{x^2}\right) - \left(x + \dfrac{1}{x}\right) = 18$, $x^6 + \dfrac{1}{x^6} = \left(x^3 + \dfrac{1}{x^3}\right)^2 - 2 = 322$, 选 A.

【总结】 $x^{2k}+\dfrac{1}{x^{2k}}=\left(x^k+\dfrac{1}{x^k}\right)^2-2$,$x^{2k+1}+\dfrac{1}{x^{2k+1}}=\left(x^k+\dfrac{1}{x^k}\right)\left(x^{k+1}+\dfrac{1}{x^{k+1}}\right)-\left(x+\dfrac{1}{x}\right)$.

例 2.6 已知 $\dfrac{x^2}{x^4+3x^2+1}=\dfrac{1}{10}$,则 $\dfrac{x}{x^2+x+1}=(\quad)$.

(A)7　　　　(B)10　　　　(C)$\dfrac{1}{7}$　　　　(D)4 或 -2　　　　(E)$\dfrac{1}{4}$ 或 $-\dfrac{1}{2}$

【答案】 E

【解析】 由 $\dfrac{x^2}{x^4+3x^2+1}=\dfrac{1}{10}$,分子分母都除以 x^2,得 $\dfrac{1}{x^2+\dfrac{1}{x^2}+3}=\dfrac{1}{10}$,所以 $x^2+\dfrac{1}{x^2}=7$. 由于 $x^2+\dfrac{1}{x^2}=\left(x+\dfrac{1}{x}\right)^2-2$,得 $x+\dfrac{1}{x}=\pm 3$,故 $\dfrac{x}{x^2+x+1}=\dfrac{1}{x+\dfrac{1}{x}+1}=\dfrac{1}{4}$ 或 $-\dfrac{1}{2}$,选 E.

【总结】 反用 $x^n+\dfrac{1}{x^n}$ 结论的公式.

题型二　整理化简根式

【题型方法分析】

利用开方的运算法则,注意偶次根式的非负性.

例 2.7 $\dfrac{x^4-33x^2-40x+244}{x^2-8x+15}=5$ 成立.

(1) $x=\sqrt{19-8\sqrt{3}}$;

(2) $x=\sqrt{19+8\sqrt{3}}$.

【答案】 D

【解析】 $\dfrac{x^4-33x^2-40x+244}{x^2-8x+15}=5\Leftrightarrow x^4-33x^2-40x+244=5(x^2-8x+15)$,得 $x^4-38x^2+169=(x^2-19)^2-19^2+13^2=0\Leftrightarrow (x^2-19)^2-32\times 6=0$.

条件 (1) $x=\sqrt{19-8\sqrt{3}}\Rightarrow x^2=19-8\sqrt{3}$,代入上式成立,充分. 同理,条件 (2) $x=\sqrt{19+8\sqrt{3}}\Rightarrow x^2=19+8\sqrt{3}$,代入上式成立,充分,选 D.

【总结】 对于根号下带有根号的,常用配方法处理.

第三节　函　数

知识精讲

一、函数的基本属性

1. 函数的三要素:定义域、对应法则、值域

【注】 常用的函数定义域的基本原则

(1) 分母不能为零;

(2) 偶次根式中被开方数不能小于零;

(3) 对数的真数大于零,底数大于零且不等于1;

(4) 指数函数的底数大于零且不等于1;

(5) 实际问题要考虑实际意义等.

2. 单调性

设函数 $f(x)$ 在区间 $[a,b]$ 上有定义,对于任意的 $x_1,x_2 \in [a,b]$;

(1) 单调增加:若 $x_1 < x_2$,有 $f(x_1) < f(x_2)$,则称 $f(x)$ 在区间 $[a,b]$ 上单调增加;

(2) 单调减少:若 $x_1 < x_2$,有 $f(x_1) > f(x_2)$,则称 $f(x)$ 在区间 $[a,b]$ 上单调减少.

(3) 复合函数的单调性:同增异减.

单调性相同的两个函数复合,得到的新函数是单调增加的;单调性不同的两个函数复合,得到的新函数是单调减少的.

3. 奇偶性

(1) 偶函数:若函数 $f(x)$ 在定义域上满足 $f(-x) = f(x)$,则称 $f(x)$ 为偶函数;

(2) 奇函数:若函数 $f(x)$ 在定义域上满足 $f(-x) = -f(x)$,则称 $f(x)$ 为奇函数;

(3) 性质:偶函数的图像关于 y 轴对称,奇函数的图像关于原点对称.

二、一元二次函数

1. 函数形式

形如 $y = ax^2 + bx + c(a \neq 0)$ 的函数称为一元二次函数,其中 x 称为自变量,x 的取值范围称为定义域,y 的取值范围称为值域.

将 $y = ax^2 + bx + c(a \neq 0)$ 进行配方,得到 $y = a\left(x + \dfrac{b}{2a}\right)^2 + \dfrac{4ac - b^2}{4a}(a \neq 0)$ 称为顶点式. 一元二次函数的图像是一条抛物线,当函数图像与 x 轴有交点时,还可以写出分解式 $f(x) = a(x - x_1)(x - x_2)$,其中 x_1, x_2 是图像与 x 轴交点的横坐标.

2. 一元二次函数的性质特点

(1) 开口方向

当 $a > 0$ 时,开口向上;当 $a < 0$ 时,开口向下.

(2) 对称轴、顶点

一元二次函数的对称轴为 $x = -\dfrac{b}{2a}$,图像关于这条直线对称;顶点坐标为 $\left(-\dfrac{b}{2a}, \dfrac{4ac - b^2}{4a}\right)$.

(3) 判别式、零点

把 $\Delta = b^2 - 4ac$ 称为判别式,判别式的符号决定了函数与 x 轴交点的个数. 当 $\Delta > 0$ 时,图像与 x 轴有两个交点;当 $\Delta = 0$ 时,图像与 x 轴有一个交点;当 $\Delta < 0$ 时,图像与 x 轴没有交点. 交点的横坐标也称为函数的零点.

(4) 单调性、最值

当 $a > 0$ 时,函数的单调减区间为 $\left(-\infty, -\dfrac{b}{2a}\right)$,单调增区间为 $\left(-\dfrac{b}{2a}, +\infty\right)$,此时函数有最小值,最小值为 $y_{\min} = \dfrac{4ac - b^2}{4a}$.

当 $a<0$ 时,函数的单调增区间为 $\left(-\infty,-\dfrac{b}{2a}\right)$,单调减区间为 $\left(-\dfrac{b}{2a},+\infty\right)$,此时函数有最大值,最大值为 $y_{\max}=\dfrac{4ac-b^2}{4a}$.

(5) 韦达定理

设 x_1,x_2 是一元二次函数 $f(x)=ax^2+bx+c(a\neq 0)$ 与 x 轴的两个交点的横坐标(即零点),则 $x_1+x_2=-\dfrac{b}{a},x_1\cdot x_2=\dfrac{c}{a}$.

三、其他函数

1. 正比例函数与反比例函数

$y=kx(k\neq 0)$ 称为正比例函数,其图像是一条过原点的直线.当 $k>0$ 时,函数单调递增;当 $k<0$ 时,函数单调递减.

$y=\dfrac{k}{x}(k\neq 0)$ 称为反比例函数,其图像是关于原点对称的两支曲线.当 $k>0$ 时,图像在一、三象限,函数单调递减;当 $k<0$ 时,图像在二、四象限,函数单调递增.

2. 一元一次函数

$y=ax+b$ 称为一元一次函数,图像是一条直线,a 称为斜率,b 称为截距.

正比例函数是特殊的一元一次函数.

3. 对勾函数

$y=x+\dfrac{1}{x}$ 称为对勾函数,因其图像类似一个"对勾"而得名.

当 $x>0$ 时,在 $x=1$ 处取到最小值,$y_{\min}=2$;且当 $0<x<1$ 时,函数单调递减;当 $x>1$ 时,函数单调递增.

对勾函数取最值的结论还可以由"均值不等式"得到.

4. 指数函数

(1) 定义

$y=a^x,(a>0,a\neq 1)$,称为指数函数,其中 a 称为底数.指数函数的定义域为 $\mathbf{R}$,值域为 $(0,+\infty)$.

(2) 图像

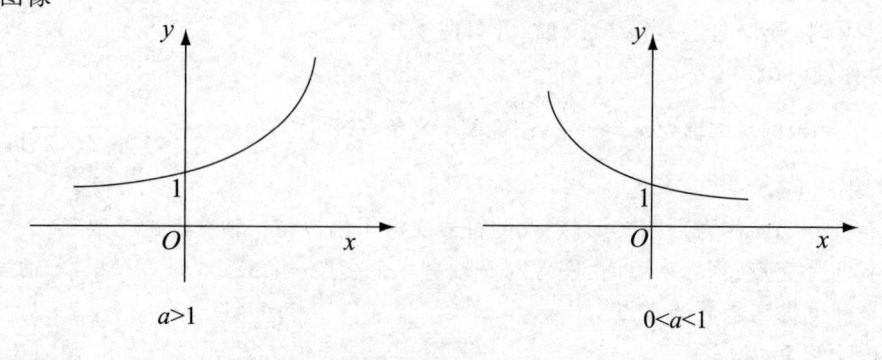

$a>1$

$0<a<1$

(3) 单调性

当 $a>1$,$y=a^x$ 是单调增加的;当 $0<a<1$,$y=a^x$ 是单调递减的.

(4) 底数与图像的关系

当 $a>1$,a 越大,函数图像越靠近 y 轴;当 $0<a<1$,a 越小,函数图像越靠近 y 轴.

(5) 运算公式

$a^0 = 1, a^1 = a, (a^m)^n = a^{mn}, a^m \cdot a^n = a^{m+n}$,

$(ab)^n = a^n \cdot b^n, a^m \div a^n = a^{m-n}, a^{\frac{m}{n}} = \sqrt[n]{a^m}, a^{-n} = \dfrac{1}{a^n}$.

5. 对数函数

(1) 定义

$y = \log_a x (a > 0, a \neq 1)$,称为对数函数,其中 a 称为底数.对数函数的定义域为 $(0, +\infty)$,值域为 **R**.

(2) 图像

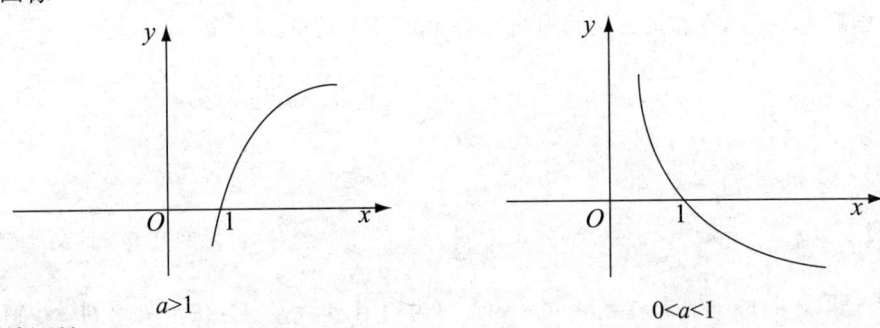

$a > 1$

$0 < a < 1$

(3) 单调性

当 $a > 1, y = \log_a x$ 是单调增加的;当 $0 < a < 1, y = \log_a x$ 是单调递减的.

(4) 对数与指数的关系

对数运算与指数运算是互逆运算,$a^b = N \Leftrightarrow b = \log_a N$.

(5) 对数的运算性质

$a^{\log_a N} = N, \log_a 1 = 0, \log_a a = 1$,

$\log_a M \cdot N = \log_a M + \log_a N, \log_a \dfrac{M}{N} = \log_a M - \log_a N$,

$\log_a M^N = N \log_a M, \log_a b = \dfrac{\log_c b}{\log_c a}$,

$\log_a b = \dfrac{1}{\log_b a}, \log_{a^n} b^m = \dfrac{m}{n} \log_a b$.

重要题型

题型一 考查一元二次函数

【题型方法分析】

(1) 一元二次函数在对称轴处取到最值;

(2) 当对称轴不在讨论的区间范围内时,结合单调性求一元二次函数的最值.

例 3.1 一元二次函数 $y = x(1-x)$ 的最大值为( ).

(A) 0.05　　　(B) 0.1　　　(C) 0.15　　　(D) 0.2　　　(E) 0.25

【答案】 E

【解析】 $y = x(1-x)$,开口向下,在对称轴处取到最大值,所以当 $x = 0.5$ 时,函数取最大值,$y_{\max} = 0.25$,选 E.

【总结】 若 $f(x)=a(x-x_1)(x-x_2)$，则对称轴为 $x=\dfrac{x_1+x_2}{2}$.

例 3.2 函数 $y=2x^2-4x+5$ 在 $[-2,-1]$ 上的最大值为( ).
(A)3　　(B)11　　(C)15　　(D)20　　(E)21

【答案】 E

【解析】 $y=2x^2-4x+5$，对称轴为 $x=1$，可知函数在区间 $[-2,-1]$ 上是单调递减的，所以在左端点取到最大值，即 $x=-2$ 时达到最大，故最大值为 21，选 E.

【总结】 顶点不在指定区间内时可结合单调性求最值.

例 3.3 函数 $y=x^2-3x+5$ 在 $[m,m+1]$ 上的最小值为 3，则 $m=$( ).
(A)0 或 1　　(B)1 或 2　　(C)1　　(D)0 或 2　　(E)0

【答案】 D

【解析】 $y=x^2-3x+5$，对称轴为 $x=\dfrac{3}{2}$. 当 $m+1\leqslant\dfrac{3}{2}$ 时，函数在 $m+1$ 处取到最小值，有 $(m+1)^2-3(m+1)+5=3$，解得 $m=0$ 或 1(舍)；当 $m\geqslant\dfrac{3}{2}$ 时，在 m 处取到最小值，有 $m^2-3m+5=3$，解得 $m=2$ 或 1(舍)；当 $m<\dfrac{3}{2}<m+1$ 时(对称轴在区间内)，函数在对称轴处取到最小值，最小值为 $\dfrac{11}{4}$，矛盾，故 $m=0$ 或 2，选 D.

【总结】 求有限区间上一元二次函数的最值时，要先讨论对称轴的位置，结合单调性来求.

例 3.4 皮货店将进货单价为每件 3 600 元的皮大衣，按单价每件 4 000 元售出时，秋冬两季可销售 100 件，现在店主拟提高售价以增加利润，但按市场规律，皮大衣单价每件提高 100 元其销售量就减少 8 件，要使该店在秋冬两季获得最大利润，店主应把价格定为每件( )元.
(A)4375　　(B)4400　　(C)4425　　(D)4500　　(E)4525

【答案】 C

【解析】 设每件的定价为 x 元，总利润为 y 元，根据题意得
$$y=(x-3600)\left[100-\dfrac{x-4000}{100}\times 8\right]=(x-3600)\left(420-\dfrac{2}{25}x\right),$$
当 $x=4425$ 时，利润达到最大，选 C.

【总结】 一元二次函数的最值问题与应用题结合也是常考题型；一般先根据条件列函数表达式，再求最值.

题型二　考查指数、对数函数

【题型方法分析】
(1) 指数函数的单调性：当 $a>1$，$y=a^x$ 是单调递增的；当 $0<a<1$，$y=a^x$ 是单调递减的；
(2) 对数函数的单调性：当 $a>1$，$y=\log_a x$ 是单调递增的；当 $0<a<1$，$y=\log_a x$ 是单调

递减的;

(3) 熟记指数、对数的运算公式.

例 3.5 若 $-3 < a < -2$,则有( ).

(A) $3^a > \left(\dfrac{1}{2}\right)^a > 0.3^a$ 　　　　(B) $0.3^a > \left(\dfrac{1}{2}\right)^a > 3^a$

(C) $\left(\dfrac{1}{2}\right)^a > 0.3^a > 3^a$ 　　　　(D) $3^a > 0.3^a > \left(\dfrac{1}{2}\right)^a$

(E) 以上均不正确

【答案】 B

【解析】 因为 $-3 < a < -2 < 0$,结合指数函数的单调性有,$3^a < 3^0 = \left(\dfrac{1}{2}\right)^0 < \left(\dfrac{1}{2}\right)^a$. 又 $0.3^a > \left(\dfrac{1}{2}\right)^a$,选 B.

【总结】 指数、对数比较大小时,可以找一个中间量来比较.

例 3.6 当 $x \in (-2, 2)$ 时,$a^x < 2$,a 的取值范围是( ).

(A) $(1, \sqrt{2})$ 　　　　(B) $\left(\dfrac{\sqrt{2}}{2}, 1\right)$

(C) $(0, 1) \cup (1, \sqrt{2})$ 　　　　(D) $\left(\dfrac{\sqrt{2}}{2}, 1\right) \cup (1, \sqrt{2})$

(E) 以上均不正确

【答案】 D

【解析】 分情况讨论.

当 $a > 1$ 时,$a^2 < 2$,则 $a < \sqrt{2}$,此时 $1 < a < \sqrt{2}$;当 $0 < a < 1$ 时,$a^{-2} < 2$,则 $a > \dfrac{\sqrt{2}}{2}$,此时 $\dfrac{\sqrt{2}}{2} < a < 1$,选 D.

【总结】 求解指数、对数的不等式时,应先讨论底数与 1 的大小关系,利用单调性求解.

例 3.7 已知函数 $f(x) = a^{2x-x^2+1}$,若 $f(3) > 1$,则 $f(x)$ 的单调递增区间为( ).

(A) $(-\infty, 1)$ 　　(B) $(1, +\infty)$ 　　(C) $(-\infty, +\infty)$ 　　(D) $(1-\sqrt{2}, 1+\sqrt{2})$

(E) $\varnothing$

【答案】 B

【解析】 由 $f(3) > 1$,即 $a^{-2} > 1$,知 $0 < a < 1$,函数 $f(u) = a^u$ 单调递减. 设 $u = 2x - x^2 + 1$,易知当 $x < 1$ 时,$u = 2x - x^2 + 1$ 单调递增;当 $x > 1$ 时,$u = 2x - x^2 + 1$ 单调递减. 由复合函数的单调性,得到 $f(x)$ 的单调递增区间为 $(1, +\infty)$,选 B.

【总结】 复合函数的单调性:"同增异减".

本章练习

1. 若 $x^3 + x^2 + x + 1 = 0$,则 $x^{97} + x^{98} + \cdots + x^{103}$ 的值是( ).

(A) -1　　　(B) 0　　　(C) 1　　　(D) 2　　　(E) 3

2. 已知 a,b 是实数, 且 $x = a^2 + b^2 + 21, y = 4(2b-a)$, 则 x,y 的大小关系是(　　).
(A) $x \leqslant y$　　　　　(B) $x \geqslant y$　　　　　(C) $x < y$
(D) $x > y$　　　　　　(E) 以上结论均不正确

3. 实数 a,b,c 中至少有一个大于零.
(1) $x,y,z \in \mathbf{R}, a = x^2 - 2y + \frac{\pi}{2}, b = y^2 - 2z + \frac{\pi}{3}, c = z^2 - 2x + \frac{\pi}{6}$;
(2) $x \in \mathbf{R}$ 且 $|x| \neq 1, a = x-1, b = x+1, c = x^2 - 1$.

4. 多项式 $f(x) = x^3 + a^2 x^2 + x - 3a$ 能被 $x-1$ 整除, 则实数 $a = $(　　).
(A) 0　　　(B) 1　　　(C) 0 或 1　　　(D) 2 或 -1　　　(E) 2 或 1

5. $Ax^4 + Bx^3 + 1$ 能被 $(x-1)^2$ 整除.
(1) $A = 3, B = 4$;
(2) $A = 3, B = -4$.

6. 已知 $6x^4 - 7x^3 - 4x^2 + 5x + 3$ 除以整式 $P(x)$, 得商式是 $2x^2 - 3x + 1$, 余式是 $-2x + 5$, 则 $P(x) = $(　　).
(A) $3x^2 - x + 2$　　　　(B) $3x^2 + x - 2$　　　　(C) $3x^2 + x + 2$
(D) $3x^2 - x - 2$　　　　(E) $-3x^2 - x + 2$

7. 若三次多项式 $g(x)$ 满足 $g(-1) = g(0) = g(2) = 0, g(3) = -24$, 多项式 $f(x) = x^4 - x^2 + 1$, 则 $3g(x) - 4f(x)$ 被 $x-1$ 除的余式为(　　).
(A) 3　　　(B) 5　　　(C) 8　　　(D) 9　　　(E) 11

8. 二次三项式 $x^2 + x - 6$ 是多项式 $2x^4 + x^3 - ax^2 + bx + a + b - 1$ 的一个因式.
(1) $a = 16$;
(2) $b = 2$.

9. $f(x)$ 为二次多项式, 且 $f(2004) = 1, f(2005) = 2, f(2006) = 7$, 则 $f(2008) = $(　　).
(A) 23　　　(B) 25　　　(C) 28　　　(D) 29　　　(E) 21

10. 设 $f(x)$ 除以 $(x-1)^2$ 的余式是 $x+2$, 除以 $(x-2)^2$ 的余式是 $3x+4$, 则 $f(x)$ 除以 $(x-1) \cdot (x-2)^2$ 的余式是(　　).
(A) $4x^2 - 19x + 12$　　　　(B) $-4x^2 + 19x - 12$
(C) $-4x^2 - 19x - 12$　　　(D) $4x^2 + 19x - 12$
(E) 以上结论均不正确

11. 设多项式 $f(x)$ 被 $x^2 - 1$ 除后的余式为 $3x+4$, 并且已知 $f(x)$ 有因式 x, 若 $f(x)$ 被 $x(x^2-1)$ 除后的余式为 $px^2 + qx + r$, 则 $p^2 - q^2 + r^2 = $(　　).
(A) 2　　　(B) 3　　　(C) 4　　　(D) 5　　　(E) 7

12. 多项式 $f(x) = x^{2000} + 3x^{90} - 5x^{18} + 7$ 除以 $x^3 - 1$ 的余式是(　　).
(A) $x - 5$　　　(B) $x + 5$　　　(C) $x^2 - 5$　　　(D) $x^2 + 5$
(E) 以上结论均不正确

13. 已知 $a:b:c = 3:4:5$, 则 $\frac{b+c}{a} : \frac{a+c}{b} : \frac{a+b}{c} = $(　　).
(A) 15:12:8　　(B) 15:10:7　　(C) 9:10:17　　(D) 8:12:19　　(E) 17:12:11

14. 已知实数 x,y,z, 则 $\frac{2x-3}{3z+y} = \frac{1}{15}$.

(1) x, y, z 满足 $\dfrac{2}{x} = \dfrac{3}{y+z} = \dfrac{4}{z-x} = 1$；

(2) x, y, z 满足 $\dfrac{1}{x-y} = \dfrac{4}{y} = \dfrac{6}{z+x} = 1$．

15. 三角形三边 a, b, c 满足 $\dfrac{a}{b} + \dfrac{a}{c} = \dfrac{b+c}{b+c-a}$，则此三角形是（　　）．

(A) 以 a 为腰的等腰三角形　　　　(B) 以 a 为底的等腰三角形

(C) 等边三角形　　　　　　　　　　(D) 直角三角形

(E) 以上结论均不正确

16. 已知 $a+b+c=0$，则 $a\left(\dfrac{1}{b}+\dfrac{1}{c}\right) + b\left(\dfrac{1}{a}+\dfrac{1}{c}\right) + c\left(\dfrac{1}{a}+\dfrac{1}{b}\right)$ 的值等于（　　）．

(A) 0　　　(B) 1　　　(C) 2　　　(D) -2　　　(E) -3

17. 已知 $2x - 3\sqrt{xy} - 2y = 0\ (x>0, y>0)$，那么 $\dfrac{x^2+4xy-16y^2}{2x^2+xy-9y^2} = (\quad)$

(A) $\dfrac{2}{3}$　　　(B) $\dfrac{4}{9}$　　　(C) $\dfrac{16}{25}$　　　(D) $\dfrac{16}{27}$　　　(E) 以上都不正确

18. 如果关于 x 的方程 $\dfrac{2}{x-3} = 1 - \dfrac{m}{x-3}$ 有增根，则 m 的值等于（　　）．

(A) -3　　　(B) -2　　　(C) -1　　　(D) 3　　　(E) 0

19. 已知 $\sqrt{x^2-2x+1} < x+2$，则 x 的取值范围是（　　）．

(A) $x > -\dfrac{1}{2}$　　　(B) $x \geqslant -2$　　　(C) $-2 \leqslant x \leqslant -\dfrac{1}{2}$

(D) $-2 < x < -\dfrac{1}{2}$　　　(E) $x \leqslant -\dfrac{1}{2}$

20. 函数 $f(x) = \dfrac{\sqrt{x^2-4x-5}}{|x+2|-2}$ 的定义域为（　　）．

(A) $(-\infty, -1] \cup [5, +\infty)$　　(B) $[-1, 5]$　　(C) $[-2, -1]$

(D) $[-4, 5]$　　(E) $(-\infty, -4) \cup (-4, -1] \cup [5, +\infty)$

21. 如果 $\log_m 3 < \log_n 3 < 0$，则 m, n 满足条件（　　）．

(A) $m > n > 1$　　　(B) $n > m > 1$　　　(C) $0 < m < n < 1$

(D) $0 < n < m < 1$　　　(E) 无法判断

22. $a = \left(\dfrac{2}{3}\right)^{-\frac{7}{8}}, b = \left(\dfrac{8}{7}\right)^{-\frac{4}{5}}, c = \left(\dfrac{5}{7}\right)^{\frac{4}{5}}$ 的大小关系是（　　）．

(A) $a > b > c$　(B) $a > c > b$　(C) $b > a > c$　(D) $c > a > b$　(E) 以上均不正确

23. 已知 $2x + y = 4$，则 $x^2 - 3y^2 + 2y$ 的最大值为（　　）．

(A) 1　　　(B) 2　　　(C) 3　　　(D) 4　　　(E) 5

24. $\log_a b \cdot \log_b c \cdot \log_c a = (\quad)$．

(A) 1　　(B) $\log_a(bc)$　　(C) $\log_b(ac)$　　(D) $\log_c(ab)$　　(E) 5

25. $a = \left(\dfrac{1}{4}\right)^{\log_8 \sqrt{27}}, b = \log_4 8 + \log_{\frac{1}{2}} \sqrt{8} + \log_{0.01} 1000 + \log_{99} 1, c = \log_2 6 \cdot \lg \dfrac{1}{8} + \lg \dfrac{27}{125}$ 的

大小关系是（　　）．

(A) $a > b > c$　(B) $b > a > c$　(C) $c > a > b$　(D) $b > c > a$　(E) 以上均不正确

26. 设 a,b 和 c 都大于1,所以 $\log_a b + \log_b c + \log_c a$ 的最小值为( ).

(A) 1 (B) 2 (C) 3 (D) 4 (E) 6

27. 已知 $f(x) = 2^{x+3} + 5 \times 4^x$,且 $x^2 + x \leqslant 0$,则 $f(x)$ 的最小值为( ).

(A) $\dfrac{17}{4}$ (B) $\dfrac{21}{4}$ (C) $\dfrac{27}{4}$ (D) $\dfrac{29}{4}$ (E) 5

28. 二次函数 $y = x^2 + bx + c$ 的图像与 x 轴交于 A,B 两点,与 y 轴交于 $C(0,3)$. 若 $\triangle ABC$ 的面积是9,则此二次函数的最小值为( ).

(A) -6 (B) -9 (C) 6 (D) 9 (E) 以上都不正确

29. 若函数 $y = x^2 - 2mx + m - 1$ 在 $[-1,1]$ 上的最小值为 -1,则 $m = ($).

(A) $-\dfrac{1}{3}$ (B) 0 (C) 1 (D) 0 或 1 (E) 以上都不正确

30. 若 $y = x^2 - 2x + 2$ 在 $x \in [t, t+1]$ 上其最小值为 2,则 $t = ($).

(A) -1 (B) 0 (C) 1 (D) 2 (E) -1 或 2

31. $y = \dfrac{3x^2 - x + 1}{x - 1} (x > 1)$ 的最小值为( ).

(A) 6 (B) 9 (C) 11 (D) 14 (E) 5

本章练习答案解析

1.【答案】 A

【解析】 $x^3 + x^2 + x + 1 = (x^2+1)(x+1) = 0 \Rightarrow x = -1$,代入得 $x^{97} + x^{98} + \cdots + x^{103} = -1$,选 A.

2.【答案】 D

【解析】 $x - y = a^2 + b^2 + 21 - 4(2b - a) = (a+2)^2 + (b-4)^2 + 1 > 0$,选 D.

3.【答案】 D

【解析】 条件(1),$a + b + c = x^2 - 2y + \dfrac{\pi}{2} + y^2 - 2z + \dfrac{\pi}{3} + z^2 - 2x + \dfrac{\pi}{6} = (x-1)^2 + (y-1)^2 + (z-1)^2 + \pi - 3 > 0$,可知 a,b,c 中至少有一个大于零,充分;条件(2),$abc = (x-1)(x+1)(x^2-1) = (x^2-1)^2$,因为 $|x| \neq 1$,所以 $abc > 0$,则 a,b,c 三个全正或者一正两负,充分,选 D.

4.【答案】 E

【解析】 根据因式定理,$f(x) = x^3 + a^2 x^2 + x - 3a$ 能被 $x - 1$ 整除,则 $f(1) = 0$,解得 $a = 2$ 或 $a = 1$,选 E.

5.【答案】 B

【解析】 由因式定理,$f(x) = Ax^4 + Bx^3 + 1$ 能被 $(x-1)^2$ 整除,则 $f(1) = A + B + 1 = 0$,条件(1) 不充分;条件(2),把 $A = 3, B = -4$ 代入得 $f(x) = 3x^4 - 4x^3 + 1 = (x-1)^2(3x^2 + 2x + 1)$,充分,选 B.

6.【答案】 B

【解析】 由题知,$6x^4 - 7x^3 - 4x^2 + 5x + 3 = P(x)(2x^2 - 3x + 1) + (-2x + 5)$,所以 $P(x) = \dfrac{6x^4 - 7x^3 - 4x^2 + 5x + 3 - (-2x + 5)}{2x^2 - 3x + 1} = 3x^2 + x - 2$,选 B.

7.【答案】 C

【解析】 设 $g(x)=ax(x+1)(x-2),g(3)=-24\Rightarrow a=-2$,则 $g(x)=-2x(x+1)(x-2)$,由余式定理,所求的余式为 $3g(1)-4f(1)=12-4=8$,选 C.

8.【答案】 E

【解析】 设 $f(x)=2x^4+x^3-ax^2+bx+a+b-1,x^2+x-6=(x-2)(x+3)$,由因式定理,原命题的等价命题为 $f(2)=f(-3)=0$,解得 $a=16,b=3$,选 E.

9.【答案】 D

【解析】 设 $f(x)=a(x-2004)(x-2005)+k(x-2004)+1$,由 $f(2005)=2,f(2006)=7$,代入上式解得 $k=1,a=2$,所以 $f(x)=2(x-2004)(x-2005)+(x-2004)+1$,从而 $f(2008)=29$,选 D.

10.【答案】 B

【解析】 根据题意,设 $f(x)=(x-1)(x-2)^2g(x)+k(x-2)^2+3x+4,f(x)$ 除以 $(x-1)^2$ 的余式是 $x+2$,则 $f(1)=3$,代入上式解得 $k=-4$,故所求余式为 $-4(x-2)^2+3x+4=-4x^2+19x-12$,选 B.

11.【答案】 E

【解析】 根据题意,设 $f(x)=x(x^2-1)g(x)+px^2+qx+r$,又 $f(x)$ 被 x^2-1 除后的余式为 $3x+4$,由余式定理有 $f(1)=7,f(-1)=1;f(x)$ 有因式 x,由因式定理有 $f(0)=0$,分别代入 $f(x)$ 的表达式,解得 $p=4,q=3,r=0$,所以 $p^2-q^2+r^2=7$,选 E.

12.【答案】 D

【解析】 $f(x)=(x^3)^{666}\cdot x^2+3(x^3)^{30}-5(x^3)^6+7$,令 $x^3-1=0$,得 $x^3=1$,代入得 $x^2+3-5+7=x^2+5$,即为所求余式,选 D.

13.【答案】 B

【解析】 由 $a:b:c=3:4:5$,令 $a=3k,b=4k,c=5k$,得 $\dfrac{b+c}{a}:\dfrac{a+c}{b}:\dfrac{a+b}{c}=\dfrac{4+5}{3}:\dfrac{3+5}{4}:\dfrac{3+4}{5}=15:10:7$,选 B.

14.【答案】 A

【解析】 条件(1),由 $\dfrac{2}{x}=\dfrac{3}{y+z}=\dfrac{4}{z-x}=1$,解得 $x=2,y=-3,z=6$,则 $\dfrac{2x-3}{3z+y}=\dfrac{4-3}{18-3}=\dfrac{1}{15}$,充分.条件(2),由 $\dfrac{1}{x-y}=\dfrac{4}{y}=\dfrac{6}{z+x}=1$ 解得 $x=5,y=4,z=1$,则 $\dfrac{2x-3}{3z+y}=\dfrac{10-3}{3+4}=1$,不充分,选 A.

15.【答案】 A

【解析】 $\dfrac{a}{b}+\dfrac{a}{c}=\dfrac{a(b+c)}{bc}=\dfrac{b+c}{b+c-a}\Rightarrow \dfrac{a}{bc}=\dfrac{1}{b+c-a}\Rightarrow(c-a)(a-b)=0\Rightarrow a=b$ 或者 $a=c$,选 A.

16.【答案】 E

【解析】 由 $a+b+c=0$,得 $a=-(b+c),b=-(a+c),c=-(b+a)$,从而 $a\left(\dfrac{1}{b}+\dfrac{1}{c}\right)+b\left(\dfrac{1}{a}+\dfrac{1}{c}\right)+c\left(\dfrac{1}{a}+\dfrac{1}{b}\right)=\dfrac{a+c}{b}+\dfrac{a+b}{c}+\dfrac{b+c}{a}=-3$,选 E.

17.【答案】 D

【解析】 $2x-3\sqrt{xy}-2y=0 \Rightarrow (\sqrt{x}-2\sqrt{y})(2\sqrt{x}+\sqrt{y})=0$,所以$\sqrt{x}=2\sqrt{y} \Rightarrow x=4y$,代入得$\dfrac{x^2+4xy-16y^2}{2x^2+xy-9y^2} = \dfrac{(16+16-16)y^2}{(32+4-9)y^2} = \dfrac{16}{27}$,选 D.

18.【答案】 B

【解析】 易知方程的增根为$x=3$,$\dfrac{2}{x-3}=1-\dfrac{m}{x-3} \Rightarrow 2=x-3-m$,把$x=3$代入上式得$m=-2$,选 B.

19.【答案】 A

【解析】 $\sqrt{x^2-2x+1} = \sqrt{(x-1)^2} = |x-1|$,原不等式变为$|x-1| < x+2$,则 $\begin{cases} -x-2 < x-1 < x+2, \\ x+2 > 0, \end{cases}$ 解得$x > -\dfrac{1}{2}$,选 A.

20.【答案】 E

【解析】 $\begin{cases} x^2-4x-5 \geqslant 0, \\ |x+2|-2 \neq 0, \end{cases}$ 解得$(-\infty,-4) \cup (-4,-1] \cup [5,+\infty)$,选 E.

21.【答案】 D

【解析】 根据对数函数的图像,$\log_m 3 < \log_n 3 < 0 \Rightarrow 0 < m < 1, 0 < n < 1$. 又当$0 < a < 1$时,$a$越小,$y=\log_a x$的图像越靠近$x$轴,所以$m > n$,故选 D.

22.【答案】 A

【解析】 $a=\left(\dfrac{2}{3}\right)^{-\frac{7}{8}} = \left(\dfrac{3}{2}\right)^{\frac{7}{8}} > 1 > b = \left(\dfrac{8}{7}\right)^{-\frac{4}{5}} = \left(\dfrac{7}{8}\right)^{\frac{4}{5}} > c = \left(\dfrac{5}{7}\right)^{\frac{4}{5}}$,选 A.

23.【答案】 D

【解析】 由$2x+y=4 \Rightarrow x=2-\dfrac{y}{2}$,代入得$x^2-3y^2+2y = 4 - \dfrac{11}{4}y^2$,则$x^2-3y^2+2y$的最大值为 4,选 D.

24.【答案】 A

【解析】 $\log_a b \cdot \log_b c \cdot \log_c a = \log_a b \cdot \dfrac{1}{\log_c b} \cdot \log_c a = \log_a b \cdot \log_b a = 1$,选 A.

25.【答案】 D

【解析】 $a = \left(\dfrac{1}{4}\right)^{\log_8 \sqrt{27}} = 2^{-2 \cdot \log_{2^3} 3^{\frac{3}{2}}} = 2^{-\log_2 3} = \dfrac{1}{3}$,$b = \log_4 8 + \log_{\frac{1}{2}} \sqrt{8} + \log_{0.01} 1000 + \log_{99} 1 = \dfrac{3}{2} + \left(-\dfrac{3}{2}\right) + \left(-\dfrac{3}{2}\right) + 0 = -\dfrac{3}{2}$,$c = \log_2 6 \cdot \lg\dfrac{1}{8} + \lg\dfrac{27}{125} = \dfrac{\lg 6}{\lg 2} \cdot \lg 2^{-3} + \lg\dfrac{27}{125} = -3\lg 6 + \lg\dfrac{27}{125} = -3$,所以$a > b > c$,选 A.

26.【答案】 C

【解析】 由均值不等式,$\log_a b + \log_b c + \log_c a \geqslant 3\sqrt[3]{\log_a b \cdot \log_b c \cdot \log_c a} = 3$,当$a=b=c$,且均大于 1 时等号成立,所以最小值为 3,选 C.

27.【答案】 B

【解析】 $x^2+x \leqslant 0 \Rightarrow -1 \leqslant x \leqslant 0$,令$t=2^x$,则$\dfrac{1}{2} \leqslant t \leqslant 1$,$f(x) = 8 \times t + 5 \times t^2 = 5t^2 + 8t$,当$t=\dfrac{1}{2}$时,取到最小值,$f_{\min} = \dfrac{21}{4}$,选 B.

28.【答案】 B

【解析】 设 A,B 两点的横坐标分别为 x_1,x_2,函数与 y 轴交于 $C(0,3)$,则 $c=3$,所以 $y=x^2+bx+3$. 又 $x_1+x_2=-b,x_1\cdot x_2=3$,得 $|x_1-x_2|=\sqrt{(x_1+x_2)^2-4x_1\cdot x_2}=\sqrt{b^2-12}$,而 $S_{\triangle ABC}=\dfrac{1}{2}\cdot|x_1-x_2|\cdot c=\dfrac{3}{2}\sqrt{b^2-12}=9 \Rightarrow b^2=48$,开口向下的二次函数最小值为 $\dfrac{4ac-b^2}{4a}=\dfrac{12-48}{4}=-9$,选 B.

29.【答案】 D

【解析】 函数的对称轴为 $x=m$. 当 $-1\leqslant m\leqslant 1$ 时,在 $x=m$ 处取到最小值,所以 $-m^2+m-1=-1 \Rightarrow m=0$ 或 1;当 $m<-1$ 时,在 $x=-1$ 处取到最小值,所以 $1+2m+m-1=-1 \Rightarrow m=-\dfrac{1}{3}$,舍;当 $m>1$ 时,在 $x=1$ 处取到最小值,所以 $1-2m+m-1=-1 \Rightarrow m=1$,舍;综上,$m=0$ 或 1,选 D.

30.【答案】 E

【解析】 函数的对称轴为 $x=1$. 当 $t\leqslant 1\leqslant t+1$ 即 $0\leqslant t\leqslant 1$ 时,最小值为 1,矛盾;当 $t>1$ 时,在 $x=t$ 处取到最小值,所以 $t^2-2t+2=2 \Rightarrow t=2$ 或 $t=0$(舍),即 $t=2$;当 $t+1<1$ 即 $t<0$ 时,在 $x=t+1$ 处取到最小值,所以 $(t+1)^2-2(t+1)+2=2 \Rightarrow t=-1$ 或 $t=1$(舍),即 $t=-1$;故选 E.

31.【答案】 C

【解析】 $y=\dfrac{3x^2-x+1}{x-1}=3(x-1)+\dfrac{3}{x-1}+5$,由均值不等式或对勾函数的性质可得,$y_{\min}=3\times 2+5=11$,选 C.

第三章　方程与不等式

第一节　方　程

含有未知数的等式叫作方程,方程中所含未知数的个数叫作元,方程中未知数最高的指数叫作次,使方程两边左右相等的未知数的值叫作方程的解.例如 $x^2-3x+2=0$,是一个一元二次方程,$x=1$,$x=2$ 都是方程 $x^2-3x+2=0$ 的解.

知识精讲

一、各种方程及解法

1. 一元一次方程

(1) 定义:只含有一个未知数,并且未知数的最高次数为 1 的整式方程叫作一元一次方程,通常的形式为 $ax=b$.

(2) $ax=b$ 的解法:①$a\neq 0\Rightarrow$ 方程有唯一解 $x=\dfrac{b}{a}$;②$a=0,b\neq 0\Rightarrow$ 方程无解;③$a=0$,$b=0\Rightarrow$ 方程有无穷多解,解集为全体实数.

2. 一元二次方程

(1) 定义:只含有一个未知数,并且未知数的最高次数为 2 的整式方程叫作一元二次方程,通常的形式为 $ax^2+bx+c=0(a\neq 0)$.

(2) 解法:

① 十字相乘法:

$(a_1x+b_1)(a_2x+b_2)=0\Rightarrow x_1=-\dfrac{b_1}{a_1},x_2=-\dfrac{b_2}{a_2}$.

② 配方法:

$ax^2+bx+c=0\Rightarrow\left(x+\dfrac{b}{2a}\right)^2=\dfrac{b^2-4ac}{4a^2}\Rightarrow x_{1,2}=\dfrac{-b\pm\sqrt{b^2-4ac}}{2a}$(其中 $\Delta=b^2-4ac\geqslant 0$).

③ 求根公式法:

$ax^2+bx+c=0\Rightarrow x_{1,2}=\dfrac{-b\pm\sqrt{b^2-4ac}}{2a}$(其中 $\Delta=b^2-4ac\geqslant 0$).

④ 分解因式法:

$ax^2+bx+c=0\Rightarrow a(x-x_1)(x-x_2)=0\Rightarrow x=x_1,x=x_2$.

(3) 根的判别式 $\Delta=b^2-4ac$:

①$\Delta>0\Leftrightarrow$ 方程有两个不等实根.

②$\Delta=0\Leftrightarrow$ 方程有两个相等实根.

③$\Delta<0\Leftrightarrow$ 方程无实根.

(4) 根与系数的关系(韦达定理)：

$ax^2+bx+c=0(a\neq 0)$ 为一元二次方程,当 $\Delta \geqslant 0$ 时,设方程的两个根为 x_1,x_2,则 $x_1+x_2=-\dfrac{b}{a},x_1\cdot x_2=\dfrac{c}{a}$.

推广应用：

$x_1^2+x_2^2=(x_1+x_2)^2-2x_1\cdot x_2$

$\dfrac{1}{x_1}+\dfrac{1}{x_2}=\dfrac{x_1+x_2}{x_1x_2}$

$\dfrac{1}{x_1^2}+\dfrac{1}{x_2^2}=\dfrac{x_1^2+x_2^2}{(x_1x_2)^2}=\dfrac{(x_1+x_2)^2-2x_1x_2}{(x_1x_2)^2}$

$|x_1-x_2|=\sqrt{(x_1-x_2)^2}=\sqrt{(x_1+x_2)^2-4x_1x_2}$

$x_1^3+x_2^3=(x_1+x_2)(x_1^2-x_1\cdot x_2+x_2^2)=(x_1+x_2)[(x_1+x_2)^2-3x_1\cdot x_2]$

【注意】① 如果 $x_1+x_2=p,x_1\cdot x_2=q$,则以 x_1,x_2 为根的一元二次方程为 $x^2-px+q=0$.

② 若 x_1,x_2 是 $ax^2+bx+c=0(a\neq 0)$ 的两个根,则 $\dfrac{1}{x_1},\dfrac{1}{x_2}$ 是 $cx^2+bx+a=0$ 的两个根.

3. 二元一次方程组

(1) 定义：由若干个二元一次方程组成的一组方程叫作二元一次方程组,形如 $\begin{cases}a_1x+b_1y=c_1,\\ a_2x+b_2y=c_2.\end{cases}$

(2) 解的判定：① $\dfrac{a_1}{a_2}\neq \dfrac{b_1}{b_2}\Rightarrow$ 方程有唯一解;② $\dfrac{a_1}{a_2}=\dfrac{b_1}{b_2}\neq \dfrac{c_1}{c_2}\Rightarrow$ 方程无解;

$\dfrac{a_1}{a_2}=\dfrac{b_1}{b_2}=\dfrac{c_1}{c_2}\Rightarrow$ 方程有无穷多组解.

(3) 解法：在方程组 $\begin{cases}a_1x+b_1y=c_1\\ a_2x+b_2y=c_2\end{cases}$ 有解的前提下,利用消元法解方程组.

4. 分式方程

分母中含有未知数的方程称为分式方程.

分式方程的解法是将分式方程化为整式方程,具体步骤如下：

第一步,将方程中各分母进行因式分解,求最简公分母；

第二步,方程两边同时乘以最简公分母,化为整式方程；

第三步,解整式方程；

第四步,求出整式方程的根后进行检验,舍去使分母为 0 的根(增根).

【注意】 在分式方程化为整式方程的过程中,若整式方程的根使得最简公分母为 0(该根可使得整式方程成立,而在分式方程中分母为 0),那么这个根叫作原分式方程的增根. 因此在解分式方程中一定要注意是否产生了增根.

5. 绝对值方程

含有绝对值的方程,称为绝对值方程.

解绝对值方程常用的方法有：一是,根据绝对值里面表达式的符号去掉绝对值符号,将绝对值方程转化为常见的方程求解;二是,根据绝对值的几何意义,数形结合,借助于图形的直观性求解.

解绝对值方程时,常常用到绝对值的几何意义、去掉绝对值的符号法则、绝对值的非负性以及绝对值的其他性质、技能与方法.

下面看几种常见的绝对值方程的解法:

(1) $|ax+b|=c$ 的解法:

① 当 $c<0$ 时,方程无解;

② 当 $c=0$ 时,方程变为 $|ax+b|=0$,即 $ax+b=0$,$x=-\dfrac{b}{a}(a\neq 0)$;

③ 当 $c=0,a=0,b\neq 0$ 时,方程无解;

④ 当 $c=0,a=0,b=0$ 时,方程的解为全体实数;

⑤ 当 $c>0$ 时,方程变为 $ax+b=c$ 或 $ax+b=-c$,$x=\dfrac{c-b}{a}(a\neq 0)$ 或 $x=\dfrac{-c-b}{a}(a\neq 0)$;

⑥ 当 $c>0,a=0,|b|=c$ 时,方程的解为全体实数;

⑦ 当 $c>0,a=0,|b|\neq c$ 时,方程无解.

(2) $|ax+b|=cx+d$ 的解法:

第一步,根据绝对值的非负性有 $cx+d\geqslant 0$,解出 x 的取值范围;

第二步,去掉绝对值,原方程化为 $ax+b=cx+d$ 或 $ax+b=-(cx+d)$;

第三步,解方程 $ax+b=cx+d$ 和 $ax+b=-(cx+d)$;

第四步,将求得的解带入 $cx+d\geqslant 0$ 进行检验,舍去不符合条件的解.

(3) $|x-a|+|x-b|=c(a<b)$ 的解法:

根据绝对值的性质,$|x-a|+|x-b|\geqslant|x-a-(x-b)|=b-a$,所以有:

① 当 $c=b-a$ 时,方程的解为 $a\leqslant x\leqslant b$;

② 当 $c>b-a$ 时,分两种情况:1) 当 $x<a$ 时,原方程化为 $a-x+b-x=c$,解为 $x=\dfrac{a+b-c}{2}$;2) 当 $x>b$ 时,原方程化为 $x-a+x-b=c$,解为 $x=\dfrac{a+b+c}{2}$;

③ 当 $c<b-a$ 时,原方程无解.

6. 根式方程

根式方程就是根号下含有未知数的方程. 根式方程又叫无理方程. 有理方程和根式方程(无理方程)统称为代数方程.

解无理方程的基本思想是把无理方程转化为有理方程来解,在变形时要根据方程的结构特征选择解题方法. 常用的方法有:乘方法、配方法、因式分解法、设辅助元素法、比例性质法等.

解含有一个二次根式方程的一般步骤为:

① 移项,使方程左边只保留含未知数的二次根式,其余各项移到方程的右边;

② 两边同时平方,得到一个整式方程;

③ 解整式方程;

④ 验根(平方转化为整式方程中,会产生增根,最后将增根舍去).

7. 指数方程与对数方程

解指数方程与对数方程时,先考虑函数的定义域,利用指数对数运算性质,转化为整式方程进行求解.

常见类型的指数方程与对数方程的求解方法如下($a>0,a\neq 1,b>0,b\neq 1$):

$a^{f(x)} = a^{g(x)} \Rightarrow f(x) = g(x)$

$a^{f(x)} = b^{g(x)} \Rightarrow f(x)\lg a = g(x)\lg b$

$F(a^x) = 0$ 用换元法 $t = a^x$ 先求 $F(t) = 0$ 的解,再解指数方程 $a^x = t$.

$$\log_a f(x) = \log_a g(x) \Rightarrow \begin{cases} f(x) = g(x) \\ f(x) > 0 \\ g(x) > 0 \end{cases}$$

$F(\log_a x) = 0$ 用换元法 $t = \log_a x$ 先求 $F(t) = 0$ 的解,再解对数方程 $t = \log_a x$.

重要题型

题型一 一元(二元)一次方程(组)

【题型方法分析】

先判断方程(组)的类型,一元一次方程,化为标准形式 $ax = b$ 后进行求解;二元一次方程组则利用消元法,转化成一元一次方程进行求解.

例1.1 已知关于 x 的方程 $2a(x-1) = (5-a)x + 3b$ 有无数多个解,则 a 和 b 分别为( ).

(A) $\dfrac{5}{3}, -\dfrac{10}{9}$　　(B) $\dfrac{5}{3}, \dfrac{10}{9}$　　(C) $\dfrac{5}{3}, -\dfrac{9}{10}$　　(D) $\dfrac{3}{5}, -\dfrac{9}{10}$　　(E) $\dfrac{3}{5}, \dfrac{9}{10}$

【答案】 A

【解析】 分离未知数 x,得到 $(3a-5)x = 2a+3b$. 只有当 $3a-5 = 0, 2a+3b = 0$ 时,方程为 $0x = 0$,有无数多个解,解得 $a = \dfrac{5}{3}, b = -\dfrac{10}{9}$,故选 A.

【总结】 本题考查一元一次方程和二元一次方程组,要掌握一元一次方程 $ax = b$ 的解的情况.

例1.2 整式 $3x - 2y$ 的值可以唯一确定.

(1) $y = 1 - x$;

(2) $3x + 2y = 5$.

【答案】 C

【解析】 显然,条件(1)和条件(2)单独均不充分. 联合条件(1)和条件(2),得到方程组 $\begin{cases} y = 1-x, \\ 3x+2y = 5, \end{cases}$ 将 $y = 1-x$ 代入方程 $3x+2y = 5$,即可消去 y,得到 $3x+2-2x = 5 \Rightarrow x = 3$,从而 $y = -2$. 因此 $3x - 2y = 3 \times 3 - 2 \times (-2) = 13$,充分. 故选 C.

【总结】 本题考查二元一次方程组.常用的解法是消元法.

例1.3 某次数学竞赛共有20道题,规定做对一题得5分,做错或不做的题每题扣2分,小明得了86分,则小明做对了( )道题.

(A) 15　　(B) 16　　(C) 17　　(D) 18　　(E) 19

【答案】 D

【解析】 **方法一** 设小明做对了 x 道,做错或不做的题有 $20-x$ 道. 根据题意,得 $5x - $

$2(20-x)=86$,解得 $x=18$.故选 D.

方法二 做对一道题和不做或做错一道题,得分相差 7 分,小明得了 86 分,所以小明不做或做错了 $(100-86)\div 7=2$ 道,因此小明做对了 18 道题.

方法三 验证选项.选项 A,小明做对 15,得分应该为 $15\times 5-2\times 5=65$ 分.同理可验证 D 选项是正确的.

> 【总结】 本题是一元一次方程的实际应用问题,设未知数,由题意的等式关系建立方程,解方程即可.

题型二 一元二次方程（组）

【题型方法分析】

根据 $\Delta=b^2-4ac$ 的符号,先判断一元二次方程的解的情况,然后利用常见的方法进行求解,常见的求解方法有：十字相乘法、配方法、求根公式法和因式分解法等.

例 1.4 已知 a,b,c 是 $\triangle ABC$ 的三边,且方程 $(c-b)x^2+2(b-a)x+a-b=0$ 有两个相等的实根,则 $\triangle ABC$ 是（　　）.

(A) 等边三角形　　　　　　(B) 等腰三角形　　　　　　(C) 直角三角形

(D) 等腰直角三角形　　　　(E) 以上答案均不正确

【答案】 B

【解析】 方程有两个相等的实根,所以 $\Delta=4(b-a)^2-4(c-b)(a-b)=0$,整理得 $(a-b)\cdot(a-c)=0$.所以 $a=b$ 或 $a=c$.注意 $a=b$ 和 $a=c$ 不能同时成立,否则,有 $b=c$.此时原方程不是一元二次方程,不可能有两个解,所以 $\triangle ABC$ 是等腰三角形.故选 B.

> 【总结】 本题考查一元二次方程的解的判定.将一元二次方程和判断三角形的形状结合起来.

例 1.5 方程 $x^2+ax+2=0$ 与 $x^2-2x+a=0$ 有一公共实数解.

(1) $a=3$；

(2) $a=-2$.

【答案】 E

【解析】 条件(1),$a=3$,则 $x^2+3x+2=0$ 的根为 $x_1=-1,x_2=-2$;方程 $x^2-2x+3=0$ 无解,从而两个方程没有公共实数解.条件(1) 不充分.

条件(2),$a=-2$,方程 $x^2-2x+2=0$ 中 $\Delta=(-2)^2-4\times 2<0$,方程无解,从而两个方程不可能有公共实数解,即条件(2) 不充分.故选 E.

> 【总结】 本题考查一元二次方程的解,公共解问题.

例 1.6 已知方程 $x^3+2x^2-5x-6=0$ 的根为 $x_1=-1,x_2,x_3$,则 $\dfrac{1}{x_2}+\dfrac{1}{x_3}=$（　　）.

(A) $\dfrac{1}{6}$　　　　(B) $\dfrac{1}{5}$　　　　(C) $\dfrac{1}{4}$　　　　(D) $\dfrac{1}{3}$　　　　(E) $\dfrac{1}{2}$

【答案】 A

【解析】 $x_1=-1$ 为 $x^3+2x^2-5x-6=0$ 的根,所以 $x+1$ 可以整除 x^3+2x^2-5x-6.

原方程化为$(x+1)(x^2+x-6)=0$,即x_2,x_3为方程$x^2+x-6=0$的两个根,所以$x_2+x_3=-1,x_2x_3=-6$.从而$\dfrac{1}{x_2}+\dfrac{1}{x_3}=\dfrac{x_2+x_3}{x_2x_3}=\dfrac{1}{6}$.故选A.

【总结】 本题考查因式定理,分解因式以及一元二次方程的根与系数的关系(韦达定理).另本题也可直接求x_2,x_3的值代入求解.

题型三　分式方程

【题型方法分析】

把分式方程化为整式方程进行求解,解完整式方程后要注意是否产生了增根,若有增根,将增根舍去.

例1.7　方程$\dfrac{2x^2-2}{x-1}+\dfrac{6x-6}{x^2-1}=7$的整数根个数为(　　)个.

(A)0　　　　　(B)1　　　　　(C)2　　　　　(D)3　　　　　(E)4

【答案】　A

【解析】　通过观察,方程中的两个分式除数字系数外,有倒数关系,考虑用换元法.令$t=\dfrac{x^2-1}{x-1}$,原方程化为$2t+\dfrac{6}{t}=7$,再化为整式方程,得$2t^2-7t+6=0$,解得$t_1=\dfrac{3}{2},t_2=2$.当$t=\dfrac{3}{2}$时,$\dfrac{x^2-1}{x-1}=\dfrac{3}{2}$,即$2x^2-3x+1=0$,解得$x_1=\dfrac{1}{2},x_2=1$.当$t=2$时,$\dfrac{x^2-1}{x-1}=2$,即$x^2-2x+1=0$,解得$x_3=x_4=1$.显然$x=1$是原方程的增根,所以方程的根只有$x=\dfrac{1}{2}$,没有整数根.故选A.

【总结】 当分式方程中的两个分式除数字系数外,有倒数关系,考虑用换元法.解分式方程时,最后一定要验证是否产生增根,若产生则将增根舍去.

例1.8　若方程$\dfrac{m}{x^2-9}+\dfrac{2}{x+3}=\dfrac{1}{x-3}$有增根,则$m=(\quad)$.

(A)3或6　　　(B)6或9　　　(C)9或12　　　(D)6或12　　　(E)3或9

【答案】　D

【解析】　$\dfrac{m}{x^2-9}+\dfrac{2}{x+3}=\dfrac{1}{x-3}$两边同乘$(x-3)(x+3)$,得$m+2(x-3)-(x+3)=0$,解得$x=9-m$,$\dfrac{m}{x^2-9}+\dfrac{2}{x+3}=\dfrac{1}{x-3}$有增根,增根可能是$x=3$或$x=-3$.所以$x=9-m=3$或$x=9-m=-3$,因此$m=6$或$m=12$.故选D.

【总结】 本题考查分式方程求解、增根的定义.不解方程,要会判断分式方程的增根可能有哪些.

例1.9　某市从今年1月1日起调整居民用天然气价格,每立方米天然气价格上涨25%.小明家去年12月份的燃气费是96元.今年小明家将天然气热水器换成了太阳能热水器,5月份的用气量比去年12月份少10立方米,5月份的燃气费是90元.该市今年居民用气的价格每立方是( )元.
(A)2 (B)2.5 (C)3 (D)3.75 (E)4

【答案】 C

【解析】 设该市去年居民用气价格为 x 元 $/m^3$,则今年的价格为 $(1+25\%)x$ 元 $/m^3$.根据题意,得 $\frac{96}{x} - \frac{90}{(1+25\%)x} = 10$,解方程得 $x=2.4$,则 $2.4\times(1+25\%)=3$,所以今年该市居民用气的价格为 3 元 $/m^3$.故选 C.

【总结】 本题考查分式方程的应用,设未知数,根据等量关系建立方程,解方程即可.

题型四 绝对值方程

【题型方法分析】

根据绝对值的定义或者两边平方,去掉绝对值符号,将绝对值方程化为整式方程进行求解,该解法中也会产生增根.也可以根据绝对值的几何意义解绝对值方程.

例 1.10 方程 $|3x+4|=4x-3$ 的解是( ).

(A)7 (B)$-\frac{1}{7}$ (C)7 或 $-\frac{1}{7}$ (D)8 (E)6

【答案】 A

【解析】 **方法一** 去掉绝对值符号.由 $|3x+4|=4x-3$ 得,$3x+4=4x-3$ 或 $-(3x+4)=4x-3$,解得 $x=7$ 或 $x=-\frac{1}{7}$.由于 $x=-\frac{1}{7}$ 时不满足 $4x-3\geqslant 0$,所以舍去 $x=-\frac{1}{7}$.故选 A.

方法二 验证答案.$x=7$ 带入方程,有 $|3\times 7+4|=4\times 7-3$,等式成立;将 $x=-\frac{1}{7}$ 带入方程,有 $|3\times\left(-\frac{1}{7}\right)+4|\neq 4\times\left(-\frac{1}{7}\right)-3$,所以 $x=7$ 是方程的解.故选 A.

【总结】 本题考查解绝对值方程.常规方法是根据绝对值的定义把绝对值符号去掉,转化为一般的整式方程.但是,要考虑方程成立的条件.另外,管理类联考中,一般不解方程,通过验证选项,快速得到正确答案.

例 1.11 方程 $|x+1|+|x|=2$ 无根.

(1) $x\in(-\infty,-1)$;
(2) $x\in(-1,0)$.

【答案】 B

【解析】 **方法一** 根据绝对值的几何意义,可知 $|x+1|+|x|$ 的最小值为1,并且当 $x\in[-1,0]$ 时,$|x+1|+|x|=1$.当 $x\in(-\infty,-1)$ 时,$|x+1|+|x|>1$,此时 $|x+1|+|x|=2$ 有根.所以条件(1)不充分,条件(2)充分.故选 B.

方法二 条件(1),$x\in(-\infty,-1)$ 时,$|x+1|+|x|=2$ 去掉绝对值符号,有 $-(x+1)-x=2$,解得 $x=-\frac{3}{2}$,即方程 $|x+1|+|x|=2$ 有根,条件(1)不充分.

条件(2),当 $x\in(-1,0)$ 时,$|x+1|+|x|=2$ 去掉绝对值符号,有 $(x+1)-x=2$,没有根,即条件(2)充分.故选 B.

【**总结**】 解绝对值方程时,除了用常规方法将绝对值符号去掉,还可以考虑用绝对值的几何意义.要掌握常见绝对值函数的最值.

题型五　根式方程

【**题型方法分析**】

解根式方程时首先要考虑根号有意义的条件,利用两边平方的方法把根式方程转化为有理方程.

例 1.12　方程 $\sqrt{2x+1} - \sqrt{x-3} = 2$ 的所有实根之和为(　　).
(A)12　　　(B)14　　　(C)16　　　(D)18　　　(E)20

【**答案**】　C

【**解析**】　原方程移项,得 $\sqrt{2x+1} = 2 + \sqrt{x-3}$,两边平方,得 $2x+1 = 4 + 4\sqrt{x-3} + x - 3$,整理得 $x = 4\sqrt{x-3}$.再将两边平方,得 $x^2 = 16(x-3)$,即 $x^2 - 16x + 48 = 0$,解得 $x_1 = 4, x_2 = 12$.可以验证,$x_1 = 4, x_2 = 12$ 都是原方程的根,所以 $x_1 + x_2 = 16$.故选 C.

【**总结**】 本题考查根式方程求解.含有两个根式的根式方程,要先将两个根式方程放在等号两边,然后两边平方.解根式方程时,需注意根式有意义的条件.

题型六　指数方程与对数方程

【**题型方法分析**】

解对数方程时首先要考虑对数函数的定义域.利用指数对数的运算性质把不同的底转化为统一的底,把指数方程对数方程转化为常见的方程.

例 1.13　方程 $\log_4(3-x) + \log_{\frac{1}{4}}(3+x) = \log_4(1-x) + \log_{\frac{1}{4}}(2x+1)$ 的解为(　　).
(A)$x = 7$　　　　　　　　　(B)$x = 0$　　　　　　　　　(C)$x = 0$ 或 $x = 7$
(D)$x = -7$　　　　　　　　(E)$x = 0$ 或 $x = -7$

【**答案**】　B

【**解析**】　统一底数,原方程化为 $\log_4(3-x) - \log_4(3+x) = \log_4(1-x) - \log_4(2x+1)$,所以 $\log_4 \frac{3-x}{3+x} = \log_4 \frac{1-x}{2x+1}$,即 $\frac{3-x}{3+x} = \frac{1-x}{2x+1}$,解得 $x = 0$ 或 $x = 7$.但是考虑对数函数的定义域,可知 $x = 7$ 不满足原方程,所以原方程的解为 $x = 0$.故选 B.

【**总结**】 利用对数的性质,把不同底数的对数,转化为同底的对数,从而去掉对数符号,转化为常见的方程.解对数方程时,需要考虑对数函数的定义域.

例 1.14　关于 x 的方程 $4^x - (2a+1) \cdot 2^x + a^2 + 2 = 0$ 的根一个比另一个大1,则 $a = $(　　).
(A)1　　　(B)2　　　(C)3　　　(D)4　　　(E)5

【**答案**】　D

【**解析**】　令 $t = 2^x$,则方程 $t^2 - (2a+1) \cdot t + a^2 + 2 = 0$ 的根一个是另一个的两倍.设 $t^2 - (2a+1) \cdot t + a^2 + 2 = 0$ 的根为 $m, 2m$,则 $\begin{cases} \Delta = (2a+1)^2 - 4(a^2+2) > 0, \\ m + 2m = 2a+1, \\ 2m^2 = a^2 + 2, \end{cases}$ 解得

$a = 4$. 故选 D.

> 【总结】 用换元法,将指数方程转化为一元二次方程.

第二节 不等式

知识精讲

一、预备知识：不等式的性质

① 如果 $a > b$,那么 $b < a$.

② 如果 $a > b, b > c$,那么 $a > c$.

③ 如果 $a > b$,对于任意实数或整式 c,那么 $a + c > b + c$.

④ 如果 $a > b, c > 0$,那么 $ac > bc$;如果 $c < 0$,那么 $ac < bc$.

⑤ 如果 $a > b, c > 0$,那么 $\dfrac{a}{c} > \dfrac{b}{c}$;如果 $c < 0$,那么 $\dfrac{a}{c} < \dfrac{b}{c}$.

⑥ 如果 $a > b, c > d$,那么 $a + c > b + d$.

⑦ 如果 $a > b > 0, c > d > 0$,那么 $ac > bd$.

⑧ 如果 $a > b > 0$,那么 $a^n > b^n$.

⑨ 如果 $a > b > 0$,那么 $\dfrac{a+b}{2} > \sqrt{ab}$.

⑩ 如果 $a > b > 0$,那么 $0 < \dfrac{1}{a} < \dfrac{1}{b}$.

二、各种不等式及解法

1. 一元一次不等式

(1) 定义:用不等号连接的,含有一个未知数,并且未知数的最高次数是 1,系数不为 0,左右两边为整式的式子叫作一元一次不等式,例如 $ax > b$.

(2) $ax > b$ 的解法:

① $a > 0 \Rightarrow x > \dfrac{b}{a}$.

② $a < 0 \Rightarrow x < \dfrac{b}{a}$.

③ $a = 0, b < 0 \Rightarrow$ 解集为全体实数.

④ $a = 0, b \geqslant 0 \Rightarrow$ 无解.

2. 一元一次不等式组

(1) 定义:若干个一元一次不等式所组成的不等式组.

(2) 解法:解一元一次不等式组应先分别解每个一元一次不等式,再求它们的交集.

3. 一元二次不等式

(1) 定义:含有一个未知数且未知数的最高次数为 2 的不等式叫作一元二次不等式.它的一般形式是 $ax^2 + bx + c > 0$ 或 $ax^2 + bx + c < 0 (a \neq 0)$.

(2)解法:

$\Delta = b^2 - 4ac$	$y = ax^2 + bx + c$ 的图像$(a>0)$	$ax^2 + bx + c = 0$	$ax^2 + bx + c > 0$	$ax^2 + bx + c < 0$
$\Delta > 0$		$x_{1,2} = \dfrac{-b \pm \sqrt{\Delta}}{2a}$	$x < x_1$ 或 $x > x_2$	$x_1 < x < x_2$
$\Delta = 0$		$x_1 = x_2 = \dfrac{-b}{2a}$	$x \neq \dfrac{-b}{2a}$	无解
$\Delta < 0$		无实根	$(-\infty, +\infty)$	无解

【注意】
① 若 $a < 0$,则不等式两边乘以 -1,转化为二次项系数为正的情况.
② 清楚一元二次函数、一元二次方程与一元二次不等式之间的关系.一元二次函数 $y = ax^2 + bx + c$ 的图像与 x 轴交点的横坐标就是一元二次方程 $ax^2 + bx + c = 0$ 的根;一元二次不等式 $ax^2 + bx + c > 0$ 的解集就是一元二次函数 $y = ax^2 + bx + c$ 图像中 $y > 0$ 所对应的 x 的取值范围;一元二次不等式解集的边界值为一元二次方程 $ax^2 + bx + c = 0$ 的根.
③ 一元二次不等式恒成立问题.例如:

1) $ax^2 + bx + c > 0 (a \neq 0)$ 对任意 $x \in \mathbf{R}$ 恒成立,则 $\begin{cases} a > 0, \\ \Delta = b^2 - 4ac < 0; \end{cases}$

2) $ax^2 + bx + c \geqslant 0 (a \neq 0)$ 对任意 $x \in \mathbf{R}$ 恒成立,则 $\begin{cases} a > 0, \\ \Delta = b^2 - 4ac \leqslant 0; \end{cases}$

3) $ax^2 + bx + c < 0 (a \neq 0)$ 对任意 $x \in \mathbf{R}$ 恒成立,则 $\begin{cases} a < 0, \\ \Delta = b^2 - 4ac < 0; \end{cases}$

4) $ax^2 + bx + c \leqslant 0 (a \neq 0)$ 对任意 $x \in \mathbf{R}$ 恒成立,则 $\begin{cases} a < 0, \\ \Delta = b^2 - 4ac \leqslant 0. \end{cases}$

4. 一元二次不等式组

(1) 定义:若干个一元二次不等式所组成的不等式组.

(2) 解法:解一元二次不等式组应先分别解每个一元二次不等式,再求它们的交集.

(3) 一元二次方程的根的分布

一元二次方程的根,就是相应的一元二次函数的图像与 x 轴的交点的横坐标,因此可以借用一元二次函数的图像,利用数形结合的方法来研究一元二次方程的根的分布,经常要用到解一元二次不等式(组).

设一元二次方程为 $ax^2+bx+c=0$,相应的一元二次函数为 $f(x)=ax^2+bx+c$. 常见的根的分布,有:

① 若 $ax^2+bx+c=0$ 有两个不相等的实根,则 $\Delta=b^2-4ac>0$;

② 若 $ax^2+bx+c=0$ 有两个相等的实根,则 $\Delta=b^2-4ac=0$;

③ 若 $ax^2+bx+c=0$ 没有实根,则 $\Delta=b^2-4ac<0$;

④ 若 $ax^2+bx+c=0$ 有两个正实根,则 $\begin{cases}\Delta=b^2-4ac\geqslant 0,\\ x_1+x_2=-\dfrac{b}{a}>0,\\ x_1x_2=\dfrac{c}{a}>0;\end{cases}$

⑤ 若 $ax^2+bx+c=0$ 有两个负实根,则 $\begin{cases}\Delta=b^2-4ac\geqslant 0,\\ x_1+x_2=-\dfrac{b}{a}<0,\\ x_1x_2=\dfrac{c}{a}>0;\end{cases}$

⑥ 若 $ax^2+bx+c=0$ 有一正根一负根,则 $x_1x_2=\dfrac{c}{a}<0$;

⑦ 若 $ax^2+bx+c=0$ 有一正根一负根,且正根的绝对值大,则 $\begin{cases}x_1+x_2=-\dfrac{b}{a}>0,\\ x_1x_2=\dfrac{c}{a}<0;\end{cases}$

⑧ 若 $ax^2+bx+c=0$ 有一正根一负根,且负根的绝对值大,则 $\begin{cases}x_1+x_2=-\dfrac{b}{a}<0,\\ x_1x_2=\dfrac{c}{a}<0.\end{cases}$

结合函数图像,一般地,一元二次方程 $ax^2+bx+c=0(a>0)$ 的实根的分布,有:

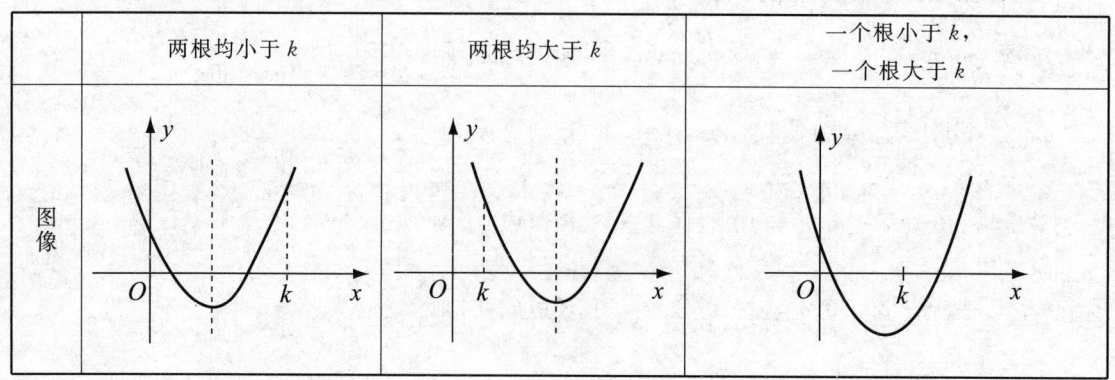

	两根均小于 k	两根均大于 k	一个根小于 k,一个根大于 k
图像			

续表

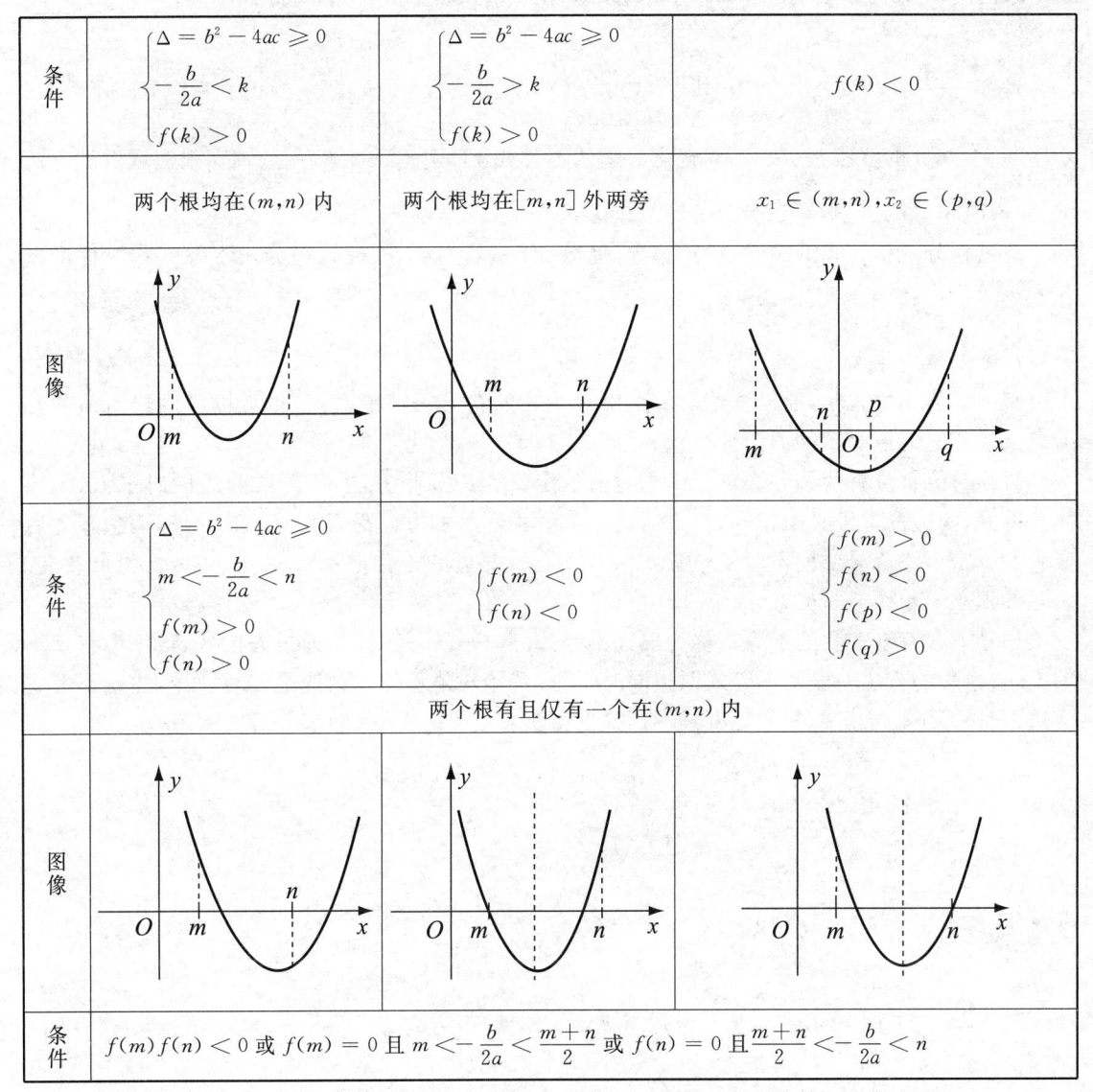

条件	$\begin{cases}\Delta=b^2-4ac\geqslant 0\\-\dfrac{b}{2a}<k\\f(k)>0\end{cases}$	$\begin{cases}\Delta=b^2-4ac\geqslant 0\\-\dfrac{b}{2a}>k\\f(k)>0\end{cases}$	$f(k)<0$
	两个根均在(m,n)内	两个根均在$[m,n]$外两旁	$x_1\in(m,n), x_2\in(p,q)$
图像	(图)	(图)	(图)
条件	$\begin{cases}\Delta=b^2-4ac\geqslant 0\\m<-\dfrac{b}{2a}<n\\f(m)>0\\f(n)>0\end{cases}$	$\begin{cases}f(m)<0\\f(n)<0\end{cases}$	$\begin{cases}f(m)>0\\f(n)<0\\f(p)<0\\f(q)>0\end{cases}$
	两个根有且仅有一个在(m,n)内		
图像	(图)	(图)	(图)
条件	$f(m)f(n)<0$ 或 $f(m)=0$ 且 $m<-\dfrac{b}{2a}<\dfrac{m+n}{2}$ 或 $f(n)=0$ 且 $\dfrac{m+n}{2}<-\dfrac{b}{2a}<n$		

【注】 一元二次方程根的分布,一般都是根据函数图像与 x 轴交点的位置写出相应的充要条件,但要考虑以下三个方面:判别式的符号;对称轴的位置;二次函数在实根分布界点处函数值的符号.

5. 一元高次不等式

(1) 形式:$f(x)=(x-x_1)(x-x_2)\cdots(x-x_3)>0$.

(2) 解法:分解因式,化成若干个因式的乘积,找到方程的所有根,不妨设这些根为 $x_1<x_2<\cdots<x_n$,利用数轴穿根法解一元高次不等式,如解一元三次不等式 $(x-a)(x-b)(x-c)>0$,其中$(a<b<c)$.数轴穿根,如图所示:

所以解为 $a<x<b$ 或 $x>c$.

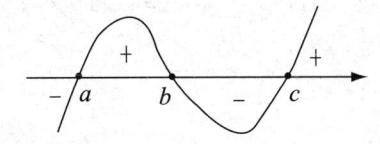

【注】 数轴穿根法的三个原则:x 的系数化为 1;从右上方开始;奇穿偶不穿.

6. 分式不等式

形如 $\dfrac{f(x)}{g(x)}>0$ 或 $\dfrac{f(x)}{g(x)}<0$(其中 $f(x),g(x)$ 为整式且 $g(x)\neq 0$)的式子叫作分式不等式.

$\dfrac{f(x)}{g(x)}>0$ 的解法:$\dfrac{f(x)}{g(x)}>0$ 转化为整式不等式 $f(x)g(x)>0$,用数轴穿根法或其他方法解 $f(x)g(x)>0$,最后验证分母 $g(x)\neq 0$.

解其他分式不等式的时候,通过移项、通分、合并同类项等方法,将分式不等式化为标准形式 $\dfrac{f(x)}{g(x)}>0$ 或 $\dfrac{f(x)}{g(x)}<0$ 进行求解.

7. 绝对值不等式

解绝对值不等式时,要根据绝对值里面表达式的符号去掉绝对值,也可以借助绝对值的几何意义或者绝对值函数的图像进行求解.

去绝对值符号有两种方法:一是,绝对值的定义;二是,平方法.不等式两边同时平方,需要注意的是,两边的符号必须相同,平方后还需注意不等号的方向是否改变.如 $2<3$,两边平方后变为 $2^2<3^2$,不等号方向不改变;但是,$-2>-3$,两边平方后变为 $2^2<3^2$,不等号方向改变.

8. 根式不等式

根号下含有未知数的不等式称为根式不等式.解根式不等式时,通过去根号,转化为有理不等式.去根号的方法一般是不等式两边同时平方.和绝对值不等式两边平方时一样,注意不等式两边的符号.下面给出一些常见根式不等式的解法:

$$\sqrt{f(x)}<\sqrt{g(x)} \Leftrightarrow \begin{cases} f(x) \geq 0 \\ g(x) \geq 0 \\ f(x) < g(x) \end{cases}$$

$$\sqrt{f(x)}>g(x) \Leftrightarrow \begin{cases} f(x) \geq 0 \\ g(x) \geq 0 \\ f(x) > [g(x)]^2 \end{cases} \text{或} \begin{cases} f(x) \geq 0 \\ g(x) < 0 \end{cases}$$

$$\sqrt{f(x)}<g(x) \Leftrightarrow \begin{cases} f(x) \geq 0 \\ g(x) \geq 0 \\ f(x) < [g(x)]^2 \end{cases}$$

$$\sqrt{f(x)} \cdot g(x) > 0 \Leftrightarrow \begin{cases} f(x) > 0 \\ g(x) > 0 \end{cases}$$

9. 指数对数不等式

解指数对数不等式时,首先考虑两个问题:对数的定义域,指数或对数函数的单调性.解指数对数不等式时,利用指数对数运算性质,统一底数,根据指数对数函数的单调性,转化为常见的不等式进行求解.

10. 利用均值不等式求最值

均值不等式:若 $a>0,b>0$,则 $a+b\geq 2\sqrt{ab}$,当且仅当 $a=b$ 时,"$=$" 成立.

结论可以化为:$\dfrac{a+b}{2}\geq \sqrt{ab}$,$ab\leq \left(\dfrac{a+b}{2}\right)^2$.

也可以将均值不等式推广为:

若 $x_1,x_2,\cdots,x_n>0$,则 $x_1+x_2+\cdots+x_n\geq n\sqrt[n]{x_1\cdot x_2\cdot\cdots\cdot x_n}$.

管理类联考中通常考查利用均值不等式求最值. 当和 $a+b$ 是定值时, 根据 $ab\leqslant\left(\dfrac{a+b}{2}\right)^2$ 可知, 积 ab 有最大值, 当且仅当 $a=b$ 时, 积 ab 可以取到大值 $\left(\dfrac{a+b}{2}\right)^2$; 反过来, 当积 ab 是定值时, 根据 $a+b\geqslant 2\sqrt{ab}$ 可知, 和 $a+b$ 有最小值 $2\sqrt{ab}$, 当且仅当 $a=b$ 时, 和 $a+b$ 可以取到最小值 $2\sqrt{ab}$.

均值不等式求最值时, 注意"一正二定三相等", 即: 第一, 各项或各因式必须为正数; 第二, 必须满足"和为定值"或"积为定值"; 第三, 保证等号可以成立. 例如求函数 $y=\dfrac{x}{a}+\dfrac{b}{x}(a,b>0,x\geqslant 2\sqrt{ab})$ 的最小值. 虽然 $\dfrac{x}{a}$ 和 $\dfrac{b}{x}$ 的乘积是定值, 但 $\dfrac{x}{a}$ 和 $\dfrac{b}{x}$ 不能相等, 所以"="不成立, 即 y 取不到 $2\sqrt{\dfrac{b}{a}}$. 此时, 可以根据对勾函数的图像, 利用函数单调性求最小值.

重要题型

题型一　一元一次不等式（组）

【题型方法分析】

解一元一次不等式组, 要先解每一个一元一次不等式, 然后取交集. 取交集的时候可以利用数轴, 从图形上直观地得到交集.

例 2.1 $\begin{cases}x+2>\dfrac{x-9}{6}+\dfrac{x+5}{2},\\ 6-\left(\dfrac{x-2}{4}+\dfrac{2}{3}\right)>\dfrac{x}{6}\end{cases}$ 的解集是（　　）.

(A) $-3<x<14$　　　　　(B) $-3<x<16$　　　　　(C) $-13<x<14$

(D) $-31<x<14$　　　　　(E) 以上答案均不正确

【答案】 A

【解析】 通分, 得 $\begin{cases}\dfrac{6(x+2)}{6}>\dfrac{x-9+3(x+5)}{6},\\ \dfrac{72}{12}-\dfrac{3(x-2)+8}{12}>\dfrac{2x}{12},\end{cases}$ 即 $\begin{cases}6(x+2)>x-9+3(x+5),\\ 72-3(x-2)-8>2x,\end{cases}$ 解得 $\begin{cases}x>-3,\\ x<14,\end{cases}$ 即 $-3<x<14$. 故选 A.

【总结】 本题考查一元一次不等式组. 把每个不等式解出来后, 求各解集的交集.

题型二　一元二次不等式

【题型方法分析】

要熟悉一元二次不等式与一元二次方程的关系, 通过一元二次函数的图形得到一元二次不等式的解集. 一元二次不等式解集的边界值是对应的一元二次方程的根.

例 2.2 不等式 $4x^2-4x<3$ 成立.

(1) $x\in\left(-\dfrac{1}{4},\dfrac{1}{2}\right)$;

(2) $x \in (-1, 0)$.

【答案】 A

【解析】 $4x^2 - 4x - 3 = (2x+1)(2x-3) < 0$. 对应方程 $(2x+1)(2x-3) = 0$ 的解为 $x_1 = -\frac{1}{2}, x_2 = \frac{3}{2}$, 所以不等式的解为 $-\frac{1}{2} < x < \frac{3}{2}$. 所以条件(1)充分. 故选 A.

【总结】 本题考查解一元二次不等式. 先求出对应方程的根, 然后结合一元二次函数的图像得到不等式的解集.

例 2.3 不等式 $x^2 - 2x + 3 \leqslant a^2 - 2a - 1$ 的解集是 $\varnothing$.

(1) $1 < a < 4$;

(2) $-1 < a < 3$.

【答案】 B

【解析】 $x^2 - 2x + 3 = (x-1)^2 + 2 \geqslant 2$. 不等式 $x^2 - 2x + 3 \leqslant a^2 - 2a - 1$ 的解集是 $\varnothing$, 所以 $a^2 - 2a - 1 < 2$, 即 $a^2 - 2a - 3 = (a+1)(a-3) < 0$, 解得 $-1 < a < 3$. 所以条件(2)充分. 故选 B.

【总结】 本题考查一元二次不等式的解. 理解不等式解集是空集的条件.

例 2.4 若不等式 $x^2 - ax + b < 0$ 的解集是 $\{x | -1 < x < 2\}$, 则 $a + b$ 的值为( ).

(A) -2 (B) 3 (C) -3 (D) 1 (E) -1

【答案】 E

【解析】 首先根据不等式 $x^2 - ax + b < 0$ 的解集是 $\{x | -1 < x < 2\}$ 知道 $-1, 2$ 是方程 $x^2 - ax + b = 0$ 的根. 将 $x = -1, x = 2$ 分别带入方程 $x^2 - ax + b = 0$, 得 $a = 1, b = -2$, 所以 $a + b = -1$. 故选 E.

【总结】 本题考查一元二次不等式和一元二次方程的关系. 不等式解集中端点的值是对应一元二次方程的解.

例 2.5 要使方程 $3x^2 + (m-5)x + (m^2 - m - 2) = 0$ 的两根分别满足 $0 < x_1 < 1$ 和 $1 < x_2 < 2$, 实数 m 的取值范围是( ).

(A) $-2 < m < -1$ (B) $-4 < m < -1$ (C) $-4 < m < -2$

(D) $\frac{-1 - \sqrt{65}}{2} < m < -1$ (E) $-3 < m < 1$

【答案】 A

【解析】 如下图所示, $f(0) > 0, f(1) < 0, f(2) > 0$,

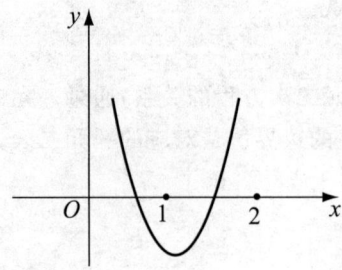

所以得到不等式组 $\begin{cases} m^2-m-2>0, \\ 3+(m-5)+(m^2-m-2)<0, \\ 12+2(m-5)+(m^2-m-2)>0, \end{cases}$ 解得 $-2<m<-1$.

【总结】 本题考查一元二次方程根的分布情况,方法是数形结合,从图形直观上可得一元二次方程的系数所满足的条件.

题型三　分式不等式

【题型方法分析】

通过移项、通分、合并同类项等方法,把分式不等式转化为整式不等式.

例 2.6　不等式 $\dfrac{3x+1}{x-3}>1$ 的解为(　　).

(A) $x<-2$　　　　　　　(B) $x>3$　　　　　　　(C) $-2<x<3$

(D) $x<-2$ 或 $x>3$　　　(E) 以上答案均不正确

【答案】 D

【解析】 $\dfrac{3x+1}{x-3}>1$ 移项,得 $\dfrac{3x+1}{x-3}-1>0$,通分,得 $\dfrac{2x+4}{x-3}>0$,所以 $(x+2)(x-3)>0$,解得 $x<-2$ 或 $x>3$.故选 D.

【总结】 分式不等式转化为一元高次不等式.

例 2.7　不等式 $\dfrac{ax}{x-1}<3$ 的解集为 $\{x\mid x<1\text{ 或 }x>2\}$,则 $a=$ (　　).

(A)1　　　　(B) $\dfrac{3}{2}$　　　　(C)2　　　　(D) -1　　　　(E) -2

【答案】 B

【解析】 $\dfrac{ax}{x-1}<3$ 移项得, $\dfrac{ax}{x-1}-3<0$,通分得 $\dfrac{(a-3)x+3}{x-1}<0$,即 $[(a-3)x+3](x-1)<0$.方程 $[(a-3)x+3](x-1)=0$ 的根为 $x=-\dfrac{3}{a-3}$ 和 $x=1$.因为不等式 $\dfrac{ax}{x-1}<3$ 的解集为 $\{x\mid x<1\text{ 或 }x>2\}$,所以 $(a-3)<0$,并且 $x=-\dfrac{3}{a-3}=2$,解得 $a=\dfrac{3}{2}$.故选 B.

【总结】 本题考查分式不等式和一元二次不等式的解.由解集求参数,要熟练掌握一元二次不等式的解集和一元二次方程解之间的关系.

题型四　一元高次不等式(组)

【题型方法分析】

用数轴穿根法解一元高次不等式,然后取交集,得到一元高次不等式的解集.

例 2.8　$(x+1)x(x-1)^3(x-2)^2(x^2+x+1)\geqslant 0$ 的解集为(　　).

(A) $\{x\mid -1\leqslant x\leqslant 1\}$　　　　(B) $\{x\mid -1\leqslant x\leqslant 0\}$

(C) $\{x \mid x \geqslant 1\}$ 　　　　　　　　(D) $\{x \mid -1 \leqslant x \leqslant 0$ 或 $x \geqslant 1\}$

(E) $\{x \mid -1 \leqslant x \leqslant 0\}$

【答案】 D

【解析】 由于 $x^2+x+1=\left(x+\dfrac{1}{2}\right)^2+\dfrac{3}{4}>0$ 对任意 $x\in\mathbf{R}$ 都成立,所以原不等式化为 $(x+1)x(x-1)^3(x-2)^2\geqslant 0$. 从而方程 $(x+1)x(x-1)^3(x-2)^2=0$ 的所有根为: $x_1=-1,x_2=0,x_3=x_4=x_5=1,x_6=x_7=2$. 把这些根从小到大在数轴上表示出来,如图所示. 从右上方开始,遵循奇穿偶不穿的原则,画曲线.

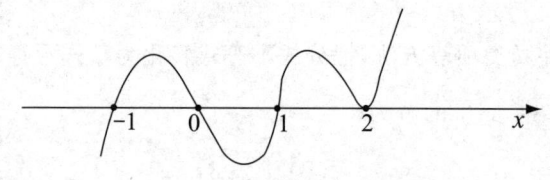

所以原不等式的解集为 $\{x \mid -1\leqslant x\leqslant 0$ 或 $x\geqslant 1\}$. 故选 D.

【总结】 本题考查一元高次不等式的求解.熟练掌握数轴穿根法,熟记数轴穿根法的三个原则.

题型五　绝对值不等式

【题型方法分析】

解绝对值不等式的方法有:去绝对值符号、绝对值的几何意义等.

例 2.9 不等式 $\dfrac{|a-b|}{|a|+|b|}<1$ 成立.

(1) $ab>0$;

(2) $ab<0$.

【答案】 A

【解析】 $\dfrac{|a-b|}{|a|+|b|}<1 \Leftrightarrow |a-b|<|a|+|b|$. 只有当 $ab>0$ 时, $|a-b|<|a|+|b|$ 成立,所以条件(1)充分,条件(2)不充分.故选 A.

【总结】 本题考查绝对值不等式.

例 2.10 不等式 $|x-1|+|x-3|>4$ 的解为(　　).

(A) $0<x<4$ 　　　　　　(B) $x<0$ 　　　　　　(C) $x>4$

(D) $x<0$ 或 $x>4$ 　　　　(E) 以上答案均不正确

【答案】 D

【解析】 方法一　$|x-1|+|x-3|=\begin{cases}-(x-1)-(x-3)=4-2x, & x<1, \\ x-1-(x-3)=2, & 1\leqslant x\leqslant 3, \\ x-1+x-3=2x-4, & x>3,\end{cases}$

所以,当 $x<1$ 时, $4-2x>4$,解得 $x<0$;当 $1\leqslant x\leqslant 3$ 时, $2>4$,无解;当 $x>3$ 时, $2x-4>4$,解得 $x>4$.

综上所述,原不等式的解为 $x<0$ 或 $x>4$. 故选 D.

方法二

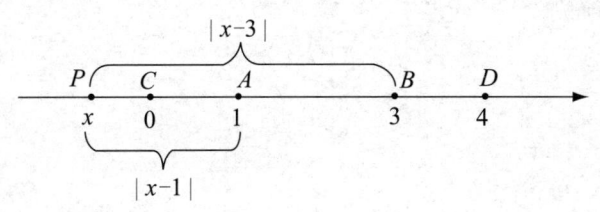

如图所示,根据绝对值的几何意义,$|x-1|$ 表示动点 $P(x)$ 到点 $A(1)$ 的距离,$|x-3|$ 表示动点 $P(x)$ 到点 $B(3)$ 的距离,即 $|x-1| = PA$,$|x-3| = PB$. 当点 P 和点 C 重合时,$|x-1| + |x-3| = 4$,所以当 $x < 0$ 时,$|x-1| + |x-3| > 4$. 当点 P 和点 D 重合时,$|x-1| + |x-3| = 4$,所以当 $x > 4$ 时,$|x-1| + |x-3| > 4$. 当点 P 在点 A 与点 B 之间,即 $1 \leqslant x \leqslant 3$ 时,$|x-1| + |x-3| = 2$,$|x-1| + |x-3| > 4$ 无解. 所以原不等式的解为 $x < 0$ 或 $x > 4$. 故选 D.

【**总结**】 用常规方法解含有两个绝对值符号的不等式时,用常规的分段讨论,去掉绝对值符号,计算量大. 用绝对值的几何意义,计算量小.

例 2.11 $|x+2| + |x-2| \leqslant a$ 有解.

(1) $a = 1$;
(2) $a = 2$.

【**答案**】 E

【**解析**】 $|x+2| + |x-2| \geqslant |x+2-(x-2)| = 4$,即绝对值函数 $|x+2| + |x-2|$ 有最小值 4. 当 $a \geqslant 4$ 时,不等式 $|x+2| + |x-2| \leqslant a$ 有解;当 $a < 4$ 时,不等式 $|x+2| + |x-2| \leqslant a$ 无解. 所以条件 (1) 和条件 (2) 都不充分. 故选 E.

【**总结**】 本题考查绝对值不等式,实质上考查的是绝对值函数的最值情况.

题型六 根式不等式

【**题型方法分析**】

解根式不等式时,要先考虑根式函数的定义域. 常用的去不等式方法是两边平方.

例 2.12 不等式 $|\sqrt{x-2} - 3| < 1$ 的解为 ( ).

(A) $6 < x < 18$ (B) $-6 < x < 18$ (C) $1 \leqslant x \leqslant 7$
(D) $-2 \leqslant x \leqslant 3$ (E) 以上答案均不正确

【**答案**】 A

【**解析**】 先考虑根式函数的定义域,有 $x \geqslant 2$.
$|\sqrt{x-2} - 3| < 1 \Leftrightarrow -1 < \sqrt{x-2} - 3 < 1 \Leftrightarrow 2 < \sqrt{x-2} < 4$. 两边平方,得 $4 < x - 2 < 16 \Leftrightarrow 6 < x < 18$. 故选 A.

【**总结**】 解根式不等式时,要先考虑根式函数的定义域. 常用的去不等式方法是两边平方. 平方时,要注意不等式两边的符号:同为正,两边平方,不等号不改变方向;同为负,两边平方,不等式改变方向.

例 2.13 不等式 $\sqrt{3x-4}-\sqrt{x-3}>0$ 的解为( ).

(A) $x\geqslant\dfrac{4}{3}$ (B) $x>\dfrac{1}{2}$ (C) $x\geqslant\dfrac{3}{4}$

(D) $x\geqslant 3$ (E) $\dfrac{1}{2}<x\leqslant 3$

【答案】 D

【解析】 原不等式可化为 $\sqrt{3x-4}>\sqrt{x-3}$,等价于 $\begin{cases}3x-4\geqslant 0,\\ x-3\geqslant 0,\\ 3x-4>x-3,\end{cases}$ 即 $\begin{cases}x\geqslant\dfrac{4}{3},\\ x\geqslant 3,\\ x>\dfrac{1}{2},\end{cases}$ 所以

原不等式的解为 $x\geqslant 3$.故选 D.

> 【总结】 本题考查根式不等式的解法.含有两个二次根号时,要把两个根式放在不等号两边,然后两边平方去掉根号.

题型七 指数对数不等式

【题型方法分析】

利用指数对数的性质,统一底数,根据指数对数函数的单调性,把指数对数不等式化为常见的不等式.

例 2.14 不等式 $2^{x^2-2x-3}<\left(\dfrac{1}{2}\right)^{3(x-1)}$ 的解集为( ).

(A) $-2<x<3$ (B) $-3<x<2$ (C) $1<x<2$

(D) $-2<x<2$ (E) 以上答案均不正确

【答案】 B

【解析】 统一底数,原不等式化为 $2^{x^2-2x-3}<2^{-3(x-1)}$.因为 $y=2^x$ 是增函数,所以 $x^2-2x-3<-3(x-1)$,整理得 $x^2+x-6<0$,解得 $-3<x<2$.故选 B.

> 【总结】 本题考查指数不等式的解法:一般先换成同底,再利用单调性.

例 2.15 不等式 $\lg(x^2+2x-3)<\lg(x+17)$ 的解集为( ).

(A) $-5<x<-3$ (B) $1<x<4$ (C) $x>1$

(D) $-5<x<4$ (E) $-5<x<-3$ 或 $1<x<4$

【答案】 E

【解析】 原不等式转化为 $\begin{cases}x^2+2x-3>0,\\ x+17>0,\\ x^2+2x-3<x+17,\end{cases}$ 解得 $\begin{cases}x<-3\text{ 或 }x>1,\\ x>-17,\\ -5<x<4,\end{cases}$ 求交集,

得 $-5<x<-3$ 或 $1<x<4$.故选 E.

> 【总结】 解对数不等式时一定要先考虑对数函数的定义域,统一底数,根据函数的单调性,转化为整式不等式.

题型八　最值问题

【题型方法分析】

常见的求最值的情况有:根据一元二次函数的图像求一元二次函数的最值;求绝对值函数的最值;均值不等式求最值;利用对勾函数的图像求最值等等.

例 2.16　函数 $y = x^2 - 2x + 3$ 在 $[0,m]$ 上有最大值 3,最小值 2,则 m 的取值范围是(　　).

(A) $(-\infty, 2]$　　　　　　(B) $[0, 2]$　　　　　　(C) $[1, 2]$
(D) $[1, +\infty)$　　　　　　(E) $[0, +\infty)$

【答案】 C

【解析】 画出 $y = x^2 - 2x + 3$ 的函数图像,如图所示. $x = 1$ 时,$y = x^2 - 2x + 3$ 有最小值 2,当 $x = 0$ 或 $x = 2$ 时,$y = 3$,所以当 $m \in [1, 2]$ 时,$y = x^2 - 2x + 3$ 在 $[0, m]$ 上有最大值 3,最小值 2. 故选 C.

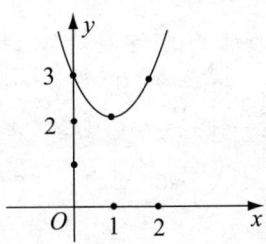

【总结】 求一元二次函数的最值时,要根据函数的图像,数形结合.

例 2.17　函数 $y = |x - a| + |x - b|$ 的最小值是(　　).

(A) $a + b$　　　　　　(B) $a - b$　　　　　　(C) $b - a$
(D) $|a + b|$　　　　　　(E) $|a - b|$

【答案】 E

【解析】 **方法一**　常规方法,分段讨论,去掉绝对值符号,得 $y = |x - a| + |x - b|$ 的最小值为 $|a - b|$.

方法二　根据绝对值的几何意义,可得 $y = |x - a| + |x - b|$ 的最小值是 $|a - b|$.

方法三　根据绝对值的三角不等式,有
$y = |x - a| + |x - b| \geqslant |(x - a) - (x - b)| = |a - b|$,故选 E.

【总结】 本题考查绝对值函数的最值情况. 熟记以下结论:

(1) $y = |x - a| + |x - b|$ 的最小值是 $\max\{a, b\} - \min\{a, b\}$,即 $|a - b|$;
(2) $y = |x - a| + |x - b| + |x - c|$ 的最小值是 $\max\{a, b, c\} - \min\{a, b, c\}$;
(3) $y = |x - a| - |x - b|$ 的最小值是 $\min\{a, b\} - \max\{a, b\}$,最大值是 $\max\{a, b\} - \min\{a, b\}$.

例 2.18　函数 $y = x + \dfrac{4}{x} (0 < x \leqslant 1)$ 的最小值为(　　).

(A) 2　　　　(B) 3　　　　(C) 4　　　　(D) 5　　　　(E) 6

【答案】 D

【解析】 本题容易错解为:$y = x + \dfrac{4}{x} \geqslant 2\sqrt{x \cdot \dfrac{4}{x}} = 4$,最小值是 4. 错误在于,均值不等

式取不到等号. 若 $x>0$,当且仅当 $x=\dfrac{4}{x}$ 即 $x=2$ 时,$y=x+\dfrac{4}{x}=4$. 但本题的函数定义域是 $0<x\leqslant 1$. 正确解法如下:

方法一 根据对勾函数的图形可知,$y=x+\dfrac{4}{x}$ 在 $(0,1]$ 是减函数,所以当 $x=1$ 时,$y=x+\dfrac{4}{x}$ 有最小值 5.

方法二 $y=x+\dfrac{4}{x}=\left(\dfrac{2}{\sqrt{x}}-\sqrt{x}\right)^2+4$. 易知当 $x\in(0,1]$ 时,$\dfrac{2}{\sqrt{x}}-\sqrt{x}>0$ 且单调递减,所以 $y=x+\dfrac{4}{x}$ 在 $(0,1]$ 内是减函数,当 $x=1$ 时,$y=x+\dfrac{4}{x}$ 有最小值 5. 故选 D.

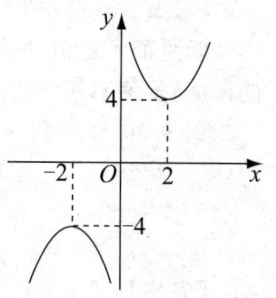

【总结】 本题考查求对勾函数的最值. 根据对勾函数的图像以及单调性求最值.

例 2.19 已知正实数 x,y 满足 $\dfrac{8}{x}+\dfrac{1}{y}=1$,则 $x+2y$ 的最小值为( ).

(A)10　　　(B)12　　　(C)14　　　(D)16　　　(E)18

【答案】 E

【解析】 **方法一** $x+2y=(x+2y)\left(\dfrac{8}{x}+\dfrac{1}{y}\right)=10+\dfrac{x}{y}+\dfrac{16y}{x}\geqslant 10+2\sqrt{\dfrac{x}{y}\cdot\dfrac{16y}{x}}=18$,当且仅当 $\begin{cases}\dfrac{8}{x}+\dfrac{1}{y}=1,\\ \dfrac{x}{y}=\dfrac{16y}{x},\end{cases}$ 即 $x=12,y=3$ 时,"="成立,故函数的最小值为 18. 故选 E.

方法二 由 $\dfrac{8}{x}+\dfrac{1}{y}=1$,得 $y=\dfrac{x}{x-8}$. 又由 x,y 是正实数,得 $x>8$.

$x+2y=x+\dfrac{2x}{x-8}=x-8+\dfrac{16}{x-8}+10\geqslant 2\sqrt{(x-8)\left(\dfrac{16}{x-8}\right)}+10=18$,当且仅当 $x-8=\dfrac{16}{x-8}$,即 $x=12$ 时,"="成立,故函数的最小值为 18. 故选 E.

【总结】 本题考查二元函数的最值,可以用均值不等式,也可以将二元函数转求最值化为一元函数求最值. 做题遇到某等式等于 1 时,要善于利用"1"这个条件.

题型九　恒成立问题

【题型方法分析】

常见的恒成立情况有:

1) 一元二次不等式恒成立,方法是讨论一元二次函数的开口方向和 Δ 的符号;
2) 有关最值的不等式恒成立,方法是比最大值还大或比最小值还小;
3) 绝对值函数恒成立问题.

例 2.20 若函数 $f(x)=\sqrt{ax^2+4ax+3}$ 的定义域为全体实数 **R**,则 a 的取值范围是( ).

(A) $\left[-\frac{3}{4},\frac{3}{4}\right]$ (B) $\left(0,\frac{3}{4}\right)$ (C) $\left(0,\frac{3}{4}\right]$

(D) $\left[0,\frac{3}{4}\right]$ (E) 以上答案均不正确

【答案】 D

【解析】 当 $a=0$ 时,$3>0$ 对任意 $x\in\mathbf{R}$ 恒成立;

当 $a>0$ 时,$ax^2+4ax+3\geqslant 0$ 对任意 $x\in\mathbf{R}$ 恒成立,则 $\Delta=(4a)^2-12a\leqslant 0$,解得 $0<a\leqslant\frac{3}{4}$.所以 $0\leqslant a\leqslant\frac{3}{4}$.故选 D.

【总结】 本题考查不等式的恒成立问题.注意 ax^2+bx+c 不一定是一元二次函数,所以要讨论系数.一元二次不等式 $ax^2+bx+c>0$ 或 $ax^2+bx+c<0$ 恒成立问题,要根据 $y=ax^2+bx+c$ 的图像,考虑抛物线开口方向和 $\Delta<0$.

例 2.21 若不等式 $|x+1|+|x-2|>k$ 对于一切 $x\in\mathbf{R}$ 恒成立,则 k 的取值范围是( ).

(A) $k<3$ (B) $k<-3$ (C) $k\leqslant 3$

(D) $k\leqslant -3$ (E) 以上答案均不正确

【答案】 A

【解析】 $|x+1|+|x-2|$ 有最小值 3,所以当 k 比 $|x+1|+|x-2|$ 的最小值还小时,即 $k<3$ 时,$|x+1|+|x-2|>k$ 对一切 $x\in\mathbf{R}$ 恒成立.故选 A.

【总结】 本题考查不等式恒成立问题:比最大值大,比最小值小,都是恒成立.

例 2.22 $|x+1|-|x-2|=3$ 恒成立.

(1) $-1<x<2$;

(2) $2<x<3$.

【答案】 B

【解析】 条件(1),$-1<x<2$,所以 $|x+1|-|x-2|=(x+1)-(2-x)=2x-1$,故条件(1)不充分.

条件(2),$2<x<3$,所以 $|x+1|-|x-2|=(x+1)-(x-2)=3$,条件(2) 充分.故选 B.

【总结】 本题考查绝对值函数恒成立问题.记住常用结论($a<b$):

1) 当 $a\leqslant x\leqslant b$ 时,$|x-a|+|x-b|=b-a$ 恒成立;

2) 当 $x\leqslant a$ 时,$|x-a|-|x-b|=-(b-a)$ 恒成立;

3) 当 $x\geqslant b$ 时,$|x-a|-|x-b|=b-a$ 恒成立.

本章练习

1. 一艘船在两个码头之间以固定速度航行,水流速度是 3km/h,顺水航行需要 2h,逆水航行需要 3h,则两码头之间的距离为(　　)km.
   (A)15　　　　(B)30　　　　(C)36　　　　(D)48　　　　(E)72

2. 关于 x 的方程 $3x-2a=0$ 与 $2x+3a-13=0$ 的根相同,则 $a=$(　　).
   (A)-3　　　(B)-2　　　(C)1　　　　(D)2　　　　(E)3

3. 一元二次方程 $3x^2+bx+c=0(c\neq 0)$ 的两个根为 m,n. 如果以 $m+n,mn$ 为根的一元二次方程是 $3x^2-bx+c=0(c\neq 0)$,则 b 和 c 分别是(　　).
   (A)2,6　　　(B)3,4　　　(C)$-2,-6$　　(D)$-3,-6$　　(E)$-3,6$

4. 已知方程 $3x^2+5x+1=0$ 的两个根为 a 和 b,则 $\sqrt{\dfrac{a}{b}}+\sqrt{\dfrac{b}{a}}=$(　　).
   (A)$-\dfrac{5\sqrt{3}}{5}$　(B)$\dfrac{5\sqrt{3}}{3}$　(C)$\dfrac{\sqrt{3}}{5}$　(D)$-\dfrac{\sqrt{3}}{5}$　(E)2

5. $x^2+px+37=0$ 恰有两个正整数解 x_1,x_2,则 $\dfrac{(x_1+1)(x_2+1)}{p}$ 的值为(　　).
   (A)-2　　　(B)-1　　　(C)0　　　　(D)1　　　　(E)2

6. 已知方程 $x^2-6x+m=0$ 的两个根为 a 和 b,且 $3a+2b=20$,则 $m=$(　　).
   (A)16　　　　(B)14　　　　(C)-14　　　(D)-16　　　(E)18

7. 已知关于 x 的方程 $k^2x^2-(2k+1)x+1=0$ 有两个相异的实根,则 k 的取值范围是(　　).
   (A)$k>\dfrac{1}{4}$　　　　　　(B)$k\geqslant\dfrac{1}{4}$　　　　　　(C)$k>-\dfrac{1}{4}$ 且 $k\neq 0$
   (D)$k\geqslant-\dfrac{1}{4}$ 且 $k\neq 0$　　(E)以上答案均不正确

8. 已知关于 x 的方程 $\dfrac{1}{x^2-x}+\dfrac{k-5}{x^2+x}=\dfrac{k-1}{x^2-1}$ 无解,则满足条件的所有 k 的和为(　　).
   (A)3　　　　(B)9　　　　(C)12　　　　(D)15　　　　(E)18

9. 一辆汽车开往距离出发地 180 km 的目的地,出发后第一小时内按原计划的速度匀速行驶,一小时后以原来的 1.5 倍匀速行驶,并比原计划提前 40min 到达目的地,则前一小时的行驶速度为(　　)km/h.
   (A)50　　　　(B)60　　　　(C)70　　　　(D)80　　　　(E)90

10. 方程 $||x-|3x+1||=4$ 的解是(　　).
    (A)$x=\dfrac{5}{2}$ 或 $x=-\dfrac{3}{4}$　　　(B)$x=-\dfrac{5}{2}$ 或 $x=\dfrac{3}{4}$
    (C)$x=\dfrac{3}{2}$ 或 $x=-\dfrac{5}{4}$　　　(D)$x=-\dfrac{3}{2}$ 或 $x=\dfrac{5}{4}$
    (E)以上答案均不正确

11. 方程 $|x+1|+|x-3|=4$ 的整数解有(　　)个.
    (A)2　　　　(B)3　　　　(C)4　　　　(D)5　　　　(E)无穷多

12. 关于 x 的方程 $x^2-6x+(a-2)|x-3|+9-2a=0$ 有两个不同的实数根,则 a 的取

值范围是(   ).

(A)$a=-2$ 或 $a>0$ (B)$a<0$ (C)$a<0$ 或 $a=-2$

(D)$a=-2$ (E)以上答案均不正确

13.已知关于 x 的方程 $\sqrt{5x-3m}=\dfrac{x}{3}+m$ 有一个根是 $x=3$,则 $m=$(   ).

(A)$m=-2$ (B)$m=7$ (C)$m=-2$ 或 $m=7$

(D)$m=2$ (E)$m=-7$

14.关于 x 的方程 $k\cdot 9^x-k\cdot 3^{x+1}+6(k-5)=0$ 在区间 $[0,2]$ 上有解,则 k 的取值范围是(   ).

(A)$k\leqslant 8$ (B)$\dfrac{1}{2}\leqslant k\leqslant 8$ (C)$k\geqslant \dfrac{1}{2}$

(D)$k\leqslant \dfrac{1}{2}$ 或 $k\geqslant 8$ (E)以上答案均不正确

15.方程 $\lg^2 x+(\lg 7+\lg 5)\lg x+\lg 7\cdot \lg 5=0$ 的两根是 x_1,x_2,则 $x_1\cdot x_2$ 的值是(   ).

(A)$\lg 7\cdot \lg 5$ (B)$\lg 35$ (C)$-\lg 35$ (D)35 (E)$\dfrac{1}{35}$

16.若 a,b 是互不相等的质数,且 $a^2-13a+m=0,b^2-13b+m=0$,则 $\dfrac{b}{a}+\dfrac{a}{b}$ 的值为(   ).

(A)$\dfrac{123}{22}$ (B)$\dfrac{125}{22}$ (C)$\dfrac{121}{22}$ (D)$\dfrac{127}{22}$ (E)$\dfrac{129}{22}$

17.关于 x 的方程 $x^2-2|x|+2=m$ 有 3 个实数根,则 m 的值为(   ).

(A)1 (B)2 (C)$\sqrt{3}$ (D)$\dfrac{5}{2}$ (E)3

18.关于 x 的方程 $\dfrac{1}{x-2}+3=\dfrac{1-x}{2-x}$ 与 $\dfrac{x+1}{x-|a|}=2-\dfrac{3}{|a|-x}$ 有相同的增根.

(1)$a=2$;

(2)$a=-2$.

19.能确定 $2m-n=4$.

(1)$\begin{cases}x=2\\y=1\end{cases}$ 是方程组 $\begin{cases}mx+ny=8\\nx-my=1\end{cases}$ 的解;

(2)$\begin{cases}2m+n=16,\\m+2n=17.\end{cases}$

20.关于 x 的方程 $2ax^2-2x-3a+5=0$,一个根大于 1,一个根小于 1.

(1)$a>3$;

(2)$a<0$.

21.x_1,x_2 是方程 $x^2-2(k+1)x+k^2+2=0$ 的两个实根.

(1)$k>\dfrac{1}{2}$;

(2)$k=\dfrac{1}{2}$.

22.一元二次方程 $4x^2+(a-2)x+(a-5)=0$ 有两个不等的负实根.

(1) $a < 6$;

(2) $a > 5$.

23. 方程组 $\begin{cases} x+y=a, \\ y+z=4, \\ z+x=2, \end{cases}$ 得 x,y,z 成等差数列.

(1) $a = 1$;

(2) $a = 0$.

24. 关于 x 的不等式 $x^2 + \left(a + \dfrac{1}{a} - 1\right)x - a - \dfrac{1}{a} < 0 \ (a < 0)$ 的解集为（　　）.

(A) $\left(1, a - \dfrac{2}{a}\right)$　　　　(B) $\left(1, a - \dfrac{1}{a}\right)$　　　　(C) $\left(1, -a - \dfrac{2}{a}\right)$

(D) $\left(1, \dfrac{1}{a} - a\right)$　　　　(E) $\left(1, -\dfrac{1}{a} - a\right)$

25. 函数 $y = \dfrac{\sqrt{x^2 - 4}}{\lg(3 + 2x - x^2)}$ 的定义域为（　　）.

(A) $[2, 3)$　　　　　　　　　　(B) $[2, 1+\sqrt{3}) \cup (1+\sqrt{3}, 3)$

(C) $(2, 3)$　　　　　　　　　　(D) $(2, 1+\sqrt{3}) \cup (1+\sqrt{3}, 3)$

(E) 以上答案均不正确

26. 不等式 $\dfrac{2x+3}{x-1} \leqslant 3$ 的解集中包含（　　）个正整数.

(A) 0　　　　(B) 1　　　　(C) 2　　　　(D) 3　　　　(E) 无数个

27. 已知集合 $M = \left\{x \mid \dfrac{4}{x-4} < 0\right\}$，集合 $N = \{x \mid x^2 - 3x + 2 \geqslant 0\}$，则集合 $\{x \mid x \notin M, x \in N\}$ 为（　　）.

(A) $\{x \mid x \geqslant 4\}$　　　　(B) $\{x \mid x > 4\}$　　(C) $\{x \mid x \geqslant 4 \text{ 或 } x \leqslant 0\}$

(D) $\{x \mid x > 4 \text{ 或 } x < 0\}$　　(E) $\{x \mid 0 < x \leqslant 4\}$

28. 分式不等式 $\dfrac{2x^2 + x + 14}{x^2 + 6x + 8} \leqslant 1$ 的解集中包括的质数之和为（　　）.

(A) 2　　　　(B) 3　　　　(C) 4　　　　(D) 5　　　　(E) 7

29. 若不等式 $5 - x > 7|x+1|$ 与不等式 $ax^2 + bx - 2 > 0$ 的解集相同，则 a, b 的值分别为（　　）.

(A) $-4, -9$　　(B) $-1, 9$　　(C) $-8, -10$　　(D) $-1, 2$　　(E) $1, 9$

30. 若关于 x 的不等式 $|x-3| - |x-4| \geqslant a^2 + a + 1$ 的解集为空集，则 a 的取值范围是（　　）.

(A) $(-\infty, -1) \cup [0, +\infty)$　　　　(B) $(-\infty, -1] \cup [0, +\infty)$

(C) $(-\infty, -1] \cup (0, +\infty)$　　　　(D) $(-\infty, -2) \cup [0, +\infty)$

(E) $(-\infty, -1) \cup (0, +\infty)$

31. 已知 a 为正实数，则不等式 $\sqrt{4a^2 - x^2} > 2(x - a)$ 的解为（　　）.

(A) $a \leqslant x < \dfrac{8a}{5}$　　　　　　(B) $-2a \leqslant x < \dfrac{8a}{5}$

(C) $-2a \leqslant x < a$　　　　　　(D) $x < a \text{ 或 } x \geqslant \dfrac{8a}{5}$

(E) $x < -2a$ 或 $x \geqslant \dfrac{8a}{5}$

32. 已知函数 $f(x) = 9^x - 3^{x+1} + c$（其中 c 为常数），若当 $x \in [0,1]$ 时，恒有 $f(x) < 0$ 成立，则 c 的取值范围是（　　）．

(A) $[0, +\infty)$ (B) $(0, +\infty)$ (C) $(-\infty, 0)$

(D) $\left(-\infty, \dfrac{9}{4}\right)$ (E) $\left(-\infty, \dfrac{9}{4}\right]$

33. 不等式 $\log_2\left(x + \dfrac{1}{x} + 6\right) \leqslant 3$ 的解集中包含的整数之和为（　　）．

(A) -13 (B) -14 (C) -15 (D) -16 (E) -17

34. 一个三位数除以 43，商是 a，余数是 b（其中 a, b 是自然数），则 $a + b$ 的最大值为（　　）．

(A) 62 (B) 64 (C) 66 (D) 68 (E) 70

35. 某商场经营某品牌的童装，购进时的单价是 60 元. 根据市场调查，在一段时间内，销售单价是 80 元时，每天销售量是 200 件，而销售单价每降低 1 元，就可多售出 20 件. 若童装厂规定该品牌童装销售单价不低于 76 元，且商场要完成每天不少于 240 件的销售任务，则商场销售该童装每天获得的最大利润是（　　）．

(A) $4\,480$ (B) $4\,580$ (C) $4\,680$ (D) $4\,780$ (E) $4\,880$

36. 函数 $y = x + \dfrac{1}{2(x-1)^2}$（$x > 1$）的最小值为（　　）．

(A) 2 (B) $\dfrac{1}{2}$ (C) $\dfrac{5}{2}$ (D) $\dfrac{2}{5}$ (E) 3

37. 若不等式 $\dfrac{x^2 - 8x + 20}{mx^2 + 2(m+1)x + 9m + 4} > 0$ 对一切 $x \in \mathbf{R}$ 都成立，则实数 m 的取值范围是（　　）．

(A) $m > \dfrac{1}{4}$ (B) $m > -\dfrac{1}{2}$ (C) $-\dfrac{1}{2} < m < \dfrac{1}{4}$

(D) $0 < m < \dfrac{1}{4}$ (E) 以上答案均不正确

38. 不等式 $2x - 1 > m(x^2 - 1)$ 对任意 $m \in [-2, 2]$ 都成立，则 x 的取值范围是（　　）．

(A) $\left(\dfrac{-1-\sqrt{7}}{2}, \dfrac{1-\sqrt{3}}{2}\right)$ (B) $\left(\dfrac{-1+\sqrt{3}}{2}, \dfrac{1+\sqrt{3}}{2}\right)$

(C) $\left(\dfrac{-1+\sqrt{7}}{2}, \dfrac{1+\sqrt{3}}{2}\right)$ (D) $\left(\dfrac{-1-\sqrt{7}}{2}, \dfrac{1+\sqrt{7}}{2}\right)$

(E) 以上答案均不正确

39. 不等式 $cx^2 + bx + a < 0$ 的解集为 $x < -\dfrac{1}{3}$ 或 $x > \dfrac{1}{4}$．

(1) 不等式 $ax^2 + bx + c < 0$ 的解集为 $-3 < x < 4$；

(2) 不等式 $ax^2 + bx + c < 0$ 的解集为 $-4 < x < 3$．

40. 不等式 $|ax + 2| < 6$ 的解为 $-1 < x < 2$．

(1) $a = 4$；

(2) $a = -2$．

41. 实数 a, b 满足 $|a|(a+b) > a|a+b|$．

(1)$a < 0$;
(2)$b > -a$.

42. 不等式$(k+3)x^2 - 2(k+3)x + k - 1 < 0$对任意$x \in \mathbf{R}$恒成立.
(1)$k = 0$;
(2)$k = -3$.

43. $|x-1| + |x+2| \geqslant a$对一切$x \in \mathbf{R}$都成立.
(1)$a = 2$;
(2)$a = 5$.

本章练习答案解析

1.【答案】 C

【解析】 设船在静水中的速度为$v$km/h,根据题意有$(v+3) \times 2 = (v-3) \times 3$,解得$v = 15$.所以两码头之间的距离为$(v+3) \times 2 = (15+3) \times 2 = 36$(km).故选C.

2.【答案】 E

【解析】 $3x - 2a = 0$的根为$x = \frac{2}{3}a$,带入$2x + 3a - 13 = 0$,得$\frac{4}{3}a + 3a - 13 = 0$,解得$a = 3$.故选E.

3.【答案】 D

【解析】 根据根与系数的关系,可得$m + n = -\frac{b}{3}, mn = \frac{c}{3}$. $m+n = -\frac{b}{3}, mn = \frac{c}{3}$是$3x^2 - bx + c = 0(c \neq 0)$的根,所以有$m + n + mn = -\frac{b}{3} + \frac{c}{3} = \frac{b}{3}, (m+n)mn = -\frac{b}{3} \cdot \frac{c}{3} = \frac{c}{3}$,解得$b = -3, c = -6$.故选D.

4.【答案】 B

【解析】 根据根与系数关系,得$a + b = -\frac{5}{3}, ab = \frac{1}{3}$.可知$a, b$都是负数.所以$\left(\sqrt{\frac{a}{b}} + \sqrt{\frac{b}{a}}\right)^2 = \frac{a}{b} + \frac{b}{a} + 2 = \frac{a^2 + b^2}{ab} + 2 = \frac{(a+b)^2}{ab} = \frac{\left(-\frac{5}{3}\right)^2}{\frac{1}{3}} = \frac{25}{3}$,从而$\sqrt{\frac{a}{b}} + \sqrt{\frac{b}{a}} = \sqrt{\frac{25}{3}} = \frac{5\sqrt{3}}{3}$.故选B.

5.【答案】 A

【解析】 根据根与系数关系,可得$x_1 + x_2 = -p, x_1 x_2 = 37$.因为$x_1, x_2$是正整数,$x_1 x_2 = 37$,即$x_1 = 1, x_2 = 37$.所以$p = -(x_1 + x_2) = -38, \frac{(x_1+1)(x_2+1)}{p} = \frac{(1+1)(37+1)}{-38} = -2$.故选A.

6.【答案】 D

【解析】 由$\Delta = 36 - 4m \geqslant 0$,得$m \leqslant 9$.根据根与系数的关系,得$a + b = 6, ab = m$.由$3a + 2b = a + 2(a+b) = a + 2 \times 6 = 20$,得$a = 8$. $x = a = 8$带入方程,有$8^2 - 6 \times 8 + m = $

0,所以 $m=-16$. 故选 D.

7.【答案】 C

【解析】 $k\neq 0$ 并且 $\Delta=(2k+1)^2-4k^2=4k+1>0$,所以 $k>-\dfrac{1}{4}$ 且 $k\neq 0$. 故选 C.

8.【答案】 E

【解析】 分式方程的最简公分母为 $x(x+1)(x-1)$,原方程化为 $(x+1)+(k-5)(x-1)=x(k-1)$,解得 $x=\dfrac{6-k}{3}$. 原方程的增根可能是 $1,0,-1$. 当 $x=\dfrac{6-k}{3}=1$ 时,$k=3$;当 $x=\dfrac{6-k}{3}=0$ 时,$k=6$;当 $x=\dfrac{6-k}{3}=-1$ 时,$k=9$. 满足条件的所有 k 的和为 $3+6+9=18$. 故选 E.

9.【答案】 B

【解析】 设前一小时的速度为 x km/h,则一小时后的速度为 $1.5x$ km/h,由题意得:$\dfrac{180}{x}-\left(1+\dfrac{180-x}{1.5x}\right)=\dfrac{2}{3}$. 解方程,得 $x=60$,所以前一小时的速度为 60 km/h. 故选 B.

10.【答案】 C

【解析】 **方法一** $x-|3x+1|=4$ 或 $x-|3x+1|=-4$. 所以 $|3x+1|=x-4$ 或 $|3x+1|=x+4$.

即 $\begin{cases}x-4\geqslant 0,\\3x+1=x-4\end{cases}$ 或 $\begin{cases}x-4\geqslant 0,\\3x+1=-(x-4),\end{cases}$ 或 $\begin{cases}x+4\geqslant 0\\3x+1=x+4\end{cases}$ 或 $\begin{cases}x+4\geqslant 0,\\3x+1=-(4+x),\end{cases}$ 解得 $x=\dfrac{3}{2}$ 或 $x=-\dfrac{5}{4}$. 故选 C.

方法二 验证选项,$x=\dfrac{3}{2}$ 时,$|x-|3x+1||=4$ 成立,故选 C.

11.【答案】 D

【解析】 根据绝对值的几何意义,可知当 $x\in[-1,3]$ 时,$|x+1|+|x-3|=4$. 所以 $|x+1|+|x-3|=4$ 的整数解有 $x=-1,0,1,2,3$,共 5 个. 故选 D.

12.【答案】 A

【解析】 原方程化为 $|x-3|^2+(a-2)|x-3|-2a=0$,只要 $|x-3|$ 等于一个正数即可,即方程 $t^2+(a-2)t-2a=0$ 有一正根一负根或两个相等的正根,从而有 $f(0)=-2a<0$ 或 $\begin{cases}\Delta=(a-2)^2+8a=0,\\-(a-2)>0,\\-2a>0,\end{cases}$ 解得 $a=-2$. 故选 A.

13.【答案】 D

【解析】 把 $x=3$ 带入方程 $\sqrt{5x-3m}=\dfrac{x}{3}+m$,有 $\sqrt{15-3m}=1+m$. 两边平方得,$15-3m=1+2m+m^2$,整理得 $m^2+5m-14=0$,解得 $m=2$ 或 $m=-7$. 但是 $\sqrt{15-3m}=1+m$ 有意义的条件是 $m\leqslant 5$ 且 $m\geqslant -1$,所以 $m=2$. 故选 D.

14.【答案】 B

【解析】 分离参数,得 $\dfrac{30}{k}=9^x-3^{x+1}+6=(3^x)^2-3\cdot 3^x+6$. 因为方程在 $[0,2]$ 上有解,所以 $\dfrac{30}{k}$ 在函数 $y=(3^x)^2-3\times 3^x+6,x\in[0,2]$ 的值域内. 令 $t=3^x,t\in[1,9]$,$y=t^2-$

$3 \cdot t + 6$ 的值域为 $\left[\dfrac{15}{4}, 60\right]$,所以 $\dfrac{15}{4} \leqslant \dfrac{30}{k} \leqslant 60$,从而得 $\dfrac{1}{2} \leqslant k \leqslant 8$.故选 B.

15.【答案】 E

【解析】 $\lg^2 x + (\lg 7 + \lg 5)\lg x + \lg 7 \cdot \lg 5 = (\lg x + \lg 7)(\lg x + \lg 5) = 0$,所以 $(\lg x + \lg 7) = 0$ 或 $(\lg x + \lg 5) = 0$. $\lg x = -\lg 7$ 或 $\lg x = -\lg 5$,所以 $x_1 = \dfrac{1}{7}, x_2 = \dfrac{1}{5}$, $x_1 \cdot x_2 = \dfrac{1}{35}$.故选 E.

16.【答案】 B

【解析】 a, b 是方程 $x^2 - 13x + m = 0$ 的根.根据韦达定理,有 $a + b = 13, ab = m$. a, b 是互不相等的质数,所以 $a = 2, b = 11$,所以 $\dfrac{b}{a} + \dfrac{a}{b} = \dfrac{11}{2} + \dfrac{2}{11} = \dfrac{125}{22}$.

17.【答案】 B

【解析】 $|x|^2 - 2|x| + 2 = m$,令 $t = |x|$,则 $t^2 - 2t + 2 - m = 0$ 有一正根一零根,从而 $m = 2$.故选 B.

18.【答案】 D

【解析】 显然 $\dfrac{1}{x-2} + 3 = \dfrac{1-x}{2-x}$ 的增根为 $x = 2$. $\dfrac{x+1}{x-|a|} = 2 - \dfrac{3}{|a|-x}$ 化为 $\dfrac{x+1}{x-|a|} = \dfrac{2|a|-2x-3}{|a|-x}$, $x = 2|a| - 2$.当 $a = \pm 2$ 时,$x = 2$ 为 $\dfrac{x+1}{x-|a|} = 2 - \dfrac{3}{|a|-x}$ 的增根.所以条件(1)和条件(2)单独都充分,故选 D.

19.【答案】 D

【解析】 由条件(1),可得 $\begin{cases} 2m + n = 8, \\ 2n - m = 1, \end{cases}$ 解方程组得 $\begin{cases} m = 3, \\ n = 2, \end{cases}$ 所以 $2m - n = 2 \times 3 - 2 = 4$,条件(1)充分.

条件(2),解方程组 $\begin{cases} 2m + n = 16, \\ m + 2n = 17, \end{cases}$ 得 $\begin{cases} m = 5, \\ n = 6, \end{cases}$ 所以 $2m - n = 2 \times 5 - 6 = 4$,条件(2)充分.故选 D.

20.【答案】 D

【解析】 根据题干结论有 $2af(1) < 0$,即 $2a(2a - 2 - 3a + 5) < 0$,即 $2a(-a + 3) < 0$,解得 $a < 0$ 或 $a > 3$,所以条件(1)和条件(2)都充分.故选 D.

21.【答案】 D

【解析】 方程 $x^2 - 2(k+1)x + k^2 + 2 = 0$ 有两个实根,所以 $\Delta = 4(k+1)^2 - 4(k^2+2) \geqslant 0$,解得 $k \geqslant \dfrac{1}{2}$.所以条件(1)和条件(2)都充分.故选 D.

22.【答案】 C

【解析】 方程 $4x^2 + (a-2)x + (a-5) = 0$ 有两个不等的负实根,所以 $\Delta = (a-2)^2 - 4 \times 4(a-5) > 0$,并且 $x_1 + x_2 = \dfrac{2-a}{4} < 0, x_1 x_2 = \dfrac{a-5}{4} > 0$,解得 $5 < a < 6$ 或 $a > 14$.所以条件(1)和条件(2)单独都不充分,联合起来 $5 < a < 6$,充分.故选 C.

23.【答案】 B

【解析】 条件(1), $a=1$, $\begin{cases} x+y=1, \\ y+z=4, \\ z+x=2 \end{cases} \Rightarrow x+y+z=\dfrac{7}{2} \Rightarrow x=-\dfrac{1}{2}, y=\dfrac{3}{2}, z=\dfrac{5}{2}$, 不充分;

条件(2), $a=0$, $\begin{cases} x+y=0, \\ y+z=4, \\ z+x=2 \end{cases} \Rightarrow x+y+z=3 \Rightarrow x=-1, y=1, z=3$, x,y,z 成等差数列, 充分, 选 B.

24. 【答案】 E

【解析】 十字相乘法, 因式分解, 得 $\left[x+\left(a+\dfrac{1}{a}\right)\right](x-1)<0$, 所以 $1<x<-\dfrac{1}{a}-a$, 故选 E.

25. 【答案】 B

【解析】 $\begin{cases} x^2-4\geqslant 0, \\ 3+2x-x^2>0, \\ 3+2x-x^2\neq 1 \end{cases}$ 解得 $\begin{cases} x\geqslant 2 \text{ 或 } x\leqslant -2, \\ -1<x<3, \\ x\neq 1\pm\sqrt{3}, \end{cases}$ 所以定义域为 $[2,1+\sqrt{3})\cup(1+\sqrt{3},3)$. 故选 B.

26. 【答案】 E

【解析】 $\dfrac{2x+3}{x-1}\leqslant 3 \Rightarrow \dfrac{2x+3}{x-1}-3\leqslant 0 \Rightarrow \dfrac{-x+6}{x-1}\leqslant 0 \Rightarrow \dfrac{x-6}{x-1}\geqslant 0$, 所以 $(x-6)(x-1)\geqslant 0$, 但 $x-1\neq 0$. 解得 $x<1$ 或 $x\geqslant 6$. 解集中包含无数个正整数. 故选 E.

27. 【答案】 A

【解析】 $M=\{x\mid x<4\}$, $N=\{x\mid x\leqslant 1 \text{ 或 } x\geqslant 2\}$, 所以 $\{x\mid x\notin M, x\in N\}=\{x\mid x\geqslant 4\}$, 故选 A.

28. 【答案】 D

【解析】 原不等式移项, 得 $\dfrac{2x^2+x+14}{x^2+6x+8}-1\leqslant 0$, 通分, 得 $\dfrac{x^2-5x+6}{x^2+6x+8}\leqslant 0$, 即 $\dfrac{(x-2)(x-3)}{(x+2)(x+4)}\leqslant 0$, 所以 $\begin{cases} (x-2)(x-3)(x+2)(x+4)\leqslant 0, \\ (x+2)(x+4)\neq 0. \end{cases}$ 用数轴穿根法, 解得 $-4<x<-2$ 或 $2\leqslant x\leqslant 3$. 该解集中包含质数 2 和 3, 它们的和为 5. 故选 D.

29. 【答案】 A

【解析】 (1) 当 $5-x\leqslant 0$, 即 $x\geqslant 5$ 时, $5-x>7|x+1|$ 无解;

(2) 当 $5-x>0$, 即 $x<5$ 时, 不等式去掉绝对值, 得 $-(5-x)<7(x+1)<5-x$. 解 $-(5-x)<7(x+1)$ 得 $x>-2$; 解 $7(x+1)<5-x$ 得 $x<-\dfrac{1}{4}$. 所以 $5-x>7|x+1|$ 的解是 $-2<x<-\dfrac{1}{4}$. $ax^2+bx-2>0$ 的解为 $-2<x<-\dfrac{1}{4}$, 所以 $a<0$, 且 $x=-2$ 和 $x=-\dfrac{1}{4}$ 是方程 $ax^2+bx-2=0$ 的根. 所以 $4a-2b-2=0$, $\dfrac{1}{16}a-\dfrac{1}{4}b-2=0$, 解得 $a=-4$, $b=-9$. 故选 A.

30. 【答案】 E

【解析】 根据绝对值的几何意义,可得 $-1\leqslant|x-3|-|x-4|\leqslant 1$. 当 a^2+a+1 比 $|x-3|-|x-4|$ 的最大值还大,即 $a^2+a+1>1$ 时,原不等式的解集为空解. 解 $a^2+a+1>1$,得 $a<-1$ 或 $a>0$. 故选 E.

31. 【答案】 B

【解析】 原不等式化为 $\begin{cases}4a^2-x^2\geqslant 0,\\x-a\geqslant 0,\\4a^2-x^2>4(x-a)^2\end{cases}$ 或 $\begin{cases}4a^2-x^2\geqslant 0,\\x-a<0.\end{cases}$

所以有 $\begin{cases}-2a\leqslant x\leqslant 2a,\\x\geqslant a,\\0<x<\dfrac{8a}{5}\end{cases}$ 或 $\begin{cases}-2a\leqslant x\leqslant 2a,\\x<a,\end{cases}$

所以原不等式的解为 $-2a\leqslant x<\dfrac{8a}{5}$. 故选 B.

32. 【答案】 C

【解析】 令 $t=3^x$,则原函数化为 $f(t)=t^2-3t+c$. 由一元二次函数的图像可得,当 $t\in[1,3]$ 时,$f\left(\dfrac{3}{2}\right)\leqslant f(t)\leqslant f(3)$,即 $c-\dfrac{9}{4}\leqslant f(t)\leqslant c$. 当 $c<0$ 时,$f(t)<0$ 恒成立. 故选 C.

33. 【答案】 B

【解析】 去掉对数符号,得 $0<x+\dfrac{1}{x}+6\leqslant 8$. 当 $x>0$ 时,$0<x^2+6x+1\leqslant 8x$,解得 $x=1$;当 $x<0$ 时,$8x\leqslant x^2+6x+1<0$,解得 $-3-2\sqrt{2}<x<-3+2\sqrt{2}$,所以不等式的解集为 $\{x|-3-2\sqrt{2}<x<-3+2\sqrt{2}$ 或 $x=1\}$,包含的整数有 $-5,-4,-3,-2,-1,1$,它们的和是 -14. 故选 B.

34. 【答案】 B

【解析】 求 $a+b$ 的最大值,要保证 a,b 尽可能大. 根据题意,可以设这个三位数为 $43a+b$. 因为 b 是余数,所以 $b<43$,b 的最大值为 42. 因为 $24\times 43=1032$,所以 a 不能超过 23. 当 $a=23$ 时,$43\times 23+10=999$,此时 b 的最大值为 10. 当 $a=22$ 时,$43\times 22+42=988$,此时 b 的最大值为 42. 显然当 $a=22,b=42$ 时,$a+b$ 的值最大,最大值为 64. 故选 B.

35. 【答案】 A

【解析】 设销售单价为 x 元,则每天销售 $200+20\times(80-x)=-20x+1800$ 件. 根据题意,有 $-20x+1800\geqslant 240,x\leqslant 78$. 所以 $76\leqslant x\leqslant 78$.

每天的利润为 $y=(-20x+1800)(x-60)=-20x^2+3000x-108000$. 二次函数的抛物线开口向下,对称轴为 $x=-\dfrac{3000}{2\times(-20)}=75$,所以 $y=-20x^2+3000x-108000$ 在区间 $[76,78]$ 内单调递减,所以当 $x=76$ 时,利润取最大值 $y=4480$. 故选 A.

36. 【答案】 C

【解析】 $y=x+\dfrac{1}{2(x-1)^2}=\dfrac{x-1}{2}+\dfrac{x-1}{2}+\dfrac{1}{2(x-1)^2}+1$

$\geqslant 3\cdot\sqrt[3]{\dfrac{x-1}{2}\cdot\dfrac{x-1}{2}\cdot\dfrac{1}{2(x-1)^2}}+1=\dfrac{5}{2}$,

故选 C.

37.【答案】 A

【解析】 $x^2-8x+20=(x-4)^2+4>0$ 恒成立. 所以题意转化为 $mx^2+2(m+1)x+9m+4>0$ 对一切 $x\in\mathbf{R}$ 恒成立.

当 $m=0$ 时, $mx^2+2(m+1)x+9m+4=2x+4>0$ 对一切 $x\in\mathbf{R}$ 不都成立.

当 $m>0$, 且 $\Delta=4(m+1)^2-4m(9m+4)<0$ 时, $mx^2+2(m+1)x+9m+4>0$ 对一切 $x\in\mathbf{R}$ 都成立. 解 $\begin{cases}m>0,\\\Delta=4(m+1)^2-4m(9m+4)<0,\end{cases}$ 得 $m>\dfrac{1}{4}$. 故选 A.

38.【答案】 C

【解析】 $2x-1>m(x^2-1)$ 移项得 $m(x^2-1)-(2x-1)<0$. 令 $f(m)=m(x^2-1)-(2x-1)$, 则不等式 $2x-1>m(x^2-1)$ 对任意 $m\in[-2,2]$ 都成立, 即 $f(m)<0$ 对任意 $m\in[-2,2]$ 都成立. 根据关于 m 的一次函数 $f(m)=m(x^2-1)-(2x-1)$ 的图像有, 当 $m\in[-2,2]$ 时, $f(m)<0$, 所以 $\begin{cases}f(2)=2(x^2-1)-(2x-1)<0,\\f(-2)=-2(x^2-1)-(2x-1)<0,\end{cases}$ 化简得 $\begin{cases}2x^2-2x-1<0,\\2x^2+2x-3>0,\end{cases}$ 解得 $\begin{cases}\dfrac{1-\sqrt{3}}{2}<x<\dfrac{1+\sqrt{3}}{2},\\x<\dfrac{-1-\sqrt{7}}{2}\text{ 或 }x>\dfrac{-1+\sqrt{7}}{2},\end{cases}$ 取交集, 得 $\dfrac{-1+\sqrt{7}}{2}<x<\dfrac{1+\sqrt{3}}{2}$. 故选 C.

39.【答案】 A

【解析】 由条件(1)可知 $a>0$, 且 $x=-3,4$ 是 $ax^2+bx+c=0$ 的根, 所以 $cx^2+bx+a=0$ 的解为 $x=-\dfrac{1}{3},\dfrac{1}{4}$. 又因 $\dfrac{a}{c}=-\dfrac{1}{3}\cdot\dfrac{1}{4}$, 所以 $c<0$. 因此等式 $cx^2+bx+a<0$ 的解集为 $x<-\dfrac{1}{3}$ 或 $x>\dfrac{1}{4}$, 充分. 同理可得, 条件(2)不充分. 故选 A.

40.【答案】 E

【解析】 $|ax+2|<6$, 去掉绝对值符号, 得 $-6<ax+2<6$, 整理得 $-8<ax<4$. 条件(1), $a=4$, $-8<4x<4$, 解得 $-2<x<1$, 不充分. 条件(2), $a=-2$, $-8<-2x<4$, 解得 $-2<x<4$. 不充分. 故选 E.

41.【答案】 C

【解析】 条件(1), 若 $a=-1,b=1$, $|a|(a+b)=a|a+b|=0$, 不充分; 条件(2), 若 $a=0,b=1$, $|a|(a+b)=a|a+b|=0$, 不充分. 联合条件(1) 和条件(2), $a<0,b>-a$, 所以 $|a|>a,a+b=|a+b|>0$. 所以 $|a|(a+b)>a|a+b|$, 充分. 故选 C.

42.【答案】 B

【解析】 条件(1), $k=0$, 不等式化为 $3x^2-6x-1<0$ 对任意 $x\in\mathbf{R}$ 不恒成立, 显然不充分; 条件(2), $k=-3$, 不等式化为 $-4<0$, 对任意 $x\in\mathbf{R}$ 恒成立, 充分, 故选 B.

43.【答案】 A

【解析】 $|x-1|+|x+2|$ 有最小值 3, 所以当 $a\leqslant 3$ 时, $|x-1|+|x+2|\geqslant a$ 对一切 $x\in\mathbf{R}$ 都成立. 所以条件(1) 充分, 条件(2) 不充分. 故选 A.

第四章 数 列

第一节 数列的基本概念

知识精讲

一、数列的基本概念

1. 定义

按照一定次序排列的一列数叫作数列,数列中的每一个数都叫作这个数列的项. 数列的一般表示法为 $a_1, a_2, a_3, \cdots, a_n, \cdots$ 或简记为 $\{a_n\}$,其中 a_n 叫作数列 $\{a_n\}$ 的通项,a_1 称为首项,正整数 n 叫作数列 $\{a_n\}$ 的序号或项数. 项数有限的数列叫作有穷数列,项数无限的数列叫作无穷数列.

2. 通项

如果数列通项 a_n 与 n 之间的关系可以用一个关于 n 的解析式 $f(n)$ 表示,则称 $a_n = f(n)$ 为数列 $\{a_n\}$ 的通项公式.

比如,若数列为 $2, 2^2, 2^3, \cdots$,则通项公式 $a_n = 2^n$.

如果已知一个数列的通项公式,则可以求出这个数列中的任意一项.

比如已知 $a_n = 1 + 3^n, n = 1, 2, 3, \cdots$,则数列的第 5 项 $a_5 = 1 + 3^5 = 1 + 243 = 244$.

3. 前 n 项和

数列 $\{a_n\}$ 的前 n 项和,记作 S_n,即 $S_n = a_1 + a_2 + \cdots + a_n = \sum\limits_{i=1}^{n} a_i$.

二、数列的基本性质

(1) 通项与前 n 项和的关系:$a_n = \begin{cases} S_n - S_{n-1}, & n \geq 2, \\ S_1, & n = 1. \end{cases}$

(2) 递推关系:由相邻项的关系给出数列递推关系 $a_n = f(a_{n-1})$.

重要题型

题型一 一般数列的通项求解

【题型方法分析】

该题型一般是结合数列的基本性质和题设条件归纳出数列的一般规律求解.

例 1.1 若数列 $\{a_n\}$ 的前 n 项和为 $S_n = 2n^2 - n + 1$,则它的通项公式是( ).

(A) $6a_n = 2n - 1$ (B) $a_n = 4n - 2$

(C) $a_n = \begin{cases} 2, & n = 1, \\ 4n - 3, & n \geq 2 \end{cases}$ (D) $a_n = \begin{cases} 1, & n = 1, \\ 4n - 2, & n \geq 2 \end{cases}$

(E) 无法确定

【答案】 C

【解析】 根据性质 $a_n = \begin{cases} S_n - S_{n-1}, & \text{当 } n \geq 2, \\ S_1, & \text{当 } n = 1. \end{cases}$

当 $n = 1$ 时,$a_1 = S_1 = 2 - 1 + 1 = 2$;

当 $n \geq 2$ 时,$a_n = S_n - S_{n-1} = 2n^2 - n + 1 - [2(n-1)^2 - (n-1) + 1] = 4n - 3$.

故选 C.

【总结】 已知 S_n 求 a_n,直接套用公式即可:$a_n = \begin{cases} S_n - S_{n-1}, & n \geq 2, \\ S_1, & n = 1. \end{cases}$

需要注意的是首项是否能合并到通项中,如果不能则需要分两部分,比如例1.1中,但是若首项可以合并则直接写通项即可.

比如 $S_n = n^2 - n$,则 $n \geq 2$ 时,$a_n = S_n - S_{n-1} = n^2 - n - [(n-1)^2 - (n-1)] = 2n - 2$,此时 $a_1 = S_1 = 1 - 1 = 0$,显然 a_1 满足通项表达式,故直接写

$a_n = S_n - S_{n-1} = n^2 - n - [(n-1)^2 - (n-1)] = 2n - 2, n = 1, 2, 3, \cdots$.

例 1.2 已知数列 $a_1, a_2, \cdots, a_{10}$,则 $a_1 - a_2 + a_3 - \cdots + a_9 - a_{10} \leq 0$.

(1) $a_n \leq a_{n+1}, n = 1, 2, \cdots, 9$;

(2) $a_n^2 \leq a_{n+1}^2, n = 1, 2, \cdots, 9$.

【答案】 A

【解析】 条件(1),$a_n \leq a_{n+1}, n = 1, 2, \cdots, 9$,即 $a_n - a_{n+1} \leq 0$,

所以 $a_1 - a_2 + a_3 - \cdots + a_9 - a_{10} = (a_1 - a_2) + (a_3 - a_4) + \cdots + (a_9 - a_{10}) \leq 0$,充分.

条件(2) $a_n^2 \leq a_{n+1}^2 \Rightarrow a_n^2 - a_{n+1}^2 = (a_n - a_{n+1})(a_n + a_{n+1}) \leq 0 \Rightarrow a_n \leq a_{n+1}$ 显然不充分,故选 A.

【总结】 一般考查数列的题目,往往从题设中总结出数列的规律性再解题,考查的是考生的总结归纳能力.

例 1.3 已知 $x \in \mathbf{R}$,若 $(2x-1)^{2016} = a_0 + a_1 x + a_2 x^2 + \cdots + a_{2016} x^{2016}$,则 $(a_0 + a_1) + (a_0 + a_2) + \cdots + (a_0 + a_{2016}) = ($　　$)$.

(A) 2 016　　　(B) 2 017　　　(C) 2 018　　　(D) 4 032　　　(E) 1

【答案】 A

【解析】 $(a_0 + a_1) + (a_0 + a_2) + \cdots + (a_0 + a_{2016}) = 2\,016 a_0 + a_1 + a_2 + \cdots + a_{2016} = 2\,015 a_0 + (a_0 + a_1 + a_2 + \cdots + a_{2016})$.

令 $x = 0$,代入得:$a_0 = (-1)^{2016} = 1$;

令 $x = 1$,代入得:$a_0 + a_1 + a_2 + \cdots + a_{2016} = (2 \times 1 - 1)^{2016} = 1$.

故 $(a_0 + a_1) + (a_0 + a_2) + \cdots + (a_0 + a_{2016}) = 2\,015 a_0 + (a_0 + a_1 + a_2 + \cdots + a_{2016}) = 2\,016$.

【总结】 多项式系数问题求解,直接用特值法,代入即可.常见的特值代入有:

设 $f(x) = a_0 + a_1 x + a_2 x^2 + \cdots + a_n x^n$,则有

$a_0 = f(0), a_0 + a_1 + a_2 + \cdots + a_n = f(1), a_0 - a_1 + a_2 - \cdots + (-1)^n a_n = f(-1)$.

例 1.4 $a_1 = \dfrac{1}{2}$.

(1) 在数列 $\{a_n\}$ 中,$a_3 = 3$;

(2) 在数列 $\{a_n\}$ 中,$a_2 = 2a_1, a_3 = 3a_2$.

【答案】 C

【解析】 显然,条件(1)和(2)单独均不充分,联立:
$$\begin{cases} a_3 = 3, \\ a_2 = 2a_1, a_3 = 3a_2 \end{cases} \Rightarrow a_2 = 1, a_1 = \dfrac{1}{2}, 故选 C.$$

【总结】 在数列中确定某项的值,一般需要同时知道两个条件:其中另一项的值和数列递推规律.

第二节 等差数列

知识精讲

一、等差数列的基本概念

1. 等差数列的定义

若数列 $\{a_n\}$ 满足 $a_n - a_{n-1} = d$,即前后相邻两项的差为定值,称 $\{a_n\}$ 为等差数列,d 称为公差.

【注】 常数列是公差为 0 的等差数列.

2. 等差数列的公式

(1) 通项公式:$a_n = a_1 + (n-1)d$.

【注】 利用累加法推导通项公式:
$$a_2 - a_1 = d, a_3 - a_2 = d, a_4 - a_3 = d, \cdots, a_n - a_{n-1} = d$$
累计相加求和得:$a_n - a_1 = (n-1)d \Rightarrow a_n = a_1 + (n-1)d$

(2) 前 n 项和公式:$S_n = \dfrac{a_1 + a_n}{2} n = na_1 + \dfrac{n(n-1)}{2} d.$

【注】 利用倒序相加法求前 n 项和公式:
$S_n = a_1 + a_2 + \cdots + a_n$
$S_n = a_n + a_{n-1} + \cdots + a_2 + a_1$
两式相加得:$2S_n = (a_1 + a_n) + (a_2 + a_{n-1}) + \cdots + (a_n + a_1)$
即 $S_n = \dfrac{a_1 + a_n}{2} n = na_1 + \dfrac{n(n-1)}{2} d.$

(3) 中项公式:$a_n = \dfrac{a_{n-m} + a_{n+m}}{2}.$

【注】 a 与 b 的等差中项 $A = \dfrac{a+b}{2}.$

二、等差数列的性质

1. 位项等和:若 $m + n = p + r$,则 $a_n + a_m = a_p + a_r.$

【注】 (1) 脚标和相等、项数相等,则和相等.

(2) 推广至 s 项:

若 $m_1+m_2+\cdots+m_s=n_1+n_2+\cdots+n_s$,则 $a_{m_1}+a_{m_2}+\cdots+a_{m_s}=a_{n_1}+a_{n_2}+\cdots+a_{n_s}$.

2. 位项定差:$a_n-a_m=(n-m)d, d=\dfrac{a_n-a_m}{n-m}$.

3. 单调性:$d>0$,单调递增;$d<0$ 单调递减.

$$S_{\text{偶}}-S_{\text{奇}}=\begin{cases}\dfrac{n}{2}\cdot d, & n \text{ 是偶数},\\ -a_1-\dfrac{n-1}{2}\cdot d, & n \text{ 是奇数}.\end{cases}$$

重要题型

题型一 等差数列的判别

【题型方法分析】

(1) 通项判别法:若 $a_n=an+b$,则 $\{a_n\}$ 为等差数列;

(2) 前 n 项和判别法:若数列 $\{a_n\}$ 的前 n 项和 $S_n=An^2+Bn$,即为关于 n 的一元二次函数,且常数项为零;

(3) 等差数列的等距项还是等差数列,即

$\{a_n\}$ 是等差数列,公差为 $d \Leftrightarrow \{a_{n+p},a_{n+2p},a_{n+3p},\cdots\}$ 也是等差数列,其中公差为 pd,p 为整数;

(4) 若 $\{a_n\}$ 是等差数列,则 $\{ca_n+r\}$ 也是等差数列;

(5) 定义.

例 2.1 以下各项公式表示的数列为等差数列的是( ).

(A) $a_n=\dfrac{n}{n+1}$ (B) $a_n=n^2-1$ (C) $a_n=5n+(-1)^n$

(D) $a_n=3n-1$ (E) $a_n=\sqrt{n}-\sqrt[3]{n}$

【答案】 D

【解析】 由等差数列判别性质可知,若通项 $a_n=an+b$ 则 $\{a_n\}$ 为等差数列,故选项 D 中 $a_n=3n-1$ 是正确选项.

> **【总结】** 该题为 2008 年 10 月份真题,考查的是等差数列的判定,常规方法即上述五种,记住即可.

例 2.2 数列 $\{a_n\}$ 是等差数列.

(1) 数列 $\{a_n\}$ 满足 $a_n>0$,且 $a_n^2-2a_n-a_{n-1}^2-2a_{n-1}=0$;

(2) 数列 $\{a_n\}$ 的前 n 项和 $S_n=n^2-n+1$.

【答案】 A

【解析】 条件(1) 可知,

$a_n^2-2a_n-a_{n-1}^2-2a_{n-1}=a_n^2-a_{n-1}^2-2(a_n+a_{n-1})=(a_n+a_{n-1})(a_n-a_{n-1}-2)$,又因为 $a_n>0$,故 $a_n+a_{n-1}>0$,则 $a_n-a_{n-1}-2=0$,即 $a_n=a_{n-1}+2$,故 $\{a_n\}$ 是等差数列.

条件(2),$S_n=n^2-n+1$,常数项不等于 0,显然不充分.

【总结】 判定等差数列中,定义是很重要的方法,即考查前后相邻两项之差是否为常数.如果利用前 n 项和 S_n 时,则须注意其必须是常数项等于零的一元二次式.

题型二 等差数列通项的求解

【题型方法分析】

(1) 利用等差数列通项公式 $a_n = a_1 + (n-1)d$;

(2) 利用等差数列性质 $a_n = a_m + (n-m)d$;

(3) 利用通项与前 n 项和的关系: $a_n = \begin{cases} S_n - S_{n-1}, & n \geq 2, \\ S_1, & n = 1. \end{cases}$

例 2.3 已知数列 $\{a_n\}$ 为等差数列,公差为 d,$a_1 + a_2 + a_3 + a_4 = 12$,则 $a_4 = 0$.

(1) $d = -2$;

(2) $a_2 + a_4 = 4$.

【答案】 D

【解析】 题设知 $a_1 + a_2 + a_3 + a_4 = 12 \Rightarrow a_1 + a_4 = 6 \Rightarrow 2a_1 + 3d = 6$.

条件(1) $d = -2$,则 $a_1 = 6$,故可推知 $a_4 = 0$. (1) 充分.

条件(2) $a_2 + a_4 = 4 \Rightarrow a_1 + a_3 = 8$,由性质可知:

$S_偶 - S_奇 = (a_2 + a_4) - (a_1 + a_3) = -4 = \frac{4}{2}d$,故 $d = -2$,则 (2) 充分.

【总结】 本题考查的是利用等差数列的性质求解通项.一般而言,若题设中出现等差数列的某几项求和,则往往会涉及位项等和.如果涉及偶数项求和和奇数项求和,则一定要注意项数 n 的奇偶性.

例 2.4 等差数列 $\{a_n\}$ 中,若 $a_5 + a_{11} = 16$,$a_4 = 4$,则 $a_{2016} = $ (   ).

(A) 1 008　　(B) 2 017　　(C) 2 016　　(D) 3 522　　(E) 3 525

【答案】 C

【解析】 **方法一** 求出首项和公差,则可以求出任意项.

$a_5 + a_{11} = 16 \Rightarrow 2a_1 + 14d = 16$; $a_4 = 4 \Rightarrow a_1 + 3d = 4$,

联立可知 $a_1 = 1, d = 1$,则 $a_{2016} = a_1 + (2016-1)d = 2016$.

方法二 利用等差数列的性质.

由位项等和知,$a_5 + a_{11} = 16 \Rightarrow 2a_8 = 16 \Rightarrow a_8 = 8$.

由位项定差知,$a_8 - a_4 = 4d = 4 \Rightarrow d = 1$.

又因为等差数列的等距项还是等差数列,故 $a_4, a_8, \cdots, a_{2016}$ 仍为等差数列,且 a_4 为首项,公差为 4,故 $a_{2016} = a_4 + \left(\frac{2016}{4} - 1\right) \times 4 = 2016$.

【总结】 等差数列已知首项和公差可以求解任一项,但是就此题而言方法一较复杂,灵活运用等差数列的性质解题会较简便,故性质要熟练掌握,灵活运用.

题型三 等差数列求和公式

【题型方法分析】

(1) $S_n = \dfrac{a_1 + a_n}{2} n = n a_1 + \dfrac{n(n-1)}{2} d$;

(2) 相邻的 n 项和仍构成等差数列，即 $S_n, S_{2n} - S_n, S_{3n} - S_{2n}, \cdots$ 仍是等差数列，公差为 $n^2 d$;

(3) $S_n = S_{\text{偶}} + S_{\text{奇}}$，且 $S_{\text{偶}} - S_{\text{奇}} = \begin{cases} \dfrac{n}{2} \cdot d, & n \text{ 是偶数}, \\ -a_1 - \dfrac{n-1}{2} \cdot d, & n \text{ 是奇数}. \end{cases}$

(4) 求 S_n 最值：若 $\begin{cases} a_1 > 0, \\ d < 0, \end{cases}$ 则 S_n 有最大值；若 $\begin{cases} a_1 < 0, \\ d > 0, \end{cases}$ 则 S_n 有最小值.

临界值法：当 a_n 变号时，恰为 S_n 单调性发生变化时，此时出现其最值.

令 $a_n = 0 \Rightarrow n$ 即为 S_n 取最值处.

若 $n \in \mathbf{Z}$，则 S_{n-1} 与 S_n 相等，均为最值；

若 $n \notin \mathbf{Z}$，取 $n = [n]$，则 S_n 为最值.

函数法：$S_n = n a_1 + \dfrac{n(n-1)d}{2} = \dfrac{d}{2} \cdot n^2 + \left(a_1 - \dfrac{d}{2}\right) n$ 关于 n 的一元二次函数，在对称轴处取最值，故在 $n = -\dfrac{a_1 - \dfrac{d}{2}}{d} = \dfrac{1}{2} - \dfrac{a_1}{d}$ 处取得最值，当对称轴不是整数时，按照"四舍五入"原则取整数.

例 2.5 已知等差数列 $\{a_n\}$ 中，$a_2 + a_3 + a_{10} + a_{11} = 64$，则 $S_{12} = ($).

(A) 64 (B) 81 (C) 128 (D) 192 (E) 188

【答案】D

【解析】**方法一** 由位项等和知，$a_2 + a_{11} = a_3 + a_{10} = a_1 + a_{12}$，故
$a_2 + a_3 + a_{10} + a_{11} = 2(a_2 + a_{11}) = 2(a_3 + a_{10}) = 2(a_1 + a_{12}) = 64$,
即 $a_1 + a_{12} = 32$，故 $S_{12} = \dfrac{12(a_1 + a_{12})}{2} = \dfrac{12 \cdot 32}{2} = 192$.

方法二 特值法排除.

令数列为常数数列，则 $a_2 + a_3 + a_{10} + a_{11} = 64 \Rightarrow a_i = 16$，故 $S_{12} = 12 \times 16 = 192$.

【总结】 如果题设条件中给出等差数列某几项之和，求 S_n，则一般考虑结合位项等和用公式 $S_n = \dfrac{n(a_1 + a_n)}{2}$ 求解.

例 2.6 已知数列 $\{a_n\}$ 为等差数列，且 $a_4 = -8, a_{12} = 8$，设 S_n 为数列 $\{a_n\}$ 的前 n 项和，则 S_n 在 $n = ($) 时取得最小值.

(A) 7 (B) 7 或 8 (C) 8 (D) 6 或 7 (E) 6

【答案】B

【解析】**方法一** 由题设可知，$d = \dfrac{a_{12} - a_4}{8} = \dfrac{16}{8} = 2$，所以 $a_1 = a_4 - 3d = -8 - 6 = -14$.

令 $a_n = -14 + (n-1) \times 2 = 0$，即 $(n-1) \cdot 2 = 14$，得 $n = 8$，即 $a_8 = 0$，所以 $S_7 = S_8$，S_n 在 $n = 7$ 或 8 时取得最小值，故选 (B).

方法二 由位项等和知，$a_4 + a_{12} = 2a_8 = 0$，所以 $S_7 = S_8$，S_n 在 $n = 7$ 或 8 时取得最小值，

故选(B).

> 【总结】 用临界值法求 S_n 最值关键是找令 $a_n = 0$ 的 n 值,可以直接用通项公式,也要注意性质的灵活运用.

例 2.7 若 $\{a_n\}$ 为等差数列,数列 $\{a_n\}$ 的前 n 项和为 S_n,若 $S_{100} = 45, S_{200} = 115$,则 $S_{300} =$ ( ).

(A)90　　　　(B)110　　　　(C)210　　　　(D)100　　　　(E)95

【答案】 C

【解析】 由等差数列的性质,相邻的 n 项和仍构成等差数列可知:$S_{100}, S_{200} - S_{100}, S_{300} - S_{200}$ 亦成等差数列,且公差为 $d = (S_{200} - S_{100}) - S_{100} = (115 - 45) - 45 = 25$,则 $S_{300} - S_{200} = (S_{200} - S_{100}) + 25 = (115 - 45) + 25 = 95$,故 $S_{300} = 115 + 95 = 210$.

> 【总结】 等差数列相邻 n 项和仍构成等差数列,故同样具有等差数列的性质,可直接代入.

例 2.8 在项数是奇数的等差数列 $\{a_n\}$ 中,其奇数项和 $S_奇 = 60$,偶数项之和 $S_偶 = 45$,则此数列的项数 n 为( ).

(A)7　　　　(B)8　　　　(C)9　　　　(D)10　　　　(E)11

【答案】 A

【解析】 由等差数列的性质可知

$$\begin{cases} S_偶 - S_奇 = -a_1 - \dfrac{n-1}{2} \cdot d, \\ S_偶 + S_奇 = S_n = na_1 + \dfrac{n(n-1)d}{2} = \dfrac{d}{2} \cdot n^2 + \left(a_1 - \dfrac{d}{2}\right)n, \end{cases}$$

则 $\begin{cases} -a_1 - \dfrac{n-1}{2} \cdot d = 45 - 60 = -15, & (1) \\ \dfrac{d}{2} \cdot n^2 + \left(a_1 - \dfrac{d}{2}\right)n = 45 + 60 = 105, & (2) \end{cases}$ 将 (1) $\times n +$ (2) 得 $105 - 15n = 0$,故 $n = 7$,

答案选 A.

> 【总结】 等差数列中涉及奇数项和偶数项求和,除了相关性质外,还要注意条件 $S_n = S_偶 + S_奇$,一般会结合一起解题.

题型四　等差数列性质与公式的综合应用

【题型方法分析】

与几何、函数以及应用题结合,注意等差数列性质的灵活应用.

例 2.9 数列 $\{a_n\}$ 是等差数列.

(1) 点 $Q_n(n, S_n)$ 都在曲线 $y = (x-1)^2 - 1$ 上;

(2) 点 $P_n(n, a_n)$ 满足直线方程:$y = 4x + 3$.

【答案】 D

【解析】 由条件(1)知,$S_n = (n-1)^2 - 1 = n^2 - 2n$,即关于 n 的一元二次函数,且常数项

为零,故条件(1) 充分;

由条件(2) 知,$a_n = 4n+3$,显然 $a_n - a_{n-1} = 4n+3 - [4(n-1)+3] = 4$,则数列 $\{a_n\}$ 是等差数列,故条件(2) 充分.

【总结】 等差数列通项 $a_n = a_1 + (n-1)d$,前 n 项和 $S_n = \dfrac{a_1 + a_n}{2}n = na_1 + \dfrac{n(n-1)}{2}d$ 均可看作关于 n 的函数,所以可以结合函数的性质、解析几何一起出题考查.

例 2.10 一所三年制高中每年的毕业生 6 月份离校,新生 9 月份入学,该校 2010 年招 500 名之后每年比上一年多招 100 名学生,则该校 2016 年 9 月份在校的学生有( )人.

(A)2 000　　　　(B)3 000　　　　(C)2 500　　　　(D)3 500　　　　(E)5 000

【答案】 B

【解析】 由题意可知该校的招生人数是首项 $a_1 = 500$,公差 $d = 100$ 的等差数列. 2016 年 9 月份在校的学生总共有三届,分别为 2014 年的招生 a_5,2015 年的招生 a_6 以及 2016 年的招生 a_7,即此时在校人数为 $a_5 + a_6 + a_7 = 3a_1 + 15d = 3000$.

【总结】 数列在应用题中考查,是近年出题的热点,解题步骤是先分析应用题背景,找出数列关系,然后结合数列性质求解.

第三节　等比数列

知识精讲

一、等比数列的基本概念

1.等比数列的定义

若数列 $\{a_n\}$ 满足 $\dfrac{a_{n+1}}{a_n} = q(n \in \mathbf{N})$,$a_n \neq 0$,$q \neq 0$,即前后相邻两项的比为定值,称 $\{a_n\}$ 为等比数列,其中 a_1 称为首项,q 称为公比.

【注】 常数列是公比 $q = 1$ 的等比数列.

2.等比数列的公式

(1) 通项公式:$a_n = a_1 q^{n-1}$.

【注】 利用累乘法推导通项公式:$\dfrac{a_2}{a_1} = q, \dfrac{a_3}{a_2} = q, \cdots, \dfrac{a_n}{a_{n-1}} = q$.

累计相乘得:$\dfrac{a_n}{a_1} = q^{n-1} \Rightarrow a_n = a_1 q^{n-1}$.

(2) 前 n 项和公式:

$$S_n = \begin{cases} \dfrac{a_1(1-q^n)}{1-q}, & \text{当 } q \neq 1 \\ na_1, & \text{当 } q = 1 \end{cases} = \begin{cases} \dfrac{a_1 - a_n q}{1-q}, & q \neq 1, \\ na_1, & q = 1. \end{cases}$$

【注】 利用错位相减法求 n 项和公式:

$S_n = a_1 + a_2 + \cdots + a_{n-1} + a_n$

$q \cdot S_n = a_1 q + a_2 q + \cdots + a_{n-1} q + a_n q = a_2 + a_3 + \cdots + a_n + a_n q$

两项相减得:$(1-q)S_n = a_1 - a_n q$

当 $q \neq 1$ 时,$S_n = \dfrac{a_1 - a_n q}{1-q}$;

当 $q = 1$ 时,$S_n = na_1$.

(3) 中项公式:$a_n = \pm \sqrt{a_{n-m} \cdot a_{n+m}}$.

【注】 若 a, b, c 成等比数列,则称 b 为 a, c 的等比中项,此时 $b = \pm\sqrt{ac}$,称为中项公式. 特别注意的是等比数列中没有零,a, b, c 成等比数列 $\Leftrightarrow b^2 = ac \neq 0$.

二、等比数列的性质

1. 位项等积:若 $m + n = p + r$ 或 $q = 1$,则 $a_n a_m = a_p a_r$.

【注】 (1) 角标和相等、项数相等,则积相等.

(2) 推广至 s 项:

若 $m_1 + m_2 + \cdots + m_s = n_1 + n_2 + \cdots + n_s$,则 $a_{m_1} \cdot a_{m_2} \cdot \cdots \cdot a_{m_s} = a_{n_1} \cdot a_{n_2} \cdot \cdots \cdot a_{n_s}$.

2. 位项定比:$a_n = a_m q^{n-m}, q = \sqrt[n-m]{\dfrac{a_n}{a_m}}$ 或 $\lg q = \dfrac{\lg a_m - \lg a_n}{m - n}$.

【注】 利用位项定比公式可知,已知等比数列任意两项,即可求公比.

3. 单调性:若 $a_1 > 0$,当 $q > 1$ 时,数列单增;当 $0 < q < 1$,数列单减.

若 $a_1 < 0$,当 $0 < q < 1$ 时,数列单增;当 $q > 1$,数列单减.

4. a_n 同号:子列 $\{a_{2n}\}$、$\{a_{2n-1}\}$ 分别为同号数列.

公比 $q > 0$,则数列的每项都是同号的;

公比 $q < 0$,则数列的项是正负交替出现的.

重要题型

题型一 等比数列的判别

【题型方法分析】

(1) 通项判别法:$a_n = cq^n (c \neq 0, q \neq 0)$;

(2) 前 n 项和判别法:$S_n = \dfrac{c(1-q^n)}{1-q} (c \neq 0, q \neq 0)$;

(3) 等比数列的等距项还是等比数列,即 a_n 是等比数列 $\Leftrightarrow \{a_{n+p}, a_{n+2p}, a_{n+3p}, \cdots\}$ 仍是等比数列;

(4) 若 $\{a_n\}$ 是等比数列,则 $\{ra_n^c\}$ 也是等比数列;

(5) 等比数列中,$S_n, S_{2n} - S_n, S_{3n} - S_{2n}, \cdots$ 组成等比数列,且公比为 q^n;

(6) 定义.

【注】 若三个数 $a、b、c$ 既成等差数列又成等比数列,则为常数数列,即有 $a = b = c$ 且 $abc \neq 0$.

例 3.1 实数 a, b, c 成等比数列.

(1) $\ln a, \ln b, \ln c$ 成等差数列;

(2) $a_n = c2^n, c \in \mathbf{R}$.

【答案】 A

【解析】 条件$(1) \Rightarrow 2\ln b = \ln a + \ln c \Rightarrow b^2 = ac$,且$abc \neq 0$,故条件(1)充分.
条件$(2) a_n = c2^n, c \in \mathbf{R}$,若$c = 0$,则$a_n = 0$,条件(2)不充分,因此答案选 A.

【总结】 在判定数列是否是等比数列时,一定要注意等比数列的必要条件,通项与公比均不为零.

例 3.2 已知数列$\{a_n\}$前n项和$S_n = 1 + 3^n$,则这个数列是( ).
(A)等差数列 (B)等比数列
(C)既非等差数列,又非等比数列 (D)既是等差数列,又是等比数列
(E)无法判定

【答案】 C

【解析】 当$n = 1$时,$a_1 = S_1 = 1 + 3 = 4$.
当$n \geqslant 2$时,$a_n = S_n - S_{n-1} = 1 + 3^n - [1 + 3^{n-1}] = 3^n - 3^{n-1} = 2 \cdot 3^{n-1}$,
则$a_n = \begin{cases} 4, & n = 1 \\ 2 \cdot 3^{n-1}, & n \geqslant 2, \end{cases}$故数列$\{a_n\}$既非等差数列,又非等比数列.

【总结】 在利用通项公式判定数列是否是等差数列或者等比数列时,要求对所有的n都满足.

题型二 等比数列通项的求解

【题型方法分析】
(1) 利用等比数列通项公式$a_n = a_1 q^{n-1}$;
(2) 利用等比数列性质$a_n = a_m q^{n-m}$;
(3) 利用通项与前n项和的关系:$a_n = \begin{cases} S_n - S_{n-1}, & n \geqslant 2, \\ S_1, & n = 1. \end{cases}$

例 3.3 在等差数列$\{a_n\}$中,$a_3 = 2, a_{11} = 6$;数列$\{b_n\}$是等比数列,若$b_2 = a_3, b_3 = \dfrac{1}{a_2}$,则满足$b_n > \dfrac{1}{a_{26}}$的最大的$n$是( ).
(A)3 (B)4 (C)5 (D)6 (E)7

【答案】 B

【解析】 由题设知等差数列$\{a_n\}$公差$d = \dfrac{a_{11} - a_3}{8} = \dfrac{6 - 2}{8} = \dfrac{1}{2}$,则$a_2 = \dfrac{3}{2}, a_1 = 1$,故$a_{26} = a_1 + (26 - 1)d = 1 + 25 \times \dfrac{1}{2} = \dfrac{27}{2}$,有$b_2 = a_3 = 2, b_3 = \dfrac{1}{a_2} = \dfrac{2}{3}$,即等比数列$\{b_n\}$中$q = \dfrac{1}{3}, b_1 = 6$,则$b_n = 6 \left(\dfrac{1}{3}\right)^{n-1}$.

因此,求解不等式$6 \left(\dfrac{1}{3}\right)^{n-1} > \dfrac{2}{27}$,得$n = 4$.

【总结】 求等差数列通项公式必须具备两个条件:任一项的项数和数值以及公差;求等比数列的通项公式必须具备两个条件:任意一项的项数和数值以及公比.

例 3.4 等比数列 $\left\{\dfrac{1}{a_n+2}\right\}$ 中，$a_3=4$，$a_7=2$，则 $a_{11}=($).

(A) $\dfrac{1}{3}$ (B) $\dfrac{2}{3}$ (C) $-\dfrac{1}{3}$ (D) $-\dfrac{2}{3}$ (E) 1

【答案】 B

【解析】 令 $b_n=\dfrac{1}{a_n+2}$，由等比数列的性质：位项等积可知 $b_3\cdot b_{11}=b_7^2$，故 $\dfrac{1}{a_3+2}\times\dfrac{1}{a_{11}+2}=\left(\dfrac{1}{a_7+2}\right)^2$，即 $\dfrac{1}{6}\times\dfrac{1}{a_{11}+2}=\left(\dfrac{1}{4}\right)^2$，得 $a_{11}=\dfrac{2}{3}$。

> 【总结】 本题也可以通过求解等比数列 $\{b_n\}$ 的首项和公比，利用通项公式求解，但是计算量较大，在处理这类题的时候要灵活运用等比数列性质。

例 3.5 如果数列 $\{a_n\}$ 的前 n 项和 $S_n=\dfrac{3}{2}a_n-3$，那么这个数列的通项公式为( ).

(A) $a_n=2(n^2+n+1)$ (B) $a_n=3\times 2^n$ (C) $a_n=3n+1$

(D) $a_n=2\times 3^n$ (E) 以上结果均不正确

【答案】 D

【解析】 方法一   当 $n=1$ 时，$a_1=S_1=\dfrac{3}{2}a_1-3 \Rightarrow a_1=6$，

$a_2=S_2-S_1=\dfrac{3}{2}a_2-\dfrac{3}{2}a_1 \Rightarrow a_2=18$。

当 $n\geqslant 2$ 时，$a_n=S_n-S_{n-1}=\left(\dfrac{3}{2}a_n-3\right)-\left(\dfrac{3}{2}a_{n-1}-3\right)=\dfrac{3}{2}(a_n-a_{n-1}) \Rightarrow a_n=3a_{n-1}$，即数列 $\{a_n\}$ 是以 $a_1=6$ 为首项，$q=3$ 为公比的等差数列，即 $a_n=2\times 3^n$。故选(D)。

方法二   特值法排除。

当 $n=1$ 时，$a_1=S_1=\dfrac{3}{2}a_1-3 \Rightarrow a_1=6$，排除选项(C)；

$a_2=S_2-S_1=\dfrac{3}{2}a_2-\dfrac{3}{2}a_1 \Rightarrow a_2=18$，排除选项(A)，(B)，故选(D)。

> 【总结】 已知前 n 项和求通项直接利用公式 $a_n=\begin{cases} S_n-S_{n-1}, & n\geqslant 2, \\ S_1, & n=1. \end{cases}$

例 3.6 $a_{10}=128$.

(1) $\{a_n\}$ 是等比数列，且 $a_4=2$，$a_8=32$；

(2) $\{a_n\}$ 是等比数列，且 $S_8=126$。

【答案】 A

【解析】 (1) $\Rightarrow \dfrac{a_8}{a_4}=\dfrac{32}{2}=q^4 \Rightarrow q=\pm 2$，则 $a_{10}=a_4 q^6=2\times 2^6=128$，故(1)充分。

(2) $\Rightarrow S_8=\dfrac{a_1(1-q^8)}{1-q}=126$，无法确定首项和公比，显然不充分。

> 【总结】 等比数列中确定某项值，一般须具备两个条件：等比数列中某项值以及公比。

例 3.7 $\dfrac{a+b}{a^2+b^2}=-\dfrac{1}{3}$.

(1) $a^2, 1, b^2$ 成等比数列;

(2) $\dfrac{1}{a}, 1, \dfrac{1}{b}$ 成等差数列.

【答案】 E

【解析】 方法一 (1)$\Rightarrow a^2 b^2 = 1$,显然不充分;(2)$\Rightarrow \dfrac{1}{a}+\dfrac{1}{b}=2 \Rightarrow \dfrac{a+b}{ab}=2$,显然不充分;

联立(1)、(2),可知 $\begin{cases} a^2 b^2 = 1, \\ \dfrac{a+b}{ab} = 2. \end{cases}$

若 $ab = 1$,则 $a+b = 2, a^2+b^2 = (a+b)^2 - 2ab = 2$,故 $\dfrac{a+b}{a^2+b^2} = 1$;

若 $ab = -1$,则 $a+b = -2, a^2+b^2 = (a+b)^2 - 2ab = 6$,故 $\dfrac{a+b}{a^2+b^2} = -\dfrac{1}{3}$.

联立也不充分,故选 E.

方法二 特值证伪.

取 $a = b = 1$,则(1)和(2)分别都不充分且联立也不充分,故选 E.

【总结】 本题方法二较为简便,在处理条件充分性判断的题目时,用特值证伪是非常快速的解题方法.

例 3.8 能确定 $a^{b-c} b^{c-a} c^{a-b} = 1$.

(1) a, b, c 是一个等差数列的第 l, m, n 项;

(2) a, b, c 是一个等比数列的第 l, m, n 项.

【答案】 C

【解析】 条件(1),由等差数列位项定差的性质可知:
$b - c = (m-n)d, c - a = (n-l)d, a - b = (l-m)d$,显然推不出结论.

条件(2),由等比数列位项定比的性质可知:
$\dfrac{b}{a} = q^{m-l}, \dfrac{c}{a} = q^{n-l}, \dfrac{c}{b} = q^{n-m}$,也推不出结论.

(1)、(2) 分别不充分,故联立(1)和(2),则
$$a^{b-c} b^{c-a} c^{a-b} = a^{(m-n)d} (aq^{m-l})^{(n-l)d} (aq^{n-l})^{(l-m)d} = a^0 q^0 = 1,$$
即联立(1)和(2)充分,因此答案选 C.

【总结】 已知等差数列中某几项的值和其位项,则多用位项定差公式;已知等比数列中某几项的值和其位项,则多用位项定比公式.

题型三 等比数列求和公式

【题型方法分析】

(1) $S_n = \begin{cases} \dfrac{a_1(1-q^n)}{1-q}, & q \neq 1, \\ na_1, & q = 1 \end{cases} = \begin{cases} \dfrac{a_1 - a_n q}{1-q}, & q \neq 1, \\ na_1, & q = 1. \end{cases}$

(2)等比数列中,$S_n, S_{2n}-S_n, S_{3n}-S_{2n}, \cdots$ 组成等比数列,且公比为 q^n.

例 3.9 $S_5 = 242$.

(1)等比数列 $\{a_n\}, a_2 = 6, a_5 = 162$;

(2)等比数列 $\{a_n\}, |q| \neq 1, S_1 = 2, S_5 - 3S_4 = S_3 - 3S_2$.

【答案】 D

【解析】 由条件(1)可知 $\dfrac{a_5}{a_2} = q^3 = \dfrac{162}{6} = 27$,所以,$q = 3$.

又 $a_2 = 6$,则 $a_1 = 2$,故 $S_5 = \dfrac{2 \cdot (1 - 3^5)}{1 - 3} = 242$,条件(1)充分.

由条件(2)可知 $\dfrac{a_1 \cdot (1 - q^5)}{1 - q} - 3\dfrac{a_1 \cdot (1 - q^4)}{1 - q} = \dfrac{a_1 \cdot (1 - q^3)}{1 - q} - 3\dfrac{a_1 \cdot (1 - q^2)}{1 - q}$,整理化简得 $q^5 - 3q^4 = q^3 - 3q^2$,得 $(q^2 - 1)(q - 3) = 0$,又 $|q| \neq 1$,故 $q = 3$,且 $a_1 = S_1 = 2$,可得 $S_5 = \dfrac{2 \cdot (1 - 3^5)}{1 - 3} = 242$,条件(2)充分.

【总结】 等比数列中求前 n 项和一定要先求出首项和公比.

例 3.10 设 $\{a_n\}$ 是公比为 q 的等比数列,S_n 是它的前 n 项和,则 $q = 1$.

(1)$\{S_n\}$ 是等差数列;

(2)$a_2 \cdot a_8 = a_3 \cdot a_4$.

【答案】 D

【解析】 (1)$\Rightarrow 2S_{n+1} = S_n + S_{n+2} \Rightarrow 2q = 1 + q^2 \Rightarrow q = 1$,条件(1)充分;

(2)$\Rightarrow a_2 \cdot a_8 = a_3 \cdot a_4 \Rightarrow a_1^2 q^8 = a_1^2 q^5 \Rightarrow q^3 = 1 \Rightarrow q = 1$,条件(2)充分.

【总结】 条件(2)中推出 $q = 1$ 运用了等比数列的必要条件,a_n 和 q 均不为零.

例 3.11 $a_1^2 + a_2^2 + \cdots + a_n^2 = \dfrac{1}{3}(4^n - 1)$.

(1)数列 $\{a_n\}$ 的通项公式为 $a_n = 2^n$;

(2)在数列 $\{a_n\}$ 中,对任意正整数 n,有 $a_1 + a_2 + \cdots + a_n = 2^n - 1$.

【答案】 B

【解析】 由条件(1)可知,
$$a_1^2 + a_2^2 + \cdots + a_n^2 = 2^2 + (2^2)^2 + (2^3)^2 + \cdots + (2^n)^2$$
$$= 2^2 + (2^2)^2 + (2^2)^3 + \cdots + (2^2)^n$$
$$= \dfrac{4(1 - 4^n)}{1 - 4} = \dfrac{4}{3}(4^n - 1),$$

故条件(1)不充分.

由条件(2)可知 $a_1 = 1, a_n = 2^n - 1 - (2^{n-1} - 1) = 2^{n-1}$,则
$$a_1^2 + a_2^2 + \cdots + a_n^2 = 1^2 + (2)^2 + (2^2)^2 + \cdots + (2^{n-1})^2$$
$$= (2^2)^0 + (2^2)^1 + (2^2)^2 + \cdots + (2^2)^{n-1}$$
$$= \dfrac{1(1 - 4^n)}{1 - 4} = \dfrac{1}{3}(4^n - 1),$$

故条件(2)充分.

> **【总结】** 等比数列的幂次仍是等比数列.

例 3.12 一别墅定价为 1 500 万元,某公司以分期付款的形式购买准备布置为旅游景点,首期付款 500 万元后,之后每月付款 50 万元,并支付上期余款的利息,月利率 2‰,该公司共为此别墅支付了(   ).

(A)1 700 万元　　(B)1 705 万元　　(C)1 710 万元　　(D)1 715 万元　　(E)1 800 万元

【答案】 C

【解析】 该公司共为此别墅支付的总钱数为:

$1500 + 1000 \times 2\% + (1000 - 50) \times 2\% + (1000 - 2 \cdot 50) \times 2\% + \cdots + (1000 - 19 \cdot 50) \times 2\% = 1500 + 1000 \times 2\% \times 20 - 50(1 + 2 + \cdots + 19) \times 2\% = 1710$,故选 C.

> **【总结】** 等比数列在应用题中考查,多会涉及求和问题,在题设中分析出首项 a_1,公比 q,项数 n,然后代入求和公式求解.

第四节　数列求通项公式和前 n 项和公式

重要题型

题型一　数列求通项公式

【题型方法分析】

(1)累加法:已知数列 $\{a_n\}$,其中 $a_{i+1} = a_i + w_i, i = 1, 2, \cdots, n$,且 $\sum\limits_{i=1}^{n} w_i$ 可以求解,则利用累项相加的方法求通项公式:

$$\begin{cases} a_2 = a_1 + w_1 \\ a_3 = a_2 + w_2 \\ \vdots \\ a_{n-1} = a_{n-2} + w_{n-2} \\ a_n = a_{n-1} + w_{n-1} \end{cases}$$

将上式累加相抵可得 $a_n = a_1 + \sum\limits_{i=1}^{n-1} w_i$.

(2)累乘法:已知数列 $\{a_n\}$,其中 $a_{i+1} = a_i p_i, i = 1, \cdots, n$,且 $\prod\limits_{i=1}^{n} p_i$ 可以求解,则利用累项相乘的方法求通项公式:

$$\begin{cases} a_2 = a_1 \cdot p_1 \\ a_3 = a_2 \cdot p_2 \\ \vdots \\ a_{n-1} = a_{n-2} \cdot p_{n-2} \\ a_n = a_{n-1} \cdot p_{n-1} \end{cases}$$

将上式累乘相抵可得 $a_n = a_1 \cdot \prod\limits_{i=1}^{n-1} p_i$.

(3) 待定系数法及换元法：已知数列 $\{a_n\}$，其中 $a_n = pa_{n-1} + q, p, q \in \mathbf{R}$，且 a_1 已知，则先用待定系数法再利用换元法求通项公式：

第一步：待定系数.

假设 x 满足 $a_n + x = p(a_{n-1} + x)$，则 $a_n = pa_{n-1} + px - x = pa_{n-1} + q$，待定出 $x = \dfrac{q}{p-1}$，代入可得 $a_n + \dfrac{q}{p-1} = p\left(a_{n-1} + \dfrac{q}{p-1}\right)$；

第二步：换元.

令 $b_n = a_n + \dfrac{q}{p-1}$，则 $b_n = pb_{n-1}$，由等比数列的性质易知，$b_n = b_1 p^{n-1}$，则 $a_n + \dfrac{q}{p-1} = \left(a_1 + \dfrac{q}{p-1}\right)p^{n-1}$，故 $a_n = \left(a_1 + \dfrac{q}{p-1}\right)p^{n-1} - \dfrac{q}{p-1}$.

(4) 倒数法：已知数列 $\{a_n\}$，其中 $a_n = \dfrac{sa_{n-1}}{ta_{n-1} + m}$ 和 a_1，则利用倒数法求其通项公式.

第一步：两边同时取倒数，$\dfrac{1}{a_n} = \dfrac{ta_{n-1} + m}{sa_{n-1}} = \dfrac{m}{s}\dfrac{1}{a_{n-1}} + \dfrac{t}{s}$；

第二步：令 $b_n = \dfrac{1}{a_n}$，则 $b_n = \dfrac{m}{s}b_{n-1} + \dfrac{t}{s}$，则满足待定系数法和换元法的条件；

第三步：待定系数.

假设 x 满足 $b_n + x = \dfrac{m}{s}(b_{n-1} + x)$，待定出 $x = \dfrac{t}{m-s}$，即 $b_n + \dfrac{t}{m-s} = \dfrac{m}{s}\left(b_{n-1} + \dfrac{t}{m-s}\right)$；

第四步：换元. 令 $c_n = b_n + \dfrac{t}{m-s}$，则 $c_n = \dfrac{m}{s}c_{n-1}$，由等比数列性质可知，$c_n = c_1\left(\dfrac{m}{s}\right)^{n-1}$，回代可得 $a_n = \dfrac{1}{\left(\dfrac{1}{a_1} + \dfrac{t}{m-s}\right)\left(\dfrac{m}{s}\right)^{n-1} - \dfrac{t}{m-s}}$.

(5) 利用通项与前 n 项和 S_n 的关系：$a_n = \begin{cases} S_n - S_{n-1}, & \text{当 } n \geqslant 2, \\ S_1, & \text{当 } n = 1. \end{cases}$

(6) 数学归纳法.

例 4.1 已知数列 $\{a_n\}$ 中，$a_1 = 1, a_{n+1} = a_n + \dfrac{1}{n(n+1)}(n \in \mathbf{N})$，则 $a_n = (\quad)$.

(A) $1 + \dfrac{1}{n}$ (B) $2 - \dfrac{1}{n(n+1)}$ (C) $1 + \dfrac{1}{n(n+1)}$

(D) $2 - \dfrac{1}{n}$ (E) $2 + \dfrac{1}{n+1}$

【答案】 D

【解析】 **方法一** 由题设可知，应用累项相加法求通项，可直接代入公式，得

$a_n = a_1 + \sum\limits_{i=1}^{n-1} \dfrac{1}{i(i+1)} = 1 + \sum\limits_{i=1}^{n-1}\left[\dfrac{1}{i} - \dfrac{1}{i+1}\right] = 1 + 1 - \dfrac{1}{n} = 2 - \dfrac{1}{n}$，故答案选 D.

方法二 特值排除法

取 $n = 1$ 代入，可知选项 A,B,C,E 均错，故答案选 D.

> **【总结】** 本题方法一中，求 $\sum_{i=1}^{n-1} \dfrac{1}{i(i+1)}$ 时，用的是分式裂项相消法，在本节题型二中我们会介绍.

例 4.2 已知数列 $\{a_n\}$ 中，$a_1 = 1$，有 $a_n = \dfrac{a_{n-1}}{a_{n-1}+2}$，求数列 $\{a_n\}$ 的第 n 项 $a_n = (\quad)$.

(A) $\dfrac{1}{2^n - 1}$ (B) $\dfrac{1}{2^{n+1} - 1}$ (C) $\dfrac{1}{2^{n+1} + 2}$

(D) $\dfrac{1}{2^{n+1} - 2}$ (E) $\dfrac{1}{2^{n+1} + 1}$

【答案】 A

【解析】 **方法一** 由题设可知，应用倒数法，直接按照步骤计算即可.

先两边取倒数，得 $\dfrac{1}{a_n} = \dfrac{a_{n-1}+2}{a_{n-1}} = 2\dfrac{1}{a_{n-1}} + 1$，将 $\dfrac{1}{a_n}$ 看成整体，令 $b_n = \dfrac{1}{a_n}$，则 $b_n = 2b_{n-1} + 1$. 待定系数，设 x 满足 $b_n + x = 2(b_{n-1} + x)$，得 $x = 1$.

再换元，令 $c_n = b_n + 1$，得等比数列 $c_n = 2c_{n-1} = c_1 \cdot 2^{n-1} = \left(\dfrac{1}{a_1}+1\right) \cdot 2^{n-1} = 2 \cdot 2^{n-1} = 2^n$，代入得 $c_n = \dfrac{1}{a_n} + 1 = 2^n \Rightarrow a_n = \dfrac{1}{2^n - 1}$.

方法二 特值排除法.

取 $n = 1$ 代入，可知选项 B,C,D,E 均错，故答案选 A.

> **【总结】** 求数列的通项一般根据题设判定类型然后选择相应方法，本题的第二种解法利用特值排除相对简单迅捷很多，在考试中碰到此种题，均可对 n 取特值代入求解.

例 4.3 在数列 $\{a_n\}$ 中，$a_1 = 1$，有 $a_3 + a_5 = \dfrac{61}{16}$ 成立.

(1) $a_1 a_2 \cdots a_n = n^2$；

(2) $a_{n+1} = \dfrac{1}{n^2 + 1} a_n$.

【答案】 A

【解析】 由条件(1)可知 $\Rightarrow \begin{cases} a_1 a_2 a_3 \cdots a_n = n^2, \\ a_1 a_2 a_3 \cdots a_{n-1} = (n-1)^2 \end{cases} \Rightarrow a_n = \dfrac{n^2}{(n-1)^2}$，则

$a_3 + a_5 = \dfrac{3^2}{(3-1)^2} + \dfrac{5^2}{(5-1)^2} = \dfrac{61}{16}$，故条件(1)充分；

由条件(2) $a_{n+1} = \dfrac{1}{n^2+1} a_n$ 可知 $a_{n+1} < a_n$，即数列 $\{a_n\}$ 单调递减，则 $a_3 + a_5 < 2a_1 = 2$，故条件(2)不充分，答案选 A.

> **【总结】** 一般的数列通项求解，可以从题设条件中找出递推关系然后求解.

题型二　数列求前 n 项和
【题型方法分析】

(1) 公式法:利用常见公式求解.

① 等差数列求和公式: $S_n = \dfrac{a_1 + a_n}{2}n = na_1 + \dfrac{n(n-1)}{2}d$.

② 等比数列求和公式: $S_n = \begin{cases} \dfrac{a_1(1-q^n)}{1-q}, & q \neq 1, \\ na_1, & q = 1 \end{cases} = \begin{cases} \dfrac{a_1 - a_n q}{1-q}, & q \neq 1, \\ na_1, & q = 1. \end{cases}$

③ $S_n = \sum\limits_{i=1}^{n} i^2 = \dfrac{n(n+1)(2n+1)}{6}$.

④ $S_n = \sum\limits_{i=1}^{n} i^3 = \left[\dfrac{n(n+1)}{2}\right]^3$.

(2) 倒序相加法:这是推导等差数列的前 n 项和公式时所用的方法,就是将一个数列 $\{a_n\}$ 反序排列,再把它与原数列相加,就可以得到 n 个 $a_n + a_1$.

(3) 错位相减法:这种方法是在推导等比数列的前 n 项和公式时所用的方法,这种方法主要用于求数列 $\{a_n + b_n\}$ 的前 n 项和,其中 $\{a_n\}$、$\{b_n\}$ 分别是等差数列和等比数列.

(4) 分组法求和:这种方法适用于形如 $\{a_n + b_n\}$ 的数列,其中 $\{a_n\}$、$\{b_n\}$ 是可求出前 n 项和的数列.只要分别求出数列 $\{a_n\}$ 与 $\{b_n\}$ 的前 n 项和 S_n 与 T_n,则数列 $\{a_n + b_n\}$ 的前 n 项和就是 $S_n + T_n$.

(5) 分式裂项相消法:这种方法适用于形如 $\left\{\dfrac{1}{a_n a_{n+1}}\right\}$ 的数列,其中 $\{a_n\}$ 是等差数列且 $d \neq 0$,则其前 n 项和

$$S_n = \dfrac{1}{a_1 a_2} + \dfrac{1}{a_2 a_3} + \cdots + \dfrac{1}{a_n a_{n+1}}$$

$$= \dfrac{1}{d}\left(\dfrac{1}{a_1} - \dfrac{1}{a_2}\right) + \dfrac{1}{d}\left(\dfrac{1}{a_2} - \dfrac{1}{a_3}\right) + \cdots + \dfrac{1}{d}\left(\dfrac{1}{a_n} - \dfrac{1}{a_{n+1}}\right)$$

$$= \dfrac{1}{d}\left(\dfrac{1}{a_1} - \dfrac{1}{a_{n+1}}\right).$$

(6) 根式裂项相消法:这种方法适用于形如 $\left(\dfrac{1}{\sqrt{a_{n+1}} + \sqrt{a_n}}\right)$ 的数列,其中 $\{a_n\}$ 是等差数列且 $d \neq 0$,利用根式有理化求其前 n 项和

$$S_n = \dfrac{1}{\sqrt{a_1} + \sqrt{a_2}} + \dfrac{1}{\sqrt{a_2} + \sqrt{a_3}} + \cdots + \dfrac{1}{\sqrt{a_n} + \sqrt{a_{n+1}}}$$

$$= \dfrac{\sqrt{a_1} - \sqrt{a_2}}{(\sqrt{a_1} + \sqrt{a_2})(\sqrt{a_1} - \sqrt{a_2})} + \dfrac{\sqrt{a_2} - \sqrt{a_3}}{(\sqrt{a_2} + \sqrt{a_3})(\sqrt{a_2} - \sqrt{a_3})} + \cdots +$$

$$\dfrac{\sqrt{a_n} - \sqrt{a_{n+1}}}{(\sqrt{a_n} + \sqrt{a_{n+1}})(\sqrt{a_n} - \sqrt{a_{n+1}})}$$

$$= -\dfrac{1}{d}(\sqrt{a_1} - \sqrt{a_2} + \sqrt{a_2} - \sqrt{a_3} + \cdots + \sqrt{a_n} - \sqrt{a_{n+1}})$$

$$= \dfrac{-1}{d}(\sqrt{a_1} - \sqrt{a_{n+1}})$$

$$= \frac{1}{d}(\sqrt{a_{n+1}} - \sqrt{a_1}).$$

(7) 裂项相消法:这种方法适用于形如 $\left\{\dfrac{n-1}{n!}\right\}$ 的数列,则其前 n 项和

$$S_n = \sum_{k=1}^{n} \frac{k-1}{k!} = \sum_{k=1}^{n}\left[\frac{1}{(k-1)!} - \frac{1}{k!}\right] = 1 - \frac{1}{n!}.$$

(8) 平方差裂项:这种方法适用于形如 $(a+b)(a^2+b^2)(a^4+b^4)\cdots(a^{2n}+b^{2n})$ 化简,利用平方差公式

$$(a+b)(a^2+b^2)(a^4+b^4)\cdots(a^{2n}+b^{2n}) = \frac{(a-b)(a+b)(a^2+b^2)\cdots(a^{2n}+b^{2n})}{a-b} = \frac{a^{4n}-b^{4n}}{a-b}.$$

(9) 由 S_n 的定义:利用 $n \geqslant 2$ 时,得 $S_n = a_1 + a_2 + \cdots + a_{n-1} + a_n$.

(10) 数学归纳法.

例 4.4 $2 \cdot 3^0 + 4 \cdot 3^1 + 6 \cdot 3^2 + 8 \cdot 3^3 + \cdots + 2n \cdot 3^{n-1} = (\quad)$.

(A) $\dfrac{(2n+1) \cdot 3^n + 1}{2}$ (B) $\dfrac{(2n-1) \cdot 3^{n-1} + 1}{2}$ (C) $\dfrac{(2n-1) \cdot 3^n + 1}{2}$

(D) $\dfrac{2n \cdot 3^n + 1}{2}$ (E) $\dfrac{2n \cdot 3^{n-1} + 1}{3}$

【答案】 C

【解析】 **方法一** 由题设可知,应用错位相减法.

$$\begin{cases} S_n = 2 \cdot 3^0 + 4 \cdot 3^1 + 6 \cdot 3^2 + 8 \cdot 3^3 + \cdots + 2n \cdot 3^{n-1}, \\ 3S_n = 2 \cdot 3^1 + 4 \cdot 3^2 + 6 \cdot 3^3 + 8 \cdot 3^4 + \cdots + 2n \cdot 3^n \end{cases}$$

$$\Rightarrow -2S_n = 2 + 2(3^1 + 3^2 + 3^3 + 3^4 + \cdots + 3^{n-1}) - 2n \cdot 3^n = 2 + 2\frac{3(1-3^{n-1})}{1-3} - 2n \cdot 3^n$$

$$\Rightarrow S_n = \frac{(2n-1) \cdot 3^n + 1}{2}.$$

故答案选(C).

方法二 特值排除法.

取 $n = 1$ 代入,$S_1 = a_1 = 2$ 可知选项 A,B,D,E 均错,故答案选 C.

【总结】 形如等差数列与等比数列相乘的数列求和,一定用错位相减法.

例 4.5 $\dfrac{(1+3)(1+3^2)(1+3^4)(1+3^8)\cdots(1+3^{32}) + \dfrac{1}{2}}{3 \times 3^2 \times 3^3 \times 3^4 \times \cdots \times 3^{10}} = (\quad)$.

(A) $\dfrac{1}{2} \times 3^{10} + 3^{19}$ (B) $\dfrac{1}{2} + 3^{19}$

(C) $\dfrac{1}{2} \times 3^{19}$ (D) $\dfrac{1}{2} \times 3^9$

(E) 以上都不对

【答案】 D

【解析】 显然分子部分要用平方差公式化简,直接套结论即可.

$(1+3)(1+3^2)(1+3^4)(1+3^8)\cdots(1+3^{32}) = \dfrac{1-3^{64}}{1-3} = \dfrac{3^{64}-1}{2}$,则

原式 $= \dfrac{\dfrac{3^{64}-1}{2}+\dfrac{1}{2}}{3\times 3^2\times 3^3\times 3^4\times \cdots\times 3^{10}} = \dfrac{\dfrac{3^{64}}{2}}{3^{\frac{10(1+10)}{2}}} = \dfrac{1}{2}\times 3^{64-55} = \dfrac{1}{2}\times 3^9.$

故答案选(D).

> 【总结】 本题是典型的平方差裂项法，在求解时直接代入公式
> $$(a+b)(a^2+b^2)(a^4+b^4)\cdots(a^{2^n}+b^{2^n}) = \dfrac{a^{2^{n+1}}-b^{2^{n+1}}}{a-b}.$$
> 最终结论的幂次为左边最高次幂的2倍.

例 4.6 $y = 101.$

(1) $y = f(-100)+f(-99)+\cdots+f(-1)+f(0)+f(1)+\cdots+f(99)+f(100)$，其中 $f(x) = \dfrac{e^x}{e^x+1}$；

(2) $y = 100 + \dfrac{1}{1\times 2}+\dfrac{1}{2\times 3}+\cdots+\dfrac{1}{99\times 100}.$

【答案】 E

【解析】 条件(1)知，$f(0) = \dfrac{e^0}{e^0+1} = \dfrac{1}{2}$，$f(x)+f(-x) = \dfrac{e^x}{e^x+1}+\dfrac{e^{-x}}{e^{-x}+1} = \dfrac{e^x}{e^x+1}+\dfrac{1}{1+e^x} = 1$，则

$$y = f(-100)+f(-99)+\cdots+f(-1)+f(0)+f(1)+\cdots+f(99)+f(100)$$
$$= [f(-100)+f(100)]+[f(-99)+f(99)]+\cdots+[f(-1)+f(1)]+f(0)$$
$$= 100+\dfrac{1}{2} = \dfrac{201}{2} \neq 101.$$

故条件(1)不充分.

由条件(2)知，
$$y = 100+\left(\dfrac{1}{1}-\dfrac{1}{2}\right)+\left(\dfrac{1}{2}-\dfrac{1}{3}\right)+\cdots+\left(\dfrac{1}{99}-\dfrac{1}{100}\right) = 101-\dfrac{1}{100} = 100\dfrac{99}{100} \neq 101,$$
故条件(2)不充分.

显然(1),(2)联立也不充分，故答案选 E.

> 【总结】 条件(1)中关于抽象函数求和，一般不会直接计算，都是先分析函数特征，像本题条件(1)中自变量出现正负对称的形式，故想到求解 $f(x)+f(-x)$.

本章练习

1. 数列 $\{a_n\}$ 的通项公式可以唯一确定.
   (1) 在数列 $\{a_n\}$ 中，有 $a_{n+1} = a_n+n$ 成立；
   (2) 数列 $\{a_n\}$ 的第5项为1.

2. 已知数列 $\{a_n\}$ 中，$a_1 = 2$，$a_{n+1} = 2a_n+3(n\in \mathbf{N}^+)$，则数列 a_n 的通项公式为( ).
   (A) $a_n = 3\times 2^{n-1}-1$
   (B) $a_n = 5\times 2^{n-1}-3$

(C)$a_n = 5 \times 2^{n-1} - 8$　　　　　　　　　(D)$a_n = 4^n - 1$

(E)以上都不正确

3. $1 + \dfrac{1}{1+2} + \dfrac{1}{1+2+3} + \cdots + \dfrac{1}{1+2+3+\cdots+100} = ($ 　　$)$.

(A)1　　　(B)2　　　(C)$\dfrac{200}{101}$　　　(D)$\dfrac{200}{99}$

(E)以上都不正确

4. 若数列$\{a_n\}$的前n项和$S_n = 2n^2 + 3n - 1$,则它的通项公式是(　　).

(A)$a_n = 4n + 5$　　　　　　　　　(B)$a_n = 4n + 1$

(C)$a_n = \begin{cases} 4, & n = 1 \\ 4n+1, & n \geqslant 2 \end{cases}$　　　　　(D)$a_n = \begin{cases} 4, & n = 1 \\ 4n+5, & n \geqslant 2 \end{cases}$

(E)以上结论均不正确

5. 在等差数列$\{a_n\}$中,已知$a_8 + a_9 = 24$,则$S_{16} = ($ 　　$)$.

(A)192　　(B)168　　(C)144　　(D)48　　(E)72

6. 若等差数列的前三项依次为$a-1, a+3, 2a+4$,则这个数列的前n项和$S_n = ($ 　　$)$.

(A)$2n^2$　　　　　　　　(B)$2n^2 - n$　　　　　　　(C)$2n^2 + 2n$

(D)$2n^2 - 2n$　　　　　　(E)$2n^2 + n$

7. 等差数列$\{a_n\}$中,前9项的和$S_9 = 99$.

(1)$a_1 + a_4 + a_7 = 39$;

(2)$a_3 + a_6 + a_9 = 27$.

8. 在等差数列$\{a_n\}$中,若$a_m = n, a_n = m (m \neq n)$,则$a_{m+n} = ($ 　　$)$.

(A)$n - m$　　(B)$m - n$　　(C)$m + n$　　(D)0　　(E)mn

9. 数列$\{a_n\}$中$a_1 a_8 < a_4 a_5$.

(1) 数列$\{a_n\}$为等差数列,且$a_1 > 0$;

(2) 数列$\{a_n\}$为等差数列,且公差$d \neq 0$.

10. 等差数列$\{a_n\}$中,$a_1 = -2$,它的前10项的算术平均值为11.5,从这个数列前10项中抽去一项后,余下9项的算术平均值为$\dfrac{35}{3}$,则抽去的是(　　).

(A)a_7　　(B)a_6　　(C)a_5　　(D)a_4　　(E)a_3

11. 若数列$x, a_1, \cdots, a_m, y$和数列$x, b_1, \cdots, b_n, y$都是等差数列,则$\dfrac{a_2 - a_1}{b_4 - b_2} = ($ 　　$)$.

(A)$\dfrac{n}{2m}$　　　　　(B)$\dfrac{n+1}{2m}$　　　　　(C)$\dfrac{n+1}{2(m+1)}$

(D)$\dfrac{n+1}{m+1}$　　　(E)以上都不正确

12. 已知等差数列$\{a_n\}$中,$a_3 + a_4 + a_5 + a_6 + a_7 = 25$,则$S_9 = ($ 　　$)$.

(A)40　　(B)45　　(C)50　　(D)55　　(E)188

13. 若等差数列$\{a_n\}$的前m项和为40,第$m+1$项到第$2m$项的和为60,则它的前$3m$项的和为(　　).

(A)130　　(B)170　　(C)180　　(D)260　　(E)280

14. 等差数列$\{a_n\}$的前6项和$S_6 = 48$,在这6项中奇数项之和与偶数项之和的比为7:9,

则公差 $d=(\quad)$.

(A) -3 (B) 3 (C) 0 (D) -2 (E) 2

15. 等差数列 $\{a_n\}$ 和 $\{b_n\}$ 的前 n 项和分别是 S_n 和 T_n，且 $\dfrac{S_n}{T_n}=\dfrac{n-3}{2n+1}$，则 $\dfrac{a_3}{b_3}=(\quad)$.

(A) $\dfrac{2}{11}$ (B) $\dfrac{1}{7}$ (C) $\dfrac{2}{9}$ (D) $\dfrac{4}{13}$ (E) 1

16. 等差数列 $\{a_n\}$ 中，$a_1>0$，其前 n 项和为 S_n，且有 $S_6=S_{13}$，则当 S_n 取最大值时，$n=(\quad)$.

(A) 7 或 8 (B) 8 或 9 (C) 9 (D) 9 或 10 (E) 10

17. 若 $2,2^x-1,2^x+3$ 成等比数列，则 $x=(\quad)$.

(A) $\log_2 5$ (B) $\log_2 6$ (C) $\log_2 7$ (D) $\log_2 8$ (E) 以上都不正确

18. 设 $\{a_n\}$ 为公比不为 1 的正项等比数列，则（　　）.

(A) $a_1+a_8>a_4+a_5$ (B) $a_1+a_8<a_4+a_5$
(C) $a_1+a_8=a_4+a_5$ (D) a_1+a_8 与 a_4+a_5 大小不定
(E) 与公比有关

19. $S_6=126$.

(1) 数列 $\{a_n\}$ 的通项公式为 $a_n=10(3n+4)$ $(n\in \mathbf{N}^+)$；

(2) 数列 $\{a_n\}$ 的通项公式为 $a_n=2^n (n\in \mathbf{N}^+)$.

20. 等比数列 $\{a_n\}$ 的前 n 项和为 S_n，使 $S_n>10^5$ 的最小的 n 为 8.

(1) 首项 $a_1=4$；

(2) 公比 $q=5$.

21. 设等比数列 $\{a_n\}$ 的公比 $q<1$，前 n 项和为 S_n，已知 $a_3=2,S_4=5S_2$，则公比 $q=(\quad)$.

(A) -1 (B) -2 (C) 1 或 -2 (D) -1 或 -2 (E) -1 或 2

22. 设 $\{a_n\}$ 为等比数列，已知 $a_1 a_3+2a_2 a_4+a_3 a_5=36$，则 $a_2+a_4=(\quad)$.

(A) -6 (B) 6 (C) 0 (D) 6 或 -6
(E) 以上结论均不正确

23. 在等比数列 $\{a_n\}$ 中，已知 $S_n=16,S_{2n}=24$，则 S_{3n} 等于（　　）.

(A) 28 (B) 32 (C) 48 (D) 54 (E) 56

24. $\{a_n\}$ 是等比数列，且 $a_n>0$，则 $\log_2 a_1+\log_2 a_2+\cdots+\log_2 a_{10}$ 的值可求.

(1) $a_5 \cdot a_6=8$；

(2) $a_4 \cdot a_7=16$.

25. 将全体正整数排成一个三角形数表，如下图，按照以下排列的规律，第 n 行 $(n\geqslant 3)$ 从左向右的第 3 个数为（　　）.

$$\begin{array}{c} 1 \\ 2\quad 3 \\ 4\quad 5\quad 6 \\ 7\quad 8\quad 9\quad 10 \\ \cdots\cdots\cdots\cdots \end{array}$$

(A) n^2-n+6 (B) $n+3$ (C) $\dfrac{n^2-n+6}{2}$

(D) $\dfrac{n^2-n+2}{2}$ (E) 以上都不正确

26. 设 $f(x)=\dfrac{1}{2^x+\sqrt{2}}$，则 $f(-5)+f(-4)+\cdots+f(0)+\cdots+f(5)+f(6)$ 的值为（　　）．

(A) $2\sqrt{2}$　　　　(B) $3\sqrt{2}$　　　　(C) $2\sqrt{3}$　　　　(D) $4\sqrt{2}$　　　　(E) $6\sqrt{2}$

27. 等差数列 $\{a_n\}$ 中，$a_3=2$，$a_{11}=6$；等比数列 $\{b_n\}$ 中，$b_2=a_3$，$b_3=\dfrac{1}{a_2}$，则满足 $b_n>\dfrac{1}{a_{26}}$ 的最大的 n 是（　　）．

(A) 3　　　　(B) 4　　　　(C) 5　　　　(D) 6　　　　(E) 8

28. 三个数依次构成等比数列，其和为 114，这三个数按相同的顺序又是某等差数列的第 1，4，25 项，则此三个数的各位上的数字之和为（　　）．

(A) 24　　　　(B) 33　　　　(C) 24 或 33　　　　(D) 22 或 33　　　　(E) 24 或 35

29. 某地投入资金进行生态建设，并以此发展旅游产业．根据规划，第一年投入 800 万元，以后每年投入将比上年减少 $\dfrac{1}{5}$．第一年当地旅游业收入估计为 400 万元，由于该项建设对旅游业的促进作用，预计今后的旅游业收入每年会比上年增加 $\dfrac{1}{4}$，则第（　　）年旅游业的总收入首次超过总投入．

(A) 5　　　　(B) 6　　　　(C) 7　　　　(D) 8　　　　(E) 10

本章练习答案解析

1. 【答案】 C

【解析】 （1）、（2）单独显然不充分，联立 $\begin{cases}a_{n+1}=a_n+n,\\ a_5=1\end{cases}\Rightarrow a_4=-3,a_3=-6,a_2=-8$，

$a_1=-9$．根据递推公式可知，应用累加法 $\begin{cases}a_n=a_{n-1}+n-1\\ a_{n-1}=a_{n-2}+n-2\\ \vdots\\ a_2=a_1+1\end{cases}$ 累加相消可推出 $a_n=a_1+$

$\dfrac{n(n-1)}{2}=-9+\dfrac{n(n-1)}{2}$．联立充分，因此答案选 C．

2. 【答案】 B

【解析】 待定系数和换元法．

设 x 满足 $(a_{n+1}+x)=2(a_n+x)$，可得 $x=3$，即 $(a_{n+1}+3)=2(a_n+3)$．

令 $b_{n+1}=a_{n+1}+3$，为等比数列，公比 $q=2$，则其通项为 $b_n=b_1 2^{n-1}=(a_1+3)2^{n-1}=5\cdot 2^{n-1}$，可推出 $a_n=5\cdot 2^{n-1}-3$，因此答案选 B．

3. 【答案】 C

【解析】 由题设可知 $a_n=\dfrac{1}{1+2+3+\cdots+n}=\dfrac{1}{\dfrac{n(1+n)}{2}}=2\left(\dfrac{1}{n}-\dfrac{1}{n+1}\right)$，

$S_n=a_1+a_2+\cdots+a_n=2\left(1-\dfrac{1}{2}+\dfrac{1}{2}-\dfrac{1}{3}+\cdots+\dfrac{1}{n}-\dfrac{1}{n+1}\right)=2\left(1-\dfrac{1}{n+1}\right)$，

故可推出 $S_{100} = 2\left(1 - \dfrac{1}{100+1}\right) = \dfrac{200}{101}$. 故选 C.

4.【答案】 C

【解析】 由已知 $a_1 = S_1 = 2 \times 1^2 + 3 \times 1 - 1 = 4$,

当 $n \geqslant 2$ 时,$a_n = S_n - S_{n-1} = 2n^2 + 3n - 1 - [2(n-1)^2 + 3(n-1) - 1] = 4n + 1$;

将 $n = 1$ 代入 $a_n = 4n + 1$,得 $a_1 = 5$,与条件不符,故

$$a_n = \begin{cases} 4, & n = 1, \\ 4n + 1, & n \geqslant 2. \end{cases}$$

因此答案选 C.

5.【答案】 A

【解析】 方法一 设首项为 a_1,公差为 d,由已知条件得 $a_1 + 7d + a_1 + 8d = 24$,

即 $2a_1 + 15d = 24$,而

$$S_{16} = \dfrac{16(a_1 + a_{16})}{2} = 8(a_1 + a_1 + 15d) = 8 \times 24 = 192,$$

故选 A.

方法二 $a_8 + a_9 = a_1 + a_{16} = 24$,则 $S_{16} = \dfrac{16(a_1 + a_{16})}{2} = \dfrac{16 \times 24}{2} = 192$.

6.【答案】 A

【解析】 方法一 直接推演法.

由等差中项公式可知,$2(a+3) = a - 1 + 2a + 4$,得 $a = 3$,即 $a_1 = 2, a_2 = 6, a_3 = 10$,故等差数列 $\{a_n\}$ 首项 $a_1 = 2$,公差 $d = 4$,因此由等差数列前 n 项和公式可知

$$S_n = na_1 + \dfrac{n(n-1)}{2}d = n \times 2 + \dfrac{n(n-1)}{2} \times 4 = 2n^2,$$

因此答案选 A.

方法二 排除法.

由方法一可知 $a_1 = 2 = S_1$,令 $n = 1$ 代入,则 B,C,D,E 均错,答案选 A.

7.【答案】 C

【解析】 显然,条件(1) 和(2) 单独都不充分,联立.

方法一 设公差为 d,由已知条件可知 $\begin{cases} a_1 + a_1 + 3d + a_1 + 6d = 39, \\ a_1 + 2d + a_1 + 5d + a_1 + 8d = 27, \end{cases}$ 整理解得 $d = -2$,

$a_1 = 19, S_9 = \dfrac{9(2a_1 + 8d)}{2} = 9 \times (19 - 8) = 99$.

联立充分,因此答案选 C.

方法二 利用位项等和性质.

由题设可知,$a_1 + a_4 + a_7 + a_3 + a_6 + a_9 = 39 + 27 = 66$.

由位项等和性质可知 $a_1 + a_9 = a_4 + a_6 = a_7 + a_3$,即 $3(a_1 + a_9) = 66$,则 $a_1 + a_9 = 22$,故

$$S_9 = \dfrac{9(a_1 + a_9)}{2} = \dfrac{9 \times 22}{2} = 99.$$

联立充分,因此答案选 C.

8.【答案】 D

【解析】 设首项为 a_1,公差为 d,由已知条件得

$$\begin{cases} a_n - a_m = m - n = (n-m)d, \\ a_1 + (n-1)d = m, \end{cases} 解得 d = -1, a_1 = n + m - 1,$$

则由等差数列通项公式可知

$$a_{m+n} = a_1 + (n+m-1)d = n+m-1 + (n+m-1)(-1) = 0,$$

因此答案选 D.

9.【答案】 B

【解析】 条件(1){a_n}为等差数列,可知结论 $a_1 a_8 < a_4 a_5 \Leftrightarrow a_1 a_8 - a_4 a_5 = a_1(a_1+7d) - (a_1+3d)(a_1+4d) = -12d^2 < 0$;由 $a_1 > 0 \nRightarrow -12d^2 < 0$,故条件(1)不充分.

条件(2){a_n}为等差数列,且公差 $d \neq 0$,易知 $a_1 a_8 - a_4 a_5 = -12d^2 < 0$,条件(2)充分,故答案选 B.

10.【答案】 C

【解析】 由题设可知 $S_{10} = 10a_1 + \dfrac{10(10-1)d}{2} = a_1 + a_2 + \cdots + a_{10} = 115$,可推出 $d = 3$.

设去掉的是 a_k,则可知 $a_k = 11.5 \times 10 - \dfrac{35}{3} \times 9 = 10$.

由等差数列通项公式可知 $a_k = -2 + (k-1) \times 3 = 10$,则 $k = 5$,因此答案选 C.

11.【答案】 C

【解析】 设数列 $x, a_1, \cdots, a_m, y$ 的公差为 d_1,数列 $x, b_1, \cdots, b_n, y$ 的公差为 d_2.
由等差数列性质可知

$$y - x = (m+1)d_1 \Rightarrow d_1 = \dfrac{y-x}{m+1}, \quad y - x = (n+1)d_2 \Rightarrow d_2 = \dfrac{y-x}{n+1},$$

则 $\dfrac{a_2 - a_1}{b_4 - b_2} = \dfrac{d_1}{2d_2} = \dfrac{1}{2} \dfrac{\dfrac{y-x}{m+1}}{\dfrac{y-x}{n+1}} = \dfrac{n+1}{2(m+1)}$,

因此答案选 C.

12.【答案】 B

【解析】 方法一 由位项等和性质可知,$a_3 + a_7 = a_4 + a_6 = 2a_5$,代入题设推出 $a_5 = 5$,则 $a_3 + a_7 = a_4 + a_6 = 2a_5 = 10$,因此可求 $S_9 = \dfrac{9(a_1 + a_9)}{2} = \dfrac{90}{2} = 45$.

方法二 特值法排除.令数列为常数数列,则 $a_3 + a_4 + a_5 + a_6 + a_7 = 25 \Rightarrow a_n = 5$,故 $S_9 = 45$.

13.【答案】 C

【解析】 由题设知 $S_m = 40, S_{2m} - S_m = 60$,根据等差数列性质相邻 m 项和仍为等差数列,易知 $S_{3m} - S_{2m} = 80$,因此 $S_{3m} = S_{2m} + 80 = S_m + 60 + 80 = 40 + 60 + 80 = 180$,所以答案选 C.

14.【答案】 E

【解析】 假设等差数列的公差为 d,前 6 项中奇数项之和为 $S_奇$,偶数项的和为 $S_偶$.

$\begin{cases} S_奇 + S_偶 = 48, \\ S_奇 : S_偶 = 7:9 \end{cases} \Rightarrow S_奇 = 21, S_偶 = 27$. 由等差数列的性质可知 $S_偶 - S_奇 = 3d$,可推出 $d = 2$.

因此答案选 E.

15.【答案】 A

【解析】 设等差数列 {a_n} 首项为 a_1,等差数列 {b_n} 首项为 b_1,则 $S_n = \dfrac{n(a_1 + a_n)}{2}, T_n =$

$\dfrac{n(b_1+b_n)}{2}$,故 $\dfrac{S_n}{T_n} = \dfrac{a_1+a_n}{b_1+b_n}$.

由等差数列的性质可知,$2a_3 = a_1+a_5$,$2b_3 = b_1+b_5$,故 $\dfrac{a_3}{b_3} = \dfrac{\frac{1}{2}(a_1+a_5)}{\frac{1}{2}(b_1+b_5)} = \dfrac{S_5}{T_5} = \dfrac{5-3}{2\times 5+1}$

$= \dfrac{2}{11}$.因此答案选 A.

16.【答案】 D

【解析】 由等差数列的性质可知,其前 n 项和 S_n 是关于 n 的一元二次函数,即 $S_n = An^2 + Bn$,又因为 $S_6 = S_{13}$,故 S_n 的最大值应该在 $\dfrac{6+13}{2} = 9\dfrac{1}{2}$ 处取得,根据取近原理可知 $n = 9$ 或 10 时,S_n 取最大值,因此答案选 D.

17.【答案】 A

【解析】 由等比中项公式可知,$(2^x-1)^2 = 2(2^x+3)$,整理可得 $(2^x)^2 - 4\times 2^x - 5 = 0$,解指数方程可得 $x = \log_2 5$.因此答案选 A.

18.【答案】 A

【解析】 $a_1 + a_8 - (a_4 + a_5) = a_1 + a_1 q^7 - a_1 q^3 - a_1 q^4$
$= a_1(1-q^3) - a_1 q^4(1-q^3)$
$= a_1(1-q^3)(1-q^4)$.

因为 $q \neq 1$,故 $(1-q^3)$,$(1-q^4)$ 同号,又因为 $\{a_n\}$ 为正项等比数列,则 $a_1 + a_8 - (a_4 + a_5) = a_1(1-q^3)(1-q^4) > 0$,因此答案选 A.

19.【答案】 B

【解析】 由条件(1)知数列 $\{a_n\}$ 为等差数列,由 $a_n = 10(3n+4) = 30n+40$ 可知,首项 $a_1 = 70$,公差 $d = 30$,则由等差数列求和公式可知,$S_6 = 70\times 6 + \dfrac{6\times 5}{2}\times 30 = 420 + 450 = 870 \neq 126$,故条件(1)不充分;

由条件(2)知数列 $\{a_n\}$ 为等比数列,由 $a_n = 2^n$ 可知,首项 $a_1 = 2$,公比 $q = 2$,则由等比数列求和公式可知 $S_6 = \dfrac{2\times(1-2^6)}{1-2} = 126$,故条件(2)充分,因此答案选 B.

20.【答案】 C

【解析】 显然,条件(1)和(2)单独都不充分,联立.

$$S_n = \dfrac{a_1\times(1-q^n)}{1-q} = \dfrac{4\times(1-5^n)}{1-5} = 5^n - 1 > 10^5,$$

即 $5^n > 2^5 \times 5^5 + 1 = 32\times 5^5 + 1$,易知离 32 最近的 5 的幂次应该为 25,故 $n > 7$,可知最小的 n 为 8,联立充分,因此答案选 C.

21.【答案】 D

【解析】 $\begin{cases} a_1 q^2 = 2, \\ \dfrac{a_1(1-q^4)}{1-q} = 5\dfrac{a_1(1-q^2)}{1-q} \end{cases} \Rightarrow q = -1$ 或 $q = \pm 2$,又因为 $q < 1$,

故 $q = -1$ 或 -2.

22.【答案】 D

【解析】 由等比中项性质可知,$a_1a_3=a_2{}^2$,$a_3a_5=a_4{}^2$,则原式为$(a_2+a_4)^2=36$,得$a_2+a_4=\pm 6$,故选 D.

23.【答案】 A

【解析】 若$\{a_n\}$是等比数列,S_n,$S_{2n}-S_n$,$S_{3n}-S_{2n}$也是等比数列,从而$\dfrac{S_{2n}-S_n}{S_n}=\dfrac{S_{3n}-S_{2n}}{S_{2n}-S_n}$,即$\dfrac{24-16}{16}=\dfrac{S_{3n}-24}{24-16}$,解得$S_{3n}=28$,故选 A.

24.【答案】 D

【解析】 由条件(1)知$a_5\cdot a_6=8=a_1\cdot a_{10}=a_2\cdot a_9=a_k\cdot a_{11-k}$,故$\log_2 a_1+\log_2 a_2+\cdots+\log_2 a_{10}=\log_2(a_1a_2\cdots a_{10})=\log_2(a_1a_{10})^5=5\log_2 8=15$,所以条件(1)充分.

由条件(2)知$a_4\cdot a_7=16=a_1\cdot a_{10}=a_2\cdot a_9=a_k\cdot a_{11-k}$,故$\log_2 a_1+\log_2 a_2+\cdots+\log_2 a_{10}=\log_2(a_1a_2\cdots a_{10})=\log_2(a_1a_{10})^5=5\log_2 16=20$,所以条件(2)也充分,因此答案选 D.

25.【答案】 C

【解析】 直接推演法.

设第 n 行首项为 a_n,则第 n 行($n\geqslant 3$)从左向右的第 3 个数为 a_n+2,由题设可知 $a_{n+1}=a_n+n$,根据累项相消法可知 $a_n=a_1+\dfrac{n(n-1)}{2}=\dfrac{n^2-n+2}{2}$,故 $a_n+2=\dfrac{n^2-n+6}{2}$,因此答案选 C.

26.【答案】 B

【解析】 由题设条件可知,$f(1-x)=\dfrac{1}{2^{1-x}+\sqrt{2}}=\dfrac{1}{\dfrac{2}{2^x}+\sqrt{2}}=\dfrac{1}{2}\dfrac{\sqrt{2}\times 2^x}{\sqrt{2}+2^x}$,则

$$f(x)+f(1-x)=\dfrac{1}{2^x+\sqrt{2}}+\dfrac{1}{2}\dfrac{\sqrt{2}\times 2^x}{\sqrt{2}+2^x}=\dfrac{1+\sqrt{2}\times 2^{x-1}}{\sqrt{2}+2^x}=\dfrac{1+\dfrac{2^x}{\sqrt{2}}}{\sqrt{2}+2^x}=\dfrac{\sqrt{2}}{2},$$

故 $f(-5)+f(-4)+\cdots+f(0)+\cdots+f(5)+f(6)=6\times\dfrac{\sqrt{2}}{2}=3\sqrt{2}$,因此答案选 B.

27.【答案】 B

【解析】 由题设可知 $a_{11}-a_3=6-2=8d$,可推出等差数列$\{a_n\}$的公差 $d=\dfrac{1}{2}$,则 $a_2=\dfrac{3}{2}$,$a_{26}=a_1+(26-1)d=1+\dfrac{25}{2}=\dfrac{27}{2}$,故等比数列$\{b_n\}$中,$b_2=a_3=2$,$b_3=\dfrac{1}{a_2}=\dfrac{2}{3}$,可知公比 $q=\dfrac{1}{3}$,且 $b_n=b_1q^{n-1}=6\cdot\left(\dfrac{1}{3}\right)^{n-1}=\dfrac{6}{3^{n-1}}$,因此,$b_n>\dfrac{1}{a_{26}}\Leftrightarrow\dfrac{6}{3^{n-1}}>\dfrac{2}{27}\Rightarrow n<5$,则 n 最大值为 4,答案选 B.

28.【答案】 C

【解析】 假设三个数分别是 a_1,a_1q,a_1q^2,则 $\begin{cases}a_1+a_1q+a_1q^2=114,\\ \dfrac{a_1q-a_1}{3}=\dfrac{a_1q^2-a_1q}{21}\end{cases}\Rightarrow q=1$ 或 $q=7$.

$q=1$ 时,三个数均为 38,则数字之和为 33;

$q=7$ 时,三个数分别为 2,14,98,则数字之和为 24,因此答案选 C.

29.【答案】 A

【解析】 假设第 k 年某地投入资金为 a_k,由题设可知 $\{a_k\}$ 是首项为 $a_1=800$,公比 $q_1=\dfrac{4}{5}$ 的等比数列,则第 n 年投入的总资金为 $S_n=\dfrac{800\left(1-\left(\dfrac{4}{5}\right)^n\right)}{1-\dfrac{4}{5}}$.

假设第 k 年某地收入资金为 b_k,由题设可知,$\{b_k\}$ 是首项为 $b_1=400$,公比 $q_2=\dfrac{5}{4}$ 的等比数列,则第 n 年总收入的资金为 $T_n=\dfrac{400\left(1-\left(\dfrac{5}{4}\right)^n\right)}{1-\dfrac{5}{4}}$.

假设第 n 年旅游业的总收入首次超过总投入,即

$$T_n>S_n \Leftrightarrow \dfrac{400\left(1-\left(\dfrac{5}{4}\right)^n\right)}{1-\dfrac{5}{4}}>\dfrac{800\left(1-\left(\dfrac{4}{5}\right)^n\right)}{1-\dfrac{4}{5}} \Rightarrow \left(\dfrac{4}{5}\right)^n<\dfrac{2}{5} \Rightarrow n\geqslant 5,$$

因此答案选 A.

第五章　几　何

第一节　平面图形

知识精讲

一、线和角的基本概念和性质

1. 直线的概念

直线是几何学的基本概念,是点在空间内沿相同或相反方向运动的轨迹. 数学中的直线是两端都没有端点、可以向两端无限延伸、不可测量长度的.

2. 射线的概念

直线上一点和它一旁的部分叫作射线. 这个点叫作射线的端点.

3. 线段的概念

直线上两个点和它们之间的部分叫作线段. 这两个点叫作线段的端点. 线段是可测量长度的.

4. 直线的性质

① 经过两个不同的点有且只有一条直线.

② 过一点的直线有无数条.

③ 两条不同的直线至多有一个公共点. 两条不同的直线如果只有一个公共点,那么这两条直线相交;两条不同的直线如果没有公共点,那么这两条直线平行.

5. 线段的性质

① 连接两点的线段的长度,叫作这两点的距离.

② 所有连接两点的线中,线段最短,即两点之间,线段最短.

③ 线段的中点到两个端点的距离相等.

6. 角的相关概念

有公共端点的两条射线组成的图形叫作角,这个公共端点叫作角的顶点,这两条射线叫作角的边.

处在同一直线上方向相反的两条射线构成的角,这个角叫作平角,平角为 $180°$.

$90°$ 的角叫作直角;小于 $90°$ 的角叫作锐角;大于 $90°$ 并且小于 $180°$ 的角叫作钝角.

如果两个角的和是 $180°$,那么这两个角叫作互补角,其中一个角叫作另一个角的补角;如果两个角的和是 $90°$,那么这两个角叫作互余角,其中一个角叫作另一个角的余角.

一条射线把一个角分成两个相等的角,这条射线叫作这个角的角平分线.

7. 角平分线的性质

① 角平分线上的点到这个角的两边距离相等.

② 到一个角的两边距离相等的点在这个角的角平分线上.

8. 平面上两条直线的位置关系

平面上两条直线的位置关系:相交和平行.

两直线相交对顶角相等.

两条相交直线的夹角为 90° 时,称这两条直线相互垂直.线段垂直平分线上的点到线段两端距离相等.

不相交的两条直线叫作平行线.

两条平行直线与第三条直线所成角的关系,如图 1 所示,$l_1 \parallel l_2$ 且与第三条线 l_3 相交,∠1 和 ∠4 是同位角,同位角相等;∠3 和 ∠4 是内错角,内错角相等;∠2 和 ∠4 是同旁内角,同旁内角互补.

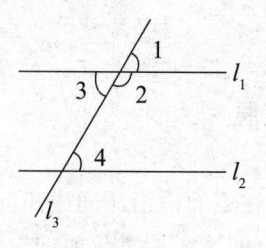

图 1

两条直线被一组平行线截得的线段成比例.如图 2 所示,$AD \parallel BE \parallel CF$,则 $\dfrac{AB}{BC} = \dfrac{DE}{EF}$.

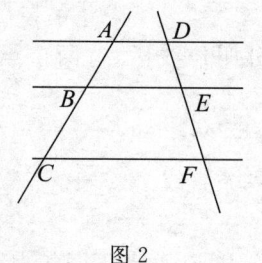

图 2

二、三角形

1. 三角形的边、角关系

① 任意两边之和大于第三边;任意两边之差小于第三边.

② 三角形内角和为 180°,外角和为 360°;n 边形的内角和等于 $(n-2) \cdot 180°$.

③ 内角中,长边对大角;

④ 三角形的一个外角等于与它不相邻的两个内角的和.

2. 三角形的面积公式

$S_\triangle = \dfrac{1}{2}ah_a = \dfrac{1}{2}ab\sin C = \sqrt{p(p-a)(p-b)(p-c)}$,其中 $p = \dfrac{a+b+c}{2}$ 为三角形的半周长.

3. 三角形中常考的"五线四心"

① 中线与重心

在三角形中,连接一个顶点和它对边的中点的线段叫作三角形的中线.三条中线的交点叫作三角形的重心,重心分中线 2∶1(顶点到重心∶重心到对边中点).

② 高与垂心

从三角形一个顶点向它的对边做垂线,顶点和垂足之间的线段叫作三角形的高.三条高的交点叫作三角形的垂心.

③ 中垂线与外心

三角形中一边的线段垂直平分线叫作该边的中垂线.三条中垂线的交点叫作三角形的外心,即外接圆的圆心.外心到三个顶点的距离相等.锐角三角形的外心在内部,直角三角形的外心在斜边中点,钝角三角形的外心在三角形的外部.

④ 角平分线与内心

三角形的一个角的平分线与这个角的对边相交,这个角的顶点和该交点之间的线段叫作三角形的角平分线.三条角平分线的交点叫作三角形的内心,即内切圆的圆心.内心到三条边的距离相等.

⑤ 中位线

连接三角形两边中点的线段叫作三角形的中位线.三角形的中位线平行于第三边并且等于第三边的一半.

4.三角形的分类

按边的关系分类

$$三角形\begin{cases}不等腰三角形\\等腰三角形\begin{cases}三角形底和腰不相等的等腰三角形\\等边三角形\end{cases}\end{cases}$$

按角的关系分类

$$三角形\begin{cases}直角三角形\\斜三角形\begin{cases}锐角三角形\\钝角三角形\end{cases}\end{cases}$$

5. 特殊三角形及其性质

① 等腰三角形

在一个三角形中,有两条边相等的三角形是等腰三角形,相等的两个边称为这个三角形的腰.

等腰三角形有以下性质:

性质1:等腰三角形的两个底角相等.

性质2:等腰三角形顶角的平分线、底边上的中线、底边上的高重合(三线合一).

性质3:等腰三角形两底角的平分线相等(两条腰上的中线相等,两条腰上的高相等).

性质4:等腰三角形底边上的垂直平分线到两条腰的距离相等.

性质5:等腰三角形一腰上的高与底边的夹角等于顶角的一半.

性质6:等腰三角形底边上任意一点到两腰距离之和等于一腰上的高.

性质7:等腰三角形是轴对称图形,只有一条对称轴,顶角平分线所在的直线是它的对称轴,等边三角形有三条对称轴.

② 等边三角形

三条边都相等的三角形叫作等边三角形,又叫作正三角形,等边三角形是特殊的等腰三角形.

等边三角形有以下性质:

性质1:等边三角形的内角都相等,且均为60°.

性质2:等边三角形每一条边上的中线、高线和每个角的角平分线互相重合.

性质3：等边三角形是轴对称图形，它有三条对称轴，对称轴是每条边上的中线、高线或顶角的平分线所在直线．

③ 直角三角形

有一个角为直角的三角形是直角三角形．

直角三角形有以下性质：

性质1：直角三角形两直角边的平方和等于斜边的平方（勾股定理）．常见的勾股数组：3、4、5；5、12、13；6、8、10；7、24、25．

性质2：在直角三角形中，两个锐角互余．

性质3：在直角三角形中，斜边上的中线等于斜边的一半（即直角三角形的外心位于斜边的中点）．

性质4：直角三角形的两直角边的乘积等于斜边与斜边上高的乘积．

性质5：30°的锐角所对的直角边是斜边的一半．

性质6：如图，Rt$\triangle ABC$ 中，$\angle BAC = 90°$，AD 是斜边 BC 上的高，则 $AD^2 = BD \cdot DC$（射影定理）．

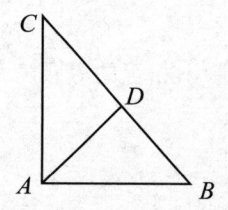

性质7：如果三角形一边上的中线等于这边的一半，那么这个三角形是直角三角形．

④ 需熟记的特殊三角形的角和边长关系

等腰直角三角形：三个内角分别为 $45°,45°,90°$，边长关系为 $1:1:\sqrt{2}$．

有一个角为30°的直角三角形：三个内角分别为 $30°,60°,90°$，边长关系为 $1:\sqrt{3}:2$．

等边三角形：三个内角分别为 $60°,60°,60°$，边长关系为 $1:1:1$．

底角为30°的等腰三角形：三个内角分别为 $30°,30°,120°$，边长关系为 $1:1:\sqrt{3}$．

6．全等与相似

三角形全等和相似，考查的重点不再是判断两个三角形是否相似或全等，而是相似或全等的性质，并且三角形的性质完全可以延伸到其他的相似或全等的平面图形．

① 全等三角形的定义

能够完全重合的两个三角形 $\triangle ABC$ 和 $\triangle DEF$ 叫作全等三角形，记作 $\triangle ABC \cong \triangle DEF$．

② 全等三角形的性质

$\triangle ABC \cong \triangle DEF$，则 $\triangle ABC$ 和 $\triangle DEF$ 有相同的边长、角、面积等．

③ 全等三角形的判定

边角边定理：有两边和它们的夹角对应相等的两个三角形全等（简写成"边角边"或"SAS"）．

角边角定理：有两角和它们的夹边对应相等的两个三角形全等（简写成"角边角"或"ASA"）．

边边边定理：有三边对应相等的两个三角形全等（简写成"边边边"或"SSS"）．

角角边定理：两角及其一角的对边对应相等的两个三角形全等（简写成"角角边"或"AAS"）．

对于特殊的直角三角形,判定它们全等时,还有 HL 定理(斜边、直角边定理),即有斜边和一条直角边对应相等的两个直角三角形全等.

④ 相似三角形的定义

三个对应角相等或三条对应边成比例的三角形 $\triangle ABC$ 和 $\triangle DEF$ 叫作相似三角形,记作 $\triangle ABC \sim \triangle DEF$.

⑤ 相似三角形的性质

性质1:相似三角形的对应角相等,对应边成比例.

性质2:相似三角形对应高的比、对应中线的比与对应角平分线的比都等于相似比.

性质3:相似三角形周长的比等于相似比.

性质4:相似三角形面积的比等于相似比的平方.

⑥ 相似三角形的判定

定义法:三个对应角相等或三条对应边成比例的三角形相似.

常用的判定定理有:

判定定理1(AA):如果一个三角形的两个角与另一个三角形的两个角对应相等,那么这两个三角形相似.(简叙为:两角对应相等,两个三角形相似.)

判定定理2(SAS):如果两个三角形的两组对应边成比例,并且对应的夹角相等,那么这两个三角形相似.(简叙为:两边对应成比例且夹角相等,两个三角形相似.)

判定定理3(SSS):如果两个三角形的三组对应边成比例,那么这两个三角形相似.(简叙为:三边对应成比例,两个三角形相似.)

判定定理4:如果两个三角形三边对应平行,则两三角形相似.(简叙为:三边对应平行,两个三角形相似.)

判定定理5(HL):如果一个直角三角形的斜边和一条直角边与另一个直角三角形的斜边和一条直角边对应成比例,那么这两个直角三角形相似.(简叙为:斜边与直角边对应成比例,两个直角三角形相似.)

判定定理6:如果两个三角形全等,那么这两个三角形相似(相似比为 1:1)(简叙为:全等三角形相似).

判定定理7:平行于三角形一边的直线和其他两边(或两边的延长线)相交,所构成的三角形与原三角形相似.

三、四边形

1. 平行四边形

两组对边分别平行的四边形叫作平行四边形.

判定定理:

① 两组对边分别平行的四边形是平行四边形.

② 两组对边分别相等的四边形是平行四边形.

③ 两条对角线互相平分的四边形是平行四边形.

④ 一组对边平行且相等的四边形是平行四边形.

性质定理:

设 a,b 为平行四边形的两边,以 a 为底边的高为 h_a,以 b 为底边的高为 h_b,则

① 两组对边分别平行且相等.

② 对角相等,且对角线互相平分.

③ 平行四边形周长 $l = 2(a+b)$.

④ 面积 $S = bh_b = ah_a$.

2. 矩形

有一个角是直角的平行四边形叫作矩形.

判定定理：

① 一个角是直角的平行四边形是矩形.

② 对角线相等的平行四边形是矩形.

③ 三个角是直角的四边形是矩形.

性质定理：

矩形作为特殊的平行四边形，除了具有平行四边形的性质外，还具有以下性质：

① 矩形的四个角都是直角.

② 矩形的两条对角线相等.

③ 矩形的面积等于长乘以宽.

3. 菱形

有一组邻边相等的平行四边形叫作菱形.

判定定理：

① 四边相等的平行四边形(一组邻边相等的平行四边形).

② 对角线互相垂直的平行四边形是菱形.

③ 对角线互相垂直平分的四边形是菱形.

性质定理：

菱形作为特殊的平行四边形，除了具有平行四边形的性质外，还具有以下性质：

① 菱形的四条边相等.

② 菱形的两条对角线互相垂直平分.

③ 菱形的面积等于两条对角线乘积的一半.

4. 正方形

有一组邻边相等且有一个角是直角的平行四边形是正方形.

性质定理：

正方形既是矩形又是菱形，因此正方形具有矩形的性质，也具有菱形的性质.

判定定理：

判断一个四边形是正方形的步骤，先证明它是平行四边形，再证明它是菱形(或矩形)，最后证明它是矩形或(菱形).

5. 梯形

一组对边平行而另一组对边不平行的四边形叫作梯形. 平行的两边叫作梯形的底边, 长的一条底边叫下底, 短的一条底边叫上底. 不平行的两边叫腰; 夹在两底之间的垂线段叫梯形的高.

一腰垂直于底的梯形叫直角梯形. 两腰相等的梯形叫等腰梯形. 等腰梯形是一种特殊的梯形, 其判定方法与等腰三角形判定方法类似.

判定定理：

① 一组对边平行, 另一组对边不平行的四边形是梯形.

② 一组对边平行且不相等的四边形是梯形.

性质定理:
设梯形的上底为 a,下底为 b,高为 h.
① 梯形的上下两底平行.
② 梯形的中位线(两腰中点相连的线叫作中位线)平行于两底并且等于上下底和的一半,即 $MN = \frac{1}{2}(a+b)$.
③ 梯形面积 $S = \frac{1}{2}(a+b)h$.
④ 等腰梯形的对角线相等,底角相等.

四、圆和扇形

1. 圆的相关概念及其性质

平面中,到一个定点距离为定值的所有点的集合,叫作圆. 这个给定的点称为圆的圆心. 作为定值的距离称为圆的半径. 圆的直径是半径的 2 倍,圆的半径是直径的一半. 以点 O 为圆心的圆记作"⊙O",读作"圆 O".

连接圆上任意两点的线段叫作弦. 直径是过圆心的弦,最长的弦是直径.

从圆心到弦的距离称为弦心距.

圆上任意两点间的部分叫作圆弧,简称弧. 大于半圆的弧称为优弧,多用三个字母表示;小于半圆的弧称为劣弧,多用两个字母表示. 半圆既不是优弧,也不是劣弧.

顶点在圆心的角叫作圆心角. 顶点在圆周上,并且两边都和圆相交的角叫作圆周角. 一条弧所对的圆周角等于它所对的圆心角的一半.

在同圆或等圆中,相等的圆心角所对的弧相等,所对的弦相等,所对的弦的弦心距相等.

同弧或等弧所对的圆周角相等;同圆或等圆中,相等的圆周角所对的弧也相等. 半圆(或直径)所对的圆周角是直角;90°的圆周角所对的弦是直径.

圆是一个轴对称图形,它的对称轴是直径所在的直线,圆有无数条对称轴.

四个顶点都在同一个圆上的四边形,称为圆内接四边形. 圆内接四边形的对角互补,并且任何一个外角都等于它的内对角.

经过半径的外端并且垂直于这条半径的直线是圆的切线. 圆的切线垂直于经过切点的半径.

2. 垂径定理

垂直于弦的直径平分这条弦,并且平分弦所对的弧.

3. 常用公式

① 设圆的半径为 r,则圆周长为 $2\pi r$,圆面积为 πr^2.

② 设圆的半径为 r,圆心角弧度为 θ,对应的弧长为 l,则弧长 $l = r\theta$,扇形面积 $= \frac{1}{2}r^2\theta = \frac{1}{2}lr$.

重要题型

题型一　求角度

【题型方法分析】

利用"三角形的内角之和为180°","三角形的外角等于不相邻的两内角之和","等腰三角形两底角相等","同一弧所对的圆周角等于圆心角的一半"等性质,灵活求角度.

例 1.1 如图所示,△ABC 中,∠1 = ∠2,∠3 = ∠4,∠5 = 120°,则 ∠A = (　　).

(A) 70°　　　(B) 60°　　　(C) 50°　　　(D) 40°　　　(E) 30°

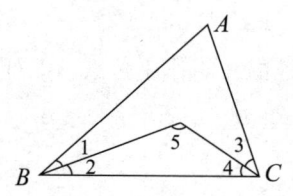

【答案】 B

【解析】 因为 ∠2 + ∠4 + ∠5 = 180°,所以 ∠2 + ∠4 = 180° − ∠5 = 60°. 因为 ∠1 = ∠2, ∠3 = ∠4,所以 ∠ABC + ∠ACB = 2(∠2 + ∠4) = 120°,即 ∠A = 180° − ∠ABC − ∠ACB = 60°, 故选 B.

【总结】 本题考查三角形内角和、角平分线的性质.

题型二　求长度

【题型方法分析】

利用直角三角形的勾股定理、三角形或梯形的中位线性质、三角形内心和外心的性质、三角形相似的性质等,灵活求线段的长度.

例 1.2 如图所示,在梯形 ABCD 中,AD ∥ BC,对角线 AC ⊥ BD,且 AC = 5,BD = 12, 则梯形的中位线长为(　　).

(A) $\sqrt{2}$　　(B) 6.5　　(C) 1　　(D) $\sqrt{3}$　　(E) $2\sqrt{2}$

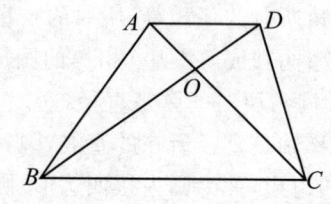

【答案】 B

【解析】 将 AC 平移至经过点 D,与 BC 的延长线交于 E 点,则可得平行四边形 ACED,进而可得到 Rt△BDE,利用勾股定理,得 $BE = \sqrt{BD^2 + DE^2} = 13$,即 AD + BC = 13. 因此梯形的中位线长为 $\dfrac{AD + BC}{2} = 6.5$,故选 B.

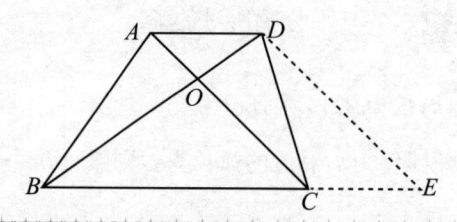

【总结】 本题考查了梯形、平行四边形、中位线等相关性质,以及勾股定理. 难点在于将 AC 平移,构造平行四边形和直角三角形.

例 1.3 如图所示,在 ⊙O 中,CD 是直径,AB ⊥ CD,垂足为 E,连接 BC,若 $AB = 2\sqrt{2}$ cm, ∠BCD = 22°30′,则 ⊙O 的半径为(　　)cm.

(A) $\sqrt{2}$　　　　(B) 2　　　　(C) 1　　　　(D) $\sqrt{3}$　　　　(E) $2\sqrt{2}$

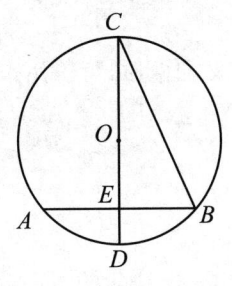

【答案】　B

【解析】　连接 OB，得到 $Rt\triangle OEB$. 根据垂径定理，可得 $EB = \frac{1}{2}AB = \sqrt{2}$. $\angle BCD = 22°30'$，所以 $\angle BOD = 2\angle BCD = 45°$，所以 $\triangle OEB$ 为等腰直角三角形，所以 $OB = \sqrt{2}EB = 2$，即 $\odot O$ 的半径为 2 cm. 故选 B.

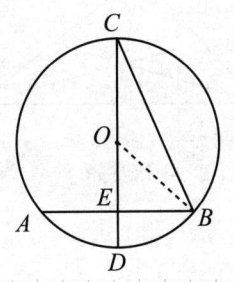

【总结】　本题考查了垂径定理、三角形的外角等于与它不相邻两内角之和的性质、圆周角定理、等腰三角形的性质，综合性强.

例1.4　如图所示，在直角 $\triangle ABC$ 中，斜边 AB 上一点 M，$MN \perp AB$，交 AC 于 N，若 $AM = 3$ cm，$AB:AC = 5:4$，则 $MN = ($　　$)$ cm.

(A) $\frac{15}{4}$　　　　(B) 4　　　　(C) $\frac{7}{4}$　　　　(D) 2　　　　(E) $\frac{9}{4}$

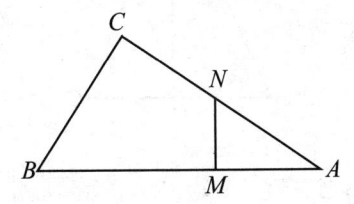

【答案】　E

【解析】　在 $\triangle ABC$ 和 $\triangle ANM$ 中，$\angle A = \angle A$，$\angle ACB = \angle AMN = 90°$，所以 $\triangle ABC \sim \triangle ANM$. 从而 $\frac{AB}{AC} = \frac{AN}{AM}$，有 $AN = \frac{AB \cdot AM}{AC} = \frac{15}{4}$ cm. 在 $Rt\triangle ANM$ 中，$MN = \sqrt{AN^2 - AM^2} = \frac{9}{4}$. 故选 E.

【总结】　本题考查三角形相似. 熟练掌握三角形相似的性质. 一般，平行直角找相似.

题型三 三角形的"五线四心"

【题型方法分析】

熟练掌握三角形"五线四心"的定义和性质,可以用来求三角形的面积或某些长度.

例 1.5 点 P 是 $\triangle ABC$ 内一点,则 $\triangle ABP$, $\triangle ACP$, $\triangle BCP$ 的面积相等.
(1) 点 P 是 $\triangle ABC$ 的重心;
(2) 点 P 是 $\triangle ABC$ 的垂心.

【答案】 A

【解析】 如图所示,条件(1)点 P 是 $\triangle ABC$ 的重心,根据重心的性质 $AP:PD=2:1$,可得 $\triangle ABC$ 和 $\triangle PBC$ 在边 BC 上的高的比为 $3:1$,从而有 $S_{\triangle BPC}=\dfrac{1}{3}S_{\triangle ABC}$.同理可得 $S_{\triangle APB}=S_{\triangle APC}=\dfrac{1}{3}S_{\triangle ABC}$.所以条件(1)充分.条件(2)不充分,故选 A.

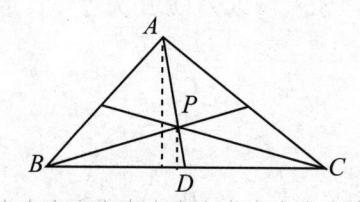

【总结】 本题考查重心的性质.重心和顶点的连线可以把三角形分为三个面积相等的小三角形.

例 1.6 如图所示,等腰 $\triangle ABC$ 中, $AB=AC=13$, $BD=CD=5$, O 为 $\triangle ABC$ 的外心,则 $OD=$ ( ).

(A) $\dfrac{117}{24}$ (B) $\dfrac{119}{24}$ (C) $\dfrac{121}{24}$ (D) $\dfrac{123}{24}$ (E) $\dfrac{125}{24}$

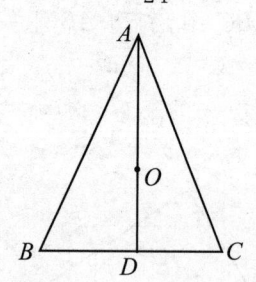

【答案】 B

【解析】 $\triangle ABC$ 为等腰三角形,所以 $AD\perp BC$.由勾股定理可得, $AD=\sqrt{AB^2-BD^2}=12$.连接 OB,则 $OB=OA$.设 $OD=x$,则 $OB=AD-OD=12-x$,所以 $(12-x)^2=x^2+5^2$,解得 $x=\dfrac{119}{24}$.故选 B.

【总结】 本题考查三角形的外心的性质:外心到三角形顶点的距离相等.

题型四 判断三角形的形状

【题型方法分析】

可以利用三角形的边长关系或者角度判断三角形的形状,常常和一元二次方程、整式的分解因式、数列的相关知识一起解题.

例1.7 已知 $\triangle ABC$ 是等边三角形.
(1) $\triangle ABC$ 的三边满足 $a^2+b^2+c^2=ab+bc+ac$；
(2) $\triangle ABC$ 的三边满足 $a^3-a^2b+ab^2+ac^2-b^3-bc^2=0$.

【答案】 A

【解析】 条件(1)，$a^2+b^2+c^2=ab+bc+ac$，有 $\dfrac{1}{2}[(a-b)^2+(b-c)^2+(a-c)^2]=0$，所以 $a=b=c$，因此 $\triangle ABC$ 是等边三角形，充分.

条件(2)，$a^3-a^2b+ab^2+ac^2-b^3-bc^2=0$，有 $(a^3-b^3)+(ab^2-a^2b)+(ac^2-bc^2)=0$，即 $(a-b)(a^2+b^2+c^2)=0$，所以 $a=b$，$\triangle ABC$ 是等腰三角形. 条件(2)不充分. 故选 A.

【总结】 本题通过因式分解得到三角形各边长之间的关系，来判断三角形的形状. 还可以将一元二次方程与三角形边长结合起来出题，根据方程解的情况来判断三角形的形状.

例1.8 $\triangle ABC$ 的三个内角的度数成等差数列，则 $\triangle ABC$ 为（　　）．
(A) 等边三角形　　　　　(B) 等腰三角形　　　　　(C) 直角三角形
(D) 等腰直角三角形　　(E) 以上答案均不正确

【答案】 E

【解析】 不妨设 $\triangle ABC$ 的三个内角 $\angle A, \angle B, \angle C$ 成等差数列，由等差数列的性质可得，$2\angle B=\angle A+\angle C$. 再由 $\angle A+\angle B+\angle C=180°$，所以 $\angle B=60°$，$\angle A+\angle C=120°$，判断不出 $\triangle ABC$ 的形状. 故选 E.

【总结】 本题通过三角形的内角来判断三角形的形状. 将三角形内角和与等差数列结合起来，(还需注意，也可以将三角形内角和与比例、等比数列、平均值等知识结合起来) 求三角形的各个内角度数.

题型五　平面图形的面积

【题型方法分析】

熟练掌握三角形、矩形、菱形、梯形、圆和扇形的面积公式，可以快速把复杂的面积用基本图形 (三角形、矩形、菱形、梯形、圆和扇形等) 表示出来.

例1.9 如图所示，若 $\triangle ABC$ 的面积为1，且 $\triangle AEC$，$\triangle DEC$，$\triangle BED$ 的面积相等，则 $\triangle AED$ 的面积是（　　）．

(A) $\dfrac{1}{3}$　　(B) $\dfrac{1}{6}$　　(C) $\dfrac{1}{5}$　　(D) $\dfrac{1}{4}$　　(E) $\dfrac{2}{5}$

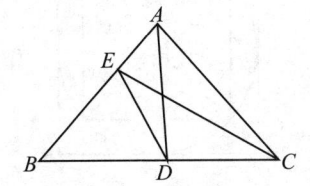

【答案】 B

【解析】 如图所示,作 $CF \perp AB$,交 AB 于点 F,作 $DG \perp AB$,交 AB 于点 G.已知 $\frac{1}{2} \times BE \times CF = 2 \times \frac{1}{2} \times AE \times CF$,从而 $BE = 2AE$;已知 $\frac{1}{2} \times BE \times DG = \frac{1}{3}$,从而 $\triangle AED$ 的面积 $\frac{1}{2} \times AE \times DG = \frac{1}{2} \times \frac{1}{2} \times BE \times DG = \frac{1}{2} \times \frac{1}{3} = \frac{1}{6}$,故选 B.

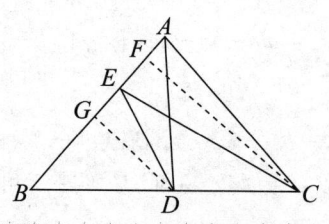

【总结】 本题考查三角形的面积公式.注意利用同底(两个底有比例关系)或同高(两个高有比例关系)的三角形面积之间的关系.

例 1.10 直角 $\triangle ABC$ 的斜边 $AB = 13$cm,直角边 $AC = 5$cm.把 AC 对折上去与斜边相重合,点 C 与点 E 重合,折痕为 AD,则图中阴影部分面积为(   )cm^2.

(A) 20　　(B) $\frac{40}{3}$　　(C) $\frac{38}{3}$　　(D) 14　　(E) 12

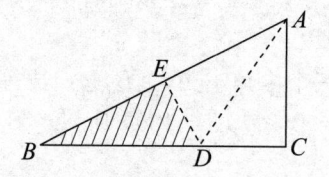

【答案】 B

【解析】 在 $\triangle ABC$ 和 $\triangle DBE$ 中,$\angle ACB = \angle DEB = 90°$,$\angle B = \angle B$,所以 $\triangle ABC \sim \triangle DBE$.$\triangle ABC$ 的面积 $S_1 = \frac{1}{2} \times 12 \times 5 = 30$.设 $\triangle DBE$ 的面积为 S_2,则 $\frac{S_1}{S_2} = \left(\frac{BC}{BE}\right)^2 = \left(\frac{12}{13-5}\right)^2 = \frac{9}{4}$,因此 $S_2 = \frac{4}{9}S_1 = \frac{40}{3}$,故选 B.

【总结】 本题考查平面几何中的折叠问题.折叠问题中要抓住不变量.

例 1.11 如图所示,正方形 $ABCD$ 的四条边与圆 O 相切,而正方形 $EFGH$ 是圆 O 的内接正方形.已知正方形 $ABCD$ 的面积为1,则正方形 $EFGH$ 的面积是(   ).

(A) $\frac{2}{3}$　　(B) $\frac{1}{2}$　　(C) $\frac{\sqrt{2}}{2}$　　(D) $\frac{\sqrt{2}}{3}$　　(E) $\frac{1}{4}$

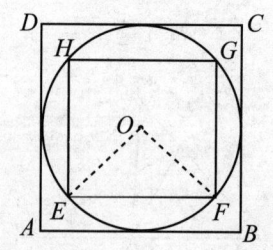

【答案】 B

【解析】 已知 $AB = 1$,所以圆 O 的半径 $r = \frac{1}{2}$,$EF^2 = OF^2 + OE^2 = \frac{1}{2}$,所以正方形

$EFGH$ 的面积是 $\dfrac{1}{2}$. 故选 B.

【总结】 本题考查基本平面图形的面积. 熟悉正方形及其内接圆、外接圆之间的关系.

例 1.12 长方形 $ABCD$ 中,$AB=10\text{cm},BC=5\text{cm}$,以 AB 和 AD 分别为半径作 $\dfrac{1}{4}$ 圆,则图中阴影部分面积为(   )cm^2.

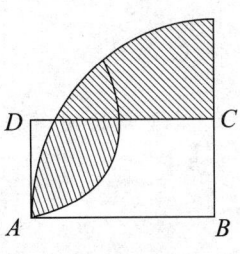

(A) $25-\dfrac{25}{3}\pi$ 　　　　　　　　(B) $25+\dfrac{125}{2}\pi$ 　　　　　　　　(C) $50+\dfrac{25}{4}\pi$

(D) $\dfrac{125}{4}\pi-50$ 　　　　　　　(E) 以上答案均不正确

【答案】 D

【解析】 如图所示,$S_1+S_2+S_3=50,S_1+S_2=\dfrac{1}{4}\pi\times 5^2=\dfrac{25}{4}\pi,S_2+S_3+S_4+S_5=\dfrac{1}{4}\pi\times 10^2=\dfrac{100}{4}\pi$,所以阴影部分面积为

$S_2+S_4+S_5=S_1+S_2+(S_2+S_3+S_4+S_5)-(S_1+S_2+S_3)=\dfrac{25}{4}\pi+\dfrac{100}{4}\pi-50=\dfrac{125}{4}\pi-50$,

故选 D.

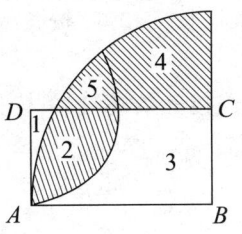

【总结】 本题考查组合图形的面积. 如果从图像上看不知道如何把阴影部分组合出来,则可以用数字表示各部分面积,然后得到各面积之间的关系.

例 1.13 如图,长方形 $ABCD$ 的两边分别长为 8m 和 6m,四边形 $OEFG$ 的面积是 4m^2,则阴影部分的面积为(   )平方米.

(A) 32　　　(B) 28　　　(C) 24　　　(D) 20　　　(E) 16

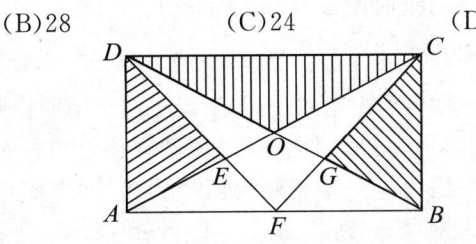

【答案】 B

【解析】 方法一 $S_{阴影} = S_{ABCD} - S_{\triangle AFC} - S_{\triangle DFB} + S_{OEFG} = 8 \times 6 - \frac{1}{2} \times 8 \times 6 + 4 = 28$. 故选 B.

方法二 易知 $S_{OAB} = S_{OCD} = \frac{1}{2} \times 8 \times \frac{6}{2} = 12$. 设 F 为 AB 的中点,则可得 $\triangle AEF \cong \triangle BGF$,从而 $S_{AEF} = S_{BGF} = \frac{S_{OAB} - S_{OEFG}}{2} = 4$. $S_{ADE} = S_{BCG} = S_{ADF} - S_{AEF} = \frac{1}{2} \times 4 \times 6 - 4 = 8$,所以 $S_{阴影} = S_{AED} + S_{BCG} + S_{OCD} = 28$. 故选 B.

【总结】 本题考查组合图形的面积.灵活运用各种平面图形面积公式,用常见的可求面积的图形把阴影部分面积组合出来.

第二节　空间几何

知识精讲

一、长方体

长方体是底面为长方形的直四棱柱.

正方体是特殊的长方体,正方体是六个面都是正方形的长方体.长方体的每一个矩形都叫作长方体的面,面与面相交的线叫作长方体的棱,三条棱相交的点叫作长方体的顶点.

长方体有以下特征:

① 长方体有 6 个面.每组相对的面完全相同.

② 长方体有 12 条棱,相对的四条棱长度相等.按长度可分为三组,每一组有 4 条棱.

③ 长方体有 8 个顶点.每个顶点连接三条棱.三条棱分别叫作长方体的长,宽,高.

④ 长方体相邻的两条棱互相垂直.

重要公式:

设长方体三条棱长为 a,b,c,则

体对角线: $l = \sqrt{a^2 + b^2 + c^2}$;

表面积: $S = 2ab + 2bc + 2ac$;

体积: $V = abc$;

外接球直径: $2R = \sqrt{a^2 + b^2 + c^2}$.

注:正方体的对角线 $l = \sqrt{3}a$;表面积 $S = 6a^2$;体积 $V = a^3$.

二、圆柱体

以一个圆为底面,上或下平行移动一定的距离,所经过的空间叫作圆柱体.

圆柱体的两个圆面叫底面,周围的面叫侧面,一个圆柱体是由两个底面和一个侧面组成的.圆柱体的两个底面是完全相同的两个圆面.两个底面之间的

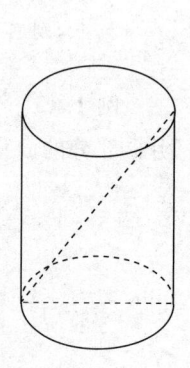

距离是圆柱体的高.

圆柱体的侧面是一个曲面,圆柱体的侧面的展开图是一个长方形.

设圆柱体高为 h,底半径为 r,则

底面积:$S = \pi r^2$;

侧面积:$S = 2\pi r \cdot h$;

全面积:$S = 2\pi r^2 + 2\pi r h$;

体积:$V = \pi r^2 \cdot h$;

体对角线:$l = \sqrt{(2r)^2 + h^2}$;

外接球半径:$2R = \sqrt{(2r)^2 + h^2}$.

三、球体

一个半圆以它的直径为旋转轴,旋转所成的曲面叫作球面.

球面所围成的几何体叫作球体,简称球.

大圆的圆心叫作球心.

连结球心和球面上任意一点的线段的长叫作球的半径. 球面上任意一点到球心的距离都相等,都是半径.

连结球面上两点并且经过球心的线段的长叫作球的直径.

设球的半径为 r,则

表面积:$S = 4\pi r^2$;

体积:$V = \dfrac{4}{3}\pi r^3$.

四、正圆锥体

一个直角三角形绕其中一条直角边旋转一周得到的几何体,称为正圆锥体. 这个直角三角形的斜边称为圆锥的母线.

正圆锥的侧面可以展开为平面上的一个扇形. 这个扇形所在的圆半径就是圆锥的母线,对应的弧长为底部圆的周长.

设圆锥高为 h,底半径为 r,则

体积:$V = \dfrac{1}{3}\pi r^2 h$;

母线:$l = \sqrt{r^2 + h^2}$;

侧面积:$S = \pi r l = \pi r \sqrt{r^2 + h^2}$;

全面积:$S = \pi r^2 + \pi r l = \pi r^2 + \pi r \sqrt{r^2 + h^2}$.

重要题型

题型一　长方体（正方体）

【题型方法分析】

熟练掌握长方体的性质,棱长之和公式,表面积公式,体积公式,体对角线公式.用这些公式解决一些实际问题.

例 2.1　用一根铁丝刚好焊成一个棱长 8cm 的正方体框架,如果用这根铁丝焊成一个长 10cm、宽 7cm 的长方体框架,它的高应该是(　　)cm.

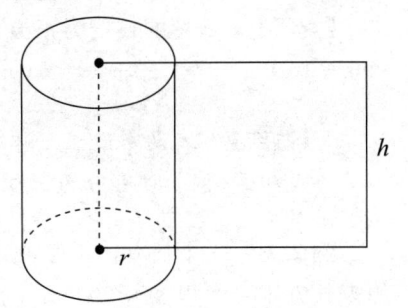

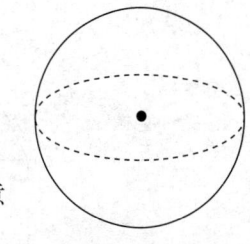

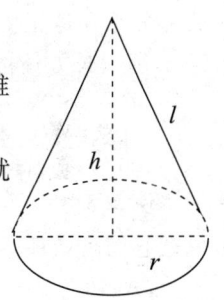

(A)7　　　　(B)6　　　　(C)5　　　　(D)4　　　　(E)3

【答案】　A

【解析】　铁丝的长度为正方体或长方体的棱长之和 $8 \times 12 = 96(\text{cm})$，所以长方体的高为 $(96 - 10 \times 4 - 7 \times 4) \div 4 = 7(\text{cm})$. 故选 A.

【总结】　本题考查长方体（正方体）的棱长特点，长方体有 12 条棱，相对的四条棱长度相等，按长度可分为三组，每一组有 4 条棱. 正方体的 12 条棱长都相等.

例 2.2　一个长方体正好可以切成 5 个同样大小的正方体，切成的 5 个正方体的表面积比原来长方体表面积多了 200cm^2，求原来长方体的体积是（　　）m^3.

(A)$200\sqrt{5}$　　(B)200　　(C)525　　(D)225　　(E)625

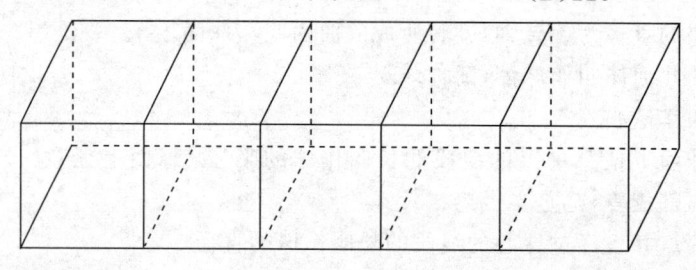

【答案】　E

【解析】　一个长方体正好可以切成 5 个同样大小的正方体，则长方体的长是正方体长的 5 倍，长方体的宽和高与正方体的边长相等，切成的 5 个正方体的表面积比原来长方体表面积多的部分正好是正方体一个面（正方形）的面积的 8 倍. 即一个正方形的面积为 25cm^2，边长为 5cm，所以长方体的长为 25cm，宽为 5cm，高为 5cm，所以体积为 $25 \times 5 \times 5 = 625\text{m}^3$. 故选 E.

【总结】　本题考查正方体、长方体的体积的计算.

例 2.3　一个长方体的底面是一个边长为 20 厘米的正方形，高为 40 厘米，如果把它的高增加 5 厘米，它的表面积会增加（　　）平方厘米.

(A)400　　　　(B)600　　　　(C)800

(D)1200　　　(E)1600

【答案】　A

【解析】　**方法一**　高为 40cm 的长方体的表面积为
$$(20 \times 20 + 20 \times 40 + 20 \times 40) \times 2 = 4\,000(\text{cm}^2),$$
高为 45cm 的长方体的表面积为 $(20 \times 20 + 20 \times 45 + 20 \times 45) \times 2 = 4\,400(\text{cm}^2)$，所以增加的表面积为 $4\,400 - 4\,000 = 400(\text{cm}^2)$.

方法二　如图所示，所增加的面积为 4 个边长为 20cm 和 5cm 的长方形的面积，即 $20 \times 5 \times 4 = 400(\text{cm}^2)$. 故选 A.

【总结】　本题考查长方体的表面积公式. 把长方体（正方体）进行切割或几个长方体放在一起时，表面积的变化，要有简单的空间想象能力.

题型二 圆柱体

【题型方法分析】

熟练掌握圆柱体表面积、体积、体对角线等计算公式,用这些公式解决一些实际问题.尤其注意圆柱体的侧面展开图是一个长方形,长为圆柱底面圆的周长,宽为圆柱的高.

例 2.4 一组邻边长分别为 1 和 2 的矩形,绕其一边所在的直线旋转一周形成一个圆柱,则这个圆柱的体积为( ).

(A)π 或 2π (B)2π 或 4π (C)3π 或 6π
(D)4π 或 8π (E)9π

【答案】 B

【解析】 若以长为 1 的一边所在的直线为轴旋转,则所得的圆柱的高为 1,底面半径为 2,其体积 $V = \pi r^2 h = \pi \times 2^2 \times 1 = 4\pi$. 若以长为 2 的一边所在的直线为轴旋转,则所得的圆柱的高为 2,底面半径为 1,其体积 $V = \pi r^2 h = \pi \times 1^2 \times 2 = 2\pi$. 故选 B.

> **【总结】** 本题考查圆柱的定义,圆柱的体积公式.

例 2.5 圆柱的底面半径和高都增加 2 倍,则它的表面积增加( )倍.

(A)7 (B)8 (C)9 (D)26 (E)27

【答案】 B

【解析】 设圆柱的底面半径为 r,高为 h,表面积为 $S = 2\pi r^2 + 2\pi rh$. 底面半径和高都增加 2 倍后,圆柱的底面半径为 $3r$,高为 $3h$,表面积为 $S' = 2\pi(3r)^2 + 2\pi(3r)(3h) = 18\pi r^2 + 18\pi rh$. 所以 $\dfrac{S' - S}{S} = 8$,即它的表面积增加 8 倍. 故选 B.

> **【总结】** 本题考查圆柱的表面积公式.

例 2.6 一个圆柱体的侧面展开图是边长为 10π cm 的正方形,则这个圆柱体的体积是( )cm^3.

(A)125π (B)$125\pi^2$ (C)$200\pi^2$ (D)250π (E)$250\pi^2$

【答案】 E

【解析】 圆柱底面周长为 10π cm,所以底面半径为 $\dfrac{10\pi}{2\pi} = 5$(cm),底面面积为 $5^2\pi = 25\pi$,所以圆柱的体积为 $25\pi \times 10\pi = 250\pi^2$(cm^3). 故选 E.

> **【总结】** 本题考查圆柱的侧面,圆柱的侧面展开是一个长方形,长为圆柱底面的周长,宽为圆柱的高.

题型三 球体

【题型方法分析】

熟练掌握球的表面积公式,体积公式,重点掌握球、长方体与圆柱的综合题目.

例 2.7 球的大圆周长为 c,则这个球的表面积为( ).

(A) $\dfrac{c^2}{4\pi}$ (B) $\dfrac{c^2}{2\pi}$ (C) $\dfrac{c^2}{\pi}$ (D)πc^2 (E)$2\pi c^2$

【答案】 C

【解析】 设球的半径为 r，则有 $c = 2\pi r$，$r = \dfrac{c}{2\pi}$，球的表面积为 $S = 4\pi r^2 = 4\pi \left(\dfrac{c}{2\pi}\right)^2 = \dfrac{c^2}{\pi}$，故选 C.

【总结】 本题考查球的表面积公式. 注意，球的大圆是以球的半径为半径的圆.

例 2.8 若一个球的体积扩大为原来的 8 倍，则球的表面积扩大为原来的（　　）倍.
(A) 1　　　　(B) 2　　　　(C) 3　　　　(D) 4　　　　(E) 5

【答案】 D

【解析】 根据球的体积公式 $V = \dfrac{4}{3}\pi r^3$ 可知，当一个球的体积扩大为原来的 8 倍时，球的半径扩大为原来的 2 倍，再根据球的面积公式 $S = 4\pi r^2$ 可知，球的表面积扩大为原来的 4 倍. 故选 D.

【总结】 本题考查球的表面积、体积公式.

题型四　外接球（内切球）

【题型方法分析】

长方体、圆柱体的外接球的直径为它们的体对角线的长.

例 2.9 长方体的三个相邻面的面积分别是 2，3，6，这个长方体的顶点都在同一个球面上，则这个球的表面积为（　　）.
(A) $\dfrac{7}{2}\pi$　　(B) 7π　　(C) 14π　　(D) 28π　　(E) 56π

【答案】 C

【解析】 设长方体的相邻三边长为 a, b, c，则 $ab = 2$，$ac = 3$，$bc = 6$，则 $a = \sqrt{abacbc}/bc = 1$，$b = 2$，$c = 3$. 这个长方体的顶点都在同一个球面上，所以这个球的直径为该长方体的体对角线 $\sqrt{a^2 + b^2 + c^2} = \sqrt{14}$，球的表面积为 $4\pi \left(\dfrac{\sqrt{14}}{2}\right)^2 = 14\pi$. 故选 C.

【总结】 本题考查长方体的外接球的特点，外接球的直径等于长方体的体对角线. 熟练掌握体对角线公式.

例 2.10 把一个半球削成底面半径为球半径一半的圆柱，则半球体积和圆柱体积之比为（　　）.
(A) 4:1　　(B) 8:3　　(C) 16:3　　(D) $16:3\sqrt{2}$　　(E) $16:3\sqrt{3}$

【答案】 E

【解析】 如图所示，设球的半径为 R，则圆柱的高为 $h = \sqrt{(R)^2 - \left(\dfrac{R}{2}\right)^2} = \dfrac{\sqrt{3}}{2}R$，从而 $V_{半球} : V_{圆柱} = \dfrac{1}{2} \cdot \dfrac{4}{3}\pi R^3 : \pi \left(\dfrac{R}{2}\right)^2 \dfrac{\sqrt{3}}{2}R = 16 : 3\sqrt{3}$. 故选 E.

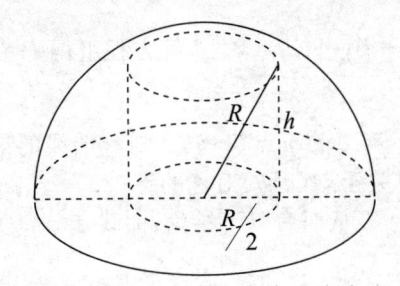

【总结】 本题考查圆柱的外接半球的特点,需要具有简单的空间想象能力.要熟练掌握球和圆柱的相关公式.

第三节　解析几何

知识精讲

一、解析几何的基本公式

1. 两点间距离公式

设点 $A(x_1,y_1)$,$B(x_2,y_2)$,则 $|AB| = \sqrt{(x_2-x_1)^2 + (y_2-y_1)^2}$.

2. 线段的定比分点公式

设点 $A(x_1,y_1)$,$B(x_2,y_2)$,点 $P(x,y)$ 是线段 AB 的一点,并且分线段 AB 的定比为 λ ($\overrightarrow{AP} = \lambda \overrightarrow{PB}$),则 P 的坐标为 $\left(\dfrac{x_1 + \lambda x_2}{1+\lambda}, \dfrac{y_1 + \lambda y_2}{1+\lambda}\right)$.

【注】 若 $P(x,y)$ 是线段 AB 的中点,则 $x = \dfrac{x_1+x_2}{2}, y = \dfrac{y_1+y_2}{2}$.

3. 点到直线的距离公式

点 $P(x_0,y_0)$ 到直线 $Ax+By+C=0$ 的距离 $d = \dfrac{|Ax_0 + By_0 + C|}{\sqrt{A^2+B^2}}$.

4. 两条平行直线的距离公式

直线 $Ax+By+C_1=0$ 与直线 $Ax+By+C_2=0$ 的距离 $d = \dfrac{|C_1-C_2|}{\sqrt{A^2+B^2}}$.

二、对称性

1. 点关于点对称

点 $P(x_0,y_0)$ 关于原点的对称点为:$(-x_0,-y_0)$

点 $P(x_0,y_0)$ 关于点 (a,b) 的对称点为:$(2a-x_0, 2b-y_0)$

2. 点关于直线对称

点 $P(x_0,y_0)$ 关于 x 轴的对称点为:$(x_0,-y_0)$

点 $P(x_0,y_0)$ 关于 y 轴的对称点为:$(-x_0,y_0)$

点 $P(x_0,y_0)$ 关于直线 $y=x$ 的对称点为:(y_0,x_0)

点 $P(x_0,y_0)$ 关于直线 $y=-x$ 的对称点为:$(-y_0,-x_0)$

点 $P(x_0,y_0)$ 关于直线 $Ax+By+C=0$ 的对称点 $P'(x_1,y_1)$,可通过以下两个条件建立方程:(1) PP' 与直线 $Ax+By+C=0$ 垂直,可得 $k_{PP'} = \dfrac{B}{A}(A \neq 0)$,(2) PP' 的中点

$\left(\dfrac{x_0+x_1}{2},\dfrac{y_0+y_1}{2}\right)$ 在直线 $Ax+By+C=0$ 上，解方程组得 $P'(x_1,y_1)$ 的坐标．

3. 曲线关于点对称

求曲线（包含直线）$f(x,y)=0$ 关于点 (a,b) 的对称曲线的最简单方法：设 (x,y) 是所求对称曲线上任意一点，则点 (x,y) 关于点 (a,b) 对称的点 $(2a-x,2b-y)$ 一定在曲线 $f(x,y)=0$ 上，所以有 $f(2a-x,2b-y)=0$. 从而有以下结论：曲线 $f(x,y)=0$ 关于点 (a,b) 的对称曲线为 $f(2a-x,2b-y)=0$.

4. 直线 l_1 关于直线 l 对称的直线 l_2

当 l_1 与 l 不相交时，则有 $l_1 \parallel l \parallel l_2$. 在 l_1 上任取一点 $P(x,y)$，求出 $P(x,y)$ 关于直线 l 的对称点坐标 $P'(x_1,y_1)$，根据 l_1 与 l_2 有相同的斜率，用点斜式求得 l_2 的方程．

当 l_1 与 l 相交时，则 l_1、l、l_2 相交于一点．此时求 l_2 的方程有多种方法，简单易记的方法如下：

方法一 先求出 l_1 与 l 的交点 A 坐标，则 A 点一定在 l_2 上，再在 l_1 上找一点 B，求出点 B 关于 l 的对称点 B'，由 A 和 B' 的坐标，用两点式求得 l_2 的方程（转换为点关于直线对称的问题）．

方法二 先求出 l_1 与 l 的交点 A 坐标，则 A 点一定在 l_2 上．利用 l 到 l_1 的角等于 l_2 到 l 的角，根据到角公式求出 l_2 的斜率，用点斜式求得 l_2 的方程．

三、直线方程

1. 直线斜率

① 设直线 l 的倾斜角为 α，$\alpha \in [0,\pi)$，则直线 l 的斜率 $k=\tan\alpha\left(\alpha\neq\dfrac{\pi}{2}\right)$.

【注】 $\alpha=\dfrac{\pi}{2}$ 时，直线斜率不存在，此时直线 l 垂直于 x 轴．

② 设直线 l 过点 $A(x_1,y_1)$，$B(x_2,y_2)$，则直线 l 的斜率 $k=\dfrac{y_2-y_1}{x_2-x_1}(x_1\neq x_2)$.

③ 设直线 l 的方程为 $Ax+By+C=0(B\neq 0)$，则直线 l 的斜率 $k=-\dfrac{A}{B}$.

2. 两直线的夹角和到角

如图所示，直线 l_1，l_2 的斜率都存在且为 k_1，k_2，且两条直线相交（不垂直），构成 4 个角．其中 $\theta\in\left(0,\dfrac{\pi}{2}\right)$，称 $\theta\in\left(0,\dfrac{\pi}{2}\right)$ 为 l_1，l_2 的夹角，且 $\tan\theta=\left|\dfrac{k_2-k_1}{1+k_1k_2}\right|$；$l_1$ 按逆时针方向旋转到与 l_2 重合时所转的角为 $\alpha\in(0,\pi)$，称 α 是 l_1 到 l_2 的到角，且 $\tan\alpha=\dfrac{k_2-k_1}{1+k_1k_2}$. 同理，$\theta$ 是 l_2 到 l_1 的到角．

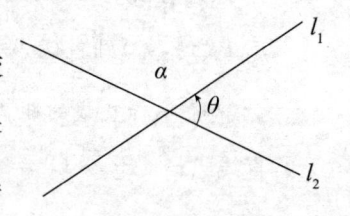

【注】 夹角没有方向，到角有方向．

3. 直线的解析式

① 点斜式：过点 (x_0,y_0)，斜率为 k 的直线方程为 $y-y_0=k(x-x_0)$.

② 斜截式：斜率为 k，在 y 轴上的截距为 b（即直线过点 $(0,b)$）的直线方程为 $y=kx+b$.

③ 两点式：过两个点 $P_1(x_1,y_1)$，$P_2(x_2,y_2)$ 的直线方程为 $\dfrac{y-y_1}{y_2-y_1}=\dfrac{x-x_1}{x_2-x_1}(y_1\neq y_2$ 且 $x_1\neq x_2)$.

④ 截距式：在 x 轴上的截距为 a（即直线过点 $(a,0)$），在 y 轴上的截距为 b（即直线过点 $(0,b)$）的直线方程为 $\dfrac{x}{a}+\dfrac{y}{b}=1(a\neq 0$ 且 $b\neq 0)$.

【注】 截距不为零,可以是正数也可以是负数.
⑤ 一般式:$Ax+By+C=0(A,B$ 不全为零$)$.

5. 两条直线位置关系

直线形式 位置关系	斜截式 $l_1:y=k_1x+b_1$ $l_2:y=k_2x+b_2$	一般式 $l_1:A_1x+B_1y+C_1=0$ $l_2:A_2x+B_2y+C_2=0$
平行 $l_1 \parallel l_2$	$k_1=k_2, b_1 \neq b_2$	$\dfrac{A_1}{A_2}=\dfrac{B_1}{B_2} \neq \dfrac{C_1}{C_2}$
相交	$k_1 \neq k_2$	$\dfrac{A_1}{A_2} \neq \dfrac{B_1}{B_2}$
垂直 $l_1 \perp l_2$	$k_1k_2=-1$	$A_1A_2+B_1B_2=0$

【注】 判断两条直线的位置关系时,一般用斜截式,但不能忽略直线斜率不存在的情况.

四、圆的方程

1. 圆的方程

① 圆心在原点 $O(0,0)$,半径为 r 的圆的标准方程为 $x^2+y^2=r^2$.
② 圆心在点 $C(a,b)$,半径为 r 的圆的标准方程为 $(x-a)^2+(y-b)^2=r^2$.
③ 圆的一般方程为 $x^2+y^2+Dx+Ey+F=0, D^2+E^2-4F>0$.
一般方程配方后可化为标准方程:

$$\left(x+\frac{D}{2}\right)^2+\left(y+\frac{E}{2}\right)^2=\left(\sqrt{\frac{D^2+E^2-4F}{4}}\right)^2.$$

2. 点与圆的位置关系

点 $P(x_0,y_0)$ 与圆 $(x-a)^2+(y-b)^2=r^2$ 有三种位置关系:
① 在圆内 $\Leftrightarrow (x-a)^2+(y-b)^2<r^2$;
② 点在圆上 $\Leftrightarrow (x-a)^2+(y-b)^2=r^2$;
③ 点在圆外 $\Leftrightarrow (x-a)^2+(y-b)^2>r^2$.

3. 直线与圆的位置关系

设直线 $l:Ax+By+C=0$,圆 $(x-a)^2+(y-b)^2=r^2$,圆心到直线的距离 $d=\dfrac{|Aa+Bb+C|}{\sqrt{A^2+B^2}}$. 直线与圆有三种位置关系,详见下表:

直线与圆的位置关系	图形	几何表示	代数表示	直线与圆的交点个数
相离		$d>r$	方程组 $\begin{cases}(x-a)^2+(y-b)^2=r^2,\\ Ax+By+C=0\end{cases}$ 无解	0 个

			续表
相切	⊙O l	$d = r$	方程组 $\begin{cases}(x-a)^2+(y-b)^2=r^2,\\ Ax+By+C=0\end{cases}$ 有唯一解	1个
相交	⊙O l	$d < r$	方程组 $\begin{cases}(x-a)^2+(y-b)^2=r^2,\\ Ax+By+C=0\end{cases}$ 有两组解	2个

【注】① 判断直线与圆的位置关系有两种方法：一是，联立方程组，判断方程组解的个数来判断直线与圆的位置关系，但是计算量大；二是，通过比较圆心到直线的距离和圆半径的大小关系来判断圆与直线的位置关系，计算量小. 管理类联考中都是用第二种方法来判断直线与圆的位置关系.

② 直线与圆相交时，常常用到的一个直角三角形（以圆心到直线的距离、半个弦长为直角边，以半径为斜边），要会熟练地求弦长.

4. 圆的切线

若点 $P(x_0, y_0)$ 在圆上，则过点 $P(x_0, y_0)$ 的圆的切线方程为：

① $x^2 + y^2 = r^2$ 的切线方程是 $xx_0 + yy_0 = r^2$.

② 圆 $(x-a)^2 + (y-b)^2 = r^2$ 的切线方程是 $(x-a)(x_0-a) + (y-b)(y_0-b) = r^2$.

③ 圆 $x^2 + y^2 + Dx + Ey + F = 0$ 的切线方程是

$$xx_0 + yy_0 + \frac{1}{2}D(x_0+x) + \frac{1}{2}E(y+y_0) + F = 0.$$

④ 若点 $P(x_0, y_0)$ 在圆外，则可以设过点 $P(x_0, y_0)$ 的切线方程是 $y - y_0 = k(x - x_0)$. 根据圆与直线相切，求出斜率 k.

5. 圆与圆的位置关系

圆 $C_1: (x-a_1)^2 + (y-b_1)^2 = r_1^2$，圆 $C_2: (x-a_2)^2 + (y-b_2)^2 = r_2^2$，圆心距为 $d = \sqrt{(a_2-a_1)^2 + (b_2-b_1)^2}$. 两个圆的位置关系有五种，详见下表：

圆与圆的位置关系	图形	几何表示	公切线条数	交点个数
外离	C_1 C_2	$d > r_1 + r_2$	4条	0个

续表

外切	(图)	$d = r_1 + r_2$	3条	1个
相交	(图)	$\|r_1 - r_2\| < d < r_1 + r_2$	2条	2个
内切	(图)	$d = \|r_1 - r_2\|$	1条	1个
内含	(图)	$d < \|r_1 - r_2\|$	0条	0个

重要题型

题型一　点的坐标

【题型方法分析】

利用定比分点公式,中点坐标公式,对称性质,距离公式等可以求相关点的坐标.

例 3.1　已知三个点 $A(x,7), B(-4,y), C(2,3)$,若点 C 是线段 AB 的中点,则(　　).

(A) $x = 8, y = -1$　　　　(B) $x = 0, y = 1$　　　　(C) $x = 0, y = -1$

(D) $x = -8, y = -1$　　　　(E) $x = 1, y = -8$

【答案】　A

【解析】　点 C 是线段 AB 的中点,由中点坐标公式,有 $\begin{cases} \dfrac{x-4}{2} = 2, \\ \dfrac{7+y}{2} = 3, \end{cases}$ 解得 $\begin{cases} x = 8, \\ y = -1, \end{cases}$ 选 A.

【总结】　本题考查中点坐标公式.

例 3.2　正三角形 ABC 的两个顶点是 $A(2,0), B(5,3\sqrt{3})$,则另一个顶点 C 的坐标是(　　).

(A) $(8,0)$　　　　(B) $(-8,0)$　　　　(C) $(-1,3\sqrt{3})$

(D) $(8,0)$ 或 $(-1,3\sqrt{3})$ (E) $(6,0)$ 或 $(-1,3\sqrt{3})$

【答案】 D

【解析】 设 C 的坐标是 (x,y),根据正三角形 ABC 有 $|AB|=|AC|=|BC|$,根据两点距离公式,可得 $\sqrt{(2-5)^2+(3\sqrt{3})^2}=\sqrt{(x-2)^2+y^2}=\sqrt{(x-5)^2+(y-3\sqrt{3})^2}$,解得 $x=8,y=0$ 或 $x=-1,y=3\sqrt{3}$. 故选 D.

【总结】 本题考查两点之间的距离公式.

例 3.3 已知点 $P(1,1)$ 分有向线段 $\overrightarrow{AB}$ 的比为 -3,且 $A(0,0)$,则点 B 坐标为( ).
(A) $\left(-\dfrac{2}{3},-\dfrac{2}{3}\right)$ (B) $\left(\dfrac{2}{3},\dfrac{2}{3}\right)$ (C) $(-3,-3)$
(D) $(3,3)$ (E) $(3,0)$

【答案】 B

【解析】 设 B 坐标为 (x,y),由定比分点坐标公式,有 $\begin{cases}\dfrac{0-3x}{1-3}=1,\\ \dfrac{0-3y}{1-3}=1,\end{cases}$ 解得 $\begin{cases}x=\dfrac{2}{3},\\ y=\dfrac{2}{3}.\end{cases}$ 故选 B.

【总结】 本题考查线段的定比分点坐标公式.

题型二 求直线、圆的方程

【题型方法分析】

求直线方程公式有点斜式、两点式、斜截式、截距式等,求圆的方程一般先把圆的标准方程设出来.

例 3.4 直线 l 经过点 $(-2,1)$,且与直线 $2x-3y+5=0$ 垂直,则 l 的方程是( ).
(A) $3x+2y-4=0$ (B) $3x+2y+4=0$ (C) $2x+3y+1=0$
(D) $2x+3y-1=0$ (E) $3x-2y+8=0$

【答案】 B

【解析】 根据题意,易得直线 $2x-3y+5=0$ 的斜率为 $\dfrac{2}{3}$,根据互相垂直的直线斜率的关系,可得 l 的斜率为 $-\dfrac{3}{2}$,又由直线 l 经过点 $(-2,1)$,则 l 的方程为 $y-1=-\dfrac{3}{2}(x+2)$,化为一般式为 $3x+2y+4=0$. 故选 B.

【总结】 本题考查直线垂直与斜率的关系(注意斜率不存在的特殊情况). 根据互相垂直的直线的斜率的关系,可得所求直线的斜率,又由所求直线过定点,可得到直线的点斜式方程.

例 3.5 坐标平面上直线 l 向 x 轴正方向平移 3 个单位长度,再向 y 轴负方向平移 5 个单位长度,则最后它和原来的直线 l 重合.

(1) 直线 l 的斜率为 $-\dfrac{5}{3}$.

(2) 直线 l 的斜率为 $-\dfrac{3}{5}$.

【答案】 A

【解析】 **方法一** 从图像上直接观察,得直线的斜率为 $k=\dfrac{\Delta y}{\Delta x}=-\dfrac{5}{3}$. 故选 A.

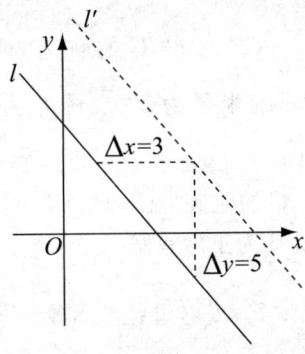

方法二 设直线 l 的方程为 $y=kx+b$,向 x 轴正方向平移 3 个单位长度后,方程变为 $y=k(x-3)+b$,再向 y 轴负方向平移 5 个单位长度后,方程变为 $y=k(x-3)+b-5$,与原来的直线重合,所以 $y=kx+b$ 与 $y=k(x-3)+b-5$ 为同一条直线,得到 $-3k-5=0$,所以 $k=-\dfrac{5}{3}$. 故选 A.

【总结】 本题考查直线的平移,记住以下结论:

(1) 直线 $y=kx+b$ 向左平移 $n(n>0)$ 个单位长度,则所得直线方程为 $y=k(x+n)+b$;

(2) 直线 $y=kx+b$ 向右平移 $n(n>0)$ 个单位长度,则所得直线方程为 $y=k(x-n)+b$;

(3) 直线 $y=kx+b$ 向上平移 $n(n>0)$ 个单位长度,则所得直线方程为 $y=kx+b+n$;

(4) 直线 $y=kx+b$ 向下平移 $n(n>0)$ 个单位长度,则所得直线方程为 $y=kx+b-n$.

例 3.6 经过点 $A(-2,-1)$,$B(6,-5)$,且圆心在直线 $x+y-2=0$ 上的圆的方程是( ).

(A) $(x-3)^2+(y+1)^2=25$ (B) $(x-1)^2+(y-1)^2=20$

(C) $(x+3)^2+(y-1)^2=25$ (D) $(x+1)^2+(y+3)^2=20$

(E) $x^2+(y-2)^2=25$

【答案】 A

【解析】 设圆心为 $(a,2-a)$,半径为 r,则圆的方程为 $(x-a)^2+(y-2+a)^2=r^2$. 圆经过点 $A(-2,-1)$,$B(6,-5)$,有 $(-2-a)^2+(-1-2+a)^2=r^2$,$(6-a)^2+(-5-2+a)^2=r^2$,整理得 $2a^2-2a+13=r^2$,$2a^2-26a+85=r^2$,解得 $a=3$,$r=5$,所以圆的方程为 $(x-3)^2+(y+1)^2=25$,故选 A.

【总结】 本题考查求圆的方程的基本方法,把圆心和半径设出来,写出圆的标准方程.

例 3.7 已知点 $A(-3,5)$，$B(5,1)$，C 为动点，$AC \perp CB$，则 C 的轨迹方程为( )．

(A) $(x-2)^2+(y-6)^2=80$ (B) $(x-1)^2+(y-3)^2=20$

(C) $(x-2)^2+(y-4)^2=80$ (D) $(x-2)^2+(y-4)^2=20$

(E) $x^2+y^2=20$

【答案】 B

【解析】 **方法一** 根据 $AC \perp CB$ 可得，C 的轨迹为圆，且 AB 是圆的直径．$|AB| = \sqrt{(5+3)^2+(1-5)^2} = 2\sqrt{20}$，圆的半径为 $\sqrt{20}$，圆心为 AB 的中点 $\left(\dfrac{-3+5}{2}, \dfrac{5+1}{2}\right)$，即 $(1,3)$，所以 C 的轨迹方程为 $(x-1)^2+(y-3)^2=20$．故选 B．

方法二 根据 $AC \perp CB$ 可得，C 的轨迹为圆，且 AB 是圆的直径，圆心为 AB 的中点，求得 AB 的中点为 $(1,3)$．验证选项，可知 B 为正确答案．

【总结】 本题求动点的轨迹方程，可以用特殊点验证排除错误选项，比直接求解更简便．

题型三 距离

【题型方法分析】
熟练掌握两点间的距离公式、点到直线的距离公式和两直线间的距离公式．

例 3.8 点 $A(m-n,-m)$ 到直线 $\dfrac{x}{m}+\dfrac{y}{n}=1$ 的距离为( )．

(A) $\sqrt{m^2+n^2}$ (B) $\sqrt{m^2-n^2}$ (C) $\sqrt{n^2-m^2}$

(D) $\sqrt{m^2 \pm n^2}$ (E) 以上答案均不正确

【答案】 A

【解析】 直线 $\dfrac{x}{m}+\dfrac{y}{n}=1$ 的一般方程为 $nx+my-mn=0$，点 $A(m-n,-m)$ 到直线 $nx+my-mn=0$ 的距离为 $\dfrac{|n(m-n)+m(-m)-mn|}{\sqrt{n^2+m^2}} = \sqrt{n^2+m^2}$，故选 A．

【总结】 本题考查两点间的距离公式．

例 3.9 两条直线 $3x+4y-2=0$ 和 $6x+8y-5=0$ 的距离等于( )．

(A) 3   (B) 5   (C) 7   (D) $\dfrac{1}{10}$ (E) $\dfrac{1}{2}$

【答案】 D

【解析】 直线 $3x+4y-2=0$ 和 $3x+4y-\dfrac{5}{2}=0$ 的距离为 $\dfrac{\left|-2-\left(-\dfrac{5}{2}\right)\right|}{\sqrt{3^2+4^2}} = \dfrac{1}{10}$，故选 D．

【总结】 本题考查两平行线之间的距离公式．

例 3.10 点 $A(x,y)$ 在直线 $x-y-4=0$ 上，O 是原点，则 $|OA|$ 的最小值是( )．

(A) $\sqrt{10}$ (B) $2\sqrt{2}$ (C) $6\sqrt{2}$ (D) $3\sqrt{2}$ (E) $4\sqrt{2}$

【答案】 B

【解析】 $|OA|$ 的最小值是点 O 到点 A 所在直线 $x-y-4=0$ 的距离. 根据点到直线的距离公式, 有 $d=\dfrac{|0-0-4|}{\sqrt{1^2+1^2}}=2\sqrt{2}$. 故选 B.

【总结】 本题考查点到直线的距离公式.

题型四 判断图像的形状

【题型方法分析】
根据直线方程的系数或者一元二次方程的系数判断对应的直线或者抛物线的图像特点.

例 3.11 已知 $ab<0,bc<0$, 则直线 $ax+by=c$ 过（　　）.
(A) 第一、二、三象限　　　　(B) 第二、三、四象限　　　　(C) 第一、二、四象限
(D) 第一、三、四象限　　　　(E) 以上答案均不正确

【答案】 D

【解析】 直线 $ax+by=c$, 即 $y=-\dfrac{a}{b}x+\dfrac{c}{b}$. 由 $ab<0,bc<0$, 可知直线的斜率 $-\dfrac{a}{b}>0$, 在 y 轴上的截距 $\dfrac{c}{b}<0$, 所以直线过第一、三、四象限. 故选 D.

【总结】 本题考查直线方程的系数与直线图像的关系.

例 3.12 已知抛物线 $y=ax^2+bx$ 和直线 $y=ax+b$ 在同一坐标系内的图像, 如图所示. 正确的是（　　）.

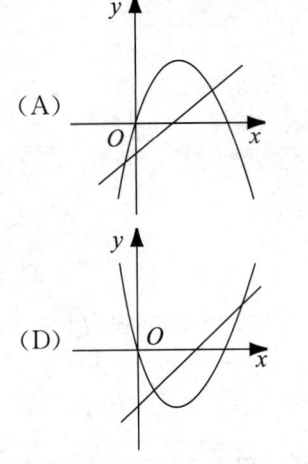

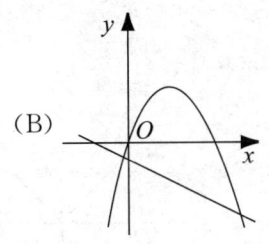

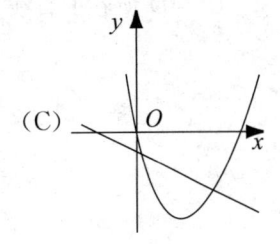

(A) (B) (C)

(D)

(E) 以上答案都不正确

【答案】 D

【解析】 选项 A, 由二次函数的图像可知 $a<0$, 此时直线应 $y=ax+b$ 经过二、四象限, 故 A 不正确;

选项 B, 由二次函数的图像可知 $a<0$, 对称轴在 y 轴的右侧, 可知 $-\dfrac{b}{2a}>0$, 所以 $b>0$, 此时直线 $y=ax+b$ 应经过一、二、四象限, 故 B 不正确;

选项 C, 由二次函数的图像可知 $a>0$, 此时直线 $y=ax+b$ 应经过一、三象限, 故 C 不正确;

选项 D, 由二次函数的图像可知 $a>0$, 对称轴在 y 轴的右侧, 可知 $-\dfrac{b}{2a}>0$, 所以 $b<0$, 此

时直线 $y = ax + b$ 经过一、三、四象限，D 正确. 故选 D.

【总结】 本题考查一元一次函数、一元二次函数的图像的性质. 要熟悉图像与系数的关系.

题型五 解析几何图像的面积

【题型方法分析】
根据解析式画出几何图形，求面积.

例 3.13 曲线 $|xy| + 1 = |x| + |y|$ 所围成的图形的面积为（　　）.

(A) $\dfrac{1}{4}$　　　　(B) $\dfrac{1}{2}$　　　　(C) 1　　　　(D) 2　　　　(E) 4

【答案】 E

【解析】 曲线 $|xy| + 1 = |x| + |y|$ 化简为 $(|x| - 1)(|y| - 1) = 0$，所以 $x = \pm 1, y = \pm 1$，从而可得曲线 $|xy| + 1 = |x| + |y|$ 所围成的图形是边长为 2 的正方形，所以面积为 4. 故选 E.

【总结】 本题考查解析几何图像的面积，关键是分析解析几何曲线方程的特点，画出曲线，求出面积.

例 3.14 如图所示，正方形 $ABCD$ 的面积为 1.

(1) AB 所在的直线方程为 $y = x - \dfrac{1}{\sqrt{2}}$；

(2) AD 所在的直线方程为 $y = 1 - x$.

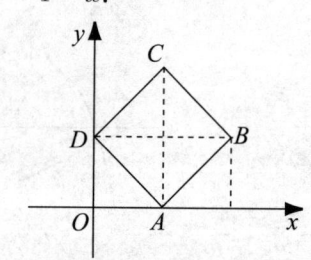

【答案】 A

【解析】 条件 (1)，AB 所在的直线方程为 $y = x - \dfrac{1}{\sqrt{2}}$，则 AD 所在的直线方程为 $y = -x + \dfrac{1}{\sqrt{2}}$，因此正方形 $ABCD$ 的面积为 $S = (OD)^2 + (OA)^2 = \left(\dfrac{1}{\sqrt{2}}\right)^2 + \left(\dfrac{1}{\sqrt{2}}\right)^2 = 1$，充分.

条件 (2)，AD 所在的直线方程为 $y = 1 - x$，则 AB 所在的直线方程为 $y = x - 1$，因此正方形 $ABCD$ 的面积为 $S = (OD)^2 + (OA)^2 = (1)^2 + (1)^2 = 2$，不充分. 故选 A.

【总结】 本题考查解析几何图像的面积，关键是根据方程画出图像，求出面积.

题型六 两条直线的位置关系

【题型方法分析】
两条直线的位置关系有平行和相交，垂直是一种特殊的相交. 常常根据两条直线的斜率关系判断两条直线的位置关系.

例 3.15 若直线 $l_1: y = kx + k + 2$ 与 $l_2: y = -2x + 4$ 的交点在第一象限,则实数 k 的取值范围是( ).

(A) $k > -\dfrac{2}{3}$ (B) $k < 2$ (C) $-\dfrac{2}{3} < k < 2$

(D) $k < -\dfrac{2}{3}$ 或 $k > 2$ (E) $-\dfrac{2}{3} < k < 2$ 或 $k > 2$

【答案】 C

【解析】 联立方程组 $\begin{cases} y = kx + k + 2, \\ y = -2x + 4, \end{cases}$ 解得 $\begin{cases} x = \dfrac{2-k}{2+k}, \\ y = \dfrac{6k+4}{k+2}. \end{cases}$ 交点在第一象限,所以

$\begin{cases} \dfrac{2-k}{2+k} > 0, \\ \dfrac{6k+4}{k+2} > 0, \end{cases}$ 解得 $\begin{cases} -2 < k < 2, \\ k > -\dfrac{2}{3} \text{ 或 } k < -2, \end{cases}$ 即 $-\dfrac{2}{3} < k < 2$. 故选 C.

【总结】 本题考查两条直线的位置关系. 求两直线交点的方法是联立方程组.

例 3.16 过点 $(2,3)$ 且平行于直线 $2x + y - 5 = 0$ 的直线方程为( ).

(A) $y = 2x - 1$ (B) $y = \dfrac{1}{2}x + 2$ (C) $y = 2x + 7$

(D) $y = -2x + 7$ (E) $y = -\dfrac{1}{2}x + 4$

【答案】 D

【解析】 设所求与 $2x + y - 5 = 0$ 平行的直线为 $2x + y + C = 0$,该直线过点 $(2,3)$,所以 $2 \times 2 + 3 + C = 0, C = -7$. 故所求直线方程为 $2x + y - 7 = 0$,即 $y = -2x + 7$,故选 D.

【总结】 考查两条直线平行. 与已知直线 $Ax + By + C_1 = 0$ 平行的直线有无数条,可表示为 $Ax + By + C_2 = 0$,且 $C_2 \neq C_1$.

例 3.17 直线 $mx + (2m-1)y + 1 = 0$ 和直线 $3x + my + 2 = 0$ 垂直,则 $m = ($ $)$.

(A) -1 (B) 1 (C) 0 (D) -1 或 0 (E) 1 或 -1

【答案】 D

【解析】 **方法一** 利用两直线垂直,斜率乘积为 -1. 先将直线方程化为斜截式,注意,不能忽略斜率不存在的情况.

两条直线的斜截式为 $y = -\dfrac{m}{2m-1}x - \dfrac{1}{2m-1}$ 和 $y = -\dfrac{3}{m}x - \dfrac{2}{m}$(注意 $2m-1 \neq 0$ 且 $m \neq 0$),根据两条直线垂直,得 $\dfrac{m}{2m-1} \cdot \dfrac{3}{m} = -1$,解得 $m = -1$. 当 $2m - 1 = 0$ 时,直线 $\dfrac{1}{2}x + 1 = 0$ 与直线 $3x + \dfrac{1}{2}y + 2 = 0$ 不垂直. 当 $m = 0$ 时,直线 $-y + 1 = 0$ 与 $3x + 2 = 0$ 垂直.

综上所述,$m = -1$ 或 $m = 0$. 故选 D.

方法二 利用直线方程的一般式,判断两直线垂直.

直线 $mx + (2m-1)y + 1 = 0$ 和直线 $3x + my + 2 = 0$ 垂直,则 $3m + m(2m-1) = 0$,解

得 $m=-1$ 或 $m=0$. 故选 D.

> **【总结】** 本题考查两直线垂直的条件,熟记判断条件很容易得出正确答案.但是,解题时,多用方法一.方法二,利用直线方程的一般式,判断两直线垂直的条件不容易记,且容易记错.

题型七 直线与圆的位置关系

【题型方法分析】

直线与圆的位置关系有三种:相离、相切和相交.常常根据圆心到直线的距离和半径的大小关系判断直线与圆的位置关系.

例 3.18 已知直线 $y=kx$ 与圆 $x^2+y^2=2y$ 有两个交点 A,B. 若弦 AB 的长度大于 $\sqrt{2}$,则 k 的取值范围是( ).

(A) $(-\infty,-1)$ (B) $(-1,0)$ (C) $(0,1)$
(D) $(1,+\infty)$ (E) $(-\infty,-1) \cup (1,+\infty)$

【答案】 E

【解析】 圆的标准方程为 $x^2+(y-1)^2=1$,圆心为 $(0,1)$,半径 $r=1$. 圆心到直线 $y=kx$ 的距离 $d=\dfrac{1}{\sqrt{1+k^2}}$. 根据垂径定理得到直角三角形,可得 $\dfrac{1}{2}AB=\sqrt{r^2-d^2}>\dfrac{\sqrt{2}}{2}$. 所以有 $d^2<\dfrac{1}{2}$,即 $\dfrac{1}{1+k^2}<\dfrac{1}{2}$,解得 $k>1$ 或 $k<-1$. 故选 E.

> **【总结】** 本题考查直线和圆的位置关系.直线和圆相交时,常常会用到一个直角三角形,直角边为半个弦长和圆心到直线的距离,斜边为半径.要熟练掌握求弦长的方法.

例 3.19 直线 $x+y=0$ 与圆 $x^2+y^2-2ax-2by=2-a^2-b^2$ 相切.

(1) $a=0$;
(2) $b=2$.

【答案】 C

【解析】 条件(1)和(2)单独均不充分.联合条件(1)和(2),圆为 $x^2+y^2-4y=-2$,标准方程为 $x^2+(y-2)^2=2$,圆心 $(0,2)$ 到直线 $x+y=0$ 的距离 $d=\dfrac{2}{\sqrt{2}}=\sqrt{2}$,等于圆的半径,所以 $x+y=0$ 与圆 $x^2+y^2-2ax-2by=2-a^2-b^2$ 相切,即条件(1)和(2)联合起来充分,选 C.

> **【总结】** 本题考查直线与圆的位置关系.直线与圆相切的充分必要条件是圆心到直线的距离等于圆的半径.

题型八 两圆的位置关系

【题型方法分析】

两圆位置关系有五种:外离、外切、相交、内切和内含.常常根据两圆的圆心距与两圆的半径的大小关系判断两圆的位置关系.

例 3.20 圆 $C_1:x^2+y^2-2x=0$ 与圆 $C_2:x^2-6x+y^2-8y=0$ 的位置关系为( ).

(A) 相离   (B) 相交   (C) 外切   (D) 内切   (E) 内含

【答案】 B

【解析】 两圆化为标准方程,得 $C_1:(x-1)^2+y^2=1$,$C_2:(x-3)^2+(y-4)^2=25$,两圆的圆心距为 $d=\sqrt{(1-3)^2+(0-4)^2}=2\sqrt{5}$. 因为 $5-1<2\sqrt{5}<5+1$,所以两圆相交. 故选 B.

【总结】 本题考查两圆的位置关系. 将圆化成标准方程,容易得到圆心和半径. 判断两圆的位置关系,关键在于判断圆心距和两圆半径之间的大小关系.

例 3.21 圆 $(x-3)^2+(y-4)^2=25$ 与圆 $(x-1)^2+(y-2)^2=r^2(r>0)$ 相切.

(1) $r=5\pm 2\sqrt{3}$;

(2) $r=5\pm 2\sqrt{2}$.

【答案】 B

【解析】 两圆的圆心距 $d=\sqrt{(1-3)^2+(2-4)^2}=2\sqrt{2}$. 由于 $d=2\sqrt{2}<5$,所以两圆相切是指内切. 内切的充分必要条件是 $d=|r-5|$,所以 $r=5\pm d=5\pm 2\sqrt{2}$. 条件(2)充分,故选 B.

【总结】 本题考查两圆的位置关系,关键在于判断圆心距和两圆半径之间的大小关系.

题型九 最值问题

【题型方法分析】

与圆相关的最值问题可以转化为两点的斜率或者两点的距离来求最值,也可以用直线与圆的位置关系来求最值.

例 3.22 如果实数 x,y 满足 $(x-2)^2+y^2=3$,则 $\dfrac{y}{x}$ 的最大值是( ).

(A) $\dfrac{1}{2}$ (B) $\dfrac{\sqrt{3}}{2}$ (C) $\dfrac{\sqrt{3}}{3}$ (D) $\dfrac{\sqrt{3}}{4}$ (E) $\sqrt{3}$

【答案】 E

【解析】 **方法一** 如图所示,将 $\dfrac{y}{x}$ 看作原点 O 和点 $A(x,y)$ 所在直线 OA 的斜率 $\dfrac{y-0}{x-0}$. 如图所示,当直线 OA 和圆相切时,斜率可取到最大值. 在直角 $\triangle AOB$ 中,$\angle OAB=90°$,$AB=\sqrt{3}$,$OB=2$,所以 $OA=1$,$\angle AOB=60°$,从而 OA 的斜率为 $\tan\angle AOB=\tan 60°=\sqrt{3}$. 故选 E.

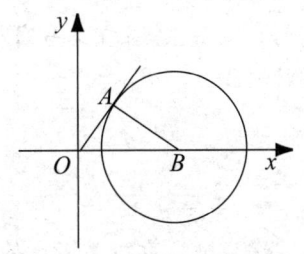

方法二 设 $\dfrac{y}{x}=k$,得到直线 $kx-y=0$. 因为直线 $kx-y=0$ 和圆 $(x-2)^2+y^2=3$ 有

交点,所以圆心到直线的距离小于等于圆的半径,即 $\frac{|2k|}{\sqrt{k^2+1}} \leqslant \sqrt{3}$,解得 $-\sqrt{3} \leqslant k \leqslant \sqrt{3}$,所以 $\frac{y}{x}=k$ 的最大值为 $\sqrt{3}$,故选 E.

【总结】 解析几何中求最值,方法有多种.方法一是用斜率公式,数形结合的方法;方法二是利用直线和圆的位置关系.

例 3.23 如果实数 x,y 满足 $x^2+(y+2)^2=4$,则 $\sqrt{(x-1)^2+(y-1)^2}$ 的最大值是(   ).

(A) $\sqrt{10}+2$　　　(B) $\sqrt{10}$　　　(C) 5　　　(D) 6　　　(E) 7

【答案】 A

【解析】 $\sqrt{(x-1)^2+(y-1)^2}$ 可以看作点 $A(1,1)$ 到点 (x,y) 之间的距离.如图所示,其中 $AB=\sqrt{1^2+[1-(-2)]^2}=\sqrt{10}$,半径 $r=2$.所以点 A 到点 (x,y) 之间的距离的最小值是 $AB-r$,最大值是 $AB+r$,$AB+r=\sqrt{10}+2$,故选 A.

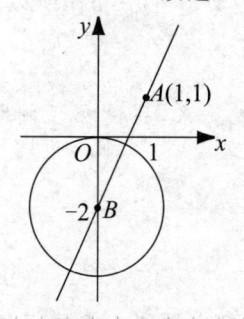

【总结】 本题考查两点之间的距离公式,求圆外一点到圆上的点距离的最值,画图,数形结合.

例 3.24 曲线 $x^2-2x+y^2=0$ 上的点到直线 $3x+4y-12=0$ 的最短距离是(   ).

(A) $\frac{3}{5}$　　　(B) $\frac{4}{5}$　　　(C) 1　　　(D) $\frac{4}{3}$　　　(E) $\sqrt{2}$

【答案】 B

【解析】 曲线为圆,$(x-1)^2+y^2=1$,圆心 $(1,0)$ 到直线 $3x+4y-12=0$ 的距离为 $d=\frac{|3-12|}{\sqrt{3^2+4^2}}=\frac{9}{5}>1$,所以直线与圆相离.因此圆上的点到直线的最短距离为 $\frac{9}{5}-1=\frac{4}{5}$,故选 B.

【总结】 本题考查直线与圆的位置关系.当直线与圆相离时,圆上的点到直线的距离的最小值为 $d-r$,最大值为 $d+r$.

题型十　对称问题

【题型方法分析】

掌握点关于点的对称、点关于直线的对称、直线关于点的对称、直线关于直线的对称、曲线关于点的对称等常用的方法.

例 3.25 点 $P(2,3)$ 关于直线 $x+y=0$ 的对称点是( ).

(A)$(4,3)$　　　　　　　　(B)$(-2,-3)$　　　　　　　　(C)$(-3,-2)$
(D)$(-2,3)$　　　　　　　　(E)$(-4,-3)$

【答案】 C

【解析】 **方法一**　设要求的对称点为 $A(x,y)$，则 AP 的中点为 $\left(\dfrac{2+x}{2},\dfrac{3+y}{2}\right)$，该中点在直线 $x+y=0$ 上，所以 $\dfrac{2+x}{2}+\dfrac{3+y}{2}=0$. 又因为 AP 与直线 $x+y=0$ 垂直，所以 AP 的斜率为 $k=1$，而 $k=\dfrac{y-3}{x-2}$，即 $\dfrac{y-3}{x-2}=1$. 解得 $x=-3,y=-2$. 故选 C.

方法二　因为 $x+y=0$，即 $y=-x$ 是一条特殊直线，根据现有结论：点 $P(x_0,y_0)$ 关于直线 $y=-x$ 的对称点为 $(-y_0,-x_0)$，可得点 $P(2,3)$ 关于直线 $x+y=0$ 的对称点是 $(-3,-2)$. 故选 C.

【总结】 本题考查点关于直线对称. 要熟记常用结论，掌握典型方法.

例 3.26 以直线 $x+y=0$ 为对称轴且与直线 $y-3x=2$ 对称的直线方程是( ).

(A)$y=\dfrac{x}{3}+\dfrac{2}{3}$　　(B)$y=-\dfrac{x}{3}+\dfrac{2}{3}$　　(C)$y=-3x-2$
(D)$y=-3x+2$　　　　(E) 以上答案均不正确

【答案】 A

【解析】 设点 $A(x,y)$ 为所求直线上任意一点，点 $A(x,y)$ 关于直线 $x+y=0$ 对称的点为 $A'(-y,-x)$，点 $A'(-y,-x)$ 在 $y-3x=2$ 上，有 $-x-3(-y)=2$，即 $y=\dfrac{x}{3}+\dfrac{2}{3}$. 故选 A.

【总结】 本题考查直线关于直线对称，直线关于直线对称的方法有多种，最简单的方法是转换为点关于直线对称的问题.

题型十一　线性规划

【题型方法分析】
确定什么是条件，什么是目标函数，准确画出可行域.

例 3.27 若正整数 x,y 满足条件 $\begin{cases} 4x+3y-20\leqslant 0, \\ x-3y-2\leqslant 0, \end{cases}$ 则 $z=7x+5y$ 的最大值是( ).

(A)32　　　　(B)33　　　　(C)34　　　　(D)$34\dfrac{4}{5}$　　　　(E)35

【答案】 C

【解析】 作出直线 $l_1:4x+3y-20=0$ 和直线 $l_2:x-3y-2=0$，得到可行域，如图所示. 解方程组 $\begin{cases} 4x+3y-20=0, \\ x-3y-2=0, \end{cases}$ 得到交点 $A\left(\dfrac{22}{5},\dfrac{4}{5}\right)$.

作直线 $l:7x+5y=0$，平行移动过点 A 时，$z=7x+5y$ 的最大值 $z_A=34\dfrac{4}{5}$，但是点 A 不是整数点，所以对应的 $z_A=34\dfrac{4}{5}$ 不是最优解. 应考虑可行域中距离直线 $7x+5y=34\dfrac{4}{5}$ 最近

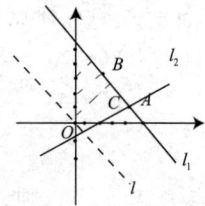

的整数点,即 $B(2,4)$,此时 $z_B = 7 \times 2 + 5 \times 4 = 34$. 注意不是找距离点 A 最近的整数点,因为可行域中距离最近的整数点是 $C(4,1)$,但是 $z_C = 7 \times 4 + 5 \times 1 = 33 < z_B$. 故 $z = 7x + 5y$ 的最大值是 34. 故选 C.

【总结】 本题考查简单的线性规划. 要掌握此类题型的常规方法,先画出可行域,根据可行域解目标函数的最值. 取最值的点一般都是可行域中的交点. 在管理类联考中,一般都是以实际问题为背景,需要考生自己写出约束条件和目标函数,取最值的点一般要求是整数点,因此考生要掌握如何正确快速找出满足约束条件并取得最值的整数点.

本章练习

1. 如图所示,$\triangle ABC$ 中,AD 是边 BC 上的高,BE 平分 $\angle ABD$,交 AD 于 E. 已知 $\angle BED = 60°$,$\angle BAC = 50°$,则 $\angle C = (\quad)$.

(A) $70°$ (B) $60°$ (C) $50°$ (D) $40°$ (E) $30°$

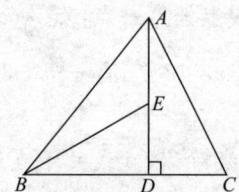

2. 如图所示,在 $\text{Rt}\triangle ABC$ 中,CD 为斜边 AB 上的高,且 $AC = 6\text{cm}$,$CD = 4\text{cm}$,则 $AB = (\quad)\text{cm}$.

(A) $\dfrac{18\sqrt{5}}{5}$ (B) 10 (C) $\dfrac{36\sqrt{5}}{5}$ (D) 20 (E) $\dfrac{24}{5}$

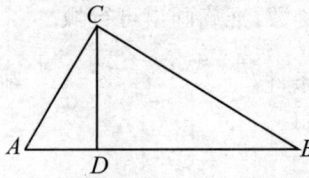

3. 如图所示,AB 是半圆的直径,C 为半圆上一点,$\angle CAB$ 的角平分线 AE 交 BC 于点 D,交半圆于点 E. 若 $AB = 10$,$BC:AC = 3:4$,则 $CD = (\quad)$.

(A) $\sqrt{2}$ (B) $\dfrac{8}{3}$ (C) 1 (D) $\sqrt{3}$ (E) $2\sqrt{2}$

4. 如图所示,△ABC 中,AB = AC,两腰上的中线相交于 G,若 ∠BGC = 90°,且 BC = $2\sqrt{2}$,则 BE = (   ).

(A) 2　　　　　(B) $2\sqrt{2}$　　　　　(C) 3　　　　　(D) 4　　　　　(E) $2\sqrt{3}$

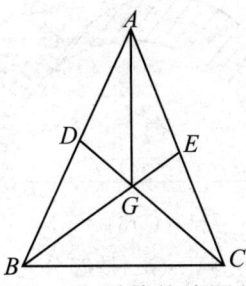

5. 有一正三角形,其内切圆的面积为 5π,则其外接圆的面积为(   ).

(A) 10　　　　(B) 10π　　　　(C) 20　　　　(D) 20π　　　　(E) 25

6. 已知 a,b,c 是 △ABC 的三条边长,并且 $a = c = 1$,若 $(b-x)^2 - 4(a-x)(c-x) = 0$ 有两相同实根,则 △ABC 为(   ).

(A) 等边三角形　　　　　　(B) 等腰三角形　　　　　　(C) 直角三角形

(D) 钝角三角形　　　　　　(E) 等腰直角三角形

7. 如图所示,半圆 ADB 以 C 为圆心,半径为 1,且 $CD \perp AB$,分别延长 BD 和 AD 至 E 和 F,使得圆弧 AE 和 BF 分别以 B 和 A 为圆心,则图中阴影部分的面积为(   ).

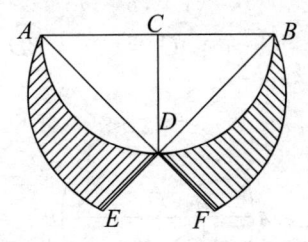

(A) $\dfrac{\pi}{2} - \dfrac{1}{2}$　　　　　(B) $(\sqrt{2}-1)\pi$　　　　　(C) $\dfrac{\pi}{2} - 1$

(D) $\dfrac{3\pi}{2} - 2$　　　　　(E) $\pi - 1$

8. P 是以 a 为边长的正方形,P_1 是以 P 的四边中点为顶点的正方形,P_2 是以 P_1 的四边中点为顶点的正方形,…,P_i 是以 P_{i-1} 的四边中点为顶点的正方形,则 P_6 的面积为(   ).

(A) $\dfrac{a^2}{16}$　　　　(B) $\dfrac{a^2}{32}$　　　　(C) $\dfrac{a^2}{40}$　　　　(D) $\dfrac{a^2}{48}$　　　　(E) $\dfrac{a^2}{64}$

9. 如图所示,△ABC 中,D、E、F 为各边的中点,∠A = 30°,AB = 8,AC = 6,则阴影部分的面积为(   ).

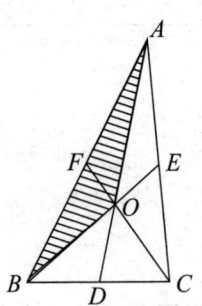

(A)2　　　　(B)3　　　　(C)4　　　　(D)5　　　　(E)6

10. 如图所示, C 是以 AB 为直径的半圆上一点, 再分别以 AC 和 BC 作半圆, 若 $AB=5$, $AC=3$, 则图中阴影部分的面积是( ).

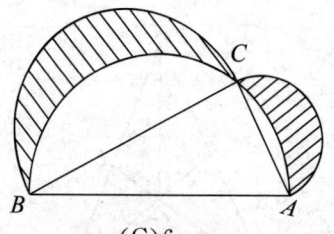

(A)3π　　(B)4π　　(C)6π　　(D)6　　(E)4

11. 如图所示, 在正方形 $ABCD$ 中, 弧 AOC 是四分之一圆周, $EF \parallel AD$, 若 $DF=a$, $CF=b$, 则阴影部分的面积为( ).

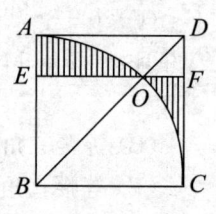

(A)$\frac{1}{2}ab$　　　　(B)ab　　　　(C)$2ab$

(D)b^2-a^2　　　　(E)$(b-a)^2$

12. 在圆 O 中, AB 是直径, $AB=8$ cm, $\overset{\frown}{AC}=\overset{\frown}{CD}=\overset{\frown}{BD}$, M 是 AB 上一动点, 则 $CM+DM$ 的最小值是( )cm.

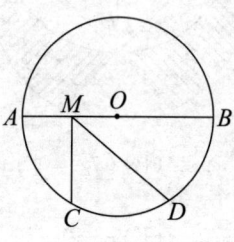

(A)$4\sqrt{3}$　　(B)$4\sqrt{7}$　　(C)4　　(D)$2\sqrt{3}+2\sqrt{7}$　　(E)8

13. 在梯形 $ABCD$ 中, $AB \parallel CD$, 中位线 EF 与对角线 AD、BC 交于 M, N 两点, 则 $AB=26$cm.
(1)$EF=18$cm;
(2)$MN=8$cm.

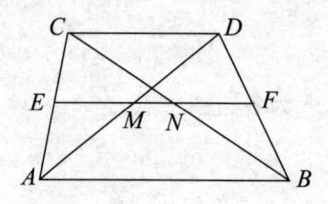

14. 如图, $PQ \cdot RS=12$.
(1)$QR \cdot PR=12$;
(2)$PQ=5$.

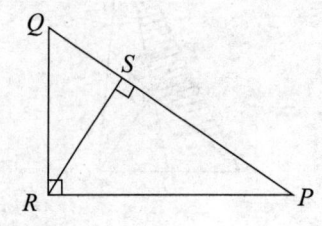

15. 如图,在 △ABC 中, EF // BC, 则 △AEF 的面积等于梯形 EBCF 的面积.
(1) $|AG| = 2|GD|$;
(2) $|BC| = \sqrt{2}|EF|$.

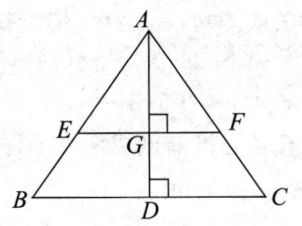

16. 如图所示,它是以 O 为圆心的圆的一部分, $CD \perp AB$, 则此圆的半径为 $OA = 5$.
(1) $AB = 8$;
(2) $CD = 8$.

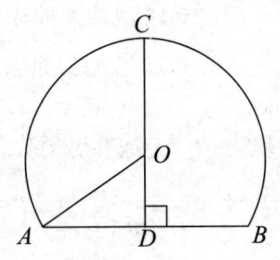

17. 在 Rt△ABC 中, $\angle C = 90°$, 过点 C 且以 C 到 AB 的距离为直径作一圆, 该圆与 AB 有公共交点, 且交 AC 于 F, 交 BC 于 E, 则 $EF = 2.4$.
(1) $AB = 5, AC = 4$;
(2) $BC = 3, AC = 4$.

18. 如图所示, 等腰梯形 ABCD 位于半圆中, 已知半圆的直径为 $BC = 12$ cm, 则梯形 ABCD 的面积为 20 cm².
(1) $AB = 6$ cm;
(2) $\angle ACB = 30°$.

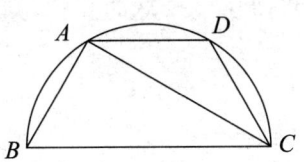

19. 一个正方体的棱长总和是 72cm, 它的体积是( )cm³.
(A)36   (B)72   (C)144   (D)216   (E)432

20. 至少需要( )cm 长的铁丝, 才能做一个底面周长是 18cm、高 3cm 的长方体框架.
(A)36   (B)48   (C)60   (D)72   (E)144

21. 将表面积分别为 216、384 和 600 的三个铜质正方体熔成一个正方体(不记损耗), 则这个大正方体的体积为( ).
(A)1 688   (B)1 698   (C)1 708   (D)1 718   (E)1 728

22. 某游泳池, 长 25 m、宽 10 m、深 1.6 m, 在游泳池的四周和池底砌瓷砖, 如果瓷砖的边长是 10 cm 的正方形, 那么至少需要这种瓷砖( )块.
(A)34 200   (B)35 200   (C)36 200   (D)37 200   (E)61 200

23. 一个长方体,长与宽之比是2:1,宽与高之比是3:2,若长方体的棱长之和是220cm,则长方体的体积是( )cm³.
    (A)2 880　　　(B)7 200　　　(C)4 600　　　(D)4 500　　　(E)3 600

24. 一个长方体木块,长10cm,宽8cm,高4cm,把它削成一个圆柱,则圆柱的体积最大为( )cm³.
    (A)32π　　　(B)40π　　　(C)48π　　　(D)64π　　　(E)72π

25. 把一个高为5cm的圆柱从直径处沿高剖成两个半圆柱,这两个半圆柱的表面积比原来增加80cm²,则原来圆柱的表面积为( )cm².
    (A)48π　　　(B)30π　　　(C)36π　　　(D)72π　　　(E)144π

26. 圆柱体的底面半径和高的比是1:2,若体积增加到原来的6倍,底面半径和高的比保持不变,则底面半径( ).
    (A) 增加到原来的$\sqrt{6}$倍　　　(B) 增加到原来的$\sqrt[3]{6}$倍
    (C) 增加到原来的$\sqrt{3}$倍　　　(D) 增加到原来的$\sqrt[3]{3}$倍
    (E) 增加到原来的6倍

27. 国际乒乓球比赛已经将"小球"改为"大球","小球"的外径为38 mm,"大球"的外径为40 mm,则"小球"与"大球"的表面积之比为( ).
    (A)19:20　　　　　　(B)361:400　　　　　　(C)20:19
    (D)400:361　　　　　(E)以上答案均不正确

28. 圆柱形烧杯内壁半径为5 cm,两个直径都是5 cm的铜球均浸没于烧杯的水中,若取出这两个铜球,则烧杯内的水面下降( ).
    (A)$\frac{5}{6}$ cm　　(B)$\frac{5}{3}$ cm　　(C)$\frac{10}{3}$ cm　　(D)$\frac{20}{3}$ cm　　(E)$\frac{40}{3}$ cm

29. 能切割为球的圆柱,切下来部分的体积占球体体积至少为( ).
    (A)$\frac{1}{2}$　　(B)$\frac{1}{3}$　　(C)$\frac{1}{4}$　　(D)$\frac{2}{3}$　　(E)$\frac{3}{4}$

30. 一个圆柱的底面直径和高都等于一个球的直径,则这个圆柱的体积与球的体积之比为( ).
    (A)1:2　　　(B)2:1　　　(C)3:2　　　(D)4:3　　　(E)5:3

31. 球O_1与O_2的表面积之比1:$\sqrt[3]{4}$.
    (1) 球O_1与O_2的大圆周长之比为1:2;
    (2) 球O_1与O_2的体积之比1:2.

32. 将一个玻璃球放入底面面积为64π cm²的圆柱状容器中,容器水面升高了$\frac{4}{3}$ cm.
    (1) 玻璃球的直径为8 cm;
    (2) 玻璃球的表面积为32π cm².

33. 棱长为a的正方体的外接球和内切球的表面积之比为3:1.
    (1)$a = 10$;
    (2)$a = 20$.

34. 圆柱底面半径为r,高为h,则圆柱的侧面积为12π.
    (1)$r = 3, h = 5$;

(2) $h = \dfrac{6}{r}(r > 0)$.

35. 长方体的对角线长为 $\sqrt{14}$.
(1) 长方体的体积为 48；
(2) 长方体过同一顶点的三条棱长的比为 3:2:1.

36. 已知点 $A(-1,3), B(5,-5)$，则线段 AB 的中点是（　　）.
(A)$(1,-1)$　　　　　　　　(B)$(-2,-1)$　　　　　　　　(C)$(-3,4)$
(D)$(3,-4)$　　　　　　　　(E)$(2,-1)$

37. 无论 m 取何实数值，直线 $(2+m)x+(1-2m)y+4-3m=0$ 都一定过点（　　）.
(A)$(-1,3)$　　　　　　　　(B)$(-1,2)$　　　　　　　　(C)$(-1,-2)$
(D)$(-2,-1)$　　　　　　　(E)$(2,-1)$

38. 设 P 是圆 $x^2+y^2=2$ 上的一点，该圆在点 P 的切线平行于直线 $x+y+2=0$，则点 P 的坐标为（　　）.
(A)$(-1,1)$　　　　　　　　(B)$(1,-1)$　　　(C)$(0,\sqrt{2})$
(D)$(\sqrt{2},0)$　　　　　　(E)$(1,1)$

39. 已知点 P 分有向线段 $\overrightarrow{AB}$ 所成的比为 $\dfrac{1}{3}$，则点 B 分有向线段 $\overrightarrow{AP}$ 所成的比为（　　）.
(A)$\dfrac{3}{4}$　　　　　　　　(B)$\dfrac{4}{3}$　　　　　　　　(C)$-\dfrac{4}{3}$
(D)$-\dfrac{3}{4}$　　　　　　　(E)$\dfrac{1}{3}$

40. 与两坐标轴正方向围成的三角形面积为 4，且在两坐标轴上的截距差为 2 的直线方程是（　　）.
(A)$x+2y-2=0, 2x+y-2=0$
(B)$2x+y-4=0, x+2y-4=0$
(C)$2x+3y-2=0, 3x+2y-3=0$
(D)$x-2y+2=0, 2x-y-2=0$
(E)以上答案均不正确

41. 在直角坐标系中，O 为原点，点 A,B 的坐标分别为 $(-2,0),(2,-2)$，以 OA 为一边，OB 为另一边作平行四边形 $OACB$，则平行四边形的边 AC 所在直线的方程是（　　）.
(A)$y=-2x-1$　　　　　　(B)$y=-2x-2$　　　　　　(C)$y=-x-2$
(D)$y=\dfrac{1}{2}x-\dfrac{3}{2}$　　　　　　(E)$y=-\dfrac{1}{2}x-\dfrac{3}{2}$

42. 设正方形 $ABCD$ 如图所示，其中 $A(2,1), B(3,2)$，则 CD 所在的直线方程是（　　）.
(A)$y=-x+1$　　　　　　　(B)$y=x+1$　　　　　　　(C)$y=x+2$
(D)$y=2x+2$　　　　　　　(E)$y=-x+2$

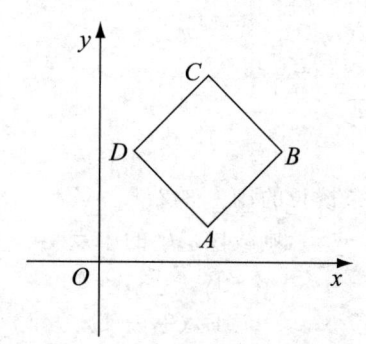

43. 已知圆 C 的圆心 O 在直线 $l_1: y = \dfrac{1}{2}x$ 上，圆 C 与直线 $l_2: x - 2y - 4\sqrt{5} = 0$ 相切，且过点 $A(2,5)$，则圆 C 的方程为（　　）．

(A) $(x-2)^2 + (y-1)^2 = 16$ 　　　　 (B) $(x-2)^2 + (y-1)^2 = 25$

(C) $\left(x - \dfrac{26}{5}\right)^2 + \left(y - \dfrac{13}{5}\right)^2 = 16$ 　　 (D) $\left(x - \dfrac{26}{5}\right)^2 + \left(y - \dfrac{13}{5}\right)^2 = 25$

(E) $(x-2)^2 + (y-1)^2 = 16$ 或 $\left(x - \dfrac{26}{5}\right)^2 + \left(y - \dfrac{13}{5}\right)^2 = 16$

44. 点 P 在直线 $3x + y - 5 = 0$ 上，且到直线 $x - y - 1 = 0$ 的距离等于 $\sqrt{2}$，则点 P 的坐标是（　　）．

(A)$(1,2)$　　　　　　　　(B)$(2,1)$　　　　　　　　(C)$(1,2)$ 或 $(2,-1)$

(D)$(2,1)$ 或 $(-1,2)$　　　　(E) 以上答案均不正确

45. 设 $b > a$，若将一次函数 $y = bx + a$ 与 $y = ax + b$ 的图像画在同一平面直角坐标系内，则下列正确的是（　　）．

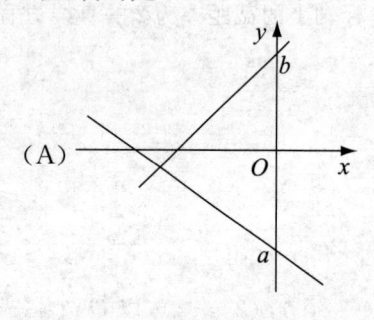

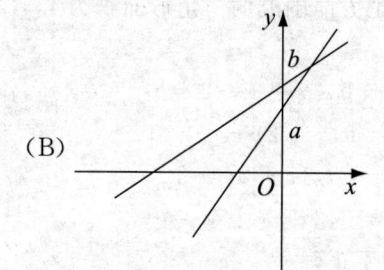

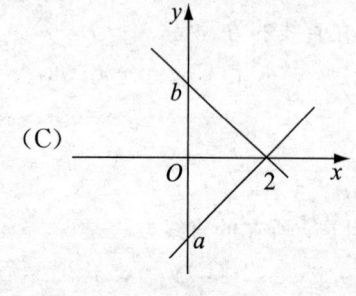

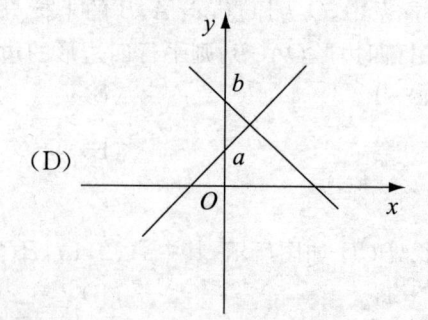

(E) 以上答案都不正确

46. 过点 $A(2,0)$ 向圆 $x^2 + y^2 = 1$ 作两条切线 AM 和 AN（如图），则两条切线和弧 MN 所围成的阴影部分面积为（　　）

(A) $1 - \dfrac{\pi}{3}$ 　　　　　　　(B) $1 - \dfrac{\pi}{6}$ 　　　　　　　(C) $\dfrac{\sqrt{3}}{2} - \dfrac{\pi}{6}$

(D) $\sqrt{3}-\dfrac{\pi}{6}$ (E) $\sqrt{3}-\dfrac{\pi}{3}$

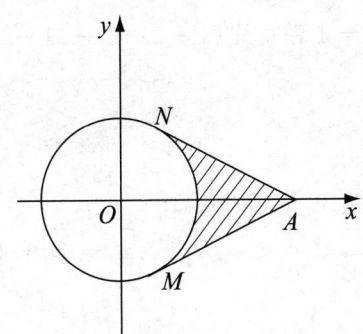

47. 已知直线 l 过点 $P(-1,2)$，且与以 $A(-2,-3),B(3,0)$ 为端点的线段相交，那么直线 l 的斜率取值范围是（　　）.

(A) $\left[-\dfrac{1}{2},5\right]$ (B) $\left(-\dfrac{1}{2},5\right]$ (C) $\left[-\dfrac{1}{2},+\infty\right)$

(D) $\left(-\infty,-\dfrac{1}{2}\right]\cup[5,+\infty)$ (E) 以上答案均不正确

48. 圆 $x^2+(y-1)^2=4$ 与 x 轴两个交点为（　　）.

(A) $(-\sqrt{5},0),(\sqrt{5},0)$ (B) $(-2,0),(2,0)$ (C) $(0,-\sqrt{5}),(0,\sqrt{5})$

(D) $(-\sqrt{3},0),(\sqrt{3},0)$ (E) $(-\sqrt{2},\sqrt{3}),(\sqrt{2},\sqrt{3})$

49. 将直线 $2x-y+\lambda=0$ 沿 x 轴向右平移 1 个单位，所得直线与圆 $x^2+y^2-2x+4y=0$ 相切，则实数 $\lambda=$（　　）.

(A) 3 或 -7 (B) 2 或 -8 (C) 0 或 -10

(D) 1 或 -11 (E) 以上答案均不正确

50. 如果实数 x,y 满足 $x+y-4=0$，则 x^2+y^2 的最小值是（　　）.

(A) $2\sqrt{2}$ (B) 8   (C) $2\sqrt{3}$ (D) 12   (E) 16

51. 已知直线 $(a+1)x-y=2a$ 与 $a^2x+ay-9=x+y+6$ 平行，则实数 a 的值为（　　）.

(A) 1   (B) -1 (C) 1 或 -1 (D) 0   (E) 2

52. 直线 $y=ax+2$ 与直线 $y=3x-b$ 关于直线 $y=x$ 对称.

(1) $a=-\dfrac{1}{3},b=-6$；

(2) $a=\dfrac{1}{3},b=6$.

53. 常数 $a=-4$.

(1) 点 $A(1,0)$ 关于直线 $x-y+1=0$ 的对称点为 $A'\left(\dfrac{a}{4},-\dfrac{a}{2}\right)$；

(2) 直线 $l_1:(a+2)x+5y=1$ 与直线 $l_2:ax+(2+a)y=2$ 垂直.

54. 直线 $y=x,y=ax+b$ 与 $x=0$ 所围成三角形的面积等于 1.

(1) $a=-1,b=2$；

(2) $a=-1,b=-2$.

55. 两直线 $y=x+1,y=ax+7$ 与 x 轴所围成的三角形面积是 $\dfrac{27}{4}$.

(1) $a = -3$;

(2) $a = -2$.

56. 圆 $(x-1)^2 + (y-2)^2 = 4$ 和直线 $(1+2\lambda)x + (1-\lambda)y - 3\lambda - 3 = 0$ 相交于两点.

(1) $\lambda = \dfrac{2\sqrt{3}}{5}$;

(2) $\lambda = \dfrac{5\sqrt{3}}{2}$.

57. 圆 $C_1 : \left(x - \dfrac{3}{2}\right)^2 + (y-2)^2 = r^2$ 与圆 $C_2 : x^2 - 6x + y^2 - 8y = 0$ 有交点.

(1) $0 < r < \dfrac{5}{2}$;

(2) $r > \dfrac{15}{2}$.

58. 常数 $k = 2$.

(1) 过点 $A(1,2)$，且在两坐标轴上截距相等的直线有 k 条；

(2) 圆 $C_1 : x^2 + y^2 - 2x - 2y - 2 = 0$ 与圆 $C_2 : x^2 + y^2 + 4x + 2y + 1 = 0$ 的公切线有 k 条.

59. 已知圆 $A : x^2 + y^2 + 4x + 2y + 1 = 0$. 则圆 B 和圆 A 相切.

(1) 圆 $B : x^2 + y^2 - 2x - 6y + 1 = 0$;

(2) 圆 $B : x^2 + y^2 - 6x = 0$.

60. 直线 $y = k(x+2)$ 是圆 $x^2 + y^2 = 1$ 的一条切线.

(1) $k = -\dfrac{\sqrt{3}}{3}$;

(2) $k = \dfrac{\sqrt{3}}{3}$.

本章练习答案解析

1. 【答案】 A

【解析】 在 Rt$\triangle BDE$ 中，$\angle EBD = 90° - \angle BED = 30°$，所以 $\angle ABC = 60°$，故 $\angle C = 180° - \angle ABC - \angle BAC = 70°$. 故选 A.

2. 【答案】 A

【解析】 在 Rt$\triangle ADC$ 中，由勾股定理，可得 $AD = \sqrt{AC^2 - CD^2} = \sqrt{6^2 - 4^2} = \sqrt{20}$. 因为 $\angle A = \angle A, \angle ACB = \angle ADC = 90°$，所以 $\triangle ACB \sim \triangle ADC$，从而 $\dfrac{AC}{AD} = \dfrac{AB}{AC}$，即 $AB = \dfrac{AC^2}{AD} = \dfrac{6^2}{\sqrt{20}} = \dfrac{18\sqrt{5}}{5}$. 故选 A.

3. 【答案】 B

【解析】 方法一 因为 AB 是半圆的直径，所以 $\angle ACB = 90°$，又因为 $AB = 10, BC:AC = 3:4$，易得 $BC = 6, AC = 8$. 设圆心为 O，连接 OC, OE, OE 交 BC 于 F，可得 $\angle COE = \angle BOE$，进而可得 F 为 BC 的中点，所以 $CF = 3, OF = 4, EF = 1$. 由 $\triangle ADC \sim \triangle EDF$，可得 $\dfrac{DC}{DF} = \dfrac{AC}{EF} = $

$\frac{8}{1}$,所以 $\frac{DC}{CF} = \frac{8}{9}$,$DC = \frac{8}{9}CF = \frac{8}{3}$. 故选 B.

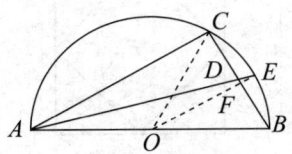

方法二 因为 AB 是半圆的直径,所以 $\angle ACB = 90°$,又因为 $AB = 10, BC:AC = 3:4$,易得 $BC = 6, AC = 8$. 作 $DF \perp AB$, F 是垂足,得到 $\triangle ACD \cong \triangle AFD$,从而 $AC = AF = 8, CD = FD$. $BF = AB - AF = 2$. 设 $CD = FD = x$,则 $BD = 6 - x$,在 Rt$\triangle BDF$ 中,由勾股定理可得,$x^2 + 2^2 = (6-x)^2$,解得 $x = \frac{8}{3}$,所以 $CD = \frac{8}{3}$. 故选 B.

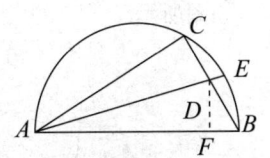

4.【答案】 C

【解析】 因为 G 是等腰 $\triangle ABC$ 的重心,所以 $\triangle ABG \cong \triangle ACG$,从有 $\angle ABG = \angle ACG$,所以 $\angle GBC = \angle GCB$. 由 $\angle BGC = 90°$,可知 $\triangle GBC$ 是等腰直角三角形,所以 $BG = \frac{BC}{\sqrt{2}} = 2$. G 是 $\triangle ABC$ 的重心,所以 $GE = \frac{1}{2}BG = 1$,从而 $BE = 3$. 故选 C.

5.【答案】 D

【解析】 正三角形中,重心、垂心、内心、外心是同一个点. 如图所示,

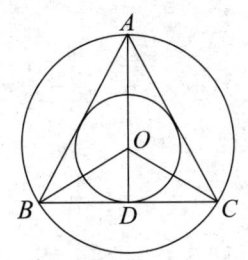

点 O 为正三角形 $\triangle ABC$ 的内切圆、外接圆的圆心. OB 是外接圆的半径,OD 是内切圆的半径,且 $OB = 2OD$,所以外接圆的面积为内切圆的面积的 4 倍,即 20π. 故选 D.

6.【答案】 A

【解析】 将 $a = c = 1$ 代入原方程,方程化为 $(b-x)^2 - 4(1-x)(1-x) = 0$,化简为一元二次方程 $3x^2 + (2b-8)x + (4-b^2) = 0$. 方程有两相同的实根,所以 $\Delta = (2b-8)^2 - 12(4-b^2) = 0$,即 $16b^2 - 32b + 16 = 0$,解得 $b = 1$. 因此 $\triangle ABC$ 为等边三角形. 故选 A.

7.【答案】 C

【解析】 $S_{阴影} = 2(S_{扇形ABE} - S_{\triangle CBD} - S_{\frac{1}{4}圆ACD}) = 2\left(\frac{1}{8} \times \pi \times 2^2 - \frac{1}{2} - \frac{1}{4}\pi\right) = \frac{\pi}{2} - 1$. 故选 C.

8.【答案】 E

【解析】 如图所示,

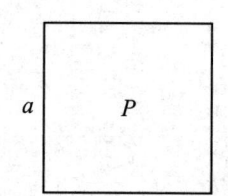

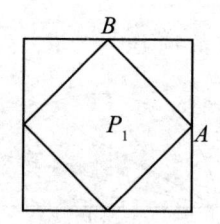

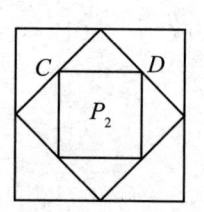

P 的面积 $S_P = a^2$，P_1 的面积 $S_{P_1} = AB^2 = \left(\dfrac{\sqrt{2}}{2}a\right)^2 = \dfrac{a^2}{2}$，$S_{P_2} = CD^2 = \left(\dfrac{a}{2}\right)^2 = \dfrac{a^2}{4}$，以此类推，$S_{P_6} = \dfrac{a^2}{2^6} = \dfrac{a^2}{64}$. 故选 E.

9.【答案】 C

【解析】 作 $BG \perp AC$，交 AC 于 G，如图所示.

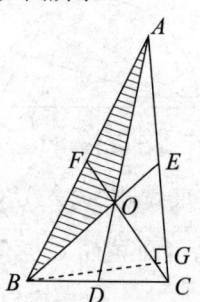

在 Rt$\triangle ABG$ 中，$\angle A = 30°$，$AB = 8$，所以 $BG = \dfrac{1}{2}AB = 4$. 所以 $S_{\triangle ABC} = \dfrac{1}{2}AC \cdot BG = 12$. 因为点 O 是 $\triangle ABC$ 的重心，所以 $S_{\triangle AOB} = \dfrac{1}{3}S_{\triangle ABC} = 4$，故选 C.

10.【答案】 D

【解析】 $S_{阴影} = S_{半圆BC} + S_{半圆AC} + S_{\triangle ABC} - S_{半圆AB} = \dfrac{1}{2}\pi\left(\dfrac{4}{2}\right)^2 + \dfrac{1}{2}\pi\left(\dfrac{3}{2}\right)^2 + \dfrac{1}{2} \times 3 \times 4 - \dfrac{1}{2}\pi\left(\dfrac{5}{2}\right)^2 = 6$. 故选 D.

11.【答案】 B

【解析】 如图所示，作 $OG \perp BC$. 则 $S_{AOE} = S_{OCG}$，$S_{阴影} = S_{OCG} + S_{OCF} = S_{OGCF} = ab$. 故选 B.

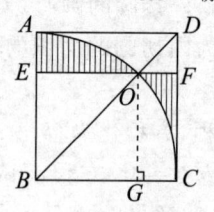

12.【答案】 E

【解析】 如下图所示.

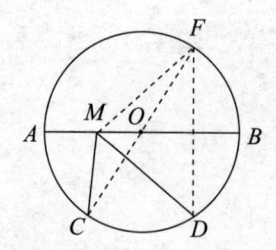

作点 D 关于 AB 的对称点 E,连接 OC,OE.因为 AB 是直径,$\overset{\frown}{AC}=\overset{\frown}{CD}=\overset{\frown}{BD}$,所以 $\angle AOC=60°$,$\angle BOC=120°$.D 是 $\overset{\frown}{BC}$ 的中点,所以 $\angle BOE=\dfrac{1}{2}\angle BOC=60°$,所以 $\angle AOC=\angle BOE$,因此 CE 是直径.当点 M 和点 O 重合时,$CM+DM=CE=8$ cm,此时 $CM+DM$ 的值最小.故选 E.

13.【答案】 C

【解析】 显然,条件(1)和条件(2)单独均不充分.联合条件(1)和条件(2).因为 EF 是中位线,所以 $AB\parallel CD\parallel MN$,且 $EM=NF=5$cm.所以 $MF=MN+NF=13$cm.由于 MF 是三角形 ABD 的中位线,所以 $AB=2MF=26$cm,即联合条件(1)和条件(2)充分,故选 C.

14.【答案】 A

【解析】 $\dfrac{1}{2}QR\cdot PR=S_{\triangle PQR}=\dfrac{1}{2}PQ\cdot RS$,条件(1) $QR\cdot PR=12$,所以有 $PQ\cdot RS=12$,即条件(1)充分.显然条件(2)不充分.故选 A.

15.【答案】 B

【解析】 由题可知 $\triangle ABC\sim\triangle AEF$.$\triangle AEF$ 的面积等于梯形 $EBCF$ 的面积,则 $S_{\triangle AEF}=\dfrac{1}{2}S_{\triangle ABC}$,所以 $\dfrac{EF}{BC}=\dfrac{AG}{AD}=\sqrt{\dfrac{1}{2}}=\dfrac{\sqrt{2}}{2}$,即 $|BC|=\sqrt{2}|EF|$,$|AG|=\dfrac{\sqrt{2}}{2}|AD|$.所以条件(1)不充分,条件(2)充分.故选 B.

16.【答案】 C

【解析】 显然条件(1)和条件(2)单独都不充分.联合条件(1)和条件(2),$AD=\dfrac{1}{2}AB=4$.设 $OA=x$,则 $OD=8-x$,所以 $(8-x)^2+4^2=x^2$,解得 $x=5$,即条件(1)和条件(2)联合起来充分.故选 C.

17.【答案】 D

【解析】 条件(1)和条件(2)是一样的.如图所示.

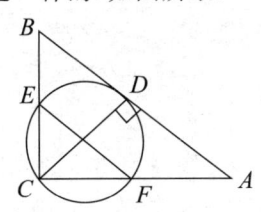

$EF=CD$,都是圆的直径.所以 $EF=CD=\dfrac{BC\cdot AC}{AB}=\dfrac{3\times 4}{5}=2.4$.所以条件(1)和条件(2)都充分.故选 D.

18.【答案】 E

【解析】 已知 BC 为半圆的直径,所以 $\triangle ABC$ 是直角三角形.条件(1) $AB=6$ cm,所以 $\angle ACB=30°$.反过来,在 Rt$\triangle ABC$ 中,如果 $\angle ACB=30°$,则 $AB=\dfrac{1}{2}BC=6$ cm.所以条件(1)和条件(2)等价.

因为梯形 $ABCD$ 是等腰梯形,所以 $\angle DCA=\angle BCA=\angle DAC=30°$,因此有 $CD=AD$,即 $AB=AD$.Rt$\triangle ABC$ 中,$AB=6$ cm,$BC=12$ cm,则 $AC=6\sqrt{3}$cm.所以梯形的高为 $\dfrac{6\times 6\sqrt{3}}{12}=3\sqrt{3}$ cm,面积为 $\dfrac{6+12}{2}\times 3\sqrt{3}=27\sqrt{3}$ cm^2,所以选 E.

19.【答案】 D

【解析】 正方体的棱长为 6cm,体积为 $6^3 = 216$cm³. 故选 D.

20.【答案】 B

【解析】 长方体的棱长之和为 $18 \times 2 + 3 \times 4 = 48$,故选 B.

21.【答案】 E

【解析】 三个正方体每一个面的面积分别为 36、64 和 100,所以边长分别为 6、8 和 10,体积分别为 216、512 和 1 000,所以大长方体的体积为三个小正方体体积之和,即 $216 + 512 + 1\ 000 = 1\ 728$. 故选 E.

22.【答案】 C

【解析】 需要铺瓷砖的面积为 $25 \times 10 + 25 \times 1.6 \times 2 + 10 \times 1.6 \times 2 = 362$(m²). 每块瓷砖的面积为 $0.1 \times 0.1 = 0.01$,所以至少需要 $362 \div 0.01 = 36200$ 块瓷砖. 故选 C.

23.【答案】 D

【解析】 该长方体的长、宽、高之比为 6:3:2,所以长为 $220 \div 4 \times \dfrac{6}{6+3+2} = 30$cm,从而宽为 15cm,高为 10cm. 所以体积为 $30 \times 15 \times 10 = 4\ 500$(cm³). 故选 D.

24.【答案】 D

【解析】 以长 10cm,宽 8cm 的长方形为底,削成圆柱,圆柱的底面半径为 4cm,高为 4cm,体积为 $4^2 \pi \times 4 = 64\pi$(cm³);以长 8cm,宽 4cm 的长方形为底,削成圆柱,圆柱的底面半径为 2cm,高为 10cm,体积为 $2^2 \pi \times 10 = 40\pi$(cm³);以长 10cm,宽 4cm 的长方形为底,削成圆柱,圆柱的底面半径为 2cm,高为 8cm,体积为 $2^2 \pi \times 8 = 32\pi$(cm³). 故选 D.

25.【答案】 D

【解析】 增加的 80cm² 是 2 个截面(长方形)的面积,截面的面积为 $80 \div 2 = 40$(cm²),圆柱的底面半径为 $40 \div 5 \div 2 = 4$(cm),表面为 $S = 2\pi r^2 + 2\pi rh = 2\pi \times 4^2 + 2\pi \times 4 \times 5 = 72\pi$. 故选 D.

26.【答案】 B

【解析】 设圆柱体的底面半径为 r_1,则高为 $2r_1$,圆体积为 $V_1 = \pi \times r_1^2 \times 2r_1 = 2\pi r_1^3$,变化后的体积变为 V_2. 设变化后的底面半径为 r_2,高为 $2r_2$,则 $V_1 = \pi \times r_2^2 \times 2r_2 = 2\pi r_2^3$. 由题意可得,$V_2 = 6V_1$,即 $2\pi r_2^3 = 12\pi r_1^3$,$r_2 = \sqrt[3]{6} r_1$,所以底面半径增加到原来的 $\sqrt[3]{6}$ 倍. 故选 B.

27.【答案】 B

【解析】 由球的表面积公式 $S = 4\pi r^2$,可知"小球"与"大球"的表面积之比为半径之比的平方,即 $(19:20)^2 = 361:400$. 故选 B.

28.【答案】 B

【解析】 铜球的体积为 $\dfrac{4}{3}\pi \left(\dfrac{5}{2}\right)^3$ cm³ $= \dfrac{125}{6}\pi$ cm³,烧杯的底面面积为 $\pi (5)^2$ cm² $= 25\pi$ cm²,水面下降高度 $\dfrac{125}{6}\pi \times 2 \div 25\pi = \dfrac{5}{3}$ cm,故选 B.

29.【答案】 A

【解析】 当球内切于圆柱时,切割下来的部分体积最少. 设球的半径为 R,则圆柱的半径为

R,高为 $2R$,则 $V_{球} = \frac{4}{3}\pi R^3$,$V_{圆柱} = \pi(R)^2 2R = 2\pi R^3$,从而 $\frac{V_{圆柱} - V_{球}}{V_{球}} = \frac{2\pi R^3 - \frac{4}{3}\pi R^3}{\frac{4}{3}\pi R^3} = \frac{1}{2}$.

故选 A.

30.【答案】 C

【解析】 设球的直径为 $2r$,则圆柱的直径和高都为 $2r$,所以 $\frac{V_{圆柱}}{V_{球}} = \frac{\pi r^2 \times 2r}{\frac{4}{3}\pi r^3} = \frac{3}{2}$,故选 C.

31.【答案】 B

【解析】 设球 O_1 与 O_2 的半径分别为 r_1, r_2.

条件(1),球 O_1 与 O_2 的大圆周长之比为 $1:2$,所以两球半径之比为 $1:2$,所以表面积之比为 $S_1:S_2 = 4\pi r_1^2 : 4\pi r_2^2 = 1:4$,不充分.

条件(2),球 O_1 与 O_2 的体积之比 $1:2$,即,$V_1:V_2 = \frac{4}{3}\pi r_1^3 : \frac{4}{3}\pi r_2^3 = 1:2$,则 $r_1:r_2 = 1:\sqrt[3]{2}$.所以 $S_1:S_2 = 4\pi r_1^2 : 4\pi r_2^2 = 1:(\sqrt[3]{2})^2 = 1:\sqrt[3]{4}$,充分.故选 B.

32.【答案】 A

【解析】 由题干结论可知,玻璃球的体积为 $64\pi \times \frac{4}{3}$ cm^3.由球的体积公式 $V = \frac{4}{3}\pi r^3 = 64\pi \times \frac{4}{3}$ cm^3,可得球的半径 $r = 4$ cm.

条件(1)玻璃球的直径为 8 cm,充分.条件(2)玻璃球的表面积为 32π cm^2,由球的表面积公式,有 $4\pi r^2 = 32\pi$ cm^2,得球的半径为 $r = 2\sqrt{2}$ cm,和题干求得的球的半径矛盾,所以条件(2)不充分.故选 A.

33.【答案】 D

【解析】 外接球的直径为正方体的体对角线 $\sqrt{3}a$,内切球的直径为正方体的棱长 a,由球的表面积公式可知,表面积之比为半径之比的平方,即 $\left(\frac{\sqrt{3}a}{2} : \frac{a}{2}\right)^2 = 3:1$,与棱长的大小无关,故选 D.

34.【答案】 B

【解析】 条件(1),$S = 2\pi rh = 2\pi \times 3 \times 5 = 30\pi$,不充分;条件(2),$S = 2\pi rh = 2\pi r \frac{6}{r} = 12\pi$,充分.故选 B.

35.【答案】 E

【解析】 显然条件(1)和条件(2)单独都不充分.联合条件(1)和条件(2),设长方体过同一顶点的三条棱长分别为 $3x, 2x, x$,则有 $3x \cdot 2x \cdot x = 48$,解得 $x = 2$,从而长方体的体对角线为 $\sqrt{(3x)^2 + (2x)^2 + x^2} = 2\sqrt{14}$,不充分.故选 E.

36.【答案】 E

【解析】 由中点坐标公式,线段 AB 的中点是 $\left(\frac{-1+5}{2}, \frac{3-5}{2}\right)$,即 $(2, -1)$,选 E.

37.【答案】 C

【解析】 **方法一** 分离参数 m,得 $m(x - 2y - 3) + 2x + y + 4 = 0$.该直线过一定点,即与 m 的取值无关.把 m 看成未知数,只有当 m 的系数为 0 时,才与 m 的取值无关,所以得到 $x -$

$2y-3=0, 2x+y+4=0$,解得 $x=-1, y=-2$,即直线过定点 $(-1,-2)$. 故选 C.

方法二　$(2+m)x+(1-2m)y+4-3m=0$ 可以表示无数条直线,所求定点是这些直线的交点. m 取两个特殊值,就可以得到该交点坐标. 当 $m=-2$ 时,直线为 $y=-2$;当 $m=\frac{1}{2}$ 时,直线为 $x=-1$. 直线 $y=-2$ 与 $x=-1$ 的交点为 $(-1,-2)$,所以无论 m 取何实数值,直线 $(2+m)x+(1-2m)y+4-3m=0$ 都一定过点 $(-1,-2)$. 故选 C.

38.【答案】 E

【解析】 **方法一**　设过点 P 的切线为 $x+y+a=0$,圆心到切线的距离和半径相等,所以 $\frac{|a|}{\sqrt{2}}=\sqrt{2}$,即 $a=\pm 2$,因此切线为 $x+y-2=0$. 带入选项,只有选项 E 的 $(1,1)$ 满足 $x+y-2=0$,故选 E.

方法二　画图,从图上直接观察,答案为 E.

39.【答案】 C

【解析】 点 P 分有向线段 $\overrightarrow{AB}$ 所成的比为 $\frac{1}{3}$,即 $\overrightarrow{AP}=\frac{1}{3}\overrightarrow{PB}$,所以 $\overrightarrow{AB}=\frac{4}{3}\overrightarrow{BP}$,即点 B 分有向线段 $\overrightarrow{AP}$ 所成的比为 $-\frac{4}{3}$. 故选 C.

40.【答案】 B

【解析】 设直线在 x 轴的截距为 $a>0$,在 y 轴的截距为 $b>0$. 则所求直线方程为 $\frac{x}{a}+\frac{y}{a+2}=1$ 或 $\frac{x}{b+2}+\frac{y}{b}=1$. 由直线与两坐标轴正方向围成的三角形面积为 4,从而有 $\frac{1}{2}a(a+2)=4$ 或 $\frac{1}{2}b(b+2)=4$,解得 $a=2$ 或 $b=2$,从而直线方程为 $\frac{x}{2}+\frac{y}{4}=1$ 或 $\frac{x}{4}+\frac{y}{2}=1$,整理得 $2x+y-4=0$ 或 $x+2y-4=0$. 故选 B.

41.【答案】 C

【解析】 如图所示,点 C 在 y 轴上,且坐标为 $(0,-2)$,所以 AC 的方程为 $\frac{x}{-2}+\frac{y}{-2}=1$,即 $y=-x-2$. 故选 C.

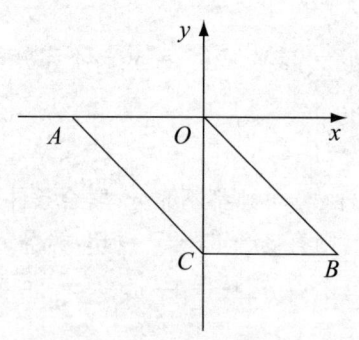

42.【答案】 B

【解析】 由题可知 $CD \parallel AB$, AB 所在的直线的斜率是 $k_{AB}=\frac{2-1}{3-2}=1$,所以 CD 所在的直线的斜率是 $k_{CD}=1$. 由 $k_{AB}=\frac{2-1}{3-2}=1$ 和正方形的性质可得 $CA \perp BD$, $CA \parallel y$ 轴, $BD \parallel x$ 轴,从而点 D 的坐标是 $(1,2)$. 由点斜式, CD 所在的直线方程是 $y-2=x-1$,即 $y=x+1$.

故选B.

43.【答案】 E

【解析】 设圆C的方程为$(x-a)^2+(y-b)^2=r^2$. 圆心O在直线$l_1:y=\frac{1}{2}x$上,所以$a=2b$. 圆C过点$A(2,5)$,所以$(2-a)^2+(5-b)^2=r^2$. 又因为圆C与直线$l_2:x-2y-4\sqrt{5}=0$相切,所以$\frac{|a-2b-4\sqrt{5}|}{\sqrt{5}}=r$. 联立方程组,$\begin{cases}a=2b,\\(2-a)^2+(5-b)^2=r^2,\\\frac{|a-2b-4\sqrt{5}|}{\sqrt{5}}=r,\end{cases}$ 解得$\begin{cases}a=2,\\b=1,\\r=4\end{cases}$ 或 $\begin{cases}a=\frac{26}{5},\\b=\frac{13}{5},\\r=4,\end{cases}$ 所以圆C的方程为$(x-2)^2+(y-1)^2=16$ 或 $\left(x-\frac{26}{5}\right)^2+\left(y-\frac{13}{5}\right)^2=16$,故选E.

44.【答案】 C

【解析】 点P在直线$3x+y-5=0$上,所以可设点P的坐标为$(a,5-3a)$. 根据题意,有$\frac{|a-(5-3a)-1|}{\sqrt{1^2+(-1)^2}}=\sqrt{2}$,解得$a=2$ 或 $a=1$,所以点P的坐标为$(2,-1)$ 或 $(1,2)$. 故选C.

45.【答案】 B

【解析】 A,图中显示$y=ax+b$在y轴上的截距$b>0$,斜率$a>0$. 而图中显示$y=bx+a$在y轴上的截距$a<0$,矛盾,A不正确;B,$b>a>0$,在y轴上的截距为a的直线的倾斜程度大于在y轴上的截距为b的直线,得$b>a>0$,所以B正确;C,图中显示$b>0,a<0$,两直线与x轴的交点分别为$-\frac{b}{a}$和$-\frac{a}{b}$,则$-\frac{b}{a}=-\frac{a}{b}=2$,无解,C不正确;D,图中显示$b>a>0$,两条直线的斜率都应该为正,与图中的直线斜率矛盾,D不正确. 故选B.

46.【答案】 E

【解析】 如图所示,连接ON,则$ON=1$,且$ON\perp AN$. $OA=2$,从而$AN=\sqrt{3}$,$\angle AON=60°$. 阴影部分面积为$2\times\left(\frac{1}{2}\times\sqrt{3}\times1-\frac{1}{6}\times\pi\times1^2\right)=\sqrt{3}-\frac{\pi}{3}$,故选E.

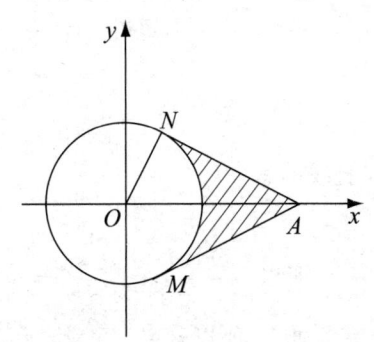

47.【答案】 D

【解析】 根据斜率公式,可得$k_{PA}=\frac{-3-2}{-2-(-1)}=5$,$k_{PB}=\frac{0-2}{3-(-1)}=-\frac{1}{2}$. 如图所示,

从图上直接观察可得,$k \in \left(-\infty, -\dfrac{1}{2}\right] \cup [5, +\infty)$. 故选 D.

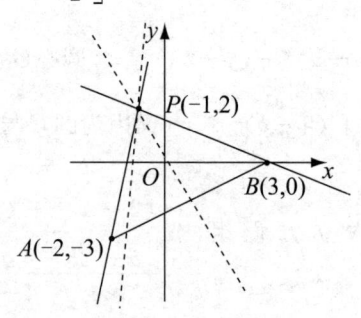

48.【答案】 D

【解析】 圆 $x^2+(y-1)^2=4$ 与 x 轴相交,则 $y=0$,则 $x^2=3$,$x=\pm\sqrt{3}$,所以两个交点的坐标为 $(-\sqrt{3},0)$,$(\sqrt{3},0)$. 故选 D.

49.【答案】 A

【解析】 直线 $2x-y+\lambda=0$ 沿 x 轴向右平移 1 个单位得到 $2(x-1)-y+\lambda=0$,与圆 $(x-1)^2+(y+2)^2=5$ 相切,可得 $\dfrac{|2(1-1)-(-2)+\lambda|}{\sqrt{2^2+(-1)^2}}=\sqrt{5}$,整理得 $|\lambda+2|=5$,解得 $\lambda=3$ 或 $\lambda=-7$. 故选 A.

50.【答案】 B

【解析】 将 x^2+y^2 看作点 (x,y) 和点 $(0,0)$ 之间距离的平方,其最小值为点 $(0,0)$ 到直线 $x+y-4=0$ 距离的平方,即 $\left(\dfrac{4}{\sqrt{1+1}}\right)^2=8$,故选 B.

51.【答案】 B

【解析】 直线 $a^2x+ay-9=x+y+6$ 化为 $(a^2-1)x+(a-1)y-15=0$. 两条直线平行,所以系数交叉相乘相等,即 $(a+1)(a-1)=(a^2-1)(-1)$,解得 $a=-1$ 或 $a=1$. 但 $a=1$ 时,直线 $(a^2-1)x+(a-1)y-15=0$ 不存在,所以 $a=-1$. 故选 B.

52.【答案】 B

【解析】 $y=ax+2$ 关于直线 $y=x$ 对称的直线为 $x=ay+2$,即 $y=\dfrac{1}{a}x-\dfrac{2}{a}$. $y=\dfrac{1}{a}x-\dfrac{2}{a}$ 与 $y=3x-b$ 的系数相等,所以 $\dfrac{1}{a}=3$,$\dfrac{2}{a}=b$,解得 $a=\dfrac{1}{3}$,$b=6$. 故选 B.

53.【答案】 A

【解析】 条件(1),AA' 所在直线的斜率 $k_{AA'}=\dfrac{0+\dfrac{a}{2}}{1-\dfrac{a}{4}}=-1$,解得 $a=-4$. 条件(2),当 $a\neq-2$ 时,两直线垂直,斜率乘积为 -1,所以 $-\dfrac{2+a}{5}\times\dfrac{-2}{2+a}=-1$,解得 $a=-5$. 当 $a=-2$ 时,直线 $l_1:5y=1$ 与直线 $l_2:-2x=2$ 垂直. 所以 $a=-5$ 或 $a=-2$,条件(2)不充分. 故选 A.

54.【答案】 D

【解析】 条件(1),直线 $y=x$,$y=-x+2$ 与 $x=0$ 所围成的图形如下. 面积 $S_1=\dfrac{1}{2}\times 2\times 1=1$,条件(1)充分.

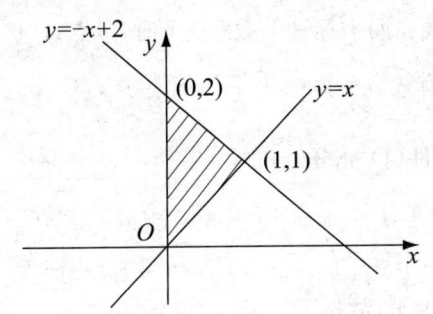

条件(2),直线 $y=x,y=-x-2$ 与 $x=0$ 所围成的图形如下.面积 $S_2=\frac{1}{2}\times 2\times 1=1$,条件(2)充分.故选 D.

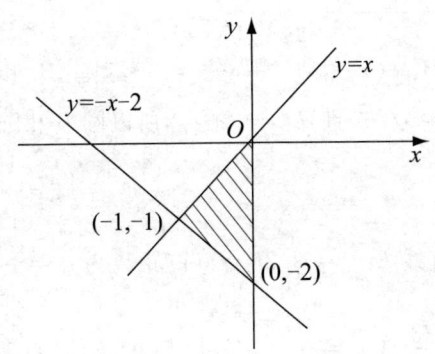

55.【答案】 B

【解析】 直线 $y=x+1,y=ax+7$ 的交点为 $\left(\frac{6}{1-a},\frac{7-a}{1-a}\right)$,$y=ax+7$ 与 x 轴的交点为 $\left(-\frac{7}{a},0\right)$,$y=x+1$ 与 x 轴的交点为 $(-1,0)$,围成的三角形面积为 $S=\frac{1}{2}\cdot\left[-\frac{7}{a}-(-1)\right]\cdot\frac{7-a}{1-a}=\frac{1}{2}\cdot\frac{a-7}{a}\cdot\frac{7-a}{1-a}$.

条件(1),$a=-3$,$S=\frac{1}{2}\cdot\frac{a-7}{a}\cdot\frac{7-a}{1-a}=\frac{1}{2}\cdot\frac{-3-7}{-3}\cdot\frac{7+3}{1+3}=\frac{25}{6}$,不充分;条件(2),$a=-2$,$S=\frac{1}{2}\cdot\frac{a-7}{a}\cdot\frac{7-a}{1-a}=\frac{1}{2}\cdot\frac{-2-7}{-2}\cdot\frac{7+2}{1+2}=\frac{27}{4}$,充分.故选 B.

56.【答案】 D

【解析】 直线 $(1+2\lambda)x+(1-\lambda)y-3\lambda-3=0$ 恒过点 $(2,1)$,而点 $(2,1)$ 在圆 $(x-1)^2+(y-2)^2=4$ 的内部,所以对于任意 $\lambda\in\mathbf{R}$,圆 $(x-1)^2+(y-2)^2=4$ 和直线 $(1+2\lambda)x+(1-\lambda)y-3\lambda-3=0$ 都相交于两点,故条件(1)和(2)都充分,选 D.

57.【答案】 E

【解析】 $C_2:(x-3)^2+(y-4)^2=5^2$. C_1 与 C_2 的圆心距为 $d=\sqrt{\left(\frac{3}{2}-3\right)^2+(2-4)^2}=\frac{5}{2}$. C_1 与 C_2 有交点的充分必要条件是 $|r-5|\leqslant d\leqslant r+5$.由于 $d\leqslant r+5$,所以只需解 $|r-5|\leqslant d$ 即可,解得 $\frac{5}{2}\leqslant r\leqslant\frac{15}{2}$.所以条件(1)和条件(2)单独都不充分,条件(1)和条件(2)不能联合起来,所以选 E.

58.【答案】 D

【解析】 条件(1),当直线在两坐标轴上截距为0时,过点 $A(1,2)$ 的直线为 $y=2x$. 当直线在两坐标轴上截距不为0时,设直线方程为 $\frac{x}{a}+\frac{y}{a}=1$,过点 $A(1,2)$,有 $\frac{1}{a}+\frac{2}{a}=1$,解得 $a=3$,直线方程为 $\frac{x}{3}+\frac{y}{3}=1$. 所以条件(1)充分.

条件(2),将圆化为标准方程,$C_1:(x-1)^2+(y-1)^2=2^2$,$C_2:(x+2)^2+(y+1)^2=2^2$,两圆的圆心距 $d=\sqrt{[1-(-2)]^2+[1-(-1)]^2}=\sqrt{13}$. 由于 $2-2<\sqrt{13}<2+2$,所以两圆相交,有2条公切线,条件(2)充分. 故选 D.

59.【答案】 A

【解析】 $A:(x+2)^2+(y+1)^2=4$. 条件(1),$B:(x-1)^2+(y-3)^2=9$,圆 B 和圆 A 的圆心距为 $d=\sqrt{(-2-1)^2+(-1-3)^2}=5$,且 $d=5=r_A+r_B$,所以圆 B 和圆 A 相切,条件(1)充分. 条件(2),$B:(x-3)^2+y^2=9$,圆 B 和圆 A 的圆心距为 $d=\sqrt{(-2-3)^2+(-1-0)^2}=\sqrt{26}$,且 $d>r_A+r_B$,所以圆 B 和圆 A 相离,条件(2)不充分. 故选 A.

60.【答案】 D

【解析】 圆心 $(0,0)$ 到直线 $kx-y+2k=0$ 的距离为 $d=\frac{|2k|}{\sqrt{k^2+1}}$. 直线和圆相切,所以 $d=\frac{|2k|}{\sqrt{k^2+1}}=1$,解得 $k=\frac{\sqrt{3}}{3}$ 或 $k=-\frac{\sqrt{3}}{3}$. 条件(1)和条件(2)都充分,选 D.

第六章　计数原理与概率初步

第一节　计数原理

知识精讲

一、加法原理

完成某事有 k 类办法，只要选择其中任何一类办法，就可以完成这件事，每类办法分别又有 $n_1, n_2, \cdots, n_k$ 种方法，则完成此事共有 $n_1 + n_2 + \cdots + n_k$ 种方法。

二、乘法原理

完成某事必须要 k 个步骤才能完成，每步分别有 $n_1, n_2, \cdots, n_k$ 种方法，则完成此事共 $n_1 \cdot n_2 \cdot \cdots \cdot n_k$ 种方法．

【注】加法原理要求方法相互独立，任何一种方法都可以独立地完成这件事．乘法原理要求各步相互依存，每步中的方法都是完成事件的一个阶段，不能完成整个事件．

三、排列与排列数

1. 排列的定义

从 n 个不同的元素中任取 r 个 $(0 < r \leqslant n)$，按一定顺序排成一列，则称为从 n 个元素中取出 r 个元素的一个排列，其个数记为排列数 P_n^r 或 A_n^r．

2. 排列公式

$$A_n^r = P_n^r = n(n-1)(n-2)\cdots(n-r+1) = \frac{n!}{(n-r)!}.$$

四、组合与组合数

1. 组合的定义

从 n 个不同的元素中任取 r 个 $(0 < r \leqslant n)$，不计顺序拼成一组，称为从 n 个元素中取出 r 个元素的一个组合，其个数记为组合数 C_n^r．

2. 组合公式

$$C_n^r = \frac{n(n-1)(n-2)\cdots(n-r+1)}{r!} = \frac{n!}{(n-r)!r!}.$$

【注】（1）每次组合的元素都不完全一样．

（2）排列是有序，组合是无序，排列可以看作先取 r 个元素，然后再排列，即

$$A_n^r = C_n^r r! = \frac{n!}{(n-r)!r!} r! = \frac{n!}{(n-r)!}.$$

重要题型

题型一　加法原理与乘法原理

【题型方法分析】

(1) 对完成某事的方法进行分类则用加法原理；

(2) 对完成某事分阶段进行则用乘法原理.

例 1.1　某公司员工义务献血,在体检合格的人中,O 型血的有 10 人,A 型血的有 5 人,B 型血的有 8 人,AB 型血的有 3 人,若从四种血型的人中各选出 1 人去献血,则共有(　　)种.

(A)1200　　　(B)600　　　(C)400　　　(D)300　　　(E)26

【答案】　A

【解析】　从四种血型的人中各选出 1 人去献血,则分为 4 个步骤进行,即每个血型分别选 1 人,故用乘法原理,共计 $C_{10}^1 \times C_5^1 \times C_8^1 \times C_3^1 = 1200$ 种.

> **【总结】**　只要是"分步骤完成"则一定用乘法原理.

例 1.2　从长度为 3,5,7,9,11 的 5 条线段中取三条做成一个三角形,能作成不同的三角形个数为(　　).

(A)4　　　(B)5　　　(C)6　　　(D)7　　　(E)8

【答案】　D

【解析】　由平面几何知识可知,构成三角形的边长要求为:两边之和大于第三边,两边之差小于第三边. 从最大边开始分类讨论:

当最长边为 11 时,另外两边可以为 5 和 7,5 和 9,7 和 9 以及 3 和 9；

当最长边为 9 时,另外两边可以为 3 和 7,5 和 7；

当最长边为 7 时,另外两边可以为 3 和 5；

综上,故共计 $4+2+1=7$ 个不同的三角形.

> **【总结】**　只要是"分类讨论方法个数"则一定用到加法原理. 另外,涉及小整数问题,可用穷举法,思路较为直接.

题型二　排列、组合定义

【题型方法分析】

(1) 有顺序要求用排列数；

(2) 无顺序要求用组合数.

例 1.3　从 1、2、3、4、5、6、7 这七个数字中任意选出 3 个数字,在组成的无重复数字的三位数中,各位数字之和为奇数的共有(　　)种.

(A)72　　　(B)100　　　(C)80　　　(D)96　　　(E)240

【答案】　D

【解析】　由两数求和"同偶异奇"的性质可知,三个数之和为奇数分两种情况:三个数都是奇数或者两个偶数一个奇数.

第一种情况三个数都是奇数,共有 $C_4^3 A_3^3$ 种；

第二种情况两个偶数一个奇数,共有 $C_4^1 C_3^2 A_3^3$ 种;
故共计 $C_4^3 A_3^3 + C_4^1 C_3^2 A_3^3 = 96$ 种.

> 【总结】 数字的顺序不同则得到的三位数也不同,故本题有序,因此用排列数,排列可以分成两个步骤,先无序选出再进行有序排列,用乘法原理.

例 1.4 在一次聚会上,10 个熟人彼此都要握手一次,一共握手(　　)次.
(A)10　　　(B)20　　　(C)45　　　(D)75　　　(E)90

【答案】 C

【解析】 每次握手是两个人进行,故从 10 个人中选出 2 个人,共有 $C_{10}^2 = 45$ 种,故答案选 C.

> 【总结】 两个人握手是无序选择,即甲和乙握手与乙和甲握手是一样的,故无序用组合数.

例 1.5 某商店经营 10 种商品,每次在橱窗内陈列 3 种,若每两次陈列的商品不完全相同,则最多可陈列(　　)次.
(A)60　　　(B)90　　　(C)120　　　(D)720　　　(E)1 440

【答案】 C

【解析】 每次从 10 种商品中选出 3 种排列,则共有 $C_{10}^3 = 120$ 种.

> 【总结】 由组合数的定义可知,每次从 n 个不同的元素中任取的 r 个元素都不完全相同,故此题直接用组合数定义计算即可.

题型三　特殊元素 – 位置优先法

【题型方法分析】
题设中有特殊要求的元素和位置要优先安排,然后再安排其余元素和位置,再利用乘法原理或者加法原理计数.

例 1.6 由 0,1,2,3,4,5 组成没有重复数字的五位奇数,则共有(　　)种组合方法.
(A)260　　　(B)278　　　(C)280　　　(D)288　　　(E)720

【答案】 D

【解析】 由题设知首位和末位有特殊要求,按方法应优先排.
先排末位,1,3,5 三个数字中,任选一个,共有 C_3^1 种;
再排首位,除 0 和末位数字以外,剩余的四个数字,任选一个,共有 C_4^1 种;
最后排中间三个位置,从剩余的 4 个数字中选出 3 个排列,共有 A_4^3 种;
由乘法原理可知,共 $C_3^1 C_4^1 A_4^3 = 288$ 种,故选 D.

> 【总结】 在组合数的问题中,要注意首项一定不能为零,属于有特殊要求的位置.若要求是奇数或者偶数,则末位数字也有特殊要求,都需要优先安排.

例 1.7 从 0,1,2,3,5,7,11 这 7 个数字中每次取两个相乘,不同的积有(　　)种.
(A) 15　　　(B)16　　　(C) 19　　　(D)23　　　(E) 21

【答案】 B

【解析】 0和任意数相乘均为零,故先安排0元素.
$0 \times i = 0, i = 1, 2, 3, 5, 7, 11$,共1种;
剩余的6个数中,任意两个数相乘均不同,共C_6^2种;
由加法原理可知,共$1 + C_6^2 = 16$种,故选B.

> **【总结】** 本题是数乘和计数原理的综合,注意两点细节:一个是0乘以任何数都是0;第二个是本题除0和1外均是质数,所以任意两个数相乘不会出现重复,若此题改为0,1,2,3,4,6,则其中$2 \times 6 = 3 \times 4 = 12$,会出现重复,计数的时候就必须要剔除重复的.

题型四 相邻元素

【题型方法分析】

题设中要求n个排列,其中有m个元素必须相邻,则采用捆绑法,将这m个元素捆绑,看作一个元素,先与剩余的$n-m$个元素一起排列,再将这m个元素进行内部排序.

例1.8 现将9人站成一排,其中甲乙相邻且丙丁相邻,共有( )种不同的排法.
(A) 362 880　　(B) 20 160　　(C) 181 440　　(D) 10 080　　(E) 28 800

【答案】 B

【解析】 由题设可知,将甲乙两人捆绑成整体并看成一个复合元素,同时丙丁也看成一个复合元素,再与其他5个元素一起共7个,进行排列,有A_7^7种排法,
再对相邻元素内部进行自排,甲乙两人与丙丁两人分别自排$A_2^2 A_2^2$,
由乘法原理可得共有$A_7^7 A_2^2 A_2^2 = 20\ 160$种不同的排法,故选B.

> **【总结】** 相邻问题用捆绑法,有几组相邻,则捆绑几次,要注意的是如果捆绑的元素位置没有确定,则一定要对捆绑在一起的元素进行自排列.

例1.9 国庆7天假期安排7人值班,其中小李、小谢和小罗的值班日期必须挨在一起,且小李在小谢之后,小罗在小谢之前,则共有( )种排班法.
(A) 60　　(B) 120　　(C) 240　　(D) 360　　(E) 480

【答案】 B

【解析】 由题设可知,将小李、小谢和小罗捆绑在一起,并看成一个整体,与其余4个人一起排列,共有A_5^5种排法,
再对这三个人进行自排,他们的顺序已经定好,共1种,
故共有$A_5^5 \times 1 = 120$种排法,答案选B.

> **【总结】** 当几个元素按照既定顺序捆绑在一起时,则其自排列就只有1种排法.

例1.10 将4封信投入3个不同的邮筒,若4封信全部投完,且每个邮筒至少投一封信,则共有投法( )种.
(A) 12　　(B) 21　　(C) 36　　(D) 42

【答案】 C

【解析】 由题设知4封信中一定有两封信会一起放到其中一个信箱,则先从4封信中选出

2 封捆绑在一起,共有 C_4^2 种.再与其余 2 封一起分配给三个信箱,可以看作三个元素进行排列,共有 A_3^3 种排法,再由乘法原理可知,共有 $C_4^2 A_3^3 = 36$ 种排法,故答案选 C.

> 【总结】 本题在使用捆绑法时,需要注意的是,捆绑的两个元素是不计顺序的,故使用的是组合数,而非排列数.同时本题也可看作分组分配问题,先分组 $\dfrac{C_4^1 C_3^1 C_2^2}{2!}$,再分配 A_3^3,故共 $\dfrac{C_4^1 C_3^1 C_2^2}{2!} A_3^3 = 36$ 种分法.

题型五 不相邻元素

【题型方法分析】

不相邻问题用插空法,先把没有位置要求的 m 个元素进行排列,再把不相邻元素插入这些元素的 $m+1$ 个空位中.

例 1.11 某公司举行趣味运动会,其中球类项目有 3 个,跑步类项目 2 个,跳绳类项目 2 个,球类节目不能连续安排,则比赛项目的安排顺序有( )种.

(A)1 440　　　(B)720　　　(C) 360　　　(D)180　　　(E) 5 040

【答案】 A

【解析】 先将 2 个跑步类项目和 2 个跳绳类项目排列,共有 A_4^4 种.

再将 3 个球类项目插入第一步排好的 4 个元素隔出的 5 个空位中,共有 A_5^3 种.

由乘法原理,比赛顺序共有 $A_4^4 A_5^3 = 1440$ 种,故选 A.

> 【总结】 不相邻问题使用插空法,可分为两个阶段,先排其他元素,再插空排不相邻元素,因为是分阶段,故用乘法原理计数.

例 1.12 学校进行汇报演出,主席中心位置有两排座位,前排 5 个座,后排 6 个座.若安排 2 位老师就座,规定前排中间 1 个座位不能坐,且此 2 人始终不能相邻而坐,则不同的坐法种数为( ).

(A)72　　　(B) 73　　　(C) 74　　　(D) 75　　　(E) 76

【答案】 E

【解析】 两人始终不相邻可以分成三种情况:

两人都在前排,中间 1 个座位不能坐,故只能两人分别坐在两边,则 $C_2^1 C_2^1 A_2^2 = 8$ 种坐法.

两人都坐在后排,不相邻用插空法,先排 4 张空椅子,再在这 4 张空椅子插空放置两张有人的椅子,共有 $A_5^2 = 20$ 种坐法.

两人一人前排一人后排,则 $C_4^1 C_6^1 A_2^2 = 48$ 种坐法.

根据加法原理,则共有 $C_2^1 C_2^1 A_2^2 + A_5^2 + C_4^1 C_6^1 A_2^2 = 76$ 种坐法.

> 【总结】 此题不相邻问题综合性较强,要分为两人是否同排讨论,同时此题也可以反面求解,即先求两人始终相邻的事件数 $C_2^1 A_2^2 + A_5^1 A_2^2 = 14$,再用总事件数减去即可 $A_{10}^2 - 14 = 76$.

题型六　重复排列问题

【题型方法分析】

允许重复的排列问题的特点是以元素为研究对象,元素不受位置的约束,可以逐一安排各个元素的位置.一般地,n 个不同的元素没有限制地安排在 m 个位置上的排列数为 m^n.

例 1.13　$a = 7^8$.

(1) 某 8 层大楼一楼电梯上来 8 名乘客,他们到各自的一层下电梯,下电梯的方法有 a 种;

(2) 某 9 层大楼一楼电梯上来 7 名乘客,他们到各自的一层下电梯,下电梯的方法有 a 种.

【答案】　A

【解析】　条件(1)可知,每名从一楼上电梯的乘客他们均有 7 个选择,则 8 个人共计 $a = 7^8$ 种下电梯的方法,故条件(1)充分.

条件(2)可知,每名从一楼上电梯的乘客他们均有 8 个选择,则 7 个人共计 $a = 8^7$ 种下电梯的方法,故条件(2)不充分,则答案选 A.

> **【总结】**　重排问题的关键是弄清楚谁是元素,谁是位置,本题乘客看作元素,他们选择下电梯的层数看作分配的位置,此时楼层可以被重复选择.

例 1.14　有 5 人报名参加 3 项不同的培训,每人都只报一项,则不同的报法有(　　)种.
(A) 243　　　(B) 125　　　(C) 81　　　(D) 60
(E) 以上结论都不正确

【答案】　A

【解析】　由题设知每个人报名培训项目没有约束,即均有 3 个选择,共 5 个人,即 $3 \cdot 3 \cdot 3 \cdot 3 \cdot 3 = 3^5 = 243$ 种报法.

> **【总结】**　本题可将人看作元素,不受约束地分配给 3 个项目,即项目可以被重复选择,每个人都有 3 个选择,共 3^5 种.

题型七　环形排列问题

【题型方法分析】

环排问题转为线排处理,一般地,n 个不同元素作圆形排列,环排与坐成一排的不同点在于,坐成圆形没有首尾之分,所以先固定一人,并从此位置把圆形展成直线排列,则剩余 $n-1$ 人共有 $(n-1)!$ 种排法.如果从 n 个不同元素中取出 m 个元素作圆形排列共有 $\frac{1}{m}A_n^m$ 种.

例 1.15　某部门开圆桌会议,共 6 人围桌而坐,则共有(　　)种坐法.
(A) 120　　　(B) 360　　　(C) 540　　　(D) 720
(E) 以上结论都不正确

【答案】　A

【解析】　环排问题,先固定其中任意一人,剩下其余 5 人从此位置把圆形展成直线,则共有 $(6-1)! = 5! = 120$ 种排法,故选 A.

【总结】 本题常见错误做法有：先从6人中选出一人固定位置，即 C_6^1，再将剩余的五人从此位置把圆形展成直线排列，有5!种，则共有 $C_6^1 \times 5! = 720$ 种。此方法的错误在于对环排的不理解，因为环排无首位之分，故开始固定谁都是一样的，不需要乘以 C_6^1。典型的环排问题，也可以直接套公式 $(n-1)!$。

例 1.16 $x = 720$.

(1) 幼儿园的小朋友小红用彩色珠子串珠链，现有7种颜色不同的珠子，则共有 x 种串珠方式；

(2) 幼儿园的小朋友小轩用彩色珠子串珠链，现有7种颜色不同的珠子，其中小轩最喜欢粉红色，所以她要将粉红色放在中间，则共有 x 种串珠方式.

【答案】 D

【解析】 由条件(1)可知，环排问题，直接用公式 $x = (7-1)! = 6! = 720$，故条件(1)充分；

由条件(2)可知，小轩先固定粉红色，然后其余6种颜色以此位置把圆形展成直线排列，有 $6! = 720$ 种串珠方式，故条件(2)充分.

因此答案选 D.

【总结】 本题很好地体现了环形排列中，无论是先固定哪个元素都没有影响.

题型八 多排问题

【题型方法分析】

一般地，元素分成多排的排列问题，可归结为一排考虑，再分段研究.

例 1.17 求16个人站四排，每排4人有（　　）站法.

(A) 16!　　(B) $4A_4^4$　　(C) $3A_4^4$　　(D) $(A_4^4)^3$

(E) 以上结论都不正确

【答案】 A

【解析】 多排问题，按照方法，可先排成一排再分段，即 $A_{16}^{16} = 16!$.

【总结】 多排问题，可以直接归为一排考虑，再分段时，因为已经确定好了排数以及每排人数，则分段法只有一种. 本题也可以分阶段多排考虑，总共4排，先排第一排 A_{16}^4 种排法，再排第二排 A_{12}^4 种排法，然后排第三排 A_8^4 种排法，最后排第四排 A_4^4 种排法，则根据乘法原理，共有 $A_{16}^4 A_{12}^4 A_8^4 A_4^4 = 16!$ 种排法.

例 1.18 现将8人排成前后两排，每排4人，其中甲乙在前排，丙在后排，共有（　　）种排法.

(A) A_8^8　　(B) $A_4^2 A_4^1 A_5^5$　　(C) $A_5^2 A_2^2 A_4^1 A_3^3$　　(D) $A_8^4 A_4^4$

(E) 以上结论都不正确

【答案】 B

【解析】 8人排前后两排，相当于8人坐8把椅子，把椅子排成一排. 其中甲乙是特殊元素，要优先处理，在前4把椅子中选出来两把给甲乙，有 A_4^2 种. 再排后4个位置上的特殊元素丙，有

A_4^1 种,其余的 5 人在 5 个位置上任意排列有 A_5^5 种,则共有 $A_4^2 A_4^1 A_5^5$ 种.

> 【总结】 多排问题,可以直接归为一排考虑,对于特殊元素,则只需按照题型三中的方法优先安排即可.

题型九　相同元素分配问题

【题型方法分析】

相同元素分配问题多用隔板法,将 n 个相同的元素分成 m 份(n,m 为正整数),每份至少一个元素,可以用 $m-1$ 块隔板,插入 n 个元素排成一排的 $n-1$ 个空隙中,所有分法数为 C_{n-1}^{m-1} 种.

例 1.19　有 12 副羽毛球拍,分给 8 个班,每班至少一副,共有（　　）种分配方案.

(A) C_{12}^{7}　　　(B) C_{11}^{8}　　　(C) C_{11}^{7}　　　(D) C_{12}^{8}　　　(E) C_{12}^{6}

【答案】 C

【解析】 因为 12 副羽毛球拍没有差别,即完全相同元素,把它们排成一排.相邻球拍之间形成 11 个空隙.再在这 11 个空档中选 7 个位置插入隔板,可把球拍分成 8 份,对应地分给 8 个班级,每一种插板方法对应一种分法共有 C_{11}^{7} 种分法.

> 【总结】 本题要注意每副球拍是无差别的完全相同元素,采用隔板法.也可以记住公式 C_{n-1}^{m-1},直接代入即可.

例 1.20　$x = C_{99}^{4}$.

(1) 满足 $x_1 + x_2 + x_3 + x_4 + x_5 = 100$ 的正整数解的组数有 x 组;

(2) 满足 $x_1 + x_2 + x_3 + x_4 + x_5 = 95$ 的非负整数解的组数有 x 组.

【答案】 D

【解析】 由条件(1)可看作 100 个 1 分成 5 份,每份至少有一个 1,直接代入公式,有 $C_{100-1}^{5-1} = C_{99}^{4}$ 组解,故条件(1)充分.

条件(2)中,令 $y_1 = x_1 + 1, y_2 = x_2 + 1, y_3 = x_3 + 1, y_4 = x_4 + 1, y_5 = x_5 + 1$,则 $y_i (i = 1, \cdots, 5)$ 均为正整数,且

$y_1 + y_2 + y_3 + y_4 + y_5 = x_1 + 1 + x_2 + 1 + x_3 + 1 + x_4 + 1 + x_5 + 1 = 100$,

故 $y_i (i = 1, \cdots, 5)$ 可看作 $y_1 + y_2 + y_3 + y_4 + y_5 = 100$ 的正整数解,共有 C_{99}^{4} 组,故条件(2)也充分,答案选 D.

> 【总结】 类似这种 $x_1 + x_2 + \cdots + x_n = m, m \in \mathbf{Z}^+$ 多元一次方程求正整数解,直接转为相同元素分配问题,用隔板法处理.若是求非负整数解,则要先换元成正整数解.

题型十　分组分配问题

【题型方法分析】

分组分配问题,分成两个阶段:先分组,再分配.在第一个阶段分组时,要注意如果是均匀分成 n 组,则不管它们的顺序如何,都是一种情况,所以分组后一定要除以 A_n^n 避免重复计数.

例 1.21　现将 9 本不同的书平均分成 3 堆,每堆 3 本共有（　　）分法.

(A) $C_9^3 C_6^3 C_3^3$　　(B) $\dfrac{C_9^3 C_6^3 C_3^3}{3}$　　(C) $\dfrac{A_9^3 A_6^3 A_3^3}{3!}$　　(D) $\dfrac{C_9^3 C_6^3 C_3^3}{3!}$　　(E) 以上均不正确

【答案】 D

【解析】 均匀分组,先从9本书中选出3本作为第一堆C_9^3,再从剩余的6本书中选出3本书作为第二堆C_6^3,最后剩余的三本书作为第三堆C_3^3,然后再用除法消序$\dfrac{C_9^3 C_6^3 C_3^3}{A_3^3}$,故答案选 D.

> **【总结】** 本题很多同学的错误答案选 A,但这里出现重复计数的现象,不妨记9本书为 123456789,若第一堆取 123,第二堆取 456,第三堆取 789,则$C_9^3 C_6^3 C_3^3$中还包含有(123,789,456),(456,123,789),(456,789,123),(789,123,456),(789,456,123)共有A_3^3种取法,而其实只有(123,456,789)这一种取法,故必须除以A_3^3消除重复计数.

例 1.22 现将9本不同的书分成4堆,其中有三堆每堆2本,另外一堆3本,共有(　　)种分法.

(A)$C_9^2 C_7^2 C_5^2 C_3^3$ 　　　　　　(B)$\dfrac{C_9^2 C_7^2 C_5^2 C_3^3}{3}$

(C)$\dfrac{C_9^2 C_7^2 C_5^2 C_3^3}{4!}$ 　　　　　　(D)$\dfrac{C_9^2 C_7^2 C_5^2 C_3^3}{3!}$

(E)以上均不正确

【答案】 D

【解析】 部分均匀分组问题,先从9本书中选出2本作为第一堆C_9^2,再从剩余的7本书中选出2本书作为第二堆C_7^2,然后从剩余的5本书中选出2本书作为第三堆C_5^2,最后剩余的三本书作为第四堆C_3^3,再用除法消序,即除去均匀组数的阶乘,$\dfrac{C_9^2 C_7^2 C_5^2 C_3^3}{3!}$,故答案选 D.

> **【总结】** 部分均匀分组,在用除法消序时,只要除去均匀组数的阶乘即可,而非除以总组数的阶乘.

例 1.23 某公司新招收5名实习生,将分别安排在4个部门工作,若每个部门至少有一名实习生,则不同的分配方案共有(　　)种.

(A)240　　(B)144　　(C)120　　(D)60　　(E)24

【答案】 A

【解析】 先将实习生分组,按照至少有一名实习生的要求,只能分成1,1,1,2,所有的情况有$\dfrac{C_5^1 C_4^1 C_3^1 C_2^2}{A_3^3}$,又知实习生要分配到四个不同的部门,因此不同的分配方案总共有$\dfrac{C_5^1 C_4^1 C_3^1 C_2^2}{A_3^3} A_4^4$ = 240 种.

> **【总结】** 分组分配问题都分为两个阶段.先分组,如若有均匀分组则用除法消序,再分配,最后利用乘法原理计数.本题也可以考虑利用相邻元素捆绑策略处理,5名实习生一定是分作1,1,1,2四组,即从中任意选取两名捆绑成一个元素C_5^2,然后再与其余3个元素一起全排列即A_4^4,故共计$C_5^2 A_4^4$ = 240 种.

例 1.24 有6本不同的书,不同的分书方法有90种.

(1)平均分给3个人;

(2)平均分成3堆.

【答案】 A

【解析】 条件(1)知,先均匀分组再分配,则 $\dfrac{C_6^2 C_4^2 C_2^2}{3!} A_3^3 = 90$,故条件(1)充分.

条件(2)知,均匀分组问题,则 $\dfrac{C_6^2 C_4^2 C_2^2}{3!} = 15$,故条件(2)不充分.

因此答案选 A.

【总结】 分堆问题,因为每堆都一样,所以只是分组不需要分配;分给三个人,因为人不同,所以需要分配,是先分组再分配.

题型十一　涂色问题

【题型方法分析】

(1) 分步涂色,利用乘法原理;
(2) 分颜色种类讨论,利用加法原理;
(3) 公式法:如下图,将一个圆环分成 n 份,用 $m(m \geqslant 2)$ 种不同颜色对区域染色,要求相邻区域颜色不同,则共有 $(m-1)^n + (-1)^n (m-1)$ 种涂色方法.

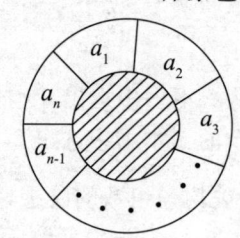

例 1.25　用红、黄、绿、蓝四种颜色给下图中的 $A、B、C、D$ 四个区域涂色,且相邻区域颜色不同,则共有(　)种涂色方式.

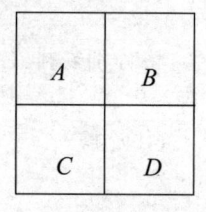

(A) 54　　　　(B) 72　　　　(C) 80　　　　(D) 81　　　　(E) 84

【答案】 E

【解析】 方法一　分区域涂色.

先涂 A 区共有 C_4^1 种,再涂 B 区,有 C_3^1 种,然后涂 C 区和 D 区,如果 C 区颜色和 B 区一致,则 D 区有 C_3^1 种,即 $1 \times C_3^1$;如果 C 区颜色和 B 区不一样,则 C 区有 C_2^1 种,此时 D 区有 C_2^1 种,即 $C_2^1 \times C_2^1$ 种,综上,由乘法原理可知共计 $C_4^1 \times C_3^1 \times (1 \times C_3^1 + C_2^1 \times C_2^1) = 84$ 种.

方法二　分颜色种类讨论.

若用四种颜色,则共有 $C_4^4 \times C_3^1 \times C_2^1 \times C_1^1 = 24$ 种;

若用三种颜色,则共有 $C_4^3 \times C_3^1 \times C_2^1 \times C_2^1 = 48$ 种;

若用两种颜色,则共有 $C_4^2 \times C_2^1 = 12$ 种;

综上,由加法原理可知,共计 $24 + 48 + 12 = 84$ 种.

方法三　公式法.

图形可以看成圆环分成四份,用四种颜色涂,故共计 $(4-1)^4+(-1)^4\times(4-1)=84$ 种.

【总结】 涂色问题方法较为灵活,以上三种方法均可,但是显然如果可以满足公式法的使用条件时,用公式法较快.上图图形还可变形为如下图所示的扇形区域,

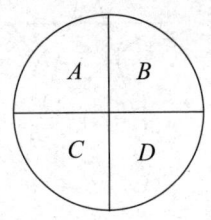

考研按照其规律,形如这种扇形一般喜欢考用 n 种颜色涂 n 个区域,且相邻区域颜色不同,共计多少种涂色方法,同学们可以直接套公式,也可以将常考的结论记住:

扇形区域数量	2	3	4	5
涂色方法数量	2	6	84	1 020

例1.26 用红、黄、绿、蓝、紫五种颜色给下图中的 A、B、C、D、E 五个区域涂色,且相邻区域颜色不同,则共有( )种涂色方式.

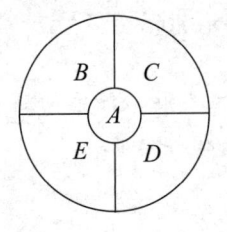

(A)360   (B)420   (C)540   (D)560   (E)336

【答案】 B

【解析】 **方法一** 分区域涂色.

先涂中心 A 区域,共有 C_5^1 种、再涂 B 区域,共有 C_4^1 种、然后涂 C 区域,共有 C_3^1 种.最后涂 D,E 区域,如果 D 区颜色和 B 区一致,则 E 区有 C_3^1 种,即 $1\times C_3^1$;如果 D 区颜色和 B 区不一样,则 D 区有 C_2^1 种,此时 E 区有 C_2^1 种,即 $C_2^1\times C_2^1$ 种.综上,由乘法原理可知共计 $C_5^1\times C_4^1\times C_3^1(1\times C_3^1+C_2^1\times C_2^1)=420$ 种.

方法二 公式法.

可以先从五种颜色中选择一种涂中心 A 区域,剩余的 4 个区域满足公式法的条件,则可以直接套公式,共计 $C_5^1\times[(4-1)^4+(-1)^4(4-1)]=420$ 种.

【总结】 本题也可用分颜色讨论求解,思路与例题1.25的方法二一致.同时形如这种中心有可涂色圆环的环形区域,若用 n 种颜色涂 n 个区域,且相邻区域颜色不同,共计多少种涂色方法,大家也可以将常考的结论记住:

涂色区域数量	3	4	5	6
涂色方法数量	6	24	420	6 120

例 1.27 现要求用五种不同颜色给五角星的五个顶点涂色,且每条线段所连接的端点的颜色不同,共有( )种涂色方法.

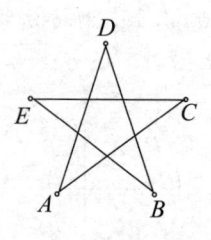

(A)84 (B)420 (C)560 (D)1 020 (E)1 080

【答案】 D

【解析】 本题为顶点图色,可转化为区域涂色问题求解,转化区域图如下:

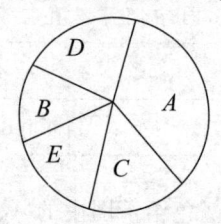

故题设转为 5 种颜色涂 5 个扇形区域,相邻区域颜色不同,直接套公式即可,共计 $(5-1)^5 + (-1)^5(5-1) = 1\ 020$ 种.

【总结】 点涂色的问题均可转化为区域涂色问题,本题采用了公式法,同学们也可自己验证下其他两种方法,公式法相对简单.

题型十二 正难则反

【题型方法分析】

采用整体淘汰策略,有些排列组合问题,正面直接考虑比较复杂,而它的反面往往比较简捷,可以先求出它的反面,再从整体中淘汰.

例 1.28 从 0,1,2,3,4,5,6,7,8,9 这十个数字中取出三个数,使其和为不小于 10 的偶数,不同的取法有( )种.

(A)50 (B)51 (C)52 (D)53 (E)54

【答案】 B

【解析】 本题如果直接求不小于 10 的偶数较复杂,故可用总体淘汰法.

由题设知,这 10 个数中共有 5 个奇数、5 个偶数,任取三个数之和为偶数,则有两种取法:三个数均为偶数,两个奇数一个偶数,共计 $C_5^3 + C_5^1 \times C_5^2$ 个偶数,小于 10 的偶数有 9 个,则不小于 10 的偶数有 $C_5^3 + C_5^1 \times C_5^2 - 9 = 51$ 个.

【总结】 本题在求反面事件个数时可以用穷举法,穷举法一般适用于小整数问题.

例 1.29 从 6 名男生和 4 名女生中选出 3 名代表,$P = 116$.

(1) 至少包含 1 名女生的不同的选法有 P 种;

(2) 至多包含 2 名女生的不同的选法有 P 种.

【答案】 B

【解析】 条件(1)中至少包含一名女生有三种情况,较麻烦,故采用总体淘汰法,从10名同学中任选 3 名,共有 C_{10}^3 种,3 名代表中全是男生没有女生共有 C_6^3 种,故至少包含一名女生共有 $C_{10}^3 - C_6^3 = 100$ 种,条件(1)不充分.

条件(2)中至多包含 2 名女生,有三种情况,较麻烦,故采用总体淘汰法. 从 10 名同学中任选 3 名,共有 C_{10}^3 种,反面事件即三名代表均是女生共有 C_4^3 种,故至多包含 2 名女生共有 $C_{10}^3 - C_4^3 = 116$ 种,故条件(2)充分,答案选 B.

【总结】 一般在题设中出现"至多"、"至少"、"不超过"、"不多于"、"不少于"等词时,多用正难则反的总体淘汰法.

第二节 概率初步

知识精讲

一、基本概念

1. 样本空间与样本点

试验的所有可能结果组成的集合称为样本空间,记为 Ω.

样本空间的元素,即试验每一个可能结果称为样本点,记为 ω.

2. 随机事件

(1) 样本空间 Ω 的子集,称为随机事件,通常用 A,B,C 表示,在每次试验中,当且仅当这一子集中的一个样本点出现时,称这一事件发生.

(2) 两个特殊事件

必然事件:样本空间 Ω 包含所有样本点,它是 Ω 自身的子集,在每次试验中它总是发生的,称为必然事件,记为 Ω.

不可能事件:空集 $\varnothing$ 不包含任何样本点,它也作为样本空间的子集,在每次试验中都不发生,称为不可能事件,记为 $\varnothing$.

3. 事件间常见关系及文氏图表示

(1) 包含关系:$A \subset B$,即事件 A 的每一个样本点都包含在事件 B 中 $\Leftrightarrow$ 事件 A 的发生必然导致事件 B 发生,如下图.

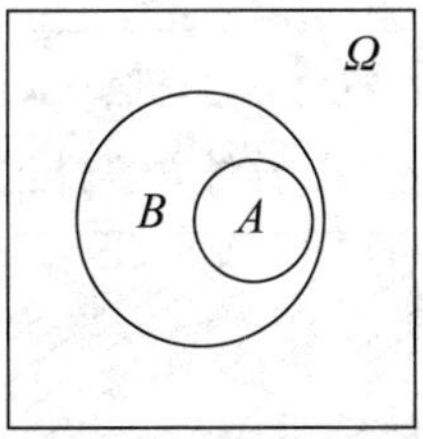

(2) 事件相等:$A = B$,即事件 A 的每一个样本点都包含在事件 B 中,同时事件 B 的每一个样本点都包含在事件 A 中 $\Leftrightarrow$ 事件 A 的发生必然导致事件 B 发生且事件 B 的发生必然导致事件 A 发生,如下图:

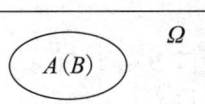

(3) A 和 B 的和事件:$A \cup B$ 或 $A+B$,即样本点在 A 中或在 B 中 $\Leftrightarrow$ 事件 A 和事件 B 至少有一个发生,如下图.

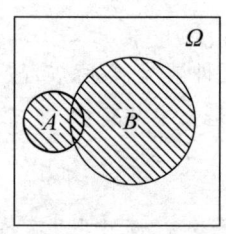

(4) A 和 B 的积事件:$A \cap B$ 或 AB,即样本点既在 A 中又在 B 中 $\Leftrightarrow$ 事件 A 和事件 B 同时发生,如下图.

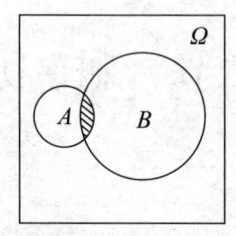

(5) A 和 B 的差事件:事件 $A-B$,即样本点在 A 中但不在 B 中 $\Leftrightarrow$ 事件 A 发生且事件 B 不发生,如下图.

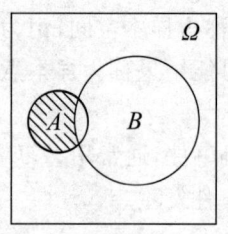

(6) 互斥(互不相容)事件:$AB = \varnothing$,即不存在样本点既在 A 中又在 B 中 $\Leftrightarrow$ 事件 A 和事件 B 不能同时发生,如下图.

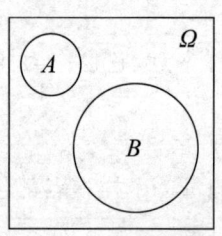

(7) 对立(互逆)事件:$A \cup B = \Omega$ 且 $AB = \varnothing$,即样本点不在 A 中就在 B 中 $\Leftrightarrow$ 事件 A 和事件 B 在一次试验中必然发生且只能发生一件,且 A 的对立事件记为 $\bar{A}$,如下图.

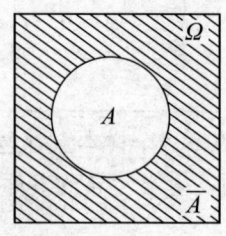

4. 事件的运算律
(1) 交换律:$A \cup B = B \cup A, A \cap B = B \cap A$.
(2) 结合律:$(A \cup B) \cup C = A \cup (B \cup C), (A \cap B) \cap C = A \cap (B \cap C)$.

(3) 分配律：$A \cup (BC) = (A \cup B) \cap (A \cup C), A \cap (B \cup C) = (A \cap B) \cup (A \cap C)$.

(4) 德摩根律（对偶律）：$\overline{A \cup B} = \overline{A} \cap \overline{B}, \overline{A \cap B} = \overline{A} \cup \overline{B}$.

二、随机事件的概率

1. 定义：事件 A 发生的可能性的大小，记为 $P(A)$，称为事件 A 的概率.

2. 性质

(1) 非负性：对于每一个事件 A，有 $0 \leqslant P(A) \leqslant 1$.

(2) 规范性：对于不可能事件 $\varnothing$ 和必然事件 Ω，有 $P(\Omega) = 1, P(\varnothing) = 0$.

(3) 可列可加性：设 $A_1, A_2, \cdots, A_n$ 是两两互不相容的事件，即 $A_i \cap A_j = \varnothing, i \neq j, i, j = 1, \cdots, n$，有 $P(A_1 \cup A_2 \cup \cdots \cup A_n) = P(A_1) + P(A_2) + \cdots + P(A_n)$.

(4) 逆事件的概率公式：对于任一事件 A，有 $P(\overline{A}) = 1 - P(A)$.

3. 公式

(1) 加法公式：设 A, B 是任意两个事件，则有 $P(A \cup B) = P(A) + P(B) - P(AB)$.

【注】 $P(A \cup B \cup C) = P(A) + P(B) + P(C) - P(AB) - P(BC) - P(AC) + P(ABC)$，简记为加奇减偶.

(2) 减法公式：设 A, B 是任意两个事件，则有 $P(A - B) = P(A) - P(AB)$.

【注】 若 $B \subset A$，则有 $P(A - B) = P(A) - P(B) \geqslant 0$，即 $P(B) \leqslant P(A)$.

(3) 条件概率公式：设 A, B 是任意两个事件，且 $P(A) > 0$，称 $P(B|A) = \dfrac{P(AB)}{P(A)}$ 为在事件 A 发生的条件下事件 B 发生的条件概率.

【注】 $P((A \cup B)|C) = P(A|C) + P(B|C) - P(AB|C)$，
$P((A - B)|C) = P(A|C) - P(AB|C)$.

(4) 乘法公式：设 A, B 是任意两个事件，且 $P(A) > 0$，则 $P(AB) = P(A)P(B|A)$.

【注】 $P(ABC) = P(A)P(B|A)P(C|AB)$.

三、事件的独立性

1. 两个事件独立的定义：若事件 A, B 满足 $P(AB) = P(A) \cdot P(B)$，则称事件 A, B 独立.

2. 两个事件独立的性质

(1) 若事件 A, B 独立，则 $\overline{A}$ 与 B，$\overline{A}$ 与 $\overline{B}$，A 与 $\overline{B}$ 都是相互独立的.

(2) 若事件 A, B 独立 $\Leftrightarrow P(B) = P(B|A) \Leftrightarrow P(B) = P(B|\overline{A})$，即事件 B 发生的概率与事件 A 发生或不发生没关系.

3. 三个事件独立的定义：

$\left. \begin{array}{l} P(AB) = P(A) \cdot P(B) \\ P(AC) = P(A) \cdot P(C) \\ P(BC) = P(B) \cdot P(C) \end{array} \right\} \Leftrightarrow A, B, C \text{ 两两独立} \left. \right\} \Leftrightarrow A, B, C \text{ 相互独立}$
$P(ABC) = P(A) \cdot P(B) \cdot P(C)$

4. 三个事件独立的性质

若事件 A, B, C 相互独立，则 C 与 A, B 的和、差、积事件均相互独立.

四、古典型概率

1. 定义：具有以下两特点的试验称为古典概型：

① 样本空间有限，即 Ω 中只有有限个样本点；

② 等可能性,每个样本点发生的概率相同.

2. 古典概型概率公式:$P(A) = \dfrac{\text{事件}A\text{中基本事件的个数}n_A}{\text{样本空间}\Omega\text{中基本事件总数}n}.$

五、n 重伯努利(贝努里)概型及其概率计算

1. 定义:只有两个结果 A 和 $\overline{A}$ 的试验称为伯努利试验,若将伯努利试验独立重复地进行 n 次,则称为 n 重伯努利概型.

2. 二项概率公式

设在每次试验中,事件 A 发生的概率 $P(A) = p(0 < p < 1)$,则在 n 重伯努利试验中,事件 A 发生 k 次的概率为:
$$B_k(n,p) = C_n^k p^k (1-p)^{n-k}, (k=0,1,2,\cdots,n).$$

重要题型

题型一　事件的关系、运算与概率的基本性质

【题型方法分析】

事件的关系与运算一般采用运算法则与图形相结合的方法来解决,而概率部分主要考查概率基本性质以及将概率与事件关系相结合的简单运算.

例 2.1　对于事件 A,B,下列说法中正确的是(　　).

(A) 若 A,B 互斥,则 $\overline{A},\overline{B}$ 也互斥　　(B) 若 A,B 互逆,则 $\overline{A},\overline{B}$ 也互逆

(C) 若 $A - B = \varnothing$,则 A,B 互斥　　(D) 若 $A \cup B = \Omega$,则 A,B 互逆

(E) 以上均不正确

【答案】　B

【解析】　选项(A),若 A,B 互斥,则 $A \cap B = \varnothing$,而 $\overline{A} \cap \overline{B} = \overline{A \cup B}$,显然推不出 $\overline{A} \cap \overline{B} = \varnothing$,如图所示

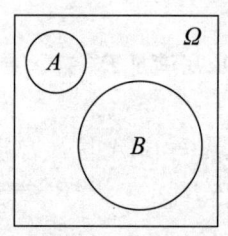

显然 $\overline{A} \cap \overline{B} \neq \varnothing$.故选项 A 不正确.

选项(B),若 A,B 互逆,即满足 $A \cap B = \varnothing, A \cup B = \Omega$,则由对偶定律可知,$\overline{A} \cap \overline{B} = \overline{A \cup B} = \overline{\Omega} = \varnothing, \overline{A} \cup \overline{B} = \overline{A \cap B} = \overline{\varnothing} = \Omega$,故 $\overline{A},\overline{B}$ 也互逆,选项 B 正确.

选项(C),若 $A - B = \varnothing$,即 $A - B = A \cap \overline{B} = \varnothing$,则 $A,\overline{B}$ 互斥,如下图这种情况:

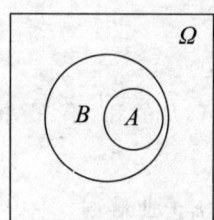

故选项(C)不正确.

选项(D)中只有 $A \cup B = \Omega$,而无条件 $A \cap B = \varnothing$,显然得不到 A,B 互逆,故选项 D 不正确.

【总结】 事件关系的判定一般直接用定义,数形结合可以更直观地描述,便于理解.

例 2.2 设事件 A,B,$P(A-B) = P(A) - P(B)$.
(1) $A,\overline{B}$ 互不相容.
(2) $\overline{A},B$ 互不相容.

【答案】 B

【解析】 由结论等价转化可知,$P(A-B) = P(A) - P(B) \Leftrightarrow P(A) - P(AB) = P(A) - P(B) \Leftrightarrow P(AB) = P(B) \Leftrightarrow B \subset A$.

条件(1) $A,\overline{B}$ 互不相容,如图. 显然 $A \subset B$,故条件(1) 不充分.

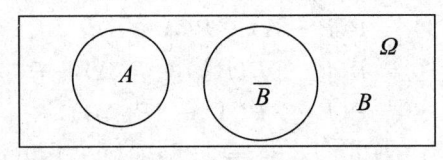

条件(2) $\overline{A},B$ 互不相容,如图. 显然 $B \subset A$,故条件(2) 充分.

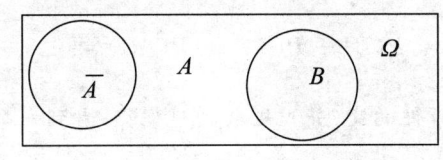

【总结】 关于逆事件可表示为 $\overline{A} = \Omega - A$.从图形来看,即 Ω 中除 A 以外的部分.

例 2.3 设事件 A,B,C,若 $A \cup B \cup C = A$,则( ).
(A) 若 A 发生必导致 B,C 同时发生   (B) 若 B 发生必导致 A,C 同时发生
(C) 若 C 发生必导致 A,B 同时发生   (D) 若 B 发生或 C 发生必导致 A 发生
(E) 以上均不正确

【答案】 D

【解析】 由题设可知,$A \cup B \cup C = A$,则 $B \cup C \subset A$,由包含的定义可知 B 发生或 C 发生必导致 A 发生,故答案选 D.

【总结】 若 $A \cup B \cup C = A$,则 $B \subset A, C \subset A, B \cup C \subset A$,即越并越大;
若 $A \cap B \cap C = A$,则 $A \subset B, A \subset C, A \subset BC$,即越交越小.

例 2.4 申请驾照时必须参加理论考试和路考且两种考试均通过,若在同一批学员中有 70% 的人通过了理论考试,80% 的人通过了路考,则最后拿到驾照的人有 60%.
(1) 10% 的人两种考试都没通过;
(2) 20% 的人仅通过路考.

【答案】 D

【解析】 假设 A 表示事件"通过了理论考试",B 表示事件"通过了路考",AB 表示事件"拿到驾照".

条件(1) 知,$P(\overline{AB}) = P(\overline{A \cup B}) = 1 - P(A \cup B) = 10\%$,得
$P(A \cup B) = P(A) + P(B) - P(AB) = 70\% + 80\% - P(AB) = 90\%$,故 $P(AB) = 60\%$,

条件(1) 充分.

条件(2) 知,$P(\overline{A}B) = P(B-A) = P(B) - P(AB) = 80\% - P(AB) = 20\%$,故 $P(AB) = 60\%$,条件(2) 充分.

> 【总结】 本题可以看作集合分类题,关键是弄清楚事件的关系,也可以用文氏图解题,非常简便.

例 2.5 设事件 A,B 满足 $P(A) + P(B) = 0.8, P(\overline{AB}) = 0.4$,则 $P(\overline{A}B) + P(A\overline{B}) = (\quad)$.

(A) 0.2 (B) 0.4 (C) 0.5 (D) 0.6 (E) 0.8

【答案】 B

【解析】
$$P(\overline{A}B) + P(A\overline{B}) = P(B-A) + P(A-B)$$
$$= P(B) - P(BA) + P(A) - P(AB)$$
$$= P(B) + P(A) - 2P(AB),$$

$P(\overline{AB}) = P(\overline{A \cup B}) = 1 - P(A \cup B) = 1 - P(A) - P(B) + P(AB) = 0.4$,

得 $P(AB) = 0.2$,故

$$P(\overline{A}B) + P(A\overline{B}) = P(B) + P(A) - 2P(AB) = 0.8 - 2 \times 0.2 = 0.4.$$

> 【总结】 看到两个逆事件的交(并),则想到对偶律;看到一个事件和另一个事件的逆的交,则想到减法公式.

题型二 古典概型的概率计算

【题型方法分析】

(1) 计算古典概型事件的概率可分三步:

① 求出基本事件的总个数 n;

② 求出事件 A 所包含的基本事件个数 n_A;

③ 代入公式求出概率 P.

(2) 含有"至多""至少"等类型的概率问题,从正面突破比较困难或者比较繁琐时,可考虑其反面,即逆事件,然后应用逆事件的性质 $P(\overline{A}) = 1 - P(A)$ 进一步求解.

例 2.6 箱子中共有 36 个球,其中 12 个红球,10 个白球,8 个黑球,6 个蓝球.若从中随机选出两个球,则它们的颜色相同的概率是( ).

(A) $\dfrac{77}{315}$ (B) $\dfrac{44}{315}$ (C) $\dfrac{33}{315}$ (D) $\dfrac{9}{122}$

(E) 以上结论都不正确

【答案】 A

【解析】 该模型为古典概型,基本事件个数是有限的,并且每个基本事件的发生是等可能的,根据古典概型的概率公式,可知

$$P = \frac{C_{12}^2 + C_{10}^2 + C_8^2 + C_6^2}{C_{36}^2} = \frac{77}{315}.$$

故选 A.

【总结】 摸球是古典概型中非常经典的题型,本题在求解颜色相同这一事件的事件个数时采用的是加法原理,古典概型题与计数原理结合是常见的考查模式,考生一定要注意.

例 2.7 将 3 个红球与 1 个白球随机地放入甲、乙、丙三个盒子中,则乙盒中至少有 1 个红球的概率为( ).

(A) $\dfrac{2}{9}$ (B) $\dfrac{8}{27}$ (C) $\dfrac{7}{27}$ (D) $\dfrac{19}{27}$

(E) 以上结论都不正确

【答案】 D

【解析】 由题设知,该题为古典概型.
设 A 表示事件"乙盒中至少有 1 个红球",共有六种情况:1 个红球和 1 个白球,1 个红球和没有白球,2 个红球和 1 个白球,2 个红球和没有白球,3 个红球和 1 个白球,3 个红球和没有白球,直接求解,比较复杂,故我们先求逆事件的概率.
乙盒中至少有 1 个红球的逆事件 $\overline{A}$,即乙盒中没有红球.两种情况:有白球或没有白球,根据古典概型概率公式知,

$$P(\overline{A}) = \dfrac{2^3 \cdot 1 + 2^3 \cdot 2}{3^4} = \dfrac{8}{27},$$ 则 $P(A) = 1 - P(\overline{A}) = \dfrac{19}{27}$,故答案选 D.

【总结】 题设中出现"至多"、"至少",一般都会先求逆事件概率,再利用性质求解.本题在求基本事件个数时用的是第一节中重复排列的方法.

例 2.8 $P = \dfrac{2}{9}$.

(1) 从标有 1,2,3,4,5,6,7,8,9 的 9 张纸片中任取 2 张,那么这 2 张纸片数字之积为偶数的概率为 P;

(2) 一个正方体,它的表面涂满了红色,在它的每个面上切两刀,可得 27 个小正方体,从中任取一个,其恰有一个面涂有红色的概率是 P.

【答案】 B

【解析】 条件(1),两数相乘为偶数,则两数中至少有一个数为偶数,故 $P = \dfrac{C_5^1 \times C_4^1 + C_4^2}{C_9^2} = \dfrac{13}{18}$,故条件(1) 不充分.
条件(2),恰有一个面涂有红色的小正方体应该是每个面中心那个小正方体,总共 6 个面,故共计 6 个,则 $P = \dfrac{6}{27} = \dfrac{2}{9}$.

例 2.9 质检局现抽样调查某厂商生产的牛奶,已知 10 瓶样品牛奶中有 3 瓶是次品,现从 10 瓶牛奶中一次性抽取 2 瓶,则两次抽取的均为次品的概率是( ).

(A) $\dfrac{3}{10}$ (B) $\dfrac{1}{12}$ (C) $\dfrac{1}{15}$ (D) $\dfrac{9}{100}$

(E) 以上结论都不正确

【答案】 C

【解析】 此题为古典概型.

设事件 A 表示两次抽取的牛奶均为次品,则 $n_A = C_3^2$,故,$P(A) = \dfrac{C_3^2}{C_{10}^2} = \dfrac{1}{15}$.

【总结】 质量检验问题,因为样本空间有限,每个产品被抽到都是等可能的,所以仍是古典概型典型模式,直接套公式即可.

例 2.10 现有 10 名网球选手,其中有 2 名种子选手,现将他们分成两个小组参加比赛,要求每组 5 人,则 2 名种子选手不在同一小组的概率为( ).

(A) $\dfrac{1}{9}$ (B) $\dfrac{8}{27}$ (C) $\dfrac{4}{9}$ (D) $\dfrac{5}{9}$ (E) $\dfrac{17}{27}$

【答案】 D

【解析】 设 A 表示事件"2 名种子选手不在同一小组",先求 A 的基本事件个数.

先将 8 名普通选手均匀分为两组,再将 2 名种子选手分在这两组,则 $n_A = \dfrac{C_8^4 C_4^4}{2!} A_2^2$.

再求 Ω 的基本事件个数,即将 10 名选手均匀分为两组,则 $n_\Omega = \dfrac{C_{10}^5 C_5^5}{2!}$,故 $P(A) = \dfrac{\dfrac{C_8^4 C_4^4}{2!} A_2^2}{\dfrac{C_{10}^5 C_5^5}{2!}} = \dfrac{5}{9}$,

答案选 D.

【总结】 本题在求解事件个数时,要注意均匀分组必须除法消序.

例 2.11 将一枚骰子抛掷两次,若先后出现的点数分别为 b,c,则方程 $x^2 + bx + c = 0$ 有实根的概率为( ).

(A) $\dfrac{1}{9}$ (B) $\dfrac{1}{3}$ (C) $\dfrac{4}{9}$ (D) $\dfrac{1}{2}$ (E) $\dfrac{19}{36}$

【答案】 E

【解析】 方程 $x^2 + bx + c = 0$ 有实根 $\Leftrightarrow b^2 - 4c \geqslant 0$.

当 $b = 1$ 时,无解;
当 $b = 2$ 时,$c = 1$;
当 $b = 3$ 时,$c = 1,2$;
当 $b = 4$ 时,$c = 1,2,3,4$;
当 $b = 5$ 时,$c = 1,2,3,4,5,6$;
当 $b = 6$ 时,$c = 1,2,3,4,5,6$,

故共有 19 组解,则由古典概型概率公式可知 $P = \dfrac{19}{6 \times 6} = \dfrac{19}{36}$.

【总结】 掷骰子是非常典型的古典概型模型,且因为其样本空间为小整数,故穷举法是比较常见的一种方法.

例 2.12 点 (m,n) 落在圆 $(x-a)^2 + (y-a)^2 = a^2, a \geqslant 1$ 内的概率是 $\dfrac{1}{3}$.

(1) m,n 是连续掷一枚骰子两次所得到的点数,且 $a = 3$;
(2) m,n 是连续掷一枚骰子两次所得到的点数,且 $a = 2$.

【答案】 E

【解析】 题设与圆相关,故可用数形结合,如下图.

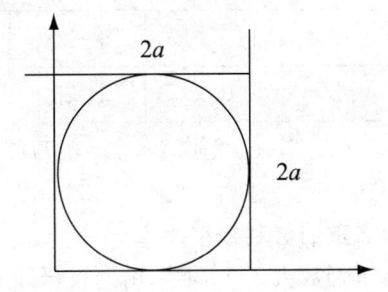

若 $3 \geqslant a \geqslant 1$,则点 (m,n) 落在圆 $(x-a)^2+(y-a)^2=a^2$ 内的概率 $P=\dfrac{(2a-1)^2}{6\times 6}$.

条件(1)可知,则 $a=3$,有 $P=\dfrac{(2\times 3-1)^2}{6\times 6}=\dfrac{25}{36}$,故条件(1)不充分.

条件(2)可知,则 $a=2$,有 $P=\dfrac{(2\times 2-1)^2}{6\times 6}=\dfrac{1}{4}$,故条件(2)也不充分,答案选 E.

【总结】 与解析几何中圆相关的命题,数形结合是非常简便的方法,同时本题属于小整数问题,也可采用穷举法,但是计算量相对较大.

题型三　伯努利概型的概率计算

【题型方法分析】

若题设中出现"独立重复"、"次数"等一般为伯努利概型,则计算伯努利概型的概率可分三步:

第一步,求出事件 A 发生的概率 $P(A)=p$;

第二步,确定试验总数 n 和事件 A 发生的次数 k;

第三步,代入二项概率公式计算.

例 2.13　掷一枚不均匀硬币,正面朝上的概率为 $\dfrac{2}{3}$,若将此硬币抛掷 4 次,则正面朝上 3 次的概率是(　　).

(A) $\dfrac{8}{81}$　　　(B) $\dfrac{8}{27}$　　　(C) $\dfrac{32}{81}$　　　(D) $\dfrac{1}{2}$　　　(E) $\dfrac{26}{27}$

【答案】 C

【解析】 满足独立重复,计算的是次数,易知此为 4 重伯努利概型.

设 A 表示事件"硬币正面朝上",则由题设可知 $P(A)=\dfrac{2}{3}$,故代入二项概率公式:

$$B_3\left(4,\dfrac{2}{3}\right)=C_4^3\left(\dfrac{2}{3}\right)^3\left(1-\dfrac{2}{3}\right)^{4-3}=\dfrac{32}{81}.$$

故答案选 C.

【总结】 计算伯努利概型的关键是三个变量:$P(A),n,k$.确定好这三个变量则直接代入公式即可.

例 2.14 经统计,某路口在每天 8 点到 8 点 10 分的十分钟里通过的车辆数及对应的概率如下表,则该路口在 2 天中至少有 1 天通过的车辆数大于 15 辆的概率是(   ).

车流量	0～5	6～10	11～15	16～20	21～25	26 以上
概率	0.1	0.2	0.2	0.25	0.2	0.05

(A)0.2 (B)0.25 (C)0.4 (D)0.5 (E)0.75

【答案】 E

【解析】 由题设知,此题为 2 重伯努利概型.

设 A 表示事件"一天通过的车辆数大于 15 辆",由题设可知 $P(A) = 0.25 + 0.2 + 0.05 = 0.5$,该路口在 2 天中至少有 1 天通过的车辆数大于 15 辆的情况有两种:有 1 天通过的车辆数大于 15 辆或 2 天通过的车辆数都大于 15 辆,计算较麻烦. 故可以考虑其逆事件,即 2 天内通过的车辆数大于 15 辆的天数为 0,则概率为 $C_2^0 \frac{1}{2}^0 \left(1 - \frac{1}{2}\right)^{2-0} = \frac{1}{4}$,则路口在 2 天中至少有 1 天通过的车辆数大于 15 辆的概率为 $1 - \frac{1}{4} = \frac{3}{4}$,答案选 E.

【总结】 本题也可用直接法计算则"路口在 2 天中至少有 1 天通过的车辆数大于 15 辆"的概率为 $C_2^1 \frac{1}{2}^1 \left(1 - \frac{1}{2}\right)^{2-1} + C_2^2 \frac{1}{2}^2 \left(1 - \frac{1}{2}\right)^{2-2} = \frac{1}{2} + \frac{1}{4} = \frac{3}{4}$. 一般在含有"至少"、"至多"时采用正难则反策略较简便.

例 2.15 $(1+x) + (1+x)^2 + \cdots + (1+x)^{100}$ 的展开式中,x^8 的系数是(   ).

(A) C_{10}^9 (B) C_{101}^9 (C) C_{100}^9 (D) C_{101}^8 (E) C_{10}^8

【答案】 B

【解析】 由等比数列的性质可知,

$(1+x) + (1+x)^2 + \cdots + (1+x)^{100} = \frac{(1+x)[1 - (1+x)^{100}]}{1 - (1+x)} = \frac{(1+x)^{101} - (1+x)}{x}$,

故 x^8 的系数即为 $(1+x)^{101}$ 展开式中 x^9 的系数.

$(1+x)^{101} = (1+x)(1+x)\cdots(1+x)$ 共有 101 个因式 $(1+x)$ 相乘,乘完的结果即每次从每个因式的 1 或 x 中任取一个相乘,而 x^9 这项等价于 101 个式子中有 9 个式子选择的是 x,其余的 92 个式子均选择的是 1,故系数为 C_{101}^9,因此答案选 B.

【总结】 涉及多项因式相乘的系数问题,如果不能直接展开,则一般转化为 $(1+x)^n$ 的形式,借助伯努利概型的思想,利用组合数求解.

例 2.16 进行一系列独立试验,每次试验成功的概率为 p,则在成功 2 次之前已经失败 3 次的概率为(   ).

(A) $4p^2(1-p)^3$ (B) $4p(1-p)^3$
(C) $10p^2(1-p)^3$ (D) $p^2(1-p)^3$
(E) $(1-p)^3$

【答案】 A

【解析】 独立重复试验且计算次数,故为伯努利概型.

成功 2 次之前失败 3 次,即意味着,最后一次的结果应该为第 2 次成功,而前面应该成功 1 次且失败三次,故概率为 $C_4^1 p^1 (1-p)^{4-1} p = 4p^2 (1-p)^3$,故答案选 A.

【总结】 本题的关键是弄清楚试验的总数,可将结论总结为:进行一系列独立试验,每次试验成功的概率为 p,则在成功 n 次之前已经失败 m 次的概率为 $C_{n-1+m}^{n-1} p^{n-1} \cdot (1-p)^m p = C_{n-1+m}^{n-1} p^n (1-p)^m$.

题型四 独立性与乘法公式

【题型方法分析】

一般将独立的定义与性质和乘法公式以及条件概率公式结合起来考查,熟记公式和性质即可.

例 2.17 某司机开车从 A 地到 B 地,途中有 2 个路口安排了交警随机查询,他至少一次遇到交警的概率是 0.84.

(1) 在这 2 个路口处遇到交警的事件是相互独立事件;

(2) 在这 2 个路口处遇到交警的概率都是 0.6.

【答案】 C

【解析】 条件(1)和(2)单独显然都不充分,下面将两个条件联合起来考虑.

设 A 为事件"该司机在第一个路口处遇到交警",B 为事件"该司机在第二个路口处遇到交警",则所求概率为

$$P = P(AB + A\bar{B} + \bar{A}B) = P(AB) + P(A\bar{B}) + P(\bar{A}B)$$
$$= P(A)P(B) + P(A)P(\bar{B}) + P(\bar{A})P(B)$$
$$= 0.6 \times 0.6 + 0.6 \times (1-0.6) + (1-0.6) \times 0.6 = 0.84,$$

所以两个条件联合起来充分,故此题应选 C.

【总结】 若两个事件独立,则其乘积的概率等于概率的乘积,且其逆事件也相互独立.

例 2.18 $\min\{P(A),P(B)\} = 0$.

(1) 事件 A,B 相互独立;

(2) 事件 A,B 互不相容.

【答案】 C

【解析】 条件(1),事件 A,B 相互独立 $\Rightarrow P(AB) = P(A)P(B)$,但是无法确定 $P(A)$,$P(B)$ 中至少有一个为零,故条件(1) 单独不充分.

条件(2),事件 A,B 互不相容 $\Rightarrow AB = \varnothing$,但是无法确定 $P(A),P(B)$ 中至少有一个为零,故条件(2) 单独也不充分.

联立条件(1)和条件(2),则知 $P(AB) = P(A)P(B) = P(\varnothing) = 0$,即 $\min\{P(A),P(B)\} = 0$,故答案选 C.

【总结】 事件独立是概率关系,而事件互不相容是事件关系,做题时牢记两者的定义.

第三节　　数据描述

知识精讲

一、平均值

1. 算数平均值:设有 n 个数 $x_1, x_2, x_3, \cdots, x_n$,称 $\dfrac{x_1+x_2+x_3+\cdots+x_n}{n}$ 为这 n 个数的算术平均值,记作 $\bar{x} = \dfrac{1}{n}\sum\limits_{k=1}^{n}x_k$.

2. 几何平均值:有 n 个正实数 $x_1, x_2, x_3, \cdots, x_n$,称 $\sqrt[n]{x_1 x_2 x_3 \cdots x_n}$ 为这 n 个数的几何平均值,记作 $x_g = \sqrt[n]{\prod\limits_{k=1}^{n}x_k}$.

【注】　当 $x_1, x_2, x_3, \cdots, x_n$ 是正实数时,它们的算术平均数大于等于它的几何平均数,即均值不等式,$\sqrt[n]{x_1 x_2 x_3 \cdots x_n} \leqslant \dfrac{x_1+x_2+x_3+\cdots+x_n}{n}$,当且仅当 $x_1 = x_2 = x_3 = \cdots = x_n$ 时等号成立.

二、众数和中位数

1. 众数:在 n 个数 $x_1, x_2, x_3, \cdots, x_n$ 中,出现次数最多的数称为众数.

【注】　(1) 众数可以是一个也可以是多个,比如 2,2,1,2,2,1,1,1,4,3,5,6 中,1 和 2 均为众数.

(2) 当一组数据中有较多的重复数据时,众数往往是人们所关心的一个量.

2. 中位数:将 n 个数 $x_1, x_2, x_3, \cdots, x_n$ 按照从小到大的顺序排列,当 n 为奇数时,则处在中间的那个数就是这几个数的中位数;当 n 为偶数时,则处在中间的两个数的平均数就是这几个数的中位数. 比如 1,2,3,其中位数为 2;比如 1,2,3,4,其中位数为 $\dfrac{2+3}{2} = 2.5$.

【注】　中位数的一个意义在于在一组互不相等的数据中,小于和大于它们的中位数的数据各占一半.

三、方差和标准差

设 $\bar{x}$ 是 n 个数 $x_1, x_2, x_3, \cdots, x_n$ 的算术平均值,则称 $s^2 = \dfrac{1}{n} \cdot [(\bar{x}-x_1)^2 + (\bar{x}-x_2)^2 + \cdots + (\bar{x}-x_n)^2]$ 为这组数据的方差. $s = \sqrt{\dfrac{1}{n} \cdot [(\bar{x}-x_1)^2 + (\bar{x}-x_2)^2 + \cdots + (\bar{x}-x_n)^2]}$ 为这组数据的标准差.

【注】　(1) 方差和标准差是衡量数据分布的离散程度,即偏离其均值的波动幅度. 它们的值越小,该组数据分布的离散程度越小,数据的分布也就相对稳定.

(2) 方差也可表示为 $s^2 = \dfrac{1}{n}\left(\sum\limits_{i=1}^{n}x_i^2 - n\bar{x}^2\right)$.

四、数据的图表示

1. 直方图:直方图是一种直观地表示数据信息的统计图形,它由许多宽(组距)相同但高可以变化的小长方形构成,其中,组距表示数据(变量)的分布区间,高表示在这一区间的频数、频率等度量值,即小长方形的高直观地表示度量值的大小,直方图根据高的度量值不同可以分为频数直方图、频率直方图等.

【注】 直方图的特点在于能够显示各组频数分布的情况,易于显示各组之间频数的差别.

2. 扇形统计图:饼图是以圆形和扇形表示数据的统计图形,扇形的圆心角之比等于频数之比,圆心角的大小直观地表示度量值的大小关系.

【注】 扇形统计图的特点在于用扇形的面积表示部分在总体中所占的百分比,易于显示每组数据相对于总数的大小.

3. 数表:数表是以两行表格的形式反应数据信息的统计图形,第一行表示分布区间或散点值,第二行表示对应的度量值.

【注】 数表的特点在于能够非常直观地显示度量值.

重要题型

题型一 数据分析

【题型方法分析】

(1) 平均值、众数、中位数以及方差和标准差的定义.

(2) 当一组数据同时加上一个数 a 时,其平均数、中位数、众数也增加 a,而其方差不变.

(3) 当一组数据扩大 k 倍时,其平均数、中位数和众数也扩大 k 倍,其方差扩大 k^2 倍.

例 3.1 某班学生共 40 人,其中数学考试成绩统计如下表所示:

成绩	90～100	80～89	70～79	60～69	50～59
人数	12	18	5	0	5

则该班数学的平均成绩不会低于(　　)分.

(A)83　　　　(B)80　　　　(C)85　　　　(D)78　　　　(E)90

【答案】 D

【解析】 求平均值的最小值,则每个区间均取最小值即可,故

$$\frac{90\times 12+80\times 18+70\times 5+60\times 0+50\times 5}{40}=78,$$

即平均值最小值为 78,答案选 D.

【总结】 每个区间段均取最小值,则得到的平均值为平均值可能取到的最小值.

例 3.2 假设 5 个相异正整数的平均数为 15,中位数为 18,则此 5 个正整数中的最大数的最大值可能为(　　).

(A)24　　　　(B)32　　　　(C)35　　　　(D)40　　　　(E)45

【答案】 C

【解析】 现假设其余 4 个数,由小到大分别为 x_1,x_2,x_4,x_5,则根据题设可知,这 5 个数分别为 $x_1,x_2,18,x_4,x_5$,且满足

$$\begin{cases} x_1+x_2+18+x_4+x_5=15\times 5, \\ x_1<x_2<18<x_4<x_5, \\ x_1,x_2,x_4,x_5\in \mathbf{Z}^+, \end{cases}$$

故 $x_5 = 57 - x_1 - x_2 - x_4 \leqslant 57 - 1 - 2 - 19 = 35$,答案选 C.

> 【总结】 若已知有 n 个数 $x_1, x_2, x_3, \cdots, x_n$ 的平均值为 m,则这 n 个数的和 $x_1 + x_2 + x_3 + \cdots + x_n = nm$. 若已知是奇数个数组成的数组,则中位数就是中间那个数字.

例 3.3 数据 $0, -1, 6, 1, x$ 的众数为 -1,则这组数据的方差是( ).

(A) 1　　(B) $\dfrac{32}{5}$　　(C) $\dfrac{34}{5}$　　(D) $\dfrac{36}{5}$　　(E) C_{10}^8

【答案】 C

【解析】 由题设知,$x = -1$,故可求其平均值 $\bar{x} = \dfrac{0 + (-1) + 6 + 1 + (-1)}{5} = 1$,再求其方差 $s^2 = \dfrac{1}{5} \cdot [(1-0)^2 + (1-(-1))^2 + (1-6)^2 + (1-1)^2 + (1-(-1))^2] = \dfrac{34}{5}$.

> 【总结】 求方差的一般步骤:"先平均,再求差,然后平方,最后再平均".

例 3.4 已知一组数据 x_1, x_2, x_3, x_4, x_5 的平均数是 5,方差是 $\dfrac{1}{5}$,那么另一组数据 $5x_1 - 5, 5x_2 - 5, 5x_3 - 5, 5x_4 - 5, 5x_5 - 5$ 的平均值和方差分别为( ).

(A) 20, 5　　(B) 5, 5　　(C) 25, 5　　(D) 20, 1

(E) 以上均不正确

【答案】 A

【解析】 由性质可知,$5x_1, 5x_2, 5x_3, 5x_4, 5x_5$ 的平均值为 $5 \times 5 = 25$,方差为 $5^2 \times \dfrac{1}{5} = 5$,则 $5x_1 - 5, 5x_2 - 5, 5x_3 - 5, 5x_4 - 5, 5x_5 - 5$ 的平均值为 $25 - 5 = 20$,方差仍为 5.

> 【总结】 若已知 n 个数 $x_1, x_2, x_3, \cdots, x_n$ 的平均值和方差分别为 $\bar{x}, s^2$,则由平均值和方差的性质可知 $ax_1 + b, ax_2 + b, ax_3 + b, \cdots, ax_n + b$ 平均值为 $a\bar{x} + b$,方差为 $a^2 s^2$.

例 3.5 设有两组数(每组 9 个数),分别为:

第一组	10	10	20	30	40	50	60	70	70
第二组	10	20	30	30	40	50	50	60	70

用 $\overline{x_\text{I}}$ 和 $\overline{x_\text{II}}$ 分别表示第一组数和第二组数的平均数,用 σ_I 和 σ_II 分别表示它们的标准差,则( ).

(A) $\overline{x_\text{I}} < \overline{x_\text{II}}, \sigma_\text{I} < \sigma_\text{II}$　　(B) $\overline{x_\text{I}} = \overline{x_\text{II}}, \sigma_\text{I} > \sigma_\text{II}$

(C) $\overline{x_\text{I}} > \overline{x_\text{II}}, \sigma_\text{I} < \sigma_\text{II}$　　(D) $\overline{x_\text{I}} < \overline{x_\text{II}}, \sigma_\text{I} = \sigma_\text{II}$

(E) $\overline{x_\text{I}} = \overline{x_\text{II}}, \sigma_\text{I} < \sigma_\text{II}$

【答案】 B

【解析】 根据平均值的定义可知,

$$\overline{x_\text{I}} = \dfrac{10 + 10 + 20 + 30 + 40 + 50 + 60 + 70 + 70}{9} = 40,$$

$$\overline{x_\text{II}} = \dfrac{10 + 20 + 30 + 30 + 40 + 50 + 50 + 60 + 70}{9} = 40,$$

即两组的平均值均为 40. 标准差反应的是数据偏离平均值的程度,显然第二组中的数据离 40 越近,第一组的数据偏离较大,两端数字较多,故 $\overline{x_{\mathrm{I}}} = \overline{x_{\mathrm{II}}}$,$\sigma_{\mathrm{I}} > \sigma_{\mathrm{II}}$,答案选 B.

【总结】 本题关于两组数据方差的大小比较,也可以利用方差的定义求解,但是计算量较大,利用方差的本质进行分析估算这种方法较好.同理,平均值也可以,两组数据都是以 40 作为中位数两边展开,且第一组数据左边的数字之和比第二组数据左边的数字之和小 20,右边则刚好相反,显然求和后应正好抵消,故平均值相等.

例 3.6 现在 A 班与 B 班之间举行英文打字比赛,参赛学生每分钟输入英文个数的统计数据如下:

班级	人数	平均数	中位数	方差
A	46	120	149	190
B	46	120	151	110

根据上面的样本数据可以得出如下结论:
① 两个班学生打字的平均水平相同;
② B 班优秀的人数不小于 A 班优秀的人数(每分钟输入英文个数大于 150 个为优秀);
③ B 班打字水平波动情况比 A 班的打字水平波动小.
其中正确的结论是( ).
(A)①②③   (B)①②   (C)①③   (D)②③
(E) 以上结果均不正确
【答案】 A
【解析】 假设 A 班成绩由低到高分别为 $x_1, x_2, \cdots, x_{46}$,B 班成绩由低到高分别为 $y_1, y_2, \cdots, y_{46}$.
由两个班的平均数相等,故两个班学生打字的平均水平相同,则 ① 正确;
已知 A 班打字数的中位数为 149,$\dfrac{x_{23}+x_{24}}{2} = 149$,又因为 $x_{23} \leqslant x_{24}$,故 $x_{23} \leqslant 149$,即 A 班优秀的人数不会超过 23 人;
已知 B 班打字数的中位数为 151,$\dfrac{y_{23}+y_{24}}{2} = 151$,又因为 $y_{23} \leqslant y_{24}$,故 $x_{23} \leqslant 151$,$x_{24} \geqslant 151$,即 B 班优秀的人数至少有 23 人,因此 B 班优秀的人数不少于 A 班优秀的人数,则 ② 正确;
已知 A 班的方差为 190,B 班的方差为 110,可知 B 班打字水平波动情况比 A 班的打字水平波动小,则 ③ 正确.
综上,答案选 A.

【总结】 数据的平均值反映了其平均水平;中位数说明在一组互不相等的数据中,小于和大于它们的中位数的数据各占一半;方差则反映了数据的波动幅度.

题型二 数据的图表描述

【题型方法分析】
数据的图表描述题,关键是弄懂不同图表中数字代表的实际意义.

例 3.7 将容量为 n 的样本中的数据分成 6 组,绘制频率分布直方图. 若第一组至第六组数据的频率之比为 $2:3:4:6:4:1$,且前三组数据的频数之和等于 27,则 n 等于( ).

(A) 80   (B) 75   (C) 70   (D) 65   (E) 60

【答案】 E

【解析】 设第一组至第六组数据的频率分布为 $2k, 3k, 4k, 6k, 4k, k$,则 $2k + 3k + 4k = 9k = 27$,得 $k = 3$,故 $n = 2k + 3k + 4k + 6k + 4k + k = 60$.

因此答案选 E.

> 【总结】 频率 $= \dfrac{\text{频数}}{\text{总数}}$,故频率之比等于频数之比. 同时,样本容量 = 频数之和.

例 3.8 图 (a)、(b) 是 2 个学院各 50 名学生身高绘制的频数直方图,从图中可以推断出( ).

(A) $\overline{x_A} < \overline{x_B}, \sigma_A < \sigma_B$ (B) $\overline{x_A} > \overline{x_B}, \sigma_A > \sigma_B$ (C) $\overline{x_A} < \overline{x_B}, \sigma_A > \sigma_B$

(D) $\overline{x_A} > \overline{x_B}, \sigma_A < \sigma_B$ (E) 以上选项都不正确

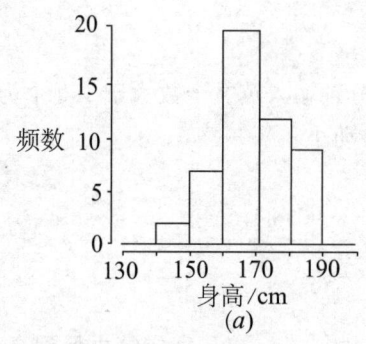

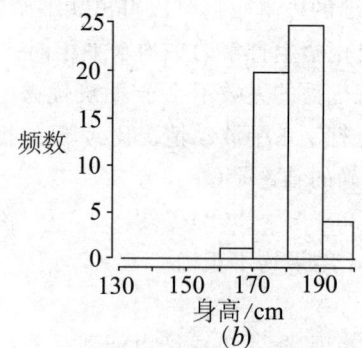

【答案】 C

【解析】 从图形可以看出,(a) 图中显示身高大部分集中在 $160 \sim 180$ 之间,且数据分布较散,(b) 图中显示身高大部分集中在 $170 \sim 190$ 之间,且分布非常集中,故 $\overline{x_A} < \overline{x_B}, \sigma_A > \sigma_B$.

> 【总结】 本题的直方图中的矩形分布反映其数量值的分布区间,矩形高度反映了其每个区间的频数.

例 3.9 如图所示,根据图示回答下列问题:

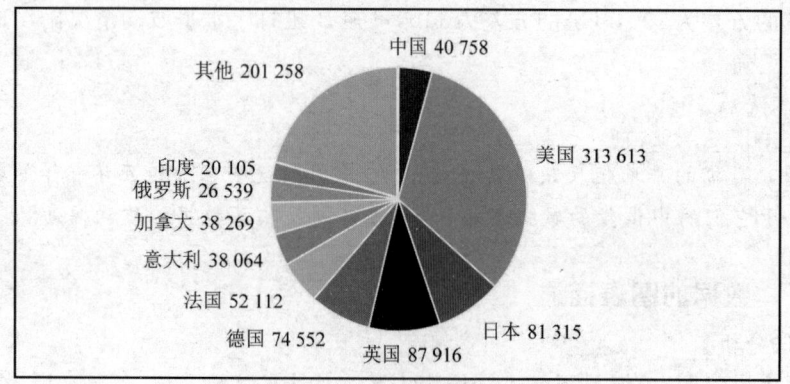

(1) 图中所列国家为 SCI 收录的前十名,我国排名第(　　)名.
(A)4   (B)5   (C)6   (D)7   (E)8

【答案】 C

【解析】 由图中数据可以显见.

(2) 总数在前三位的国家的论文总数约占所有国家论文总数的(　　).
(A)40%   (B)50%   (C)60%   (D)70%   (E)80%

【答案】 B

【解析】 前三位的国家分别是美国、英国和日本,将其扇形区域划在一起,大概占了整圆的一半,故选 B.

(3) 2002 年 SCI 收录文章中,美国占 32.17%,则我国约占(　　).
(A)2%   (B)3%   (C)4%   (D)6%   (E)7%

【答案】 C

【解析】 从数据可以看出美国:中国约为 8:1,故答案选 C.

(4) 从图可以推出的结论是(　　).
Ⅰ.法国和中国的论文数量相差最少
Ⅱ.前十位之外的其他国家的论文数量多于德、法、意三国论文数量之和
Ⅲ.在排名前十的国家中,后七位国家的论文数量之和仍然小于美国
(A) 只有 Ⅰ   (B) 只有 Ⅱ   (C) 只有 Ⅲ   (D) 只有 Ⅱ 和 Ⅲ
(E) 以上说法都不正确

【答案】 D

【解析】 由扇形区域图可知,加拿大和意大利的论文数量相差最少,故 Ⅰ 不正确;

显然前十位之外的其他国家所占的扇形区域图面积远多于德、法、意三国所占的扇形区域图面积,故 Ⅱ 正确;

从扇形区域面积可知后七位国家德国、法国、中国、加拿大、意大利、俄罗斯和印度的面积和小于美国所占的扇形面积,故 Ⅲ 正确,因此答案选 D.

本章练习

1.十字路口的交通信号灯每分钟红灯亮 30 秒、绿灯亮 25 秒、黄灯亮 5 秒.当你抬头看信号灯时,是绿灯的概率为(　　).

(A) $\dfrac{1}{12}$ (B) $\dfrac{1}{3}$ (C) $\dfrac{5}{12}$ (D) $\dfrac{1}{2}$ (E) $\dfrac{3}{8}$

2.某种密码锁的界面是一组汉字键,只有不重复并且不遗漏地依次按下界面上的汉字才能打开,其中只有一种顺序是正确的.要使得每次对密码锁进行破解的成功率在万分之一以下,则密码锁的界面至少要设置(　　)个汉字键.

(A)5   (B)6   (C)7   (D)8   (E)9

3.将自然数 1—100 分别写在完全相同的 100 张卡片上,然后打乱卡片,先后随机取出 4 张,问这 4 张先后取出的卡片上的数字呈增序的概率是(　　).

(A) $\dfrac{1}{16}$ (B) $\dfrac{1}{24}$ (C) $\dfrac{1}{32}$ (D) $\dfrac{1}{72}$ (E) $\dfrac{1}{84}$

4. 某彩票设有一等奖和二等奖,其玩法为从 10 个数字中选出 4 个,如果当期开奖的 4 个数字组合与所选数字有 3 个相同则中二等奖,奖金为投注金额的 3 倍,4 个数字完全相同则中一等奖,为了保证彩票理论中奖金额与投注金额之比符合国家 50% 的规定,则一等奖的奖金应为二等奖的( )倍.

(A)8　　　　(B)6　　　　(C)10　　　　(D)11　　　　(E)13

5. 一个由 4 个数字(0~9 之间的整数)组成的密码,每连续两位都不相同,问任意猜一个符合该规律的数字组合,猜中密码的概率为( ).

(A) $\dfrac{1}{5\,040}$　　(B) $\dfrac{1}{7\,290}$　　(C) $\dfrac{1}{9\,000}$　　(D) $\dfrac{1}{10\,000}$　　(E) $\dfrac{1}{11\,800}$

6. 从三双完全相同的鞋中,每次抽一只,随机抽取一双鞋的概率是( ).

(A) $\dfrac{1}{2}$　　(B) $\dfrac{3}{5}$　　(C) $\dfrac{1}{6}$　　(D) $\dfrac{1}{3}$　　(E) $\dfrac{1}{7}$

7. 甲某打电话时忘记了对方电话号码最后一位数字,但记得这个数字不是"0",甲某尝试用其他数字代替最后一位数字,恰好第二次尝试成功的概率是( ).

(A) $\dfrac{1}{9}$　　(B) $\dfrac{1}{8}$　　(C) $\dfrac{1}{7}$　　(D) $\dfrac{2}{9}$　　(E) $\dfrac{1}{6}$

8. 有 5 对夫妇参加一场婚宴,他们被安排在一张有 10 个座位的圆桌就餐,但是婚礼操办者并不知道他们彼此之间的关系,只是随机安排座位.则 5 对夫妇恰好都被安排在一起相邻而坐的概率是( ).

(A) 在 1‰ 到 5‰ 之间　　(B) 在 5‰ 到 7‰ 之间　　(C) 超过 1%
(D) 不超过 1‰　　(E) 超过 3‰

9. 甲、乙两人进行乒乓球比赛,比赛采取三局两胜制,无论哪一方先胜两局则比赛结束. 甲每局获胜的概率为 $\dfrac{2}{3}$,乙每局获胜的概率为 $\dfrac{1}{3}$,则甲最后取胜的概率是( ).

(A) $\dfrac{20}{27}$　　(B) $\dfrac{2}{3}$　　(C) $\dfrac{4}{9}$　　(D) $\dfrac{8}{27}$　　(E) $\dfrac{5}{6}$

10. 根据天气预报,未来 4 天中每天下雨的概率约为 0.6,则未来 4 天中仅有 1 天下雨的概率 p 为( ).

(A) $0.03 < p < 0.05$　　(B) $0.06 < p < 0.09$　　(C) $0.13 < p < 0.16$
(D) $0.16 < p < 0.36$　　(E) $0.36 < p < 0.48$

11. 小王和小张各加工了 10 个零件,分别有 1 个和 2 个次品. 若从两人加工的零件里各随机选取 2 个,则选出的 4 个零件中正好有 1 个次品的概率为( ).

(A) 小于 25%　　(B) 25%~35%　　(C) 35%~45%　　(D) 45%~55%
(E) 55% 以上

12. 甲和乙进行打靶比赛,各打两发子弹,中靶数量多的人获胜. 甲每发子弹中靶的概率是 60%,而乙每发子弹中靶的概率是 30%. 则比赛中乙战胜甲的可能性( ).

(A) 小于 5%　　(B) 为 5%~12%
(C) 为 10%~15%　　(D) 为 15%~21%
(E) 大于 21%

13. 某次抽奖活动在三个箱子中均放有红、黄、绿、蓝、紫、橙、白、黑 8 种颜色的球各一个,奖励规则如下:从三个箱子中分别摸出一个球,摸出的 3 个球均为红球的得一等奖,摸出的 3 个球中至少有一个绿球的得二等奖,摸出的3个球均为彩色球(黑、白除外)的得三等奖.则不中奖的概率(   ).

(A) 为 0%~15% (B) 为 15%~25%
(C) 为 25%~50% (D) 为 50%~75%
(E) 为 75%~100%

14. 4 名英国留学生、6 名法国留学生、8 名德国留学生和 12 名意大利留学生参加了孔子学院的活动,现随机抽取 3 人演出一个汉语节目,则 3 名学生不都来自同一个国家的概率是(   ).

(A) $\dfrac{46}{51}$ (B) $\dfrac{97}{102}$ (C) $\dfrac{188}{203}$ (D) $\dfrac{190}{203}$ (E) $\dfrac{177}{303}$

15. 桌子中有编号 1—10 的 10 个小球,每次从中抽出 1 个记下放回,如是重复 3 次,则 3 次记下的小球编号乘积是 5 的倍数的概率是(   ).

(A) 43.2% (B) 48.8% (C) 51.2% (D) 56.8% (E) 62.3%

16. 某篮球队 12 个人的球衣号码是从 4 到 15 的自然数,如从中选出 3 个人参加三对三篮球比赛.则选出的人中至少有两人的球衣号码是相邻自然数的概率为(   ).

(A) $\dfrac{1}{2}$ (B) $\dfrac{2}{5}$ (C) $\dfrac{5}{11}$ (D) $\dfrac{24}{55}$ (E) $\dfrac{35}{59}$

17. 某单位分为 A、B 两个部门,A 部门有 3 名男性,3 名女性,B 部门有 4 名男性,5 名女性,该单位欲安排三人出差,要求每个部门至少派出一人,则至少一名女性被安排出差的概率为(   ).

(A) $\dfrac{107}{117}$ (B) $\dfrac{87}{98}$ (C) $\dfrac{29}{36}$ (D) $\dfrac{217}{251}$ (E) $\dfrac{197}{269}$

18. 甲、乙两人相约见面,并约定第一人到达后,等 15 分钟不见第二人来就可以离去.假设他们都在 10 点至 10 点半的任一时间来到见面地点,则两人能见面的概率为(   ).

(A) 37.5% (B) 50% (C) 62.5% (D) 75% (E) 43%

19. 小孙的口袋里有四颗糖,一颗巧克力味的,一颗果味的,两颗牛奶味的.小孙从口袋里任意取出两颗糖,他看后说,其中一颗是牛奶味的.则小孙取出的另一颗糖也是牛奶味的可能性(概率)是(   ).

(A) $\dfrac{1}{3}$ (B) $\dfrac{1}{4}$ (C) $\dfrac{1}{5}$ (D) $\dfrac{1}{6}$ (E) $\dfrac{1}{7}$

20. 某商场以摸奖的方式回馈顾客,盒内有 5 个乒乓球,其中 1 个为红色,2 个为黄色,2 个为白色,每位顾客从中任意摸出一个球,摸到红球奖 10 元,黄球奖 1 元,白球无奖励,则每一位顾客所获奖励的期望值为(   )元.

(A) 10 (B) 1.2 (C) 2 (D) 2.4 (E) 3.5

21. 从分别写有数字 1,2,3,4,5 的 5 张卡片中任取两张,把第一张卡片上的数字作为十位数,第二张卡片上的数字作为个位数,组成一个两位数,则组成的数是偶数的概率是(   ).

(A) $\dfrac{1}{5}$ (B) $\dfrac{3}{10}$ (C) $\dfrac{2}{5}$ (D) $\dfrac{1}{2}$ (E) $\dfrac{1}{7}$

22. 10 个完全一样的杯子,其中 6 个杯子装有 10 克酒精,4 个杯子装有 10 克纯水.如果从中随机拿出 4 个杯子将其中的液体进行混合,则最终得到 50% 酒精溶液的可能性是得到 75% 酒精溶液的可能性的(   )倍.

(A) $\dfrac{3}{2}$ (B) $\dfrac{4}{3}$ (C) $\dfrac{6}{5}$ (D) $\dfrac{9}{8}$ (E) $\dfrac{12}{11}$

23. 某高校从 E、F 和 G 三家公司购买同一设备的比例分别为 20%、40% 和 40%, E、F 和 G 三家公司所生产设备的合格率分别为 98%、98% 和 99%, 现随机购买到一台次品设备的概率是(   ).

(A) 0.013   (B) 0.015   (C) 0.016   (D) 0.01   (E) 0.001

24. 某商场为招揽顾客,推出转盘抽奖活动. 如下图所示,两个数字转盘上的指针都可以转动,且可以保证指针转到盘面上的任一数字的机会都是相等的. 顾客只要同时转动两个转盘,当盘面停下后,指针所指的数相乘为奇数即可获得商场提供的奖品,则顾客获奖的概率是(   ).

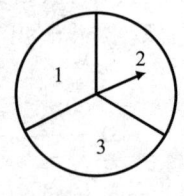

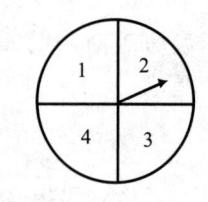

(A) $\dfrac{1}{4}$ (B) $\dfrac{1}{3}$ (C) $\dfrac{1}{2}$ (D) $\dfrac{2}{3}$ (E) $\dfrac{3}{4}$

25. 某人向单位圆形状的靶子内投掷一个靶点,连续投掷 4 次,若恰有 3 次落在第一象限的位置(假设以靶心为坐标原点,水平和铅直方向分别为横、纵坐标轴建立平面直角坐标系). 请你帮他计算一下这种可能性大小为(   )

(A) $\dfrac{3}{64}$ (B) $\dfrac{1}{64}$ (C) $\dfrac{1}{4}$ (D) $\dfrac{3}{4}$ (E) $\dfrac{4}{5}$

26. 某人参加四级考试,他准备考三次,则能通过的概率是 0.784.

(1) 通过的概率为 0.3;

(2) 通过的概率为 0.4.

27. 小王开车上班需经过 4 个交通路口,则他上班经过 4 个路口至少有一处遇到绿灯的概率是 0.998.

(1) 经过每个路口遇到红灯的概率分别为 0.1, 0.2, 0.25, 0.4;

(2) 经过每个路口遇到红灯的概率分别为 0.15, 0.2, 0.25, 0.45.

28. 某项选拔共有四轮考核,每轮设有一个问题,能正确回答问题者进入下一轮考核,否则即被淘汰,已知某选手能否正确回答各轮问题互不影响,则该选手至多进入第三轮考核的概率为 $\dfrac{23}{125}$.

(1) 该选手能正确回答第一、二、三、四轮问题的概率分别为 $\dfrac{4}{5}, \dfrac{3}{5}, \dfrac{2}{5}, \dfrac{1}{5}$;

(2) 该选手能正确回答第一、二、三、四轮问题的概率分别为 $\dfrac{6}{7}, \dfrac{5}{7}, \dfrac{4}{7}, \dfrac{3}{7}$.

29. $P = C_{n-1}^{k}\left(\dfrac{1}{2}\right)^{n-1}$.

(1) 掷一枚硬币,第 $n+1$ 次投掷前已取得 k 次($k \leqslant n-1$)正面向上的概率为 P;

(2) 将一枚硬币掷 $n-1$ 次,正面向上的次数为 k 次($k \leqslant n-1$)的概率为 P.

30. 一对年轻夫妇和其两岁的孩子做游戏,让孩子把分别写有 "One"、"World"、"One"、"Dream" 的四张卡片随机排成一行,若卡片按从左到右的顺序排成 "One World One Dream", 则孩子会得到父母的奖励,那么孩子受到奖励的概率为(   ).

(A) $\dfrac{1}{24}$ (B) $\dfrac{1}{12}$ (C) $\dfrac{1}{6}$ (D) $\dfrac{1}{4}$

(E) 以上结论都不正确

31. 在某次考试中,若3道题答对2道题为及格,假设某人答对各题的概率相同,则此人及格的概率为 $\frac{20}{27}$.

(1) 答对各题的概率均为 $\frac{2}{3}$;

(2) 3道题全部做错的概率为 $\frac{1}{27}$.

本章练习答案解析

1. 【答案】 C

【解析】 每60秒共有25秒是绿灯,那么绿灯的概率为 $25 \div 60 = \frac{5}{12}$,选择 C.

2. 【答案】 D

【解析】 N 个汉字的全排列数为 A_N^N,故欲使成功率小于 $\frac{1}{10\,000}$,即 $A_N^N > 10\,000$,代入选项可知 $N = 8$ 时,$A_8^8 > 10\,000$,选择 D.

3. 【答案】 B

【解析】 任意抽出4张卡片,都可能有 $A_4^4 = 24$(种)排序,其中只有一种是完全增序,所以概率是 $\frac{1}{24}$,选择 B.

4. 【答案】 D

【解析】 从10个数字中选出4个,一共有 $C_{10}^4 = 210$(种)情况,假设一共就有210个人来投注,恰好每人选择1种数字组合. 再假设每人投注金额为1元,那么总的投注金额为210元,其中 50% 需要作为中奖金额,也就是105元. 对于二等奖,需要在4个中奖数字中选3个,再在6个无关数字中选1个,所以一共有 $C_4^3 \times C_6^1 = 24$(种)情况,也就是有24个人中二等奖,每人得到奖金3元,总共是72元,那么剩下的一等奖的奖金是 $105 - 72 = 33$(元). 一等奖要求4个数字全部相同,那么只有1种情况,也就是1个人中奖,其奖金就应该是33元,是二等奖奖金3元的11倍,选择 D.

5. 【答案】 B

【解析】 四位数字的密码,第一位有0到9共10种选择,猜中只有 $\frac{1}{10}$ 的可能. 由于要求连续两位数字不同,第二位只有9种选择,猜中有 $\frac{1}{9}$ 的可能. 同理,第三位和第四位都是各有9种选择,都是 $\frac{1}{9}$ 的可能. 所以猜中的概率为 $\frac{1}{10} \times \frac{1}{9} \times \frac{1}{9} \times \frac{1}{9} = \frac{1}{7\,290}$,选择 B.

6. 【答案】 B

【解析】 第一次任意抽一只鞋,无论哪只都可以,概率为1;第二次需要从剩下5只鞋当中抽一只与刚才不一样的才能配成一双,不一样的还有3只,概率为 $\frac{3}{5}$,所以答案是 $1 \times \frac{3}{5} = \frac{3}{5}$.

7. 【答案】 A

【解析】 首先，第一次尝试必须失败，概率为 $\dfrac{8}{9}$；然后，第二次必须成功，概率为 $\dfrac{1}{8}$，所以恰好第二次成功的概率为 $\dfrac{8}{9} \times \dfrac{1}{8} = \dfrac{1}{9}$.

8.【答案】 A

【解析】 我们将座位编号为 1～10，我们观察 1 号位所坐的人，他/她的配偶必须坐在剩下 9 个位置中的 2 号位或者 10 号位才行，概率为 $\dfrac{2}{9}$；不妨假设刚才提到的这个人坐在了 2 号位，我们再观察 3 号位所坐的人，他/她的配偶必须坐在剩下 4～10 号位的 4 号位，概率为 $\dfrac{1}{7}$；下面观察 5 号位所坐的人，他/她的配偶必须坐在剩下 6～10 号位的 6 号位，概率为 $\dfrac{1}{5}$；再看 7 号位所坐的人，他/她的配偶必须坐在剩下 8～10 号位的 8 号位，概率为 $\dfrac{1}{3}$；最后 9、10 号位自动配成一对夫妇. 所以总的概率为 $\dfrac{2}{9} \times \dfrac{1}{7} \times \dfrac{1}{5} \times \dfrac{1}{3} = \dfrac{2}{945} \approx 2‰$.

9.【答案】 A

【解析】 甲获胜有三种情况：

(1) 直接两局全胜，概率为 $\dfrac{2}{3} \times \dfrac{2}{3} = \dfrac{4}{9}$；

(2) 以"胜负胜"获胜，概率为 $\dfrac{2}{3} \times \dfrac{1}{3} \times \dfrac{2}{3} = \dfrac{4}{27}$；

(3) 以"负胜胜"获胜，概率为 $\dfrac{1}{3} \times \dfrac{2}{3} \times \dfrac{2}{3} = \dfrac{4}{27}$.

三个概率加起来，答案为 $\dfrac{20}{27}$，选择 A.

10.【答案】 C

【解析】 未来 4 天有 1 天下雨有 4 种情况，可能是 4 天当中的任意 1 天. 比如第一天下雨的概率为：$C_4^1 \times 0.6 \times (0.4)^3 = 0.1536$，明显选择 C.

11.【答案】 C

【解析】 分析题干可知，有 1 个次品分为两种情况：

(1) 1 个次品恰好是从小王的零件中选出，概率为 $\dfrac{C_9^1 C_9^1}{C_{10}^2} \times \dfrac{C_8^2}{C_{10}^2} = \dfrac{28}{225}$；

(2) 1 个次品恰好是小张的零件中选出，概率为 $\dfrac{C_9^2}{C_{10}^2} \times \dfrac{C_2^1 C_8^1}{C_{10}^2} = \dfrac{64}{225}$.

两个概率加起来得到 $\dfrac{92}{225} \approx 41\%$，选 C.

12.【答案】 C

【解析】 乙战胜甲的情况有 3 种：

(1) 乙中 2 发，甲中 1 发：$(30\% \times 30\%) \times (60\% \times 40\% + 40\% \times 60\%) = 4.32\%$.

(2) 乙中 2 发，甲中 0 发：$(30\% \times 30\%) \times (40\% \times 40\%) = 1.44\%$.

(3) 乙中 1 发，甲中 0 发：$(30\% \times 70\% + 70\% \times 30\%) \times (40\% \times 40\%) = 6.72\%$.

综上，乙战胜甲的可能性为三者之和，即 12.48%，选择 C.

13.【答案】 C

【解析】 分析题干可知,如果不中奖,首先不能有绿色的球,然后必须要有黑、白球,这样的情况一共有三种:

(1) 三个球都为黑白球,概率为 $\frac{2}{8} \times \frac{2}{8} \times \frac{2}{8} = \frac{1}{64}$;

(2) 三个球有2个黑白球,第三个球为红、黄、蓝、紫、橙球中的一个,概率为 $3 \times \frac{2}{8} \times \frac{2}{8} \times \frac{5}{8} = \frac{15}{128}$;

(3) 三个球有1个黑白球,其余两个球为红、黄、蓝、紫、橙球中的两个,概率为 $3 \times \frac{2}{8} \times \frac{5}{8} \times \frac{5}{8} = \frac{75}{256}$;

所以总概率为三个数相加,得 $\frac{109}{256}$,显然在 $\frac{1}{4}$ 与 $\frac{1}{2}$ 之间,选择 C.

14.【答案】 C

【解析】 题目要求"3名学生不都来自同一个国家",可先求其反面"3名学生都来自同一个国家"的概率,即为 $\frac{C_4^3 + C_6^3 + C_8^3 + C_{12}^3}{C_{30}^3} = \frac{15}{203}$,所以答案为 $1 - \frac{15}{203} = \frac{188}{203}$.

15.【答案】 B

【解析】 从反面考虑,如果3次小球的编号乘积不是5的倍数,那么说明3次抽到的数字都是"1,2,3,4,6,7,8,9"中的数字,其概率为 $\frac{8}{10} \times \frac{8}{10} \times \frac{8}{10} = 0.512$,所以编号乘积是5的倍数的概率应该为 $1 - 0.512 = 48.8\%$,选择 B.

16.【答案】 C

【解析】 12个人中选出3个人,一共有 $C_{12}^3 = 220$(种)情况.题目要求"选出的人中至少有两人的球衣号码是相邻自然数",其反面为"选出的3人球衣号码都是不相邻自然数",那么相当于把3个数字插入到9个数当中,一共是10个空,总共有 $C_{10}^3 = 120$(种)情况,那么满足题目条件的情况数就是 $220 - 120 = 100$(种),其概率为 $100 \div 220 = \frac{5}{11}$,选择 C.

17.【答案】 A

【解析】 每个部门至少派出一人,包括"A部门1人,B部门2人"和"A部门2人,B部门1人"这两种情况,所以总情况应该为:$C_5^1 C_9^2 + C_5^2 C_9^1 = 351$(种).题目要求"至少一名女性",我们考虑反面情况,那就是全是男性,包括"A部门1男,B部门2男"和"A部门2男,B部门1男"这两种情况,情况数为:$C_3^1 C_4^2 + C_3^2 C_4^1 = 30$(种),所以"至少一名女性"情况数为 $351 - 30 = 321$(种),概率为 $321 \div 351 = \frac{107}{117}$,选择 A.

18.【答案】 D

【解析】 假设甲、乙分别在10点 x 分、10点 y 分到达,x 与 y 都在区间 $[0, 30]$ 中,那么当两个人到达的时间相差不到15min时可以见面,即要求 $|x - y| \leqslant 15$.如右图所示:整个正方形代表总体可能性,而阴影部分代表两人见面可能性,易知阴影面积是正方形面积的 $\frac{3}{4}$,所以见面的概率为 75%.

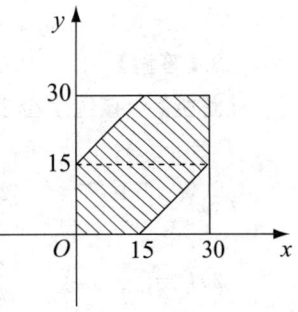

19.【答案】 C

【解析】 小孙任意取出两颗糖有以下六种情况:"巧果、巧奶1、巧奶2、果奶1、果奶2、奶1奶2".其中有五种情况满足"其中一颗是牛奶味"这个条件,而要另外一颗也是牛奶味,只有"奶1奶2"这一种情况,所以概率为$\frac{1}{5}$.

20.【答案】 D

【解析】 顾客摸到红、黄、白球的概率分别为$\frac{1}{5},\frac{2}{5},\frac{2}{5}$,因此其所获奖励的期望值应该为

$10 \times \frac{1}{5} + 1 \times \frac{2}{5} + 0 \times \frac{2}{5} = 2.4(元)$.

21.【答案】 C

【解析】 当个位是2或者4时是偶数,而个位一共有5种可能,所以偶数的概率为$\frac{2}{5}$.

22.【答案】 D

【解析】 要配成50%的酒精需要拿出两杯酒精和两杯纯水,那么概率为$C_6^2 C_4^2 \div C_{10}^4$.要配成75%的概率为$\frac{C_6^3 C_4^1}{C_{10}^4}$,计算可知,前者是后者的$\frac{9}{8}$倍.

23.【答案】 C

【解析】 次品可能是从E、F、G三家公司购买到的,把三者的概率加起来即可:$20\% \times 2\% + 40\% \times 2\% + 40\% \times 1\% = 0.016$.所以选择 C.

24.【答案】 B

【解析】 相乘为奇数的情况需要两个转盘均为奇数.第一个转盘转到奇数的概率为$\frac{2}{3}$,第二个转盘转到奇数的概率为$\frac{1}{2}$,分步相乘得到$\frac{1}{3}$,选择 B.

25.【答案】 A

【解析】 4次有3次落在第一象限,共有4种情况.$C_4^3 \times \left(\frac{1}{4}\right)^3 \times \left(1 - \frac{1}{4}\right) = \frac{3}{64}$,选择 A.

26.【答案】 B

【解析】 逆向分析,他不能通过的概率是:$0.6 \times 0.6 \times 0.6 = 0.216$,那么通过的概率就是$1 - 0.216 = 0.784$.故(1)不充分,(2)充分,选 B.

27.【答案】 A

【解析】 (1)"至少有一处遇到绿灯的概率"的反面就是"每次都碰到红灯",后者的概率为$0.1 \times 0.2 \times 0.25 \times 0.4 = 0.002$,那么前者的概率应该为$0.998$,故显然(2)不充分,选 A.

28.【答案】 E

【解析】 该选手至多进入第三轮考核的概率为:
$P = P(\overline{A_1} + A_1 \overline{A_2} + A_1 A_2 \overline{A_3}) = P(\overline{A_1}) + P(A_1)P(\overline{A_2}) + P(A_1)P(A_2)P(\overline{A_3})$.

(1)$P = \frac{1}{5} + \frac{4}{5} \times \frac{2}{5} + \frac{4}{5} \times \frac{3}{5} \times \frac{3}{5} = \frac{101}{125}$,

(2)$P = \frac{1}{7} + \frac{6}{7} \times \frac{2}{7} + \frac{6}{7} \times \frac{5}{7} \times \frac{3}{7} = \frac{223}{343}$,

所以(1)、(2)单独不充分,联合也不充分.

29.【答案】 B

【解析】 抛掷硬币,正面向上和反面向上的概率相等,都为 $\dfrac{1}{2}$.

(1) 掷一枚硬币,第 $n+1$ 次投掷前已取得 k 次 $(k \leqslant n-1)$ 正面向上的概率为

$$P = C_n^k \left(\dfrac{1}{2}\right)^k \left(\dfrac{1}{2}\right)^{n-k} = C_n^k \left(\dfrac{1}{2}\right)^n.$$

(2) 将一枚硬币掷 $n-1$ 次,正面向上的次数为 k 次 $(k \leqslant n-1)$ 的概率为

$$P = C_{n-1}^k \left(\dfrac{1}{2}\right)^k \left(\dfrac{1}{2}\right)^{n-1-k} = C_{n-1}^k \left(\dfrac{1}{2}\right)^{n-1}.$$

所以,条件(2)充分.

30.【答案】 B

【解析】 四张卡片中有两张相同的"One",先给它们找到两个位置,有 $C_4^2 = 6$ 种方法,再给其他两张卡片安排位置,有 $A_2^2 = 2$ 种方法,故把分别写有"One","World","One","Dream"的四张卡片随机排成一行,共有 $A_2^2 C_4^2 = 12$ 种方法,而孩子受到奖励的情况只有一种,则概率为 $\dfrac{1}{12}$.

31.【答案】 D

【解析】 条件(1)知,此人及格即三题中答对两题或三题全对,则概率为 $C_3^2 \left(\dfrac{2}{3}\right)^2 \cdot \left(1-\dfrac{2}{3}\right)^{3-2} + C_3^3 \left(\dfrac{2}{3}\right)^3 \left(1-\dfrac{2}{3}\right)^{3-3} = \dfrac{20}{27}$,故条件(1)充分.

条件(2),假设答对各题的概率均为 p,则三题全错的概率为 $C_3^3 p^0 (1-p)^{3-0} = \dfrac{1}{27}$,解得 $p = \dfrac{2}{3}$,显然条件(2)也充分,故答案选 D.

第七章 应用题

第一节 线性规划

在 199 管理类联考中,有一类题型要求我们解决最优化决策的问题,而解决这类问题的理论基础是线性规划.利用线性规划研究的问题,大致可归纳为两种类型:第一种类型是给定一定数量的人力、物力资源,问怎样安排运用这些资源,能使完成的任务量最大.获得的效益最大;第二种类型是给定一项任务,问怎样统筹安排,能使完成这项任务的人力、物力资源量最小.

重要题型

题型一 线性规划

【题型方法分析】

(1) 根据题干条件列出不等式组;

(2) 解不等式组,求出其中某个变量的取值范围;

(3) 代入另外一个不等式;

(4) 根据求解变量的取值范围确定目标函数的最值.

例 1.1 某地区平均每天产生生活垃圾 700 吨,由甲,乙两个处理厂处理.甲厂每小时可处理垃圾 55 吨,所需费用为 550 元;乙厂每小时可处理垃圾 45 吨,所需费用为 495 元.如果该地区每天的垃圾处理费不能超过 7370 元,那么甲厂每天处理垃圾的时间至少需要(　　)小时.

(A) 6　　　　(B) 7　　　　(C) 8　　　　(D) 9　　　　(E) 10

【答案】 A

【解析】 设甲厂每天处理 a 小时,乙厂每天处理 b 小时,则

$$\begin{cases} 55a + 45b \geqslant 700, \\ 550a + 495b \leqslant 7370 \end{cases} \Rightarrow \begin{cases} 11a + 9b \geqslant 140, \\ 10a + 9b \leqslant 134. \end{cases}$$

令 $11a + 9b = 140 \Rightarrow 9b = 140 - 11a$,则 $10a + 140 - 11a \leqslant 134 \Rightarrow a \geqslant 6$,即甲厂最少需要处理 6 小时.

> 【总结】 遵循题型方法分析的方法,通过已知条件列方程,通过某个变量去确定最后的最值.

例 1.2 某木器厂生产圆桌和衣柜两种产品,现有两种木料,第一种有 72 m³,第二种有 56 m³,假设生产每种产品都需要用两种木料,生产一只圆桌和一个衣柜分别所需木料如下表所示.每生产一只圆桌可获利 6 元,生产一个衣柜可获利 10 元.木器厂在现有木料条件下,圆桌和衣柜各生产多少,才使获得利润最多?(　　)

产品	木料（单位：m^3）	
	第一种	第二种
圆桌	0.18	0.08
衣柜	0.09	0.28

(A)280,80　　　(B)350,100　　　(C)420,130　　　(D)250,105　　　(E)450,100

【答案】 B

【解析】 设生产圆桌 x 只，生产衣柜 y 个，利润总额为 z 元，则 $\begin{cases} 0.18x+0.09y \leqslant 72, \\ 0.08x+0.28y \leqslant 56, \\ z=6x+10y, \\ x \geqslant 0, \\ y \geqslant 0. \end{cases}$

令 $0.18x+0.09y=72 \Rightarrow y=800-2x$，则
$$0.08x+0.28\times(800-2x) \leqslant 56 \Rightarrow x \geqslant 350, y \leqslant 100.$$
因此，答案选 B.

【总结】 不论是二元还是三元未知变量，题设的解题思路还是遵循题型方法分析.

第二节　容斥原理

在计数时，必须注意没有重复，没有遗漏．为了使重叠部分不被重复计算，人们研究出一种新的计数方法，这种方法的基本思想是：先不考虑重叠的情况，把包含于某内容中的所有对象的数目先计算出来，然后再把计数时重复计算的数目排斥出去，使得计算的结果既无遗漏又无重复，这种计数的方法称为容斥原理.

重要题型

题型一　两个集合容斥型

【题型方法分析】
两个集合的容斥关系公式：$A \cup B = A + B - A \cap B$.

例 2.1 现有 55 名学生做电气、光电实验，如果电气实验正确的有 39 人，光电实验做对的有 33 人，两种实验都做错的有 6 人，两种实验都做对的有多少人？（　　）

(A)23　　　(B)24　　　(C)25　　　(D)26　　　(E)27

【答案】 A

【解析】 设所求为 x，则 $39+33-x=55-6 \Rightarrow x=23$，故选择 A.

【总结】 典型的两个集合的容斥题，直接套用公式即可.

题型二 三个集合容斥型

三个集合的容斥关系公式：
$$A \cup B \cup C = A + B + C - A \cap B - B \cap C - A \cap C + A \cap B \cap C.$$

例 2.2 某专业有学生 50 人,现开设有 A、B、C 三门选修课. 有 40 人选修 A 课程, 36 人选修 B 课程, 30 人选修 C 课程, 兼选 A、B 两门课程的有 28 人, 兼选 A、C 两门课程的有 26 人, 兼选 B、C 两门课程的有 24 人, A、B、C 三门课程均选的有 20 人, 那么, 三门课程均未选的有( ).
(A)1 　　(B)2 　　(C)3 　　(D)4 　　(E)5

【答案】 B

【解析】 设三门课程均未选的有 x 人, 则 $40+36+30-28-26-24+20+x=50$, 解得 $x=2$.

> 【总结】 该题属于典型的三集合容斥题, 按照题型方法分析的公式对号入座各个量, 直接求出要求的未知量.

第三节 溶液问题

"溶液问题"是一种非常典型的"比例型"计算问题, 抓住"溶液""溶质"和"溶剂"三者的关系, 是解题的基础和关键.

重要题型

题型一 溶液问题

【题型方法分析】

溶液 = 溶质 + 溶剂; 浓度 = 溶质 ÷ 溶液; 溶质 = 溶液 × 浓度; 溶液 = 溶质 ÷ 浓度.

例 3.1 甲、乙两个容器中分别装有 17% 的酒精溶液 600g, 9% 的酒精溶液 400g, 从两个容器中分别取出相同重量的酒精溶液倒入对方的容器中, 这时两个容器的酒精浓度相同, 则从甲容器倒入乙容器中的酒精溶液的克数是( ).
(A)200 　　(B)240 　　(C)250 　　(D)260 　　(E)270

【答案】 B

【解析】 原来两个溶液的质量比是 $600:400=3:2$, 所以调配的时候也要按 $3:2$ 的比例将两种溶液混合, 这样浓度才能一样. 因为从两种溶液中取出的溶液是一样多的, 所以我们假设取出 x kg, 那么甲杯中还剩 $600-x$ kg, 同时又加入 x kg 乙杯中的溶液, 这时, x 和 $600-x$ 是 $2:3$ 的关系, 所以有 $x:(600-x)=2:3$, 解得 $x=240$.

> 【总结】 和浓度无关, 只和比例有关. 抓住比例, 相似题型都可以直接计算.

例 3.2 在某状态下, 将 28 g 某种溶质放入 99 g 水中恰好配成饱和溶液, 从中取出 $\dfrac{1}{4}$ 加入 4 g 溶质和 11 g 水, 请问此时浓度变为多少?( )
(A)19.17% 　　(B)20.13% 　　(C)22.05% 　　(D)24.07% 　　(E)26.89%

【答案】 C

【解析】 由于 99 g 水最多可溶解 28 g 的溶质,则可得 11 g 水可溶解最多 $\frac{28}{9}$ g, $\frac{28}{9}$ < 4,因此,从饱和溶液中取出 $\frac{1}{4}$ 再加入 4 g 溶质和 11 g 水后依然是饱和溶液,即浓度为 28÷(28+99) ≈ 22.05%,答案选 C.

【总结】 做题过程中特别要注意此类陷阱,稍不注意就可能落入命题者设置的陷阱.

第四节 统筹问题

199 管理类联考中存在这样一类题型,主要是为了研究问题最优化,即如何节省时间、提高工作效率等,该类题目称为统筹问题.这类题型一般会问:求最少需要多少钱、求最多需要多少时间、最短走多少路程,等等.

重要题型

【题型方法分析】
统筹方法是一种安排工作进程的数学方法,统筹全局的关键问题,便是在于各个步骤如何安排,而分清哪些步骤能够并列进行,哪些步骤有先后次序,便能够合理统筹各项工作流程.

题型一　统筹时间型

例 4.1 电车公司维修站有 5 辆电车需要进行维修,如果用一名工人维修这 5 辆电车的修复时间分别为 10 分钟,15 分钟,8 分钟,6 分钟,13 分钟.每辆电车停开 1 分钟损失 10 元.现在由 2 名工作效率相同的维修工人各自单独工作,要使经济损失减到最低程度,最少损失多少元?(　　)
　(A)520　　　(B)620　　　(C)820　　　(D)840　　　(E)1010

【答案】 C

【解析】 应优先安排维修时间较短的电车,一人按 6 分钟,10 分钟,15 分钟的顺序,另一人按 8 分钟,13 分钟的顺序修理,则总的等待时间为 6+(6+10)+(6+10+15)+8+(8+13) = 82(分钟),损失 820 元.

【总结】 此类题型注意转嫁题干的条件,要求经济损失减到最低程度,即是求所有电车停开的时间最短.

题型二　统筹工效型

例 4.2 服装厂的工人每人每天可以生产 4 件上衣或 7 条裤子,一件上衣和一条裤子为一套装.现有 66 名工人参加生产,每天最多能生产多少套装?(　　)
　(A)158　　　(B)168　　　(C)188　　　(D)218　　　(E)246

【答案】 B

【解析】 要保证套装最多,应安排工人生产相同数量的上衣和裤子,假设分别安排 x、y 名工人生产上衣和裤子,则

$$\begin{cases} x+y=66, \\ 4x=7y \end{cases} \Rightarrow \begin{cases} x=42, \\ y=24 \end{cases} \Rightarrow 4x=7y=168.$$

【总结】 审题要小心,题设求套装,则包含上衣和裤子两样,若没看清这个条件,则很容易出错。

题型三　优惠方案型

例 4.3 去某地旅游,旅行社推荐了以下两个报价方案. 甲方案:成人每人 1000 元,小孩每人 600 元;乙方案:无论大人小孩,每人均为 700 元. 现有 N 人组团,已知 1 个大人至少带 3 个小孩出门旅游,那么对于这些人来说(　　).

(A) 只要选择甲方案都不会吃亏　　(B) 甲方案总是比乙方案更优惠

(C) 乙方案总是比甲方案更优惠　　(D) 甲方案和乙方案一样优惠

(E) 无法判断

【答案】 A

【解析】 甲方案:一个大人加上三个小孩的费用为 $1000+3\times 600=2800$(元).

乙方案:四个人的费用为 $4\times 700=2800$(元).

在一个大人带三个小孩的情况下,两方案的费用相同,以后每多带一个小孩甲方案比乙方案节省 100 元.

因此,在每一个大人都恰带三个小孩的情况下两方案的费用相同,如果至少有一个大人带了 4 个及更多的小孩,则甲方案比乙方案更优惠.

【总结】 此类题型着重于总成本的比较,把题干所有条件梳理清楚后,计算比较即可.

第五节　经济利润问题

在 199 管理类联考的考试中,我们经常会遇到收入、成本、折扣、利润等相关问题,对于这类题型只要抓住下面两个方面即可.

重要题型

题型一　经济利润题

【题型方法分析】

(1) 利润率 =(总收入 − 总成本)÷ 总成本;

(2) 大部分的经济利润问题采用方程的方法来解题.

例 5.1 甲、乙两种商品成本共 4000 元,商品甲按 60% 的利润定价,商品乙按 50% 的利润定价,后来打折销售,两种商品都按定价的 70% 出售,结果仍可得利润 235 元,甲种商品的成本是(　　).

(A) 500　　　(B) 550　　　(C) 650　　　(D) 750　　　(E) 800

【答案】 A

【解析】 设甲种商品的成本为 x 元,则乙种商品的成本为 $(4000-x)$ 元,可得 $x\times(1+60\%)\times 70\%+(4000-x)(1+50\%)\times 70\%=4000+235$,解得 $x=500$.

> 【总结】 把题干所有条件按相关要素罗列等价关系求解,列方程是解此类题型的关键.

例 5.2 小周买了五件价格不等的服装,总价为 2160 元,其中最贵的两件衣服总价与其余三件衣服的总价相当,而最便宜的两件衣服的总价比最贵的衣服高 100 元,比第二贵的衣服高 200 元.则第三贵的衣服价格是多少元?( )

(A)300 (B)330 (C)390 (D)410 (E)430

【答案】 C

【解析】 假设这五件服装价格从高到低分别为 a,b,c,d,e,总和为 2160,而 $a+b=c+d+e$,说明这两者都是一半,即 $a+b=c+d+e=2016\div 2=1080$(元). 根据后面那两句话"而最便宜的两件衣服的总价比最贵的衣服高 100 元,比第二贵的衣服高 200 元"可知最贵的衣服比第二贵的高 100 元,即 $a-b=100$,易知 $a=590,b=490$,于是 $d+e=690$,所以 $c=390$,选择 C.

> 【总结】 做题时不要被题设看似复杂的关系吓到,只要认真按题设所列梳理清楚所有的关系,往往结果很容易得到.

第六节 平均值问题

199 管理类联考中的平均值的问题涉及的是算术平均数,解决该类试题的关键在于把握算术平均数的基础知识,结合方程的方法解题.

重要题型

题型一 总体平均数

【题型方法分析】

$$M=\frac{x_1+x_2+\cdots+x_n}{n},n\cdot M=x_1+x_2+\cdots+x_n.$$

例 6.1 今年某高校机械学院、材料学院和经管学院获得拨款的平均额是 550 万元,材料学院、经管学院和外语学院获得拨款的平均额是 630 万元,机械学院和外语学院获得拨款的平均额是 670 万元,则机械学院获得的拨款额是多少万元?( )

(A)390 (B)430 (C)450 (D)550 (E)560

【答案】 D

【解析】 设机械学院、材料学院、经管学院和外语学院获得的拨款分别为 x、y、z、w 万元. 根据题意得

$$\left.\begin{cases} x+y+z=550\times 3 \\ y+z+w=630\times 3 \\ x+w=670\times 2 \end{cases}\right\} \Rightarrow w-x=240 \Rightarrow x=550,$$

答案选 D.

> 【总结】 简单的梳理题干信息,套用公式列方程组即可解题.

第七节　行程问题

在199管理类联考中行程问题是每年必考的题型,解题的关键在于紧抓路程、速度、时间三者之间的关系,通过方程的方法来解题.

重要题型

【题型方法分析】

路程 = 速度 × 时间;速度 = 路程 ÷ 时间;时间 = 路程 ÷ 速度.

题型一　两人相遇型

例7.1　小李和小吴同时骑摩托车从 A 地向 B 地出发,小李的车速是每小时40千米,小吴的车速是每小时48千米.小吴到达 B 地后立即返回,又骑了15分钟后与小李相遇.那么 A 地与 B 地之间的距离是多少千米?(　　)

(A)144　　　(B)136　　　(C)132　　　(D)128　　　(E)124

【答案】　C

【解析】　设 A、B 两地之间的距离为 S,小吴到达 B 地用时 t,则

$$\begin{cases} S = 48 \times t, \\ 2S = (40+48) \times (t+0.25) \end{cases} \Rightarrow \begin{cases} t = 2.75, \\ S = 132. \end{cases}$$

【总结】　两人相遇时,一共走了2个全程,这是本题的关键.

题型二　变速运动型

例7.2　小明从家到学校时,前一半路程步行,后一半路程乘车;他从学校到家时,前 $\dfrac{1}{3}$ 时间乘车,后 $\dfrac{2}{3}$ 时间步行.已知小明步行的速度为每小时5千米,乘车速度为每小时15千米,结果去学校的时间比回家的时间多2小时,那么小明从家到学校的路程是多少千米?(　　)

(A)190　　　(B)170　　　(C)150　　　(D)100　　　(E)90

【答案】　C

【解析】　设小明从家到学校的路程为 S,从学校回家的时间为 t,则

$$\begin{cases} \dfrac{S \div 2}{5} + \dfrac{S \div 2}{15} = t + 2, \\ S = 15 \times \dfrac{1}{3}t + 5 \times \dfrac{2}{3}t \end{cases} \Rightarrow \begin{cases} t = 18, \\ S = 150. \end{cases}$$

【总结】　变速运动实质就是分段运动,各段路程的总和等于总路程,时间之和等于总时间.

题型三　提前出发型

例7.3　甲、乙两车从 A、B 两地同时出发,相向而行.如果甲车提前一段时间出发,那么两车将提前30分钟相遇,已知甲车速度是60千米/时,乙车速度是40千米/时,那么,甲车提前了

多少分钟出发?(　　)

(A)20　　　(B)30　　　(C)40　　　(D)50　　　(E)60

【答案】 D

【解析】 设 A、B 两地相距 S,原来用时为 T,后来甲车提前时间为 t,则

$$\begin{cases} S = (60+40)\times T, \\ S = 60\times\left(T+t-\dfrac{30}{60}\right)+40\times\left(T-\dfrac{30}{60}\right) \end{cases} \Rightarrow t = \dfrac{5}{6}(\text{小时}) = 50(\text{分钟}).$$

【总结】 此题的关键在于"提前30分钟相遇"的实质是:除了甲提前出发的时间,两车运动时间均减少了30分钟.

题型四　早到迟到型

例 7.4　小王从家开车上班,汽车行驶10分钟后发生了故障,小王从后备厢中取出自行车继续赶路.由于自行车的速度只有汽车速度的 $\dfrac{3}{5}$,小王比预计时间晚了20分钟到达单位.如果之前汽车再多行驶6千米,他就能少迟到10分钟.问小王从家到单位的距离是多少千米?(　　)

(A)12　　　(B)13　　　(C)14　　　(D)15　　　(E)16

【答案】 E

【解析】 设小王从家到单位的距离为 S,汽车速度为 v,原定时间为 t,则

$$\begin{cases} S = v\times t, \\ S = v\times 10 + \dfrac{3}{5}v\times(t+20-10), \\ S = v\times 10 + 6 + \dfrac{3}{5}v\times\left(t+10-10-\dfrac{6}{v}\right) \end{cases} \Rightarrow \begin{cases} t = 40, \\ v = 0.4 \end{cases} \Rightarrow S = v\times t = 16.$$

【总结】 此题的难点在于第三个方程:全程分成3段,第一段以速度 v 前进了10分钟,第二段路程是6千米,第三段速度是 $\dfrac{3}{5}v$,因为说"少迟到10分钟",说明"只迟到了10分钟",所以一共用了 $(t+10)$ 分钟,减去第一段的10分钟,再减去第二段的 $\dfrac{6}{v}$ 分钟,就是 $\left(t+10-10-\dfrac{6}{v}\right)$ 分钟.

题型五　火车运动型

例 7.5　某列车通过250米长的隧道用25秒,通过210米长的隧道用23秒,若该列车与另一列长150米且时速为72千米的列车相遇,错车而过需要几秒?(　　)

(A)9　　　(B)10　　　(C)11　　　(D)12　　　(E)15

【答案】 B

【解析】 设速度为 v,车长为 S,错车时间为 t,则

$$\begin{cases} S+250 = 25\times v, \\ S+210 = 23\times v, \\ S+150 = t\times(v+20) \end{cases} \Rightarrow \begin{cases} v = 20, \\ S = 250, \\ t = 10. \end{cases}$$

【总结】 20米/秒 = 72千米/小时，题干设置的一个小陷阱，同学们要特别注意.

题型六　两车追击型

例 7.6 高速公路上行驶的汽车 A 的速度是 100 公里每小时，汽车 B 的速度是每小时 120 公里，此刻汽车 A 在汽车 B 前方 80 公里处，汽车 A 中途加油停车 10 分钟后继续向前行驶. 那么从两车相距 80 公里处开始，汽车 B 至少要多长时间可以追上汽车 A？(　　)

(A) 2 小时　　　　　　　　(B) 3 小时 10 分钟

(C) 3 小时 50 分钟　　　　(D) 4 小时 10 分钟

(E) 5 小时 10 分钟

【答案】　B

【解析】　假设 B 追了 t 小时，那么 A 少走 10 分钟，即 $\left(t-\dfrac{1}{6}\right)$ 小时，那么 $120\times t-100\times\left(t-\dfrac{1}{6}\right)=80\Rightarrow t=\dfrac{19}{6}$（小时）.

【总结】　事实上还可以这样考虑：由于汽车 A 中途加油停车 10 分钟，此时 B 车行驶了 $120\times\dfrac{1}{6}=20$（千米），所以实际追及距离为 $80-20=60$（千米）. 那么实际追及距离时间应该为 $60\div(120-100)=3$（小时），所以共花了 3 小时 10 分钟.

题型七　环形运动型

例 7.7 甲乙两人从运动场同一起点同时同向出发，甲跑得速度 200 米/分钟，乙步行，当甲第 5 次超越乙时，乙正好走完第三圈，再过 1 分钟时，甲在乙前方多少米？(　　)

(A) 105　　(B) 115　　(C) 120　　(D) 125　　(E) 135

【答案】　D

【解析】　第 5 次甲超越乙时，甲比乙多跑 5 圈，说明此时甲、乙分别跑 8 和 3 圈，两个人速度之比为 8:3. 甲的速度为 200 米/分钟，那么乙的速度为 75 米/分钟，再过 1 分钟，甲比乙多跑 200－75＝125（米）.

【总结】　反向运动：第 N 次相遇路程和为 N 个周长，环形周长 =（大速度＋小速度）× 相遇时间；

同向运动：第 N 次相遇路程差为 N 个周长，环形周长 =（大速度－小速度）× 相遇时间.

题型八　流水行船型

例 7.8 甲、乙两港相距 720 千米，轮船往返两港需要 35 小时，逆流航行比顺流航行多花 5 小时，帆船在静水中每小时行驶 24 千米，问帆船往返两港要多少小时？(　　)

(A) 36　　(B) 42　　(C) 64　　(D) 84　　(E) 120

【答案】　C

【解析】　设轮船速度为 v，水速为 u，易知轮船顺、逆流分别耗时 15 和 20 小时，得

$$\begin{cases} 720=(v+u)\times 15, \\ 720=(v-u)\times 20 \end{cases} \Rightarrow u=6, 帆船往返耗时 \frac{720}{24-6}+\frac{720}{24+6}=64(小时).$$

【总结】 顺流路程 = 顺流速度 × 顺流时间 = (船速 + 水速) × 顺流时间；
   　　　逆流路程 = 逆流速度 × 逆流时间 = (船速 − 水速) × 逆流时间．

题型九　往返相遇型

例 7.9 A 大学的小李和 B 大学的小孙分别从自己学校同时出发，不断往返于 A、B 两校之间．现已知小李的速度为 85 米/分钟，小孙的速度为 105 米/分钟，且经过 12 分钟后两人第二次相遇，问 A、B 两校相距多少米？(　　)

(A)1140　　　(B)980　　　(C)840　　　(D)760　　　(E)680

【答案】 D

【解析】 设 AB 距离为 S 米，第二次相遇共走 3 个全程，则 $(85+105)\times 12=3S$，解得 $S=760$ 米．

【总结】 (1) 两端点出发：
　　第 N 次迎面相遇，路程和 = 全程 × $(2N-1)$；
　　第 N 次追上相遇，路程差 = 全程 × $(2N-1)$．
　　(2) 同一点出发：
　　第 N 次迎面相遇，路程和 = 全程 × $2N$；
　　第 N 次追上相遇，路程差 = 全程 × $2N$．

第八节　工程问题

工程问题是将一般的工作问题分数化，换句话说是从分率的角度研究工作总量、工作时间（完成工作总量所需的时间）、工作效率（单位时间内完成的工作量）三者之间关系的问题．它的特点是将工作总量看成单位"1"，用分率表示工作效率，对工程的问题进行分析解答．

重要题型

【题型方法分析】
工作问题的三个基本数量关系式：工作效率 × 工作时间 = 工作总量；
工作总量 ÷ 工作时间 = 工作效率；工作总量 ÷ 工作效率 = 工作时间．

题型一　同时合作型

例 8.1 同时打开游泳池的 A、B 两个进水管，加满水需 1 小时 30 分钟，且 A 管比 B 管多进水 180 立方米，若单独打开 A 管，加满水需 2 小时 40 分钟，则 B 管每分钟进水多少立方米？(　　)

(A)6　　　(B)7　　　(C)8　　　(D)9　　　(E)10

【答案】 B

【解析】 同时开 A、B 两管需要 90 分钟，单独开 A 管需要 160 分钟，于是设水池总量为 (90×160) 立方米，那么 A、B 两管效率和为 160 立方米/分钟，A 管效率为 90 立方米/分钟，B 管

效率为 $160-90=70$(立方米/分钟). 90 分钟里 A 比 B 多进水：$90\times(90-70)=1800$(立方米). 实际数字是多进水 180 立方米，所以实际数值是假设数值的 $\frac{1}{10}$，那么 B 管的效率应该是 7，选择 B.

【总结】 此题快速解题的关键在于运用比例假设法，简化题干计算过程。

题型二　先后合作型

例 8.2 甲、乙、丙三人合修一条公路，甲、乙合修 6 天修好公路的 1/3，乙、丙合修 2 天修好余下的 1/4，剩余的三人又修了 5 天才完成，共得收入 1 800 元. 如果按工作量计酬，则乙可获得收入为多少元?(　　)

(A)220　　　　(B)330　　　　(C)910　　　　(D)560　　　　(E)980

【答案】 C

【解析】 设工程总量为 180，则每单位工作量报酬为 10，甲、乙、丙三人效率分别为 x,y,z. 由题意，甲、乙合修 6 天修好的工作量为 $180\div3=60$，还剩下 120，然后乙、丙合修 2 天修好的工作量为 $120\div4=30$，最后剩下的工作量为 90，则

$$\begin{cases}6\times(x+y)=60,\\ 2\times(y+z)=30,\\ 5\times(x+y+z)=90\end{cases}\Rightarrow\begin{cases}x=3,\\ y=7,\\ z=8\end{cases}\Rightarrow 乙可获得的收入为 10\times7\times(6+2+5)=910(元).$$

【总结】 事实上，乙共修了 $6+2+5=13$(天)，收入为 13 的倍数，结合选项，可知正确答案为 C.

题型三　交替合作型

例 8.3 单独完成某项工作，甲需要 16 个小时，乙需要 12 个小时，如果按照甲、乙、甲、乙……的顺序轮流工作，每次 1 小时，那么完成这项工作需要多长时间?(　　)

(A)13 小时 40 分钟　　　　　　(B)13 小时 45 分钟
(C)13 小时 50 分钟　　　　　　(D)14 小时
(E)15 小时 10 分钟

【答案】 B

【解析】 设工作总量为 48，那么甲、乙的效率分别为 3 和 4，甲、乙一个周期下来可以完成工作量 7，那么 6 个周期(12 小时)可以完成工作量 42，此时剩余工作量 6，还需要甲完成 1 小时(工作量 3)、乙完成 45 分钟(工作量 3). 因此，总完成时间为 13 小时 45 分钟.

【总结】 为简化计算，采用比例假设法，通过观察可知，16 与 12 的最小公倍数为 48，因此，直接假设工作总量为 48.

题型四　撤出加入型

例 8.4 一件工程，甲乙合作要 15 天完成，甲乙合作 10 天后，乙再单独工作 6 天，最后还剩下工程总量的 1/10，问甲单独完成这件工作需要多少天?(　　)

(A)50　　　　(B)40　　　　(C)38　　　　(D)36　　　　(E)32

【答案】 D

【解析】 设工程总量为 30,甲、乙效率分别为 x,y,则

$$\begin{cases}(x+y)\times 15 = 30,\\ (x+y)\times 10 + 6y = 30\times\left(1-\dfrac{1}{10}\right)\end{cases} \Rightarrow \begin{cases}x = \dfrac{5}{6},\\ y = \dfrac{7}{6}\end{cases} \Rightarrow 30\div \dfrac{5}{6} = 36.$$

【总结】 熟练运用比例假设法,15,10,6 的最小公倍数为 30.

题型五　三项工程型

例 8.5　某市有甲、乙、丙三个工程队,工作效率比为 3∶4∶5.甲队单独完成 A 工程需要 25 天,丙队单独完成 B 工程需要 9 天.现由甲队负责 B 工程,乙队负责 A 工程,而丙队先帮甲队工作若干天后转去帮助乙队工作.如希望两个工程同时开工同时竣工,则丙队要帮乙队工作多少天?(　　)

(A)5　　　　(B)6　　　　(C)7　　　　(D)8　　　　(E)9

【答案】 C

【解析】 设甲、乙、丙工作效率分别为 3,4,5,则 A 工程的工作量为 $25\times 3 = 75$;B 工程的工作量为 $5\times 9 = 45$.工作总量为 120,而工作效率总和为 12,所有一共需要 10 天.10 天里,乙完成了 A 工程的 $10\times 4 = 40$,还剩 $75 - 40 = 35$ 是丙帮忙完成的,故丙用了 $35\div 5 = 7$(天).

【总结】 比例假设的目的是为简化运算,因此,在假设变量时,需尽量契合题干,或者就是题干里的数字或倍数等.

本章练习

1.有一批水果要装箱,一名熟练工单独装箱需要10天,每天报酬为200元;一名普通工单独装箱要15天,每天报酬为120元,由于场地限制,最多可同时安排12人装箱,若要求在一天内完成任务,则支付的最少报酬为(　　).

(A)1 800 元　　(B)1 840 元　　(C)1 920 元　　(D)1 960 元　　(E)2 000 元

2.有70名学生参加数学、语文考试,数学考试得60分以上的有56人,语文考试得60分以上的有62人,都不及格的有4人,则两门考试都得60分以上的有多少人?(　　)

(A)50　　　　(B)51　　　　(C)52　　　　(D)53　　　　(E)54

3.化学实验中,需要使用现有不同浓度的 A、B 两种氯化钠溶液配置新的浓度为 15% 的氯化钠溶液.已知 A 溶液的浓度是 B 溶液的 5 倍,且若将 50 克 A 溶液与 250 克 B 溶液混合即能完成配置,那么 A 溶液的浓度是(　　).

(A)45%　　　(B)40%　　　(C)35%　　　(D)30%　　　(E)25%

4.局长找甲、乙、丙三位处长谈话,计划与甲交谈 10 分钟,与乙交谈 12 分钟,与丙交谈 8 分钟.办公室助理通过合理调整三人交谈的顺序,使得三人交谈和等待的总时间最少.请问调后的总时间为多少?(　　)

(A)46　　　　(B)48　　　　(C)50　　　　(D)52　　　　(E)56

5. 两同学需托运行李. 托运收费标准为 10 公斤以下 6 元/公斤,超出 10 公斤部分每公斤收费标准略低一些. 已知甲、乙两人托运费分别为 109.5 元、78 元,甲的行李比乙重了 50%. 那么,超出 10 公斤部分每公斤收费标准比 10 公斤以内的低了多少元?( )
   (A)1.5   (B)2.5   (C)3.5   (D)4.5   (E)5.5

6. 某单位依据笔试成绩招录员工,应聘者中只有 1/4 被录取. 被录取的应聘者平均分比录取分数线高 6 分,没有被录取的应聘者平均分比录取分数线低 10 分,所有应聘者的平均分是 73 分. 问录取分数线多少分?( )
   (A)80   (B)79   (C)78   (D)77   (E)76

7. 一个正六边形跑道,每边长为 100 米,甲、乙两人分别从两个相对的顶点同时出发,沿跑道相向匀速前进,第一次相遇时甲比乙多跑了 60 米,问甲跑三圈时,两人之间的直线距离是多少?( )
   (A)100   (B)150   (C)200   (D)300   (E)350

8. 某工厂原来每天生产 100 个零件,现在工厂要在 12 天内生产一批零件,只有每天多生产 10% 才能按时完成工作. 第一天和第二天由于部分工人缺勤,每天只生产了 100 个,那么以后 10 天平均每天要多生产百分之几才能按时完成工作?( )
   (A)12%   (B)13%   (C)14%   (D)15%   (E)16%

9. 如果甲、乙、丙三个水管同时向一个空水池灌水,1 小时可以灌满. 甲、乙两个水管一起灌水,1 小时 20 分钟灌满. 丙单独灌满这一池的水需要( )小时.
   (A)3   (B)4   (C)5   (D)6   (E)7

10. 甲容器有浓度为 3% 的盐水 190 克,乙容器中有浓度为 9% 的盐水若干克,从乙容器中取出 210 克盐水倒入甲容器中,则甲容器中盐水的浓度是多少?( )
    (A)5.45%   (B)6.35%   (C)7.35%   (D)5.95%   (E)6.15%

11. 运动会上 100 名运动员排成一列,从左向右依次编号为 1—100,选出编号为 3 的倍数的运动员参加开幕式队列,而编号为 5 的倍数的运动员参加闭幕式队列. 问既不参加开幕式又不参加闭幕式队列的运动员有多少人?( )
    (A)46   (B)47   (C)53   (D)54   (E)66

12. 小张步行从甲单位去乙单位开会,30 分钟后小李发现小张遗漏了一份文件,随即开车去给小张送文件,小李出发 3 分钟后追上小张,此时小张还有 $\frac{1}{6}$ 的路程未走完,如果小李出发后直接开车到乙单位等小张,需要等几分钟?( )
    (A)6   (B)7   (C)8   (D)9   (E)10

13. 某书店按阶梯价格出售一批书,原价每本 15 元,10 本以下部分按原价计算,第 11 本至第 20 本按原价九折计算,第 21 本至第 30 本部分按原价八折计算,折扣以此类推,但最低只能为五折. 则用 1000 元最多可以买( )本书.
    (A)66   (B)95   (C)103   (D)111   (E)127

14. A、B、C、D、E 五个人做蛋糕. 已知 A、B、C 平均做 21 个,B、C、D 平均做 19 个,D、E 平均做 22 个,其中 E 比 D 多做 2 个,则 A 做了多少个?( )
    (A)25   (B)26   (C)27   (D)28   (E)29

15. 某公司计划运送 180 台电视机和 110 台洗衣机下乡,现有两种货车,甲种货车每辆最多可载 40 台电视机和 10 台洗衣机,乙种货车每辆最多可载 20 台电视机和 20 台洗衣机,已知甲、乙两种货车的租金分别是每辆 400 元和 360 元,则最少的运费是( )元.

(A)2 560　　(B)2 600　　(C)2 640　　(D)2 680　　(E)2 720

16.有两只相同的大桶和一只空杯子,甲桶装牛奶,乙桶装糖水.先从甲桶内取出一杯牛奶倒入乙桶,再从乙桶中取出一杯糖水和牛奶的混合液倒入甲桶.请问此时甲桶内的糖水多还是乙桶内的牛奶多?( )

(A)无法判断　(B)甲桶糖水多　(C)乙桶牛奶多　(D)一样多　(E)甲桶牛奶多

17.某环形公路长 15 千米,甲、乙两人同时同地沿公路骑自行车反向而行,0.5 小时后相遇,若他们同时同地同向而行,经过 3 小时后,甲追上乙.问乙的速度是多少?( )

(A)12.5　　(B)13.5　　(C)15.5　　(D)17.5　　(E)18.5

18.某公司招聘员工,按规定每人至多可投考两个职位,结果共 42 人报名,甲、乙、丙三个职位报名人数分别是 22 人、16 人、25 人,其中同时报甲、乙职位的人数为 8 人,同时报甲、丙职位的人数为 6 人,那么同时报乙、丙职位的人数( ).

(A)7　　(B)8　　(C)5　　(D)6　　(E)10

19.某项工程,甲单独完成需要 8 天,乙需要 4 天,甲做一半换乙,乙做剩余一半又换甲,甲又做剩余一半再换乙完成,问整个工程花费( )天.

(A)5.5　　(B)6　　(C)6.5　　(D)7　　(E)8

20.某商场出售甲、乙两种不同价格的笔记本电脑,其中甲电脑两次提价 10%,乙电脑连续两次降价 10%,最后两种电脑均以 9801 元各售出一台,与价格不升不降比较,则商场盈亏情况是( ).

(A) 不赚不亏　　　　　　(B) 少赚 598 元　　　　　(C) 多赚 980.1 元
(D) 多赚 490.05 元　　　　(E) 多赚 289.31 元

21.一个容器内有一定量盐水,第一次加入适量水后,容器内盐水浓度为 3%,第二次再加入同样多水后,容器内盐水浓度为 2%,则第三次加入同样多的水后盐水浓度为( ).

(A)0.5%　　(B)1%　　(C)1.2%　　(D)1.3%　　(E)1.5%

22.用 1,2,3,4,5,6 这 6 个数字组成不同的六位数,所有这些六位数的平均值是( ).

(A)350 000　(B)355 550　(C)355 555.5　(D)388 888.5　(E)366 666.5

23.甲、乙两人在长 30 米的泳池内游泳,甲每分钟游 37.5 米,乙每分钟游 52.5 米.两人同时分别从泳池的两端出发,触壁后原路返回,如是往返.如果不计转向的时间,则从出发开始计算的 1 分 50 秒内两人共相遇多少次?( )

(A)2　　(B)3　　(C)4　　(D)5　　(E)6

24.对某单位的 100 名员工进行调查,结果发现他们喜欢看球赛和电影、戏剧:其中 58 人喜欢看球赛,38 人喜欢看戏剧,52 人喜欢看电影,既喜欢看球赛又喜欢看戏剧的有 18 人,既喜欢看电影又喜欢看戏剧的有 16 人,三种都喜欢看的有 12 人,则只喜欢看电影的有( ).

(A)30　　(B)36　　(C)28　　(D)22　　(E)20

25.某市园林部门计划对市区内 30 处绿化带进行补栽,每处绿化带补栽方案可从甲、乙两种方案中任选其中一方案进行.甲方案补栽阔叶树 80 株,针叶树 40 株;乙方案补栽阔叶树 50 株,针叶树 90 株.现有阔叶树苗 2070 株,针叶树苗 1800 株,为最大限度利用这批树苗,甲、乙两种方案应各选( ).

(A) 甲方案 17 个、乙方案 13 个　　(B) 甲方案 18 个、乙方案 12 个
(C) 甲方案 19 个、乙方案 11 个　　(D) 甲方案 20 个、乙方案 10 个

(E)甲方案与乙方案一样

26.某项工程项目由甲项目公司单独完成需要 15 天,由乙项目公司单独完成需要 18 天,由丙项目公司单独完成需要 12 天.现因某种原因改为:首先由甲项目公司做 1 天,其次由乙项目公司做 1 天,最后由丙项目公司做 1 天,然后再由甲项目公司做 1 天……如此循环往复,则完成该工程项目共需( )天.

(A)$14\dfrac{1}{3}$　　(B)$14\dfrac{2}{3}$　　(C)$13\dfrac{1}{3}$　　(D)$13\dfrac{2}{3}$　　(E)$12\dfrac{2}{3}$

27.小王参加了五门百分制的测验,每门成绩都是整数.其中语文 94 分,数学的得分最高,外语的得分等于语文和物理的平均分,物理的得分等于五门的平均分,化学的得分比外语多 2 分,并且是五门中第二高的得分.问小王的物理考了多少分?( )

(A)94　　(B)95　　(C)96　　(D)97　　(E)93

28.某人将一套房屋以购入价的 3 倍在房产中介处放盘.他告诉中介,一周内签约的买家其成交价能比放盘价便宜 5 万元,并愿意在支付成交价 3% 的中介费基础上,再多支付 1 万元给中介.若该房屋在一周内以 100 万元的价格成交,那么,此人在这套房屋上盈利( )万元.

(A)66　　(B)65　　(C)61　　(D)58　　(E)45

29.某居民小区决定投资 15 万元修建停车位,据测算,修建一个室内车位的费用为 5000 元,修建一个室外车位的费用为 1000 元.考虑到实际因素,计划室外车位的数量不少于室内车位的 2 倍,也不多于室内车位的 3 倍,这笔投资最多可建车位的数量为( ).

(A)78　　(B)74　　(C)72　　(D)70　　(E)66

本章练习答案解析

1.【答案】 C

【解析】 本题中最多安排 12 人,可能为 11 人,也可能为 10 人,设安排熟练工 a 人,普通工 b 人.则有 $\begin{cases} a+b \leqslant 12, \\ \dfrac{a}{10}+\dfrac{b}{15} \geqslant 1. \end{cases}$ 设 $a+b=12$,则 $a=12-b$,$\dfrac{12-b}{10}+\dfrac{b}{15} \geqslant 1 \Rightarrow b \leqslant 6$.

设支付的报酬为 T,则 $T=200a+120b=200 \times (12-b)+120b=2400-80b$.

当 b 取最大值 6 时,T 取最小值,$T_{\min}=1920$.

2.【答案】 C

【解析】 设 x 为所求,代入公式,得 $56+62-x=70-4$,解得 $x=52$,选择 C.

3.【答案】 A

【解析】 设 A 溶液的浓度为 x,结合溶液问题基本公式,可得 $50x+250 \times \dfrac{x}{5}=(50+250) \times 15\%$,得 $x=45\%$.答案选择 A.

4.【答案】 E

【解析】 排序总原则是"谈话时间长的尽量放最后,谈话时间短的尽量优先谈".所以应按照丙、甲、乙的顺序谈话.总时长为 $8+(8+10)+(8+10+12)=56(分钟)$,选择 E.

5.【答案】 A

【解析】 假设甲、乙行李重量分别为 $1.5n$、n,超出 10 公斤收费标准为 x 元/公斤,则

$$\begin{cases} 10\times 6+(1.5n-10)\times x=109.5, \\ 10\times 6+(n-10)\times x=78 \end{cases} \Rightarrow \begin{cases} n=14, \\ x=4.5, \end{cases}$$ 显然低了 1.5 元.

6.【答案】 B

【解析】 假设 4 人应聘，录取了 1 人，以平均分 73 为参照，设录取分数为 x，那么录取者平均分为 $x+6$，未录取者平均分为 $x-10$，总和为 $1\times(x+6)+3\times(x-10)=0 \Rightarrow x=6$，相对分数为 6 代表实际分数为 79，选择 B.

7.【答案】 C

【解析】 六边形边长 100，则甲乙两人间跑道长 300 米. 由于第一次相遇时甲比乙多跑了 60 米，容易求得此时甲跑了 180 米，乙跑了 120 米，可知两人速度比为 3:2，所以当甲跑三圈时，乙跑两圈，两人都回到起始点，故直线距离为 200 米.

8.【答案】 A

【解析】 每天多生产 10% 可按时完成，说明总的工作量是 $100\times(1+10\%)\times 12=1320$（个）. 前两天已经生产了 200 个，则剩余 1120 个. 剩余的 1120 个零件要 10 天完成，则每天做 112 个，即每天多生产 $(112-100)\div 100=12\%$，才可以按时完成，选择 A.

9.【答案】 B

【解析】 题目已知两个时间分别是 60、80 分钟，所以我们假设工作总量为 240，那么甲、乙、丙的工作效率之和为 $240\div 60=4$，甲、乙效率之和为 $240\div 80=3$，那么丙的效率应该是 1，单独灌满需要 $240\div 1=240$（分钟），即 4 小时，选择 B.

10.【答案】 E

【解析】 根据溶液问题基本公式，混合后甲容器中盐水的浓度为 $\dfrac{190\times 3\%+210\times 9\%}{190+210}=6.15\%$.

11.【答案】 C

【解析】 编号为 3 的倍数运动员有 33 位，编号为 5 的倍数运动员有 20 位. 编号既是 3 又是 5 的倍数（即 15 的倍数）的运动员有 6 位. 假设都不参加的人为 x 人，代入公式，得 $100-33-20+6=53$，选择 C.

12.【答案】 A

【解析】 对于小张，33 分钟完成全程的 $\dfrac{5}{6}$ 路程，根据"时间与路程成正比"，小张完成全程需要的时间为：$33\div\dfrac{5}{6}=\dfrac{198}{5}$（分钟）；对于小李，3 分钟完成全程的 $\dfrac{5}{6}$ 路程，所以完成全程的时间为 $3\div\dfrac{5}{6}=\dfrac{18}{5}$（分钟），所以完成全程小李比小张少：$\dfrac{198}{5}-\dfrac{18}{5}=36$（分钟），因为小李晚出发 30 分钟，所以在终点需要再等 6 分钟，选择 A.

13.【答案】 C

【解析】 我们以 10 本为单位，每 10 本原价为 150 元，每便宜 1 折就便宜 15 元，所以 100 本书的总价为 $150+135+120+105+90+75\times 5=975$（元），还剩 25 元，五折的书一本为 7.5 元，还可以再买三本，所以选择 C.

14.【答案】 C

【解析】 $\begin{cases} A+B+C = 21\times 3 = 63, \\ B+C+D = 19\times 3 = 57, \\ E+D = 22\times 2 = 44, \\ E-D = 2 \end{cases} \Rightarrow \begin{cases} A-D = 6, \\ D = 21 \end{cases} \Rightarrow A = 27.$

15.【答案】 B

【解析】 设需租用甲车 a 辆,乙车 b 辆,则有 $\begin{cases} 40a+20b \geqslant 180, \\ 10a+20b \geqslant 110 \end{cases} \xrightarrow{\text{整理}} \begin{cases} 2a+b \geqslant 9, \\ a+2b \geqslant 11. \end{cases}$

设 $2a+b = 9$,即 $b = 9-2a$,则 $a+2(9-2a) \geqslant 11 \Rightarrow a \leqslant \dfrac{7}{3} \xrightarrow{\text{取整}} a \leqslant 2.$

运费 $T = 400a+360b = 400a+360(9-2a) = 3240-320a.$
当 a 取最大值时,T 取最小值,$T_{\min} = 2600.$

16.【答案】 D

【解析】 两次操作之后,甲桶中液体的总量并没有变.因此:甲桶减少了多少牛奶就应该增加了多少糖水,才能保证前后总量不变.于是:甲桶内的糖水与乙桶内的牛奶应该一样多.

17.【答案】 A

【解析】 假设甲、乙速度分别为 u,v,则 $\begin{cases} 15 = (u+v)\times 0.5, \\ 15 = (u-v)\times 3 \end{cases} \Rightarrow \begin{cases} u = 17.5, \\ v = 12.5. \end{cases}$

18.【答案】 A

【解析】 设同时报乙、丙职位人数为 x,根据公式,得 $42 = 22+16+25-8-6-x+0 \Rightarrow x = 7$,选 A.

19.【答案】 C

【解析】 设工作总量为 8,那么两人效率分别为 1,2.甲、乙交替分别完成 4,2,1,1,甲工作总量为 5,需要时间为 5 天,而乙工作总量为 3,需要时间为 1.5 天,总共为 6.5 天,选择 C.

20.【答案】 B

【解析】 甲电脑两次提价 10% 后,价格变为原来的 1.21 倍,所以原价为 $9\,801 \div 1.21 = 8\,100$(元);乙电脑两次降价 10%,价格变为原来的 0.81 倍,所以原价为 $9\,801 \div 0.81 = 12\,100$(元),即甲电脑赚了 $9\,801-8\,100 = 1\,701$(元),乙电脑亏了 $12100-9\,801 = 2\,299$(元),总体亏了 598 元,选择 B.

21.【答案】 E

【解析】 假设溶质为 6,第一次加水后溶液为 $6 \div 3\% = 200$,第二次加水后溶液为 $6 \div 2\% = 300$,第三次加水后溶液应该为 400,故浓度为 $6 \div 400 = 1.5\%.$

22.【答案】 D

【解析】 在个位上,1~6 这六个数字是平均出现的,所以其平均数也是其中位数 3.5;同理,在十位,百位,千位,万位,十万位上,其平均数值也是 3.5.故而总体的平均值应该是 $3.5\times 1+3.5\times 10+3.5\times 100+3.5\times 1\,000+3.5\times 10\,000+3.5\times 100\,000 = 388\,888.5$,选择 D.

23.【答案】 B

【解析】 先统一单位,1 分 50 秒 $= \dfrac{11}{6}$ 分钟.

迎面相遇:

$30\times(2N-1)\leqslant$ 路程和 $=(37.5+52.5)\times\dfrac{11}{6}$,得 $N\leqslant 3.25$,共 3 次.

追上相遇:

$30\times(2N-1)\leqslant$ 路程差 $=(52.5-37.5)\times\dfrac{11}{6}$,得 $N\leqslant\dfrac{23}{24}$,共 0 次,因此一共相遇 3 次.

24.【答案】 D

【解析】 先不考虑"电影"这个条件,只考虑"球赛"和"戏剧"这两个条件,运用"两集合容斥原理"有"喜欢看球赛的人数+喜欢看戏剧的人数-既喜欢看球赛又喜欢看戏剧的人数=总数-既不喜欢看球赛又不喜欢看戏剧的人数".代入数值易知,既不喜欢看球赛又不喜欢看戏剧的人数为 22 人,而这 22 人恰好就是"只喜欢看电影的人数".

25.【答案】 B

【解析】 如果采用 A 选项,利用阔叶树 $80\times17+50\times13=2\ 010$(株),针叶树 $40\times17+90\times13=1\ 850$(株),剩下三个选项分别是在前面的基础上将一个乙方案换成一个甲方案,那么阔叶树每次增长 $80-50=30$(株),分别为 $2\ 040,2\ 070,2\ 100$ 棵;而针叶树减少 $90-40=50$(株),分别为 $1\ 800,1\ 750,1\ 700$.很明显,A 与 D 超过了预算,B 比 C 多利用 20 株,选择 B.

26.【答案】 B

【解析】 设工程总量为 180,则甲、乙、丙的效率分别为 12,10,15,合作 1 轮可完成的工作量为 $12+10+15=37$,合作 4 轮(12 天)可完成的工作量为 148,剩余 32,不足一轮.甲工作一天后还剩 $32-12=20$,乙再工作一天后还剩 $20-10=10$,此时丙还需要 $10\div15=\dfrac{2}{3}$(天).所以总共需要 $12+1+1+\dfrac{2}{3}=14\dfrac{2}{3}$.

27.【答案】 C

【解析】 因为"外语分数是语文和物理分数的平均数",所以物理分数必须是偶数,排除 B、D、E.若物理为 94,那么外语也是 94,化学 96,数学更高,平均分不可能是 94,矛盾,选择 C.

28.【答案】 C

【解析】 成交价为 100 万元,则据题放盘价是 105 万元,可知购入价是 $105\div3=35$(万元),则此人在这套房屋上的盈利为 $100-35-3-1=61$(万元),选择 C.

29.【答案】 B

【解析】 设建室内车位 x 个,室外车位 y 个.求满足约束条件 $\begin{cases}5\ 000x+1\ 000y\leqslant 150\ 000,\\ 2x\leqslant y\leqslant 3x,\\ x,y\in\mathbf{N}^+\end{cases}$ 的目标函数 $z=x+y$ 的最大值.由 $\begin{cases}5\ 000x+1\ 000y\leqslant 150\ 000,\\ 2x\leqslant y\leqslant 3x\end{cases}$ 可得 $7x\leqslant 150,8x\geqslant 150$,而 x 为正整数,所以 x 的可能取值为 19,20,21.经检验,当 $x=19$ 时,$y=55$,此时 $z=x+y=19+55=74$ 为最大值.故选 B.

仿真模拟

模拟卷一

一、问题求解:第 1～15 小题,每小题 3 分,共 45 分. 下列每题给出的 A、B、C、D、E 五个选项中,只有一项是符合试题要求的. 请在答题卡上将所选项的字母涂黑.

1. 若 $a+b+c=0$ 且 $\dfrac{b-c}{a}+\dfrac{c-a}{b}+\dfrac{a-b}{c}=0$,则 $\dfrac{bc+b-c}{b^2c^2}+\dfrac{ca+c-a}{c^2a^2}+\dfrac{ab+a-b}{a^2b^2}$ 的值为( ).

(A)0   (B)1   (C)2   (D)10   (E)20

2. 某商品的定价为 300 元,双十一促销降价 50%,现在必须提价( )% 才能恢复到原价.

(A)50   (B)80   (C)150   (D)100   (E)120

3. 如图所示,正方形 $ABCD$ 的边长为 14 厘米,弧 CGD 和 EHF 是半圆,则阴影部分的面积为( )平方厘米.

(A)84   (B)98   (C)112   (D)91   (E)105

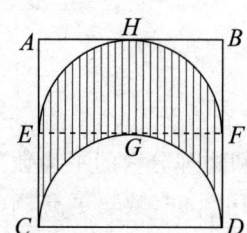

4. 设 x_1, x_2 是方程 $2x^2-9x+5=0$ 的两个根,则 $\left(x_1+\dfrac{1}{x_2}\right)\left(x_2+\dfrac{1}{x_1}\right)$ 的值是( ).

(A)$\dfrac{49}{10}$ (B)$\dfrac{29}{5}$ (C)$\dfrac{11}{3}$ (D)$-\dfrac{11}{3}$ (E)2

5. 一辆公共汽车有 78 个座位,空车出发. 第一站上 1 位乘客,第二站上 2 位,第三站上 3 位,依此下去,( )站以后,车上坐满乘客.

(A)13   (B)14   (C)12   (D)10   (E)11

6. 某楼梯的侧面如图所示,其中 $AB=4$ 米,$\angle C=90°$,$\angle BAC=30°$,因某活动要求铺设红地毯,则整段楼梯所铺地毯的长度应为( )米.

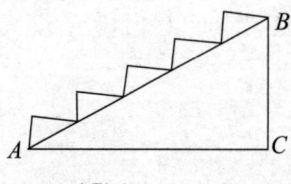

(A)8   (B)4   (C)2   (D)$2\sqrt{3}$ (E)$2+2\sqrt{3}$

7. 已知口袋中有 5 只同样大小的球,编号分别为 1,2,3,4,5,现在从中随机抽取 3 只球,则取到的球中最大号码是 4 的概率为( ).

210

(A)0.3　　　　(B)0.4　　　　(C)0.15　　　　(D)0.6　　　　(E)0.7

8. 在大一某专业的 8 个班级,组织一个 12 人的学生会,要求每班至少 1 人,则名额分配方案有(　　)种.
(A)A_{11}^7　　(B)C_{12}^8　　(C)C_{13}^7　　(D)C_{11}^7　　(E)A_{13}^7

9. 已知 $a > 0$,若 $9x + \dfrac{a^2}{x} \geqslant a + 1$ 对一切正实数 x 都成立,则 a 的取值范围为(　　).
(A)$\left(-\infty, \dfrac{1}{4}\right]$　　　　(B)$\left[\dfrac{1}{4}, +\infty\right)$　　　　(C)$\left(-\infty, \dfrac{1}{5}\right]$
(D)$\left[\dfrac{1}{5}, +\infty\right)$　　　　(E)以上答案均不正确

10. 已知过点 $A(3, -3)$ 的直线 l 被圆 $x^2 + y^2 + 4y - 21 = 0$ 所截得的弦长为 $4\sqrt{5}$,则直线 l 的方程为(　　).
(A)$x + 2y + 9 = 0$　　　(B)$2x + y - 3 = 0$　　　(C)$2x - y + 3 = 0$
(D)$2x + y - 3 = 0$ 或 $x - 2y - 9 = 0$　　(E)$x + 2y + 9 = 0$ 或 $2x - y + 3 = 0$

11. 多项式 $f(x) = x^{2018} + 4x^{120} - 5x^{18} + 6$ 除以 $x^3 - 1$ 的余式是(　　).
(A)$x + 6$　　(B)$x^2 + 5$　　(C)$x^2 + 6$　　(D)$x + 5$　　(E)$x^2 - 5$

12. 一个酒精瓶,它的瓶身呈圆柱形(不包括瓶颈),如下图. 已知它的容积为 24π 立方厘米. 当瓶子正放时,瓶内的酒精的液面高为 6 厘米. 瓶子倒放时,空余部分的高为 2 厘米. 则瓶内酒精的体积是(　　)立方厘米.

(A)16π　　(B)18π　　(C)20π　　(D)12π　　(E)12π

13. 甲、乙二人分别从 A、B 两地同时出发,相向而行,甲、乙的速度之比为 4:3,二人相遇后继续行进,甲到达 B 地和乙到达 A 地后都立即沿原路返回,已知二人第二次相遇的地点距第一次相遇的地点 30 千米,则 A、B 两地相距(　　)千米.
(A)105　　(B)210　　(C)70　　(D)140　　(E)42

14. 圆 $C_1 : x^2 + y^2 + 4x - 4y + 7 = 0$ 和圆 $C_2 : x^2 + y^2 - 4x - 10y + 13 = 0$ 的公切线的条数为(　　).
(A)4　　(B)3　　(C)2　　(D)1　　(E)0

15. 某公司有一个 5 人组成的顾问小组,若每个顾问贡献正确意见的概率为 0.9,现在该公司对某个项目是否可行分别征求各位顾问的意见,并按多数的意见作出决策,则作出正确决策的概率为(　　).
(A)1.23×0.9^3　(B)1.24×0.9^3　(C)1.25×0.9^3　(D)1.26×0.9^3　(E)1.36×0.9^3

二、条件充分性判断:第 16～25 小题,每小题 3 分,共 30 分. 要求判断每题给出得条件(1)和(2)能否充分支持题干所陈述的结论. A、B、C、D、E 五个选项为判断结果,请选择一项符合试题要求的判断,在答题卡上将所选项的字母涂黑.

　A. 条件(1)充分,但条件(2)不充分.
　B. 条件(2)充分,但条件(1)不充分.
　C. 条件(1)和(2)单独都不充分,但是条件(1)和(2)联合起来充分.

D. 条件(1) 充分, 条件(2) 也充分.

E. 条件(1) 和(2) 单独都不充分, 联合起来也不充分.

注: 如果条件 A 成立, 能推出结论 B 成立, 即 $A \Rightarrow B$, 称 A 是 B 的充分条件.

16. 不等式 $a < -b < b < -a$ 成立.

(1) $a < 0, b > 0$;

(2) $a + b < 0$.

17. $N = 18$.

(1) $M = 0.5\dot{4}$ 化为最简分数的分子为 N;

(2) 将甲、乙、丙、丁四名学生分到三个不同的班, 每个班至少分到一名学生, 且甲、乙两名学生不能分到同一个班, 有 N 种不同分法.

18. 直线 $l_1 : (k-3)x + (4-k)y + 1 = 0$ 与 $l_2 : 2(k-3)x - 2y + 3 = 0$ 平行.

(1) $k = 3$ 或 $k = 5$;

(2) $k = 1$ 或 $k = 3$.

19. 关于 x 的方程 $\sqrt{2x+1} = x + m$ 有两个不等实根.

(1) $\dfrac{1}{2} \leqslant m < \dfrac{2}{3}$;

(2) $\dfrac{2}{3} \leqslant m < 1$.

20. 方程 $mx^2 + (2m-1)x - 3(m-1) = 0$ 两根都大于 3.

(1) $-\dfrac{1}{8} < m < 0$;

(2) $0 \leqslant m < \dfrac{1}{8}$.

21. 球 A 和球 B 的半径之差为 1.

(1) 球 A 和球 B 的体积之和为 12π;

(2) 球 A 和球 B 的大圆周长之和为 6π.

22. $|x-2| - |x-5| = a$ 有解.

(1) $a = 2$;

(2) $a = 5$.

23. 某校有 100 名同学参加英语竞赛, 平均分是 63 分, 则可以确定参加竞赛的男同学比女同学多几人.

(1) 男生平均分是 60 分;

(2) 女生平均分是 70 分.

24. 数列 $\{a_n\}$ 的前 k 项和 $a_1 + a_2 + \cdots + a_k$ 与随后 k 项和 $a_{k+1} + a_{k+2} + \cdots + a_{2k}$ 之比与 k 无关.

(1) $a_n = 2n$;

(2) $a_n = 2n - 1$.

25. 事件 A 表示家中男女孩都有, 事件 B 表示家中至多有一个女孩, 则事件 A、B 独立.

(1) 该家庭有三个孩子;

(2) 该家庭有两个孩子.

模拟卷二

一、问题求解：第1～15小题，每小题3分，共45分．下列每题给出的A、B、C、D、E五个选项中，只有一项是符合试题要求的．请在答题卡上将所选项的字母涂黑．

1. 7个连续偶数之和为2 016，则这7个数中的最大的一个是（　　）．
   (A)294　　(B)292　　(C)284　　(D)282　　(E)272

2. 已知三个人的平均年龄为22岁，若年龄最小的人没有小于18岁，且三人的岁数都不相同，则最大年龄的人最老可能是（　　）岁．
   (A)26　　(B)27　　(C)28　　(D)29　　(E)30

3. 52名同学去划船，一共乘坐11只船，其中每只大船坐6人，每只小船坐4人，则有（　　）只大船．
   (A)2　　(B)3　　(C)4　　(D)5　　(E)6

4. 甲乙两人在买披萨，甲先买了披萨的三分之一，乙买了剩下的五分之三，最终乙比甲多花了4元，则这整块披萨的价格是（　　）元．
   (A)15　　(B)30　　(C)45　　(D)60　　(E)75

5. 已知多项式 ax^3+bx^2+cx+d 除以 $x-2$ 的余式为1，除以 $x-3$ 的余式为2，则 ax^3+bx^2+cx+d 除以 $(x-2)(x-3)$ 的余式是（　　）．
   (A)$x+1$　　(B)$x-1$　　(C)$2x-1$　　(D)$2x+1$　　(E)$x+3$

6. 如图所示，正方形 $ABCD$ 的边长为8厘米，则正方形中两个半圆的弧相交所形成阴影部分的面积是（　　）平方厘米．

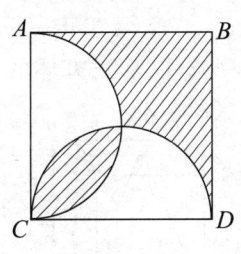

   (A)16　　(B)20　　(C)24　　(D)32　　(E)48

7. 已知 $f(x)=m(x-2m)(x+m+3)$，$g(x)=2^x-2$．若对于一切 $x\in \mathbf{R}$，$f(x)<0$ 或 $g(x)<0$，则 m 的取值范围为（　　）．
   (A)$-4<m<0$　　(B)$-4<m\leqslant 0$　　(C)$-4<m<1$
   (D)$-4<m\leqslant 1$　　(E)$-2<m\leqslant 0$

8. 已知直线 $a^2x+y+2=0$ 与直线 $bx-(a^2+1)y-1=0$ 互相垂直，则 $|ab|$ 的最小值为（　　）．
   (A)1　　(B)2　　(C)3　　(D)4　　(E)5

9. 某班有30名男生，20名女生，现从中选出5人组成一个宣传小组，其中男、女学生均不少于2人的不同的选法为（　　）．
   (A)$C_{30}^2 C_{20}^2 C_{46}^1$　　(B)$C_{50}^5-C_{30}^5-C_{20}^5$　　(C)$C_{50}^5-C_{30}^1 C_{20}^4-C_{30}^4 C_{20}^1$
   (D)$C_{30}^2 C_{20}^2 (C_{29}^1+C_{19}^1)$　　(E)$C_{30}^2 C_{20}^3+C_{30}^3 C_{20}^2$

10. 如图所示，用8个同样的小直角三角拼成一个大正方形，该大正方形中还包含两个小正方形,这三个正方形的面积从小到大记为 S_1、S_2 和 S_3,则它们的关系为( ).

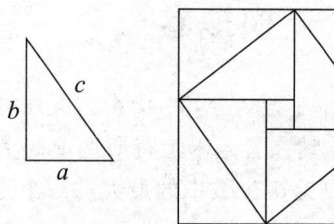

(A)$S_1+S_3=S_2$ (B)$S_1+S_3=2S_2$ (C)$S_1+S_3=3S_2$
(D)$2S_1+S_3=4S_2$ (E)$2S_1+S_3=3S_2$

11. 已知圆 $C:(x-1)^2+(y-2)^2=25$,直线 $l:(2m+1)x+(m+1)y-7m-4=0(m\in \mathbf{R})$,当直线 l 被圆 C 截得的弦长最小时,直线 l 的方程为( ).
(A)$2x+y-5=0$ (B)$2x-y+5=0$ (C)$x-2y+5=0$
(D)$x-2y-5=0$ (E)$2x-y-5=0$

12. 直线 l 经过点 $A(1,2)$,在 x 轴上的截距的取值范围是 $(-3,3)$,则其斜率 k 的取值范围是( ).
(A)$-1<k<\dfrac{1}{5}$ (B)$k>1$ 或 $k<\dfrac{1}{2}$ (C)$k>\dfrac{1}{5}$ 或 $k<1$
(D)$k>\dfrac{1}{2}$ 或 $k<-1$ (E)$-1<k<\dfrac{1}{2}$

13. 某盒中装着标有数字 1,2,3,4 的卡片各 2 张,从盒中任意取 3 张,每张卡片被抽到的可能性都相等,则抽出的 3 张卡片上的数字互不相同的概率是( ).
(A)$\dfrac{3}{7}$ (B)$\dfrac{4}{7}$ (C)$\dfrac{5}{7}$ (D)$\dfrac{2}{7}$ (E)$\dfrac{1}{7}$

14. 如图所示,一个棱长 6 厘米的正方体,从正方体的底面向内挖去一个最大的圆锥体,则剩下的体积是原正方体体积的( ).(π 取 3)

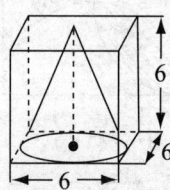

(A)45% (B)50% (C)60% (D)75% (E)80%

15. 若 $C_1:x^2+y^2+2ax+a^2-4=0(a\in\mathbf{R})$ 与 $C_2:x^2+y^2-2by-1+b^2=0(b\in\mathbf{R})$ 外切,则 $a+b$ 的最大值为( ).
(A)$3\sqrt{2}$ (B)3 (C)$3\sqrt{3}$ (D)6 (E)9

二、条件充分性判断:第 16~25 小题,每小题 3 分,共 30 分.要求判断每题给出得条件(1) 和(2) 能否充分支持题干所陈述的结论.A、B、C、D、E 五个选项为判断结果,请选择一项符合试题要求的判断,在答题卡上将所选项的字母涂黑.

A. 条件(1) 充分,但条件(2) 不充分.

B. 条件(2) 充分,但条件(1) 不充分.

C. 条件(1) 和(2) 单独都不充分,但是条件(1) 和(2) 联合起来充分.

D. 条件(1) 充分,条件(2) 也充分.

E. 条件(1)和(2)单独都不充分,联合起来也不充分.

注:如果条件 A 成立,能推出结论 B 成立,即 $A \Rightarrow B$,称 A 是 B 的充分条件.

16. $ab(c^2+d^2)+cd(a^2+b^2)=0$.

(1) a,b,c,d 为互不相等的非零实数;

(2) $ac+bd=0$.

17. 关于 x 的不等式 $|x+1|+2|x-2| \geqslant a$ 的解集为 **R**.

(1) $a=2$;

(2) $a=6$.

18. 关于 x 的方程 $(a^2+b^2)x^2-2b(a+c)x+b^2+c^2=0$ 有实根.

(1) 非零实数 a,b,c 成等差数列;

(2) 非零实数 a,b,c 成等比数列.

19. 一种空心混凝土管道,内直径是 40 厘米,外直径是 80 厘米,长 150 厘米,则可以浇制 200 根这样的管道.

(1) 有 114 立方米混凝土;

(2) 有 110 立方米混凝土.

20. 抛掷两颗骰子, $P=\dfrac{1}{4}$.

(1) 点数之和是 4 的倍数的概率为 P;

(2) 点数之和大于 5 小于 10 的概率为 P.

21. 关于 x 的方程 $3x^2+(m-5)x+m^2-m-2=0$ 的两个根满足 $0<x_1<1,1<x_2<2$.

(1) $-2<m<0$;

(2) $-1<m<1$.

22. $(2-x)(x^2+3x+4)(-x^2+3x-2)>0$.

(1) $-2<x<0$;

(2) $x>3$.

23. $a_1 a_8 < a_4 a_5$.

(1) $\{a_n\}$ 为等差数列,且 $a_4>0$;

(2) $\{a_n\}$ 为等差数列,且公差 $d \neq 0$.

24. 圆 C_1 是圆 $C_2:x^2+y^2+2x-4y-20=0$ 关于直线 $y=x$ 的对称圆.

(1) $C_1:x^2+y^2-4x+2y-20=0$;

(2) $C_1:x^2+y^2-4x-2y-20=0$.

25. 直线 $y=x+k$ 与曲线 $x=\sqrt{1-y^2}$ 恰有一个公共点.

(1) $k=\sqrt{2}$;

(2) $k=-\sqrt{2}$.

模拟卷三

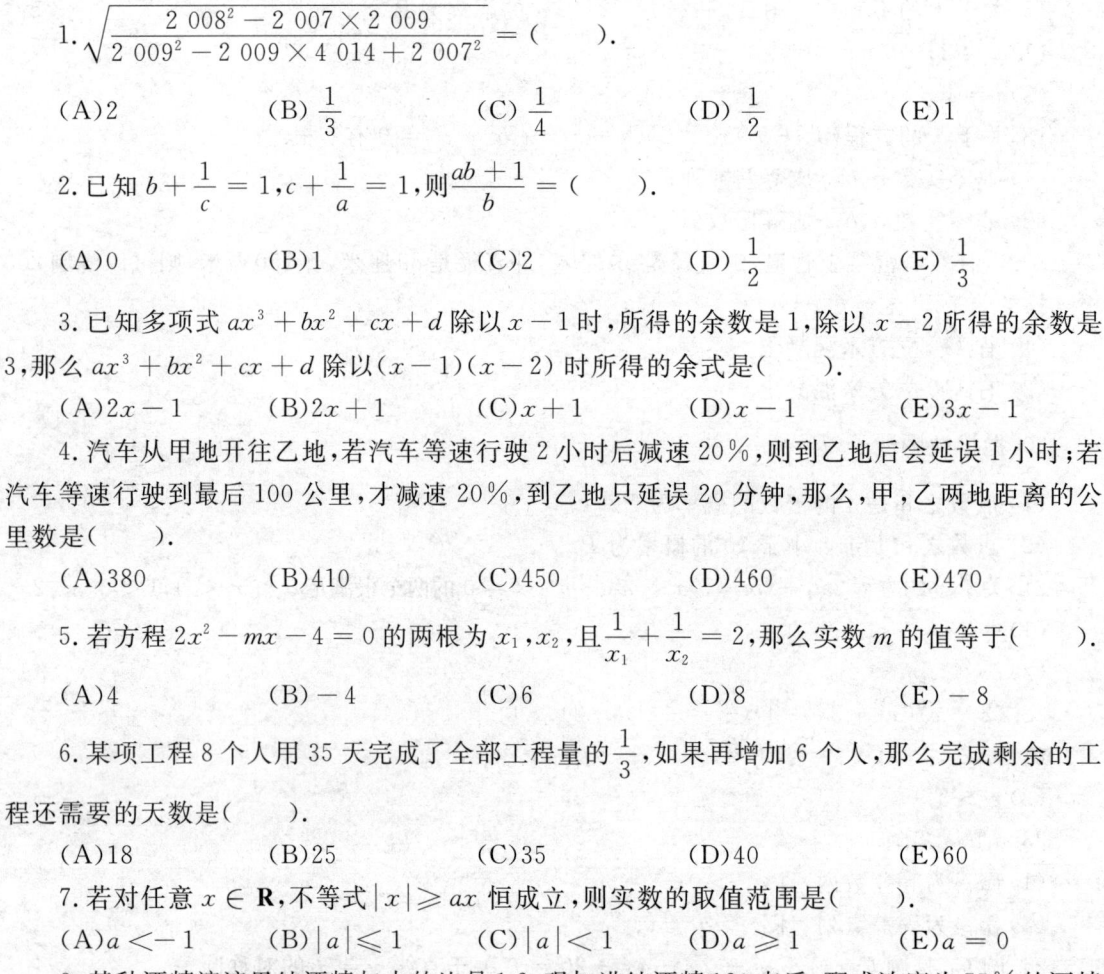

一、问题求解：第 1～15 小题，每小题 3 分，共 45 分．下列每题给出的 A、B、C、D、E 五个选项中，只有一项是符合试题要求的．请在答题卡上将所选项的字母涂黑．

1. $\sqrt{\dfrac{2008^2 - 2007 \times 2009}{2009^2 - 2009 \times 4014 + 2007^2}} = ($　　$)$．

   (A) 2　　　　(B) $\dfrac{1}{3}$　　　　(C) $\dfrac{1}{4}$　　　　(D) $\dfrac{1}{2}$　　　　(E) 1

2. 已知 $b + \dfrac{1}{c} = 1, c + \dfrac{1}{a} = 1$，则 $\dfrac{ab+1}{b} = ($　　$)$．

   (A) 0　　　　(B) 1　　　　(C) 2　　　　(D) $\dfrac{1}{2}$　　　　(E) $\dfrac{1}{3}$

3. 已知多项式 $ax^3 + bx^2 + cx + d$ 除以 $x-1$ 时，所得的余数是 1，除以 $x-2$ 所得的余数是 3，那么 $ax^3 + bx^2 + cx + d$ 除以 $(x-1)(x-2)$ 时所得的余式是（　　）.

   (A) $2x-1$　　(B) $2x+1$　　(C) $x+1$　　(D) $x-1$　　(E) $3x-1$

4. 汽车从甲地开往乙地，若汽车等速行驶 2 小时后减速 20%，则到乙地后会延误 1 小时；若汽车等速行驶到最后 100 公里，才减速 20%，到乙地只延误 20 分钟，那么，甲，乙两地距离的公里数是（　　）.

   (A) 380　　　(B) 410　　　(C) 450　　　(D) 460　　　(E) 470

5. 若方程 $2x^2 - mx - 4 = 0$ 的两根为 x_1, x_2，且 $\dfrac{1}{x_1} + \dfrac{1}{x_2} = 2$，那么实数 m 的值等于（　　）.

   (A) 4　　　　(B) -4　　　(C) 6　　　　(D) 8　　　　(E) -8

6. 某项工程 8 个人用 35 天完成了全部工程量的 $\dfrac{1}{3}$，如果再增加 6 个人，那么完成剩余的工程还需要的天数是（　　）.

   (A) 18　　　(B) 25　　　(C) 35　　　(D) 40　　　(E) 60

7. 若对任意 $x \in \mathbf{R}$，不等式 $|x| \geqslant ax$ 恒成立，则实数的取值范围是（　　）.

   (A) $a < -1$　　(B) $|a| \leqslant 1$　　(C) $|a| < 1$　　(D) $a \geqslant 1$　　(E) $a = 0$

8. 某种酒精溶液里纯酒精与水的比是 1:2，现加进纯酒精 120 克后，配成浓度为 75% 的酒精溶液，则原有酒精溶液（　　）克.

   (A) 70　　　(B) 71　　　(C) 72　　　(D) 73　　　(E) 74

9. 商场买进某种商品若干件，按定价卖出了进货的一半，然后按定价的九折卖掉了剩余部分的一半，接着再按定价的八折卖掉剩余部分的一半，最后按定价的六折将剩下部分全部卖完，总计商场这笔生意获利为进货价的 30%，则最初的定价比进货价增加（　　）．

   (A) 64%　　(B) 52%　　(C) 35%　　(D) 20%　　(E) 44%

10. 已知甲盒内有大小相同的 1 个红球和 3 个黑球，乙盒内有大小相同的 2 个红球和 4 个黑球，现从甲、乙两个盒内各任取 2 个球，则取出的 4 个球中恰有 1 个红球的概率是（　　）.

    (A) $\dfrac{4}{15}$　　(B) $\dfrac{7}{15}$　　(C) $\dfrac{8}{15}$　　(D) $\dfrac{11}{15}$　　(E) $\dfrac{13}{15}$

11. 用数字 0,1,2,3,4,5 可以组成没有重复数字并且比 20 000 大的五位偶数共有（　　）个．

(A)288　　　(B)240　　　(C)144　　　(D)126　　　(E)122

12.已知点 $A(-2,2)$ 及点 $B(-3,-1)$，P 是直线 $L:2x-y-1=0$ 上的一点，则 $|PA|^2+|PB|^2$ 取最小值时点的坐标是(　　).

(A)$\left(\dfrac{1}{10},-\dfrac{4}{5}\right)$　(B)$\left(\dfrac{1}{8},-\dfrac{3}{4}\right)$　(C)$\left(\dfrac{1}{6},-\dfrac{2}{3}\right)$　(D)$\left(\dfrac{1}{4},-\dfrac{1}{2}\right)$　(E)$\left(\dfrac{1}{2},0\right)$

13.将一张平行四边形的纸片折一次，使得折痕平分这个平行四边形的面积，这样的折纸方法共有(　　)种.

(A)1　　　(B)2　　　(C)4　　　(D)6　　　(E)无数种

14.过点 $P(0,2)$ 作圆 $x^2+y^2=1$ 的切线 PA、PB，A,B 是两个切点，则 A,B 所在的直线方程是(　　).

(A)$x=1$　　(B)$y=1$　　(C)$x=\dfrac{1}{2}$　　(D)$y=\dfrac{1}{2}$　　(E)$y=\dfrac{1}{3}$

15.如图，在四边形 $ABCD$ 中，设 AB 的长为 8，$\angle A:\angle B:\angle C:\angle D=3:7:4:10$，$\angle CDB=60°$，则 $\triangle ABD$ 的面积是(　　).

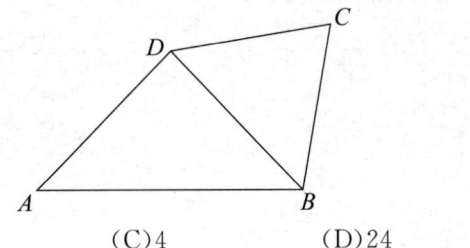

(A)8　　　(B)16　　　(C)4　　　(D)24　　　(E)32

二、条件充分性判断：第 $16\sim25$ 小题，每小题 3 分，共 30 分.要求判断每题给出得条件(1)和(2)能否充分支持题干所陈述的结论. A、B、C、D、E 五个选项为判断结果，请选择一项符合试题要求的判断，在答题卡上将所选项的字母涂黑.

A. 条件(1)充分，但条件(2)不充分.

B. 条件(2)充分，但条件(1)不充分.

C. 条件(1)和(2)单独都不充分，但是条件(1)和(2)联合起来充分.

D. 条件(1)充分，条件(2)也充分.

E. 条件(1)和(2)单独都不充分，联合起来也不充分.

注：如果条件 A 成立，能推出结论 B 成立，即 $A\Rightarrow B$，称 A 是 B 的充分条件.

16.$M=2$.

(1)$M=\dfrac{x+y}{z}=\dfrac{y+z}{x}=\dfrac{x+z}{y}$；

(2)x,y,z 为正实数，且满足 $M=\dfrac{x+y}{z}=\dfrac{y+z}{x}=\dfrac{x+z}{y}$.

17.$x=y=z$.

(1)$x^2+y^2+z^2-xy-yz-xz=0$；

(2)x,y,z 既是等差数列，也是等比数列.

18.$n=156$.

(1)自然数 n 加上 100 是一个完全平方数；

(2)自然数 n 加上 168 是一个完全平方数.

19.x^2+y^2 的最小值为 2.

(1) 实数 x,y 满足条件 $x^2-y^2-8x+10=0$；

(2) 实数 x,y 是关于 t 的方程 $t^2-2at+a+2=0$ 的两个实根.

20. A、B 两人在圆形跑道上同时同地同向出发,匀速跑步,A 比 B 快,则可以确定 A 的速度是 B 的速度的 1.5 倍.

(1) A 第一次追上 B 的时候,B 跑了 2 圈；

(2) A 第一次追上 B 时,A 立即转身背道而驰,两人再次相遇时,B 又跑了 $\dfrac{2}{5}$ 圈.

21. 一轮船沿河航行于相距 48 公里的码头间,则往返一共需 10 小时.

(1) 轮船在静水中的速度是每小时 10 公里.

(2) 水流的速度是每小时 2 公里.

22. 一艘轮船发生漏水事故,发现已经漏进水 600 桶,且每分钟还将漏进 24 桶水,甲,乙两台抽水机抽水,可以在 50 分钟内把水排完.

(1) 甲机每分钟排水 22 桶,乙机每分钟排水 14 桶；

(2) 甲机每分钟排水 20 桶,乙机每分钟排水 18 桶.

23. $\dfrac{a+b}{a^2+b^2}=-\dfrac{1}{3}$.

(1) $a^2,1,b^2$ 成等差数列；

(2) $\dfrac{1}{a},1,\dfrac{1}{b}$ 成等比数列.

24. $\dfrac{y+1}{x+2}$ 的最大值为 $\dfrac{4}{3}$.

(1) 动点 $P(x,y)$ 在圆 O 上运动；

(2) 圆 O 的方程为 $x^2+y^2=1$.

25. $p=1-C_{10}^0\left(\dfrac{3}{4}\right)^{10}-C_{10}^1\left(\dfrac{1}{4}\right)\left(\dfrac{3}{4}\right)^9$.

(1) 甲每次投篮命中率为 $\dfrac{1}{4}$,投 10 次,中 2 次的概率为 p；

(2) 甲每次投篮命中率为 $\dfrac{1}{4}$,投 10 次,中 2 次以上的概率为 p.

模拟卷四

一、问题求解：第 1～15 小题，每小题 3 分，共 45 分. 下列每题给出的 A、B、C、D、E 五个选项中，只有一项是符合试题要求的. 请在答题卡上将所选项的字母涂黑.

1. 已知 $2x:5y:z = \dfrac{1}{2}:\dfrac{2}{9}:1$，则 $\dfrac{x-2y+z}{2x+3y-z} = (\quad)$.

   (A) $-\dfrac{209}{66}$ (B) $-\dfrac{209}{67}$ (C) $\dfrac{209}{68}$ (D) $\dfrac{211}{69}$ (E) 1

2. 已知方程 $x^3 - 7x^2 + 16x - 12 = 0$ 的根为 $x_1 = 2, x_2, x_3$，则 $\dfrac{1}{x_2} + \dfrac{1}{x_3} = (\quad)$.

   (A) 1 (B) 2 (C) $\dfrac{1}{6}$ (D) $\dfrac{5}{6}$ (E) $\dfrac{1}{2}$

3. 某人驾驶一辆汽车 8:00 从家中出发开往甲处，11:00 到达，11:30 开始返回，行驶了五分之一时，接到家中电话，要求其在 13:30 之前回到家中，则速度至少应提高( ).

   (A) $\dfrac{1}{2}$ (B) $\dfrac{2}{3}$ (C) $\dfrac{3}{5}$ (D) $\dfrac{5}{7}$ (E) $\dfrac{7}{9}$

4. $\{a_n\}$ 为等差数列，且 $a_1 + a_9 = 10$，则 $2^{a_1} \cdot 2^{a_5} \cdot 2^{a_9} = (\quad)$.

   (A) 2^9 (B) 2^{10} (C) 2^{15} (D) 2^{25} (E) 2^{50}

5. $\left(x - \dfrac{2}{\sqrt{x}}\right)^8$ 的展开式中 x^5 的系数为( ).

   (A) 28 (B) 56 (C) 72 (D) 96 (E) 112

6. 某人用 10 万元购买了甲、乙两支股票，甲股票上涨 12%、乙股票下跌 8% 时全部抛出，共赚得 8 000 元，则用于购买甲乙股票的资金分别为( )万元.

   (A) 7.5, 2.5 (B) 8, 2 (C) 8.5, 1.5 (D) 9, 1 (E) 6, 4

7. 若实数 x, y 满足条件：$x^2 + y^2 - 2x = 0$，则 $y - 3x$ 的最小值为( ).

   (A) $-2 - \sqrt{10}$ (B) $-2 + \sqrt{10}$ (C) $-1 + \sqrt{5}$ (D) $-3 + \sqrt{10}$ (E) $-3 - \sqrt{10}$

8. $\left(1 + \dfrac{1}{3} + \cdots + \dfrac{1}{2015}\right)\left(\dfrac{1}{3} + \dfrac{1}{5} + \cdots + \dfrac{1}{2017}\right) - \left(1 + \dfrac{1}{3} + \cdots + \dfrac{1}{2017}\right)\left(\dfrac{1}{3} + \dfrac{1}{5} + \cdots + \dfrac{1}{2015}\right) = (\quad)$.

   (A) $\dfrac{1}{2015}$ (B) $\dfrac{1}{2017}$ (C) 1 (D) $\dfrac{2}{2015}$ (E) $\dfrac{2}{2017}$

9. 一项工程，甲单独完成需要 15 天，乙单独完成需要 12 天，已知恰好用了 10 天完成这项工程，则甲乙合作了( )天.

   (A) 1 (B) 2 (C) 3 (D) 4 (E) 5

10. 如图，$\triangle ABC$ 中，G 为重心，$\triangle ABC$ 的面积为 3，则四边形 $GECD$ 的面积为( ).

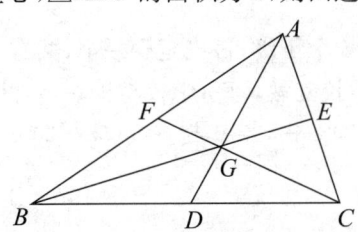

(A)1　　　　　(B)1.25　　　　(C)1.5　　　　(D)1.75　　　　(E)2

11. 9名选手中有3名种子选手,平均分成A、B、C组,则3名种子选手恰好在同一组的不同分法有(　　)种.

(A)120　　　(B)60　　　(C)10　　　(D)180　　　(E)240

12. 不等式 $ax^2+3ax-9<0$ 对任意实数 x 都成立,则 a 的取值范围是(　　).

(A) $-4<a<0$　(B) $a<0$　　(C) $-4\leqslant a\leqslant 0$　(D) $-4<a\leqslant 0$　(E) $a>-4$

13. 盒中有标号为 $1\sim 5$ 的5个球,从中取出3个,则取到1号或者2号球的概率为(　　).

(A) $\dfrac{2}{3}$　　　(B) $\dfrac{2}{5}$　　　(C) $\dfrac{3}{5}$　　　(D) $\dfrac{4}{7}$　　　(E) $\dfrac{9}{10}$

14. 已知底面直径和高相等的圆柱的体积为 V,则圆柱的侧面积为(　　).

(A) $\sqrt[3]{16\pi V^2}$　(B) $\sqrt[3]{27\pi V^2}$　(C) $\sqrt[3]{36\pi V^2}$　(D) $\sqrt[3]{9\pi V^2}$　(E) $\sqrt[3]{32\pi V^2}$

15. 已知 $|a+2|=3,|b-5|=9,(a+2)(b-5)<0$,则 $|a+b-3|=$(　　).

(A)12　　　(B)6　　　(C)8　　　(D)9　　　(E)4

二、条件充分性判断:第 $16\sim 25$ 小题,每小题3分,共30分.要求判断每题给出得条件(1)和(2)能否充分支持题干所陈述的结论. A、B、C、D、E 五个选项为判断结果,请选择一项符合试题要求的判断,在答题卡上将所选项的字母涂黑.

A. 条件(1)充分,但条件(2)不充分.
B. 条件(2)充分,但条件(1)不充分.
C. 条件(1)和(2)单独都不充分,但是条件(1)和(2)联合起来充分.
D. 条件(1)充分,条件(2)也充分.
E. 条件(1)和(2)单独都不充分,联合起来也不充分.

注:如果条件 A 成立,能推出结论 B 成立,即 $A\Rightarrow B$,称 A 是 B 的充分条件.

16. 已知 x 与 y 均为质数,则 $9x+7y=59$.

(1) $x+y=7$;

(2) $4x-5y$ 是10的倍数.

17. $a:b:c=3:6:14$.

(1) $a:b=1:2,b:c=3:7$;

(2) $a=3k,b=6k,c=14k$.

18. 方程 $x^2+(m-2)x+m^2-m-2=0$ 的两根满足 $-1<x_1<0<x_2<1$.

(1) $1<m<2$;

(2) $m>\sqrt{3}$ 或 $m<1$.

19. 直角三角形的面积最大为8.

(1) 直角三角形两直角边之和为8;

(2) 直角三角形的斜边长为 $4\sqrt{2}$.

20. $n=480$.

(1) 10个三好学生名额分给5个班级,每班至少一个,共有 n 种不同分法;

(2) 5名志愿者分配到4所学校支教,每所学校至少一名,共有 n 种不同分法.

21. 直线 $(2m+1)x+(m-2)y+7=0$ 与直线 $(m-2)x+3y-4=0$ 互相垂直.

(1) $m=-2$;

(2) $m=2$.

22. 可以确定 x 与 y 的等差中项为 $-\frac{1}{2}$.

(1) $\frac{1}{x}$ 与 $\frac{1}{y}$ 是方程 $x^2+7x+k=0$ 的两个根,且 $\frac{1}{x}$ 与 $\frac{1}{y}$ 的比例中项为 $\sqrt{7}$;

(2) 已知 $xy=1$,且 x^2 与 y^2 的算术平均值为 1.

23. $P=\frac{5}{32}$.

(1) 抛一枚均匀硬币,第五次抛出时恰好是第三次出现正面的概率为 P;

(2) 在七局四胜制的乒乓球比赛中,每局比赛中甲乙胜负的可能性相等,最终甲以 4:2 取胜的概率为 P.

24. $\{a_n\}$ 为等差数列,$\{b_n\}$ 为等比数列,且 $a_1=b_1=1$,则 $a_2 \geqslant b_2$.

(1) $a_5=b_5$;

(2) $a_2>0$.

25. 过点 (x_0,y_0) 的圆 $C: x^2+y^2=2$ 的切线为 $x+y=2$.

(1) (x_0,y_0) 在圆 $x^2+y^2=4$ 上;

(2) (x_0,y_0) 在直线 $y=x$ 上.

模拟卷五

一、问题求解：第 1 ~ 15 小题,每小题 3 分,共 45 分. 下列每题给出的 A、B、C、D、E 五个选项中,只有一项是符合试题要求的. 请在答题卡上将所选项的字母涂黑.

1. 已知不等式 $|x+1| \geqslant kx$ 恒成立,对 $\forall x \in \mathbf{R}$ 恒成立,则实数 k 的取值范围是(　　).
   (A)$k < -1$　　(B)$k < 0$　　(C)$k \leqslant -1$　　(D)$0 \leqslant k \leqslant 1$　　(E)$k = 0$

2. 已知 a, b, c 是等差数列又是等比数列,α, β 是方程 $ax^2 - bx + c = 0$ 的两根,则 $\dfrac{a^2\alpha^4 + b^2\beta^2 - 2bc\beta}{ab} = ($　　$)$.
   (A)1　　(B)-1　　(C)0　　(D)2　　(E)-2

3. 原计划 24 个工人完成一项工作,工作 5 天后调走 6 人,由剩下的 18 人继续完成,要想如期完成任务,则剩下的工人要比之前工作效率提高(　　).
   (A)$\dfrac{3}{4}$　　(B)$\dfrac{1}{3}$　　(C)$\dfrac{2}{3}$　　(D)$\dfrac{1}{4}$　　(E)$\dfrac{1}{2}$

4. 已知 $\{a_n\}$ 是等差数列,且 $a_2 + a_5 + a_8 = 39$,则 $a_1 + a_2 + \cdots + a_9$ 的值为(　　).
   (A)117　　(B)114　　(C)111　　(D)108　　(E)110

5. 不等式 $|x+2^x| < |x| + 2^x$ 的解集为(　　).
   (A)$x < 0$　　(B)$0 < x < 1$　　(C)$x > 1$　　(D)$x \geqslant 1$　　(E)$x \leqslant 0$

6. 桶中装满纯酒精,第一次倒出 3L,并加满清水;第二次倒出 4L,并用浓度为 37.5% 的酒精加满,此时酒精的浓度为 50%,则桶的容量为(　　)L.
   (A)5　　(B)6　　(C)7　　(D)8　　(E)10

7. 如图,矩形 $ABCD$ 的面积为 S,$DE = 2AE$,且 $\triangle BEF$ 的面积与 $\triangle CDF$ 相同,则 $\triangle BEF$ 的面积为(　　).

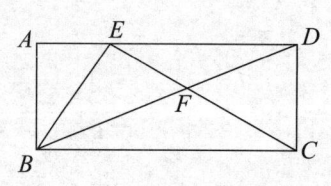

   (A)$\dfrac{S}{3}$　　(B)$\dfrac{S}{4}$　　(C)$\dfrac{S}{5}$　　(D)$\dfrac{S}{6}$　　(E)$\dfrac{S}{7}$

8. 在平面直角坐标系中,直线 $x - 2y + 1 = 0$ 关于直线 $x + y = 0$ 对称的直线方程为(　　).
   (A)$2x - y + 1 = 0$　　(B)$2x + y - 1 = 0$　　(C)$x - 2y + 1 = 0$
   (D)$3x - y + 1 = 0$　　(E)$x - 3y + 2 = 0$

9. 已知数列 $\{a_n\}$ 的前 n 项和为 $S_n = 2n^2 - 3n + 5$,则 $a_1 + a_2 + \cdots + a_{20} = ($　　$)$.
   (A)740　　(B)745　　(C)748　　(D)750　　(E)755

10. 将编号为 1 ~ 5 的五个球放入标号为 1 ~ 5 的五个盒子中,恰有两个球的编号与盒子编号相同,则有(　　)种不同放法.
    A.6　　(B)60　　(C)24　　(D)48　　(E)20

11. 一笔资金分配给甲、乙、丙三个部门,已知甲得到的是乙、丙两部门之和的三分之一,乙部门得到的是甲、丙之和的四分之一,丙部门得到 330 万元,则这笔资金共有(　　)万元.
    (A)792　　(B)750　　(C)600　　(D)580　　(E)500

12. 不等式 $\log_{\frac{1}{2}}(2x^2-3x-1)>0$ 的解集为( ).

(A) $-\frac{1}{2}<x<2$ (B) $x>2$ 或 $x<-\frac{1}{2}$

(C) $-\frac{1}{2}<x<\frac{3+\sqrt{17}}{4}$ (D) $\frac{3-\sqrt{17}}{4}<x<2$

(E) $-\frac{1}{2}<x<\frac{3-\sqrt{17}}{4}$ 或 $\frac{3+\sqrt{17}}{4}<x<2$

13. 多项式 $f(x)$ 满足 $f(2)=0, f(3)=1$,,则 $f(x)$ 除以 x^2-5x+6 的余式为( ).
 (A) $x-2$ (B) $x+2$ (C) 1 (D) $x-1$ (E) $x+1$

14. 已知 $x=2017, y=2019, z=2021$,则 $x^2+y^2+z^2-xy-yz-zx=$( ).
 (A) 3 (B) 4 (C) 8 (D) 12 (E) 16

15. 一项工作,甲、乙合作要 12 天完成. 若甲先做 4 天后,再由乙工作 8 天,共完成这项工作的 $\frac{7}{12}$,则甲与乙的工作效率之比为( ).
 (A) 3:1 (B) 1:3 (C) 4:1 (D) 1:4 (E) 1:5

二、条件充分性判断：第 16~25 小题,每小题 3 分,共 30 分. 要求判断每题给出得条件(1) 和(2) 能否充分支持题干所陈述的结论. A、B、C、D、E 五个选项为判断结果,请选择一项符合试题要求的判断,在答题卡上将所选项的字母涂黑.

 A. 条件(1) 充分,但条件(2) 不充分.

 B. 条件(2) 充分,但条件(1) 不充分.

 C. 条件(1) 和(2) 单独都不充分,但是条件(1) 和(2) 联合起来充分.

 D. 条件(1) 充分,条件(2) 也充分.

 E. 条件(1) 和(2) 单独都不充分,联合起来也不充分.

注：如果条件 A 成立,能推出结论 B 成立,即 $A \Rightarrow B$,称 A 是 B 的充分条件.

16. 关于实数 x,能确定 $x^7+\frac{1}{x^7}=1$.

(1) $x+\frac{1}{x}=1$;

(2) $x+\frac{1}{x}=2$.

17. n 除以 20 的余数为 17.

(1) 整数 n 除以 4 的余数为 1;

(2) 整数 n 除以 5 的余数为 2.

18. $P=150$.

(1) 把 10 个相同的信封放入 4 个不同的抽屉中,每个抽屉中至少有 1 个,共有 P 个不同的方法;

(2) 把 5 封不同的信放入 3 个不同的抽屉中,每个抽屉中至少有 1 封,共有 P 个不同的方法.

19. 一批水果 10 千克,含水量为 95%,放置一段时间后,含水量为 90%.

(1) 每天蒸发 1 千克水分,放置 5 天;

(2) 每天蒸发 2 千克水分,放置 2.5 天.

20. 如图，△ABC 为正三角形，圆 O 为其外接圆，则阴影部分的面积与 △ABC 的面积比为 $\frac{4}{9}\sqrt{3}\pi - 1$.

(1) △ABC 边长为 1；

(2) △ABC 边长为 2.

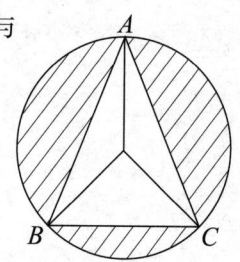

21. 某汽车购买时的费用为 15 万元，每年使用的保险费、路桥费、汽油费等约为 1.5 万元. 年维修保养费用第一年 3 000 元，以后逐年递增 3 000 元，则这辆汽车报废的最佳年限（即使用多少年的年平均费用最少）为 k 年.

(1) $k = 10$；

(2) $k = 9$.

22. 已知 m 与 n 均为整数，则能确定 m 与 n 都是奇数.

(1) $2014 + m$ 是奇数；

(2) $11n + 28m$ 是偶数.

23. 某工厂车间共有 77 个工人，已知每天每个工人平均可加工甲零件 5 个或者乙零件 4 个或者丙零件 3 个，则生产的甲、乙、丙三种零件个数比是 3:1:9.

(1) 加工甲、乙、丙三种零件的工人数为 12 人、5 人和 60 人；

(2) 加工甲、乙、丙三种零件的工人数为 18 人、9 人和 50 人.

24. $a + b + c = 2$.

(1) a, b, c 均为有理数，且 $a + \sqrt{2}b + \sqrt{3}c = \sqrt{5 + 2\sqrt{6}}$；

(2) a, b, c 均为实数，且 $a - b = 8, ab + c^2 + 16 = 0$.

25. a 的正约数有 8 个.

(1) $a = 70$；

(2) $a = 231$.

模拟卷一答案解析

一、问题求解.

1.【参考答案】 A

【解析】 方法一 由 $a+b+c=0$ 得 $a^2bc+ab^2c+abc^2=0$ (1);

由 $\dfrac{b-c}{a}+\dfrac{c-a}{b}+\dfrac{a-b}{c}=0$ 得 $bc(b-c)+ca(c-a)+ab(a-b)=0$,即 $a^2(b-c)+b^2(c-a)+c^2(a-b)=0$ (2).

(1)+(2),得 $a^2(bc+b-c)+b^2[ca+a^2(b-c)]+c^2(ab+a-b)=0$,两边同时除以 $a^2b^2c^2$,得

$$\dfrac{bc+b-c}{b^2c^2}+\dfrac{ca+c-a}{c^2a^2}+\dfrac{ab+a-b}{a^2b^2}=0.$$

方法二 特值法.

设 $a=1,b=1,c=2$,则 $\dfrac{bc+b-c}{b^2c^2}+\dfrac{ca+c-a}{c^2a^2}+\dfrac{ab+a-b}{a^2b^2}=0$.

2.【参考答案】 D

【解析】 双十一促销降价 50% 后的价格为 150 元,所以需要提价 150 元才能恢复到原价,所以提价幅度为 $\dfrac{150}{150}\times 100\%=100\%$.

3.【参考答案】 B

【解析】 阴影部分的面积为正方形面积的一半,$S=14\times 14\div 2=98$ 平方厘米.

4.【参考答案】 A

【解析】 根据根与系数的关系,有 $x_1 x_2=\dfrac{5}{2}$,所以 $\left(x_1+\dfrac{1}{x_2}\right)\left(x_2+\dfrac{1}{x_1}\right)=x_1 x_2+1+1+\dfrac{1}{x_1 x_2}=\dfrac{5}{2}+2+\dfrac{2}{5}=\dfrac{49}{10}$.

5.【参考答案】 C

【解析】 记第 n 站上车的乘客数为 a_n,则 $\{a_n\}$ 为等差数列,首项为 $a_1=1$,公差为 $d=1$. 根据题意有 $S_n=na_1+\dfrac{n(n-1)}{2}d=n+\dfrac{n(n-1)}{2}=78$,解得 $n=-13$ 或 $n=12$,所以 12 站以后车上坐满乘客.

6.【参考答案】 E

【解析】 易知,每个台阶的直角三角形为全等的直角三角形,这些三角形的边长之比为 $1:\sqrt{3}:2$,而所有小直角三角形的斜边之和为 $AB=4$ 米. 铺设地毯的所有小直角三角形的直角边之和,为 $\dfrac{4}{2}\times(1+\sqrt{3})=(2+2\sqrt{3})$ 米.

7.【参考答案】 A

【解析】 5 只同样大小的球中随机抽取 3 只,有 $C_5^3=10$ 种. 最大号码是 4,有 1,2,4;1,3,4 和 2,3,4 三种,概率为 $p=\dfrac{3}{10}=0.3$.

8.【参考答案】 D

【解析】 把12个名额分成8份儿,每个班一份儿,12个名额排一列,中间形成11个空,任意插入7个挡板,有 C_{11}^7 种不同的方法.

9.【参考答案】 D

【解析】 $9x+\dfrac{a^2}{x}\geqslant 2\sqrt{9x\times\dfrac{a^2}{x}}=6a\geqslant a+1\Rightarrow a\geqslant\dfrac{1}{5}$.

10.【参考答案】 D

【解析】 设直线 l 的斜率为 k,则直线方程为 $y+3=k(x-3)$,即 $kx-y-3k-3=0$. 圆心为 $(0,-2)$,到直线的距离 $d=\dfrac{|2-3k-3|}{\sqrt{1+k^2}}=\dfrac{|3k+1|}{\sqrt{1+k^2}}$.直线 l 被圆 $x^2+y^2+4y-21=0$ 所截得的弦长为 $4\sqrt{5}$,所以有 $d^2+(2\sqrt{5})^2=r^2=25$,可得 $d^2=5$,即 $\dfrac{(3k+1)^2}{1+k^2}=5$,整理得 $2k^2+3k-2=0$,解得 $k=-2$ 或 $k=\dfrac{1}{2}$,所以直线方程为 $y+3=-2(x-3)$ 或 $y+3=\dfrac{1}{2}(x-3)$,即 $2x+y-3=0$ 或 $x-2y-9=0$.

11.【参考答案】 B

【解析】 令 $x^3=1$,则
$f(x)=x^{2\,018}+4x^{120}-5x^{18}+6=x^2(x^3)^{672}+4(x^3)^{40}-5(x^3)^6+6=x^2+4-5+6=x^2+5$.

12.【参考答案】 B

【解析】 设酒精瓶瓶身底面半径为 r,则酒精的体积为 $\pi r^2\times 6$ 立方厘米.根据题意有 $\pi r^2\times 6+\pi r^2\times 2=24\pi$,所以 $\pi r^2\times 6=24\pi\times\dfrac{6}{6+2}=18\pi$ 立方厘米.

13.【参考答案】 A

【解析】 两个人同时出发相向而行,相遇时时间相等,路程比等于速度之比,即两个人相遇时所走过的路程比为4:3,第一次相遇时甲走了全程的 $\dfrac{4}{7}$;第二次相遇时甲、乙两个人共走了3个全程,三个全程中甲走了 $\dfrac{4}{7}\times 3=\dfrac{12}{7}$ 个全程,与第一次相遇地点的距离为 $\dfrac{5}{7}-\dfrac{3}{7}=\dfrac{2}{7}$ 个全程,所以 A、B 两地相距 $30\div\dfrac{2}{7}=105$ 千米.

14.【参考答案】 B

【解析】 $C_1:(x+2)^2+(y-2)^2=1$ 的圆心为 $(-2,2)$,半径为 $r_1=1$;$C_2:(x-2)^2+(y-5)^2=16$ 的圆心为 $(2,5)$,半径为 $r_2=4$.所以圆心距 $d=\sqrt{(-2-2)^2+(2-5)^2}=5$,$r_1+r_2=5$,所以两圆外切,故两圆有3条公切线.

15.【参考答案】 E

【解析】 $C_5^3(0.9)^3(0.1)^2+C_5^4(0.9)^4(0.1)^1+C_5^5(0.9)^5(0.1)^0=1.36\times(0.9)^3$.

二、条件充分性判断.

16.【参考答案】 C

【解析】 条件(1)$a<0,b>0\Rightarrow -a>0,-b<0$,不充分;
条件(2)$a+b<0\Rightarrow a<-b,b<-a$.
联合条件(1)和条件(2),$a<-b<0<b<-a$,充分.

17.【参考答案】 E

【解析】 条件(1),$M = 0.5\dot{4} = \frac{54}{99} = \frac{6}{11}$,$N = 6$,不充分;

条件(2),四名学生中有两名学生分在一个班有 C_4^2 种情况,再进行全排列有 A_3^3 种,而甲乙被分在同一个班的有 A_3^3 种情况,所以 $N = C_4^2 A_3^3 - A_3^3 = 30$,不充分.

18.【参考答案】 A

【解析】 当 $k = 3$ 时,$l_1: y + 1 = 0$,与 $l_2: -2y + 3 = 0$ 平行. 当 $k \neq 3$ 时,$l_1: y = \frac{k-3}{k-4}x + \frac{1}{k-4}$ 与 $l_2: y = (k-3)x + \frac{3}{2}$ 平行,则有 $\frac{k-3}{k-4} = k-3$,解得 $k = 5$. 综上所述,l_1 与 l_2 平行的充要条件为 $k = 3$ 或 $k = 5$.

19.【参考答案】 D

【解析】 原方程可以化为 $\begin{cases} x^2 + 2(m-1)x + m^2 - 1 = 0, \\ x \geqslant -m, \end{cases}$ 即 $f(x) = x^2 + 2(m-1)x + m^2 - 1 = 0$ 在 $[-m, +\infty)$ 上有两个不等实根,所以 $\begin{cases} \Delta = 4(m-1)^2 - 4(m^2 - 1) > 0, \\ f(-m) \geqslant 0, \end{cases}$ 解得 $\frac{1}{2} \leqslant m < 1$.

条件(1) 和条件(2) 均充分,选 D.

20.【参考答案】 E

【解析】 根据结论可得 $\begin{cases} \Delta = (2m-1)^2 + 12m(m-1) \geqslant 0, \\ x_1 - 3 + x_2 - 3 > 0, \\ (x_1 - 3)(x_2 - 3) > 0, \end{cases}$ 即 $\begin{cases} \Delta = 16m^2 - 16m + 1 \geqslant 0, \\ -\frac{2m-1}{m} - 6 > 0, \\ \frac{-3(m-1)}{m} - 3\left(-\frac{2m-1}{m}\right) + 9 > 0, \end{cases}$

解得 $0 < m < \frac{1}{8}$. 条件(1) 和条件(2) 都不充分,且条件(1) 和条件(2) 不能联合,选 E.

21.【参考答案】 C

【解析】 条件(1),$\frac{4}{3}\pi r_A^3 + \frac{4}{3}\pi r_B^3 = 12\pi$,整理得 $r_A^3 + r_B^3 = 9$. 条件(2),$2\pi r_A + 2\pi r_B = 6\pi$,即 $r_A + r_B = 3$. 所以条件(1) 和条件(2) 单独均不充分. 联合条件(1) 和条件(2),因为 $r_A^3 + r_B^3 = (r_A + r_B)(r_A^2 - r_A r_B + r_B^2) = (r_A + r_B)[(r_A + r_B)^2 - 3r_A r_B]$,所以 $r_A r_B = 2$. 所以 $|r_A - r_B| = \sqrt{(r_A + r_B)^2 - 4r_A r_B} = 1$.

22.【参考答案】 A

【解析】 因为 $-3 \leqslant |x-2| - |x-5| \leqslant 3$,所以当 $-3 \leqslant a \leqslant 3$ 时,方程 $|x-2| - |x-5| = a$ 有解. 所以条件(1) 充分,条件(2) 不充分,所以选 A.

23.【参考答案】 C

【解析】 显然条件(1) 和条件(2) 单独都不充分.

联合条件(1) 和条件(2),假设 100 人全是男同学,则总分为 $60 \times 100 = 6\,000$ 分,比总成绩 $63 \times 100 = 6\,300$ 少了 300 分;而一名男同学比一名女同学平均少了 $70 - 60 = 10$ 分,所以女同学人数是 $300 \div 10 = 30$,男同学人数是 70,男同学比女同学多 40 人,充分.

24.【参考答案】 B

【解析】 条件(1)，$\{a_n\}$为等差数列，$a_1=2$，公差$d=2$，$S_k=2k+\dfrac{k(k-1)}{2}2=k^2+k$，$S_{2k}=2\times 2k+\dfrac{2k(2k-1)}{2}2=4k^2+2k$，即$a_1+a_2+\cdots+a_k=k^2+k$，$a_{k+1}+a_{k+2}+\cdots+a_{2k}=3k^2+k$，$\dfrac{a_1+a_2+\cdots+a_k}{a_{k+1}+a_{k+2}+\cdots+a_{2k}}=\dfrac{k+1}{3k+1}$，不充分.

条件(2)，$\{a_n\}$为等差数列，$a_1=1$，公差$d=2$，$S_k=k+\dfrac{k(k-1)}{2}2=k^2$，$S_{2k}=2k+\dfrac{2k(2k-1)}{2}2=4k^2$，即$a_1+a_2+\cdots+a_k=k^2$，$a_{k+1}+a_{k+2}+\cdots+a_{2k}=3k^2$，$\dfrac{a_1+a_2+\cdots+a_k}{a_{k+1}+a_{k+2}+\cdots+a_{2k}}=\dfrac{1}{3}$，充分.

25.【参考答案】 A

【解析】 条件(1)，$P(A)=1-\dfrac{1}{8}-\dfrac{1}{8}=\dfrac{6}{8}$，$P(B)=\left(\dfrac{1}{2}\right)^3+C_3^1\left(\dfrac{1}{2}\right)^1\left(1-\dfrac{1}{2}\right)^2=\dfrac{4}{8}$，事件$AB$表示家中男、女孩都有且至多有一个女孩，即家中有一个女孩两个男孩，所以$P(AB)=C_3^1\left(\dfrac{1}{2}\right)^1\left(1-\dfrac{1}{2}\right)^2=\dfrac{3}{8}$. 所以有$P(AB)=P(A)P(B)$，即事件$A$、$B$独立，条件(1)充分.

条件(2)，$P(A)=1-\dfrac{1}{4}-\dfrac{1}{4}=\dfrac{2}{4}$，$P(B)=\left(\dfrac{1}{2}\right)^2+C_2^1\left(\dfrac{1}{2}\right)^1\left(1-\dfrac{1}{2}\right)^1=\dfrac{3}{4}$，$P(AB)=C_2^1\left(\dfrac{1}{2}\right)^1\left(1-\dfrac{1}{2}\right)^1=\dfrac{2}{4}$，所以$P(AB)\neq P(A)P(B)$，即事件$A$、$B$不独立，条件(2)不充分.

模拟卷二答案解析

一、问题求解.

1.【参考答案】 A

【解析】 7个连续偶数构成一个公差为2的等差数列,设最小的为 a,则最大的为 $a+12$.根据题意有 $\frac{a+a+12}{2} \times 7 = 2\,016$,解得 $a = 282$,所以最大的数是 $a+12 = 294$.

2.【参考答案】 D

【解析】 三个人的年龄之和为 $22 \times 3 = 66$ 岁,设年龄最小的人是18岁,中间岁数的人是19岁,则年龄最大的人可能是 $66 - 18 - 19 = 29$ 岁.

3.【参考答案】 C

【解析】 设大船有 x 只,则小船有 $11-x$ 只.根据题意有 $6x + 4(11-x) = 52$,解得 $x = 4$.

4.【参考答案】 D

【解析】 乙买了整块披萨的 $\left(1 - \frac{1}{3}\right) \times \frac{3}{5} = \frac{2}{5}$,乙比甲多买了整块披萨的 $\frac{2}{5} - \frac{1}{3} = \frac{1}{15}$,所以这整块披萨的价格是 $4 \div \frac{1}{15} = 60$ 元.

5.【参考答案】 B

【解析】 设 $f(x) = ax^3 + bx^2 + cx + d = A(x-2)(x-3) + B(x-2) + C$,根据题意得 $f(2) = 1, f(3) = 2$,即 $C = 1, B(3-2) + C = 2$,所以 $B = 1$,从而 $ax^3 + bx^2 + cx + d$ 除以 $(x-2)(x-3)$ 的余式是 $x - 1$.

6.【参考答案】 D

【解析】 连接对角线 AD 后将"叶形"阴影部分剪开移到右上面的空白部分,凑成正方形的一半,所以阴影部分的面积为 $8 \times 8 \div 2 = 32$ 平方厘米.

7.【参考答案】 A

【解析】 当 $m \neq 0$ 时,令 $f(x) = m(x - 2m)(x + m + 3) = 0$,解得 $x = 2m$ 或 $x = -m - 3$. 当 $x < 1$ 时,$g(x) < 0$ 成立;当 $x \geqslant 1$ 时,$g(x) \geqslant 0$,需要 $f(x) < 0$ 成立. 易知当 $m = 0$ 时,$f(x) < 0$ 不成立,所以 $\begin{cases} m < 0, \\ 2m < 1, \\ -m - 3 < 1 \end{cases} \Rightarrow -4 < m < 0$. 综上所述,$-4 < m < 0$.

8.【参考答案】 B

【解析】 两条直线互相垂直,所以 $a^2 b - (a^2 + 1) = 0$ 且 $a \neq 0$,所以 $ab = a + \frac{1}{a}$. $|ab| = \left|a + \frac{1}{a}\right| = |a| + \left|\frac{1}{a}\right| \geqslant 2$,当且仅当 $a = \pm 1$ 时,等号成立.

9.【参考答案】 E

【解析】 选出5人组成一个宣传小组,其中男、女学生均不少于2人,则有两种情况:2名男生,3名女生;3名男生,2名女生,所以不同的选法为 $C_{30}^2 C_{20}^3 + C_{30}^3 C_{20}^2$.

10.【参考答案】 B

【解析】 $a^2 + b^2 = c^2$,$S_1 = (b-a)^2 = a^2 + b^2 - 2ab$,$S_2 = c^2$,$S_3 = (b+a)^2 = a^2 + b^2 +$

$2ab$,所以 $S_1 + S_3 = 2S_2$.

11.【参考答案】 E

【解析】 $l:(2m+1)x+(m+1)y-7m-4 \Rightarrow (2x+y-7)m+x+y-4=0$.

令 $2x+y-7=0$,则 $x+y-4=0$.解得 $x=3, y=1$,所以直线 l 恒过点 $(3,1)$. 由于 $(3-1)^2+(1-2)^2<25$,所以点 $(3,1)$ 在圆 C 内,直线 l 与圆 C 相交. 当过圆心 $(1,2)$ 和点 $(3,1)$ 所在的直线与直线 l 垂直时,直线 l 被圆 C 截得的弦长最小. 此时,l 的斜率为 2,$-\dfrac{2m+1}{m+1}=2$,解得 $m=-\dfrac{3}{4}$. 所求直线 l 的方程为 $2x-y-5=0$.

12.【参考答案】 D

【解析】 设直线的斜率为 k,则直线方程为 $y-2=k(x-1)$,直线在 x 轴上的截距为 $x=1-\dfrac{2}{k}$. 令 $-3<1-\dfrac{2}{k}<3$,解不等式得 $k>\dfrac{1}{2}$ 或 $k<-1$.

13.【参考答案】 B

【解析】 事件"抽出的3张卡片上的数字互不相同"记为 A,事件"抽出的3张卡片上有两个数字相同"记为 B,则 A 与 B 为对立事件. $P(B)=\dfrac{C_4^1 C_3^2 C_2^1}{C_8^3}=\dfrac{3}{7}$,所以 $P(A)=1-P(B)=\dfrac{4}{7}$.

14.【参考答案】 D

【解析】 圆锥的底面半径为3厘米,高为6厘米,所以体积为 $\dfrac{1}{3}\pi \times 3^2 \times 6=54$,剩余的体积为 $6^3-54=162$,$\dfrac{162}{216}\times 100\%=75\%$.

15.【参考答案】 A

【解析】 $C_1:(x+a)^2+y^2=4$ 的圆心为 $(-a,0)$,半径为 $r_1=2$;$C_2:x^2+(y-b)^2=1$ 的圆心为 $(0,b)$,半径为 $r_2=1$. 两圆外切,所以 $d=\sqrt{(-a-0)^2+(0-b)^2}=3, a^2+b^2=9$. 由 $a^2+b^2 \geqslant 2ab$,得 $2(a^2+b^2) \geqslant a^2+b^2+2ab=(a+b)^2$,即 $(a+b)^2 \leqslant 18$,所以 $-3\sqrt{2} \leqslant a+b \leqslant 3\sqrt{2}$.

二、条件充分性判断.

16.【参考答案】 B

【解析】 $ab(c^2+d^2)+cd(a^2+b^2)=abc^2+abd^2+cda^2+cdb^2$
$=ac(bc+ad)+bd(ad+bc)=(ad+bc)(ac+bd)$.

所以条件(1)不充分.

条件(2),$ab(c^2+d^2)+cd(a^2+b^2)=(ad+bc)(ac+bd)=0$,充分.

17.【参考答案】 A

【解析】 $|x+1|+2|x-2| \geqslant 3$,即 $|x+1|+2|x-2|$ 的最小值是3.所以当 $a \leqslant 3$ 时,$|x+1|+2|x-2| \geqslant a$ 的解集为 $\mathbf{R}$.条件(1)充分,选A.

18.【参考答案】 B

【解析】 $\Delta=4b^2(a+c)^2-4(a^2+b^2)(b^2+c^2) \geqslant 0 \Rightarrow 2ab^2c \geqslant b^4+a^2c^2 \Rightarrow (b^2-ac)^2 \leqslant 0$,所以 $b^2=ac$,a,b,c 成等比数列.条件(2)充分,选B.

19.【参考答案】 A

【解析】 浇制 200 根这样的管道需要 $\pi(0.4^2-0.2^2)\times 1.5\times 200=113.04$ 立方米混凝土. 条件(1)充分,选 A.

20.【参考答案】 A

【解析】 条件(1),点数之和是 4 的倍数包含 9 种情况:$(1,3),(2,2),(2,6),(3,1),(3,5),(4,4),(5,3),(6,2),(6,6),P=\dfrac{9}{36}=\dfrac{1}{4}$. 条件(2),点数之和大于 5 小于 10 包含 20 种情况:$(1,5),(1,6),(2,4),(2,5),(2,6),(3,3),(3,4),(3,5),(3,6),(4,2),(4,3),(4,4),(4,5),(5,1),(5,2),(5,3),(5,4),(6,1),(6,2),(6,3),P=\dfrac{20}{36}=\dfrac{5}{9}$.

21.【参考答案】 E

【解析】 $f(x)=3x^2+(m-5)x+m^2-m-2$ 的图像开口向上,$3x^2+(m-5)x+m^2-m-2=0$ 的两个根满足:$0<x_1<1,1<x_2<2$,所以 $\begin{cases}f(0)>0,\\ f(1)<0,\\ f(2)>0,\end{cases}$ 即 $\begin{cases}m^2-m-2>0,\\ 3+m-5+m^2-m-2<0,\\ 12+2(m-5)+m^2-m-2>0,\end{cases}$ 解得 $-2<m<-1$. 所以条件(1)和条件(2)都不充分,且联合起来也不充分.选 E.

22.【参考答案】 B

【解析】 $(x-2)(x^2+3x+4)(x^2-3x+2)=(x-2)(x^2+3x+4)(x-1)(x-2)=(x-2)^2(x^2+3x+4)(x-1)>0$.

在一元二次函数 x^2+3x+4 中 $\Delta=3^2-4\times 4<0$,所以 $x^2+3x+4>0$ 恒成立. 所以原不等式可以化为 $(x-2)^2(x-1)>0$,解得 $x>1$. 所以条件(1)不充分,条件(2)充分,故选 B.

23.【参考答案】 B

【解析】 $\{a_n\}$ 为等差数列,$a_1a_8<a_4a_5 \Rightarrow a_1(a_1+7d)<(a_1+3d)(a_1+4d) \Rightarrow 12d^2>0$,条件(2)充分,条件(1)不充分,选 B.

24.【参考答案】 A

【解析】 $C_2:x^2+y^2+2x-4y-20=0 \Rightarrow (x+1)^2+(y-2)^2=25$ 的圆心 $(-1,2)$ 关于 $y=x$ 对称的点为 $(2,-1)$,所以圆 C_1 的方程为 $(x-2)^2+(y+1)^2=25$ 即 $x^2+y^2-4x+2y-20=0$.

25.【参考答案】 B

【解析】 如图所示. 当 $-1<k\leqslant 1$ 或 $k=-\sqrt{2}$ 时,直线 $y=x+k$ 与曲线 $x=\sqrt{1-y^2}$ 恰有一个公共点,所以条件(2)充分.

模拟卷三答案解析

一、问题求解.

1.【参考答案】 D

【解析】 原式 $= \sqrt{\dfrac{(2009-1)(2007+1)-2007 \cdot 2009}{2009^2-2 \cdot 2009 \cdot 2007+2007^2}}$

$= \sqrt{\dfrac{2009 \cdot 2007+2009-2007-1-2007 \cdot 2009}{(2009-2007)^2}} = \dfrac{1}{2}.$

2.【参考答案】 B

【解析】 由题干可得 $\dfrac{1}{c}=1-b \Rightarrow c=\dfrac{1}{1-b}$，代入 $c+\dfrac{1}{a}=1$，可得 $\dfrac{1}{1-b}+\dfrac{1}{a}=1 \Rightarrow a+1-b=a-ab \Rightarrow ab+1=b$，所以答案选 B.

3.【参考答案】 A

【解析】 设 $f(x)=ax^3+bx^2+cx+d$ 除以 $(x-1)(x-2)$ 时所得的余式为 $mx+n$，商式为 $q(x)$，则根据余式定理有 $f(1)=m+n=1, f(2)=2m+n=3$，所以 $m=2, n=-1$，所以多项式 ax^3+bx^2+cx+d 除以 $(x-1)(x-2)$ 时所得的余式为 $2x-1$.

4.【参考答案】 C

【解析】 假设原来的速度为 v，路程为 S，则 $\begin{cases} 2+\dfrac{S-2v}{0.8v}=\dfrac{S}{v}+1, \\ \dfrac{S-100}{v}+\dfrac{100}{0.8v}=\dfrac{S}{v}+\dfrac{1}{3} \end{cases} \Rightarrow \begin{cases} v=75, \\ S=450. \end{cases}$

5.【参考答案】 E

【解析】 根据韦达定理：$x_1+x_2=\dfrac{m}{2}, x_1 x_2=-2, \dfrac{1}{x_1}+\dfrac{1}{x_2}=\dfrac{x_1+x_2}{x_1 x_2}=\dfrac{\frac{m}{2}}{-2}=-\dfrac{m}{4}=2 \Rightarrow m=-8.$

6.【参考答案】 D

【解析】 设工作总量为"1"，剩余工作量为：$1-\dfrac{1}{3}=\dfrac{2}{3}$，一个人的工作效率为：$\dfrac{1}{3} \div 8 \div 35$，所以 $\left(1-\dfrac{1}{3}\right) \div \left[\dfrac{1}{3} \div 8 \div 35 \times (8+6)\right]=40$，答案选 D.

7.【参考答案】 B

【解析】 当 $x>0$ 时，$x \geqslant ax$ 恒成立，即 $a \leqslant 1$；

当 $x=0$ 时，$0 \geqslant ax$ 恒成立，即 $a \in \mathbf{R}$；

当 $x<0$ 时，$-x \geqslant ax$ 恒成立，即 $a \geqslant -1$；

若对任意 $x \in \mathbf{R}$，不等式 $|x| \geqslant ax$ 恒成立，所以 $-1 \leqslant a \leqslant 1$，所以答案选 B.

8.【参考答案】 C

【解析】 设原有酒精溶液 x 克，则：$\dfrac{\frac{x}{3}+120}{x+120}=75\% \Rightarrow x=72.$

9.【参考答案】 E

【解析】 设定价为 x,进货价为 y,则
$$x\times 50\%+0.9x\times 50\%\times 50\%+0.8x\times 50\%\times 50\%\times 50\%+0.6x\times 50\%\times 50\%\times 50\%\times 50\%=(1+30\%)\times y$$
$\Rightarrow 0.9x=1.3y \Rightarrow \dfrac{x-y}{y}=44.4\%.$

10.【参考答案】 B

【解析】 设事件"从甲盒内取出的 2 个球均为黑球;从乙盒内取出的 2 个球中,1 个是红球,1 个是黑球"为 C;

事件"从甲盒内取出的 2 个球中,1 个是红球,1 个是黑球;从乙盒内取出的 2 个球均为黑球"为 D;

事件 C、D 互斥,且 $P(C)=\dfrac{C_3^2}{C_4^2}\cdot\dfrac{C_2^1\cdot C_4^1}{C_6^2}=\dfrac{4}{15}$,$P(D)=\dfrac{C_3^1}{C_4^2}\cdot\dfrac{C_2^2}{C_6^2}=\dfrac{1}{5}$.

所以取出的 4 个球中恰有 1 个红球的概率为 $P(C+D)=P(C)+P(D)=\dfrac{4}{15}+\dfrac{1}{5}=\dfrac{7}{15}.$

11.【参考答案】 B

【解析】 对个位是 0 和个位不是 0 两类情形分类计数;对每一类情形按"个位－最高位－中间三位"分步计数：①个位是 0 并且比 20 000 大的五位偶数有 $1\times 4\times A_4^3=96$ 个;②个位不是 0 并且比 20 000 大的五位偶数有 $2\times 3\times A_4^3=144$ 个;故共有 $96+144=240$ 个.

12.【参考答案】 A

【解析】 设点 P 的坐标为 $(x,2x-1)$,则
$$|PA|^2+|PB|^2=(x+2)^2+(2x-3)^2+(x+3)^2+(2x)^2$$
$$=10x^2-2x+22=10\left(x-\dfrac{1}{10}\right)^2+\dfrac{219}{10}.$$

当 $x=\dfrac{1}{10}$ 时,$|PA|^2+|PB|^2$ 取得最小值,此时 $y=-\dfrac{4}{5}$,所以 P 点坐标为 $\left(\dfrac{1}{10},-\dfrac{4}{5}\right).$

13.【参考答案】 E

【解析】 因为平行四边形是中心对称图形,任意一条过平行四边形对角线交点的直线都平分四边形的面积,则这样的折纸方法共有无数种.

14.【参考答案】 D

【解析】 由几何图像可知,$P(0,2)$ 在 y 轴上,PA、PB 相切圆,AB 直线平行 x 轴,
$\sin\angle OPA=\dfrac{OA}{OP}=\dfrac{1}{2}$,$\angle OPA=30°$,$PA=\sqrt{3}$.

AB 的直线方程为 $y=2-PA\times\cos 30°=\dfrac{1}{2}.$

15.【参考答案】 B

【解析】 $\angle A:\angle B:\angle C:\angle D=3:7:4:10.$
$\therefore \angle A=45°,\angle D=150°,\angle ADB=90°,\therefore \triangle ADB$ 是等腰直角三角形.

又 $AB=8\Rightarrow AD=BD=4\sqrt{2},\therefore S_{\triangle ABD}=\dfrac{1}{2}\cdot 4\sqrt{2}\cdot 4\sqrt{2}=16.$

二、条件充分性判断.

16.【参考答案】 B

【解析】 显然,条件(1)不充分;

条件(2) $\dfrac{x+y}{z} = \dfrac{y+z}{x} = \dfrac{x+z}{y} = \dfrac{2(x+y+z)}{x+y+z} = 2$ 的前提条件是分母不能为 0,充分.

17.【参考答案】 D

【解析】 (1)原式 $= \dfrac{1}{2}(2x^2+2y^2+2z^2-2xy-2yz-2xz) = 0 \Rightarrow \dfrac{1}{2}[(x-y)^2+(y-z)^2+(x-z)^2] = 0.$

$\therefore x = y = z$,充分.

(2) x,y,z 既是等差数列,也是等比数列.

$\therefore \begin{cases} 2y = x+z, \\ y^2 = xz \end{cases} \Rightarrow \begin{cases} x = z, \\ y = z \end{cases} \Rightarrow x = y = z$,充分.

故应选 D.

18.【参考答案】 C

【解析】 设所求的数为 n,由题意,得 $\begin{cases} n+168 = a^2, (1) \\ n+100 = b^2, (2) \end{cases}$

$(1)-(2)$,得 $68 = a^2-b^2 = (a+b)(a-b).$

由于 $68 = 1\times 68 = 2\times 34 = 4\times 17$,只有三种情况,即

① $a+b = 68, a-b = 1$;

② $a+b = 34, a-b = 2$;

③ $a+b = 17, a-b = 4$;

因为①a 与 b 没有整数解,排除;②算出 $a = 18, b = 16$,所以 $n = 156$;③a 与 b 没有整数解,排除.

所以,答案选 C.

19.【参考答案】 B

【解析】 由条件(1), $x^2+y^2 = x^2+(x^2-8x+10) = 2(x-2)^2+2$,表面看来当 $x = 2$ 存在最小值 2,但当 $x = 2$ 时, $2^2-y^2-16+10 = 0 \Rightarrow y^2 = -2$,与条件不符,所以条件(1)不充分.

由条件(2), $x^2+y^2 = (x+y)^2-2xy = (2a)^2-2(a+2) = 4\left(a-\dfrac{1}{4}\right)^2 - \dfrac{17}{4}$,因为方程有实根,所以 $\Delta = (2a)^2-4(a+2) \geqslant 0 \Rightarrow a \in (-\infty, -1] \cup [2, +\infty)$,所以,当且仅当 $a = -1$ 时, x^2+y^2 有最小值 2.

20.【参考答案】 D

【解析】 条件(1)第一次追上 B 的时候, B 跑了 2 圈, A 跑了 3 圈,充分.

条件(2) A 背道而驰直至两人再次相遇,刚好跑了一圈. A 跑了 $\dfrac{3}{5}$ 圈, B 跑了 $\dfrac{2}{5}$ 圈,充分.

21.【参考答案】 C

【解析】 $(1)+(2):t = \dfrac{48}{10+2} + \dfrac{48}{10-2} = 10.$

22.【参考答案】 D

【解析】 题干中 50 分钟漏进轮船的水加上已漏进的水共有 $600+24\times 50 = 1\ 800$(桶).

由条件(1),可得 50 分钟内可排水: $(22+14)\times 50 = 1\ 800$(桶),充分.

由条件(2),得 $(20+18)\times 50 = 1\ 900$(桶),充分.

所以,正确答案选 D.

23.【参考答案】 E

【解析】 (1)+(2): $\begin{cases} 2 = a^2 + b^2, \\ 1 = \dfrac{1}{a} \cdot \dfrac{1}{b} \end{cases} \Rightarrow \begin{cases} 2 = a^2 + b^2, \\ ab = 1 \end{cases} \Rightarrow a^2 + b^2 + ab = 3 \Rightarrow (a+b)^2 = 4 \Rightarrow$
$a + b = \pm 2$.

∴ $\dfrac{a+b}{a^2+b^2} = \dfrac{\pm 2}{2} = \pm 1$, 不充分, 所以, 答案选 E.

24.【参考答案】 C

【解析】 显然需要联合考虑. 设 $\dfrac{y+1}{x+2} = k$, 化简后得到 $y = kx + 2k - 1$. 当相切时, 有 $d = \dfrac{|ax_0 + by_0 + c|}{\sqrt{a^2 + b^2}} = \dfrac{|2k-1|}{\sqrt{k^2+1}} = 1$, 解得 $k = 0$ 或 $\dfrac{4}{3}$. 最大值为 $\dfrac{4}{3}$, 充分.

25.【参考答案】 B

【解析】 条件(1), $P = C_{10}^2 \left(\dfrac{1}{4}\right)^2 \left(1 - \dfrac{1}{4}\right)^8$, 不充分.

条件(2), $P = 1 - C_{10}^0 \left(\dfrac{1}{4}\right)^0 \left(1 - \dfrac{1}{4}\right)^{10} - C_{10}^1 \left(\dfrac{1}{4}\right)^1 \left(1 - \dfrac{1}{4}\right)^{10-1} = 1 - C_{10}^0 \left(\dfrac{3}{4}\right)^{10} - C_{10}^1 \left(\dfrac{1}{4}\right) \left(1 - \dfrac{1}{4}\right)^9$, 充分.

模拟卷四答案解析

一、问题求解.

1.【参考答案】 A

【解析】 $2x:5y:z = \dfrac{1}{2}:\dfrac{2}{9}:1 = 18:8:36$,所以设 $x=9k, y=\dfrac{8}{5}k, z=36k$,代入则有 $\dfrac{x-2y+z}{2x+3y-z} = -\dfrac{209}{66}$,选 A.

2.【参考答案】 D

【解析】 $x^3-7x^2+16x-12=(x-2)(x^2-5x+6)=(x-2)(x-2)(x-3)$,所以 $x_2=2, x_3=3$,所以 $\dfrac{1}{x_2}+\dfrac{1}{x_3}=\dfrac{1}{2}+\dfrac{1}{3}=\dfrac{5}{6}$,选 D.

3.【参考答案】 D

【解析】 设去的时候的速度为 v_1,回程的时候的速度为 v_2,则全程为 $3v_1$. 回程时,走五分之一全程所用的时间为 $\dfrac{3}{5}$(此时速度与来时的速度相同),因为要在 13:30 之前回到家中,则剩余路程所用时间为 $2-\dfrac{3}{5}$,则有 $\left(2-\dfrac{3}{5}\right)v_2=\dfrac{4}{5}\cdot 3v_1$,解得 $v_2=\dfrac{12}{7}v_1$,所以应提高 $\dfrac{v_2-v_1}{v_1}=\dfrac{5}{7}$,选 D.

4.【参考答案】 C

【解析】 由位项等和公式有 $a_1+a_9=2a_5$,所以 $a_5=5$,且 $2^{a_1}\cdot 2^{a_5}\cdot 2^{a_9}=2^{a_1+a_5+a_9}=2^{15}$,选 C.

5.【参考答案】 E

【解析】 根据二项式公式有 $\left(x-\dfrac{2}{\sqrt{x}}\right)^8$ 的展开式中含 x^5 的项为 $C_8^6 \cdot x^6 \cdot \left(-\dfrac{2}{\sqrt{x}}\right)^2 = 112x^5$,选 E.

6.【参考答案】 B

【解析】 设购买甲、乙股票的资金分别为 x, y 万元,根据题意得 $\begin{cases} x+y=10, \\ 12\%x-8\%y=0.8, \end{cases}$ 解得 $\begin{cases} x=8, \\ y=2. \end{cases}$ 选 B.

7.【参考答案】 E

【解析】 设 $y-3x=k$ 为一条直线,则当该直线与圆 $x^2+y^2-2x=0$ 相切时(圆心到直线的距离等于半径),取到最值,所以 $\dfrac{|3+k|}{\sqrt{10}}=1$,解得 $k=-3\pm\sqrt{10}$,则 $y-3x$ 的最小值为 $-3-\sqrt{10}$,选 E.

8.【参考答案】 B

【解析】 设 $1+\dfrac{1}{3}+\cdots+\dfrac{1}{2\,017}=x$,则

$$\left(1+\frac{1}{3}+\cdots+\frac{1}{2\,015}\right)\left(\frac{1}{3}+\frac{1}{5}+\cdots+\frac{1}{2\,017}\right)-\left(1+\frac{1}{3}+\cdots+\frac{1}{2\,017}\right)\left(\frac{1}{3}+\frac{1}{5}+\cdots+\frac{1}{2\,015}\right)$$

$$=\left(x-\frac{1}{2\,017}\right)(x-1)-x\left(x-1-\frac{1}{2\,017}\right)=\frac{1}{2\,017}.$$

选 B.

9.【参考答案】 D

【解析】 设甲、乙工作的天数分别为 x,y,工作总量设为 60,则甲、乙的工作效率分别为 4,5,则假设两人合作了 t 天,$t\in Z^+$,$9t+4(10-t)=60\Rightarrow t=4$ 或 $9t+5(10-t)=60\Rightarrow t=\frac{10}{4}$(舍),∴ $t=4$,选 D.

10.【参考答案】 A

【解析】 三角形的重心把三角形分成面积相等的三个小三角形,所以 $\triangle BCG$ 的面积为 1,又因为 D 为中点,所以 $\triangle CDG$ 的面积为 $\triangle BCG$ 的面积的一半,等于 $\frac{1}{2}$;同理 $\triangle CEG$ 的面积也等于 $\frac{1}{2}$,所以四边形 $GECD$ 的面积为 1,选 A.

11.【参考答案】 B

【解析】 $\frac{C_6^3}{A_2^2}\cdot A_3^3=60$,选 B.

12.【参考答案】 D

【解析】 $ax^2+3ax-9<0$ 对任意实数 x 都成立,当 $a=0$ 时显然成立,此外当 $\Delta<0$ 且 $a<0$ 时也成立,所以 $(3a)^2+36a<0$,且 $a<0$,解得 $-4<a\leqslant 0$,选 D.

13.【参考答案】 E

【解析】 间接法.既不取到 1 号球也不取到 2 号球的概率为 $\frac{C_3^3}{C_5^3}=\frac{1}{10}$,所以取到 1 号球或者 2 号球的概率为 $\frac{9}{10}$,选 E.

14.【参考答案】 A

【解析】 根据题意,$h=2r$,又 $V=\pi r^2\cdot h=2\pi r^3$,则 $r=\sqrt[3]{\frac{V}{2\pi}}$,所以 $S=2\pi r\cdot h=2\pi\sqrt[3]{\frac{V}{2\pi}}\cdot 2r=\sqrt[3]{16\pi V^2}$,选 A.

15.【参考答案】 B

【解析】 根据三角不等式,由 $(a+2)(b-5)<0$,$|a+b-3|=|(a+2)+(b-5)|=||a+2|-|b-5||=6$,选 B.

二、条件充分性判断.

16.【参考答案】 B

【解析】 条件(1),取 $x=2,y=5$,显然不充分;

条件(2),$10|(4x-5y)\Rightarrow 5|(4x-5y),2|(4x-5y)$,所以 $5|(4x)\Rightarrow 5|x,2|(5y)\Rightarrow 2|y$,又 x 与 y 均为质数,则 $x=5,y=2$,所以 $9x+7y=59$,充分,选 B.

17.【参考答案】 A

【解析】 条件(1),$a:b=1:2,b:c=3:7$,所以 $a:b:c=3:6:14$,充分;

条件(2),取 $k=0$,不充分,选 A.

18.【参考答案】 C

【解析】 设 $f(x)=x^2+(m-2)x+m^2-m-2$，由零点定理，原方程两根满足 $-1<x_1<0<x_2<1$ 的等价条件为 $\begin{cases}f(-1)>0,\\f(0)<0,\\f(1)>0,\end{cases}$ 解得 $\sqrt{3}<m<2$，结合条件(1)和条件(2)，易知两个条件联立才是充分的，选 C.

19.【参考答案】 D

【解析】 设直角三角形的两直角边和斜边分别为 a,b,c，根据均值不等式，条件(1) $a+b=8\geqslant 2\sqrt{ab}\Rightarrow \dfrac{1}{2}ab\leqslant 8$，所以面积最大为 8，充分；

条件(2) $a^2+b^2=c^2=32\geqslant 2ab\Rightarrow \dfrac{1}{2}ab\leqslant 8$，所以面积最大为 8，充分；选 D.

20.【参考答案】 E

【解析】 条件(1)，利用"隔板法"得 $C_9^4=126$，不充分；

条件(2)，分组分配问题，先分组再分配，$C_5^2\cdot A_4^4=240$，不充分；选 E.

21.【参考答案】 D

【解析】 根据两直线垂直的等价条件得，直线 $(2m+1)x+(m-2)y+7=0$ 与直线 $(m-2)x+3y-4=0$ 互相垂直，则 $(2m+1)(m-2)+3(m-2)=0$，解得 $m=-2$ 或 $m=2$，(1)(2)都充分，选 D.

22.【参考答案】 A

【解析】 条件(1)，$\dfrac{1}{x}$ 与 $\dfrac{1}{y}$ 是方程 $x^2+7x+k=0$ 的两个根，且 $\dfrac{1}{x}$ 与 $\dfrac{1}{y}$ 的比例中项为 $\sqrt{7}$，

则 $\begin{cases}\dfrac{1}{x}+\dfrac{1}{y}=-7,\\\dfrac{1}{x}\cdot\dfrac{1}{y}=7,\end{cases}$ 得 $x+y=-7xy=-1$，

所以 x 与 y 的等差中项为 $\dfrac{x+y}{2}=-\dfrac{1}{2}$，充分；

条件(2) $xy=1$，且 x^2 与 y^2 的算术平均值为 1，

则 $\dfrac{x^2+y^2}{2}=\dfrac{(x+y)^2-2xy}{2}=1$，

所以 $x+y=\pm 2\Rightarrow \dfrac{x+y}{2}=\pm 1$，不充分；选 A.

23.【参考答案】 B

【解析】 条件(1)，每次出现正面和反面的概率是相等的，都是二分之一. 第五次抛出时恰好是第三次出现正面，意味着前四次是两正两反第五次是正面，所以概率为 $P=C_4^2\cdot\left(\dfrac{1}{2}\right)^2\cdot\left(\dfrac{1}{2}\right)^2\cdot\dfrac{1}{2}=\dfrac{3}{16}$，不充分；

条件(2)，每局比赛中甲获胜的概率为 $\dfrac{1}{2}$，最终甲以 4:2 取胜，意味着比了六局，前五局甲胜三负二，第六局甲胜，所以概率为 $P=C_5^3\cdot\left(\dfrac{1}{2}\right)^3\cdot\left(\dfrac{1}{2}\right)^2\cdot\dfrac{1}{2}=\dfrac{5}{32}$，充分；选 B.

24.【参考答案】 A

【解析】 设$\{a_n\}$的公差为d,$\{b_n\}$的公比为q. 因为$a_1=b_1=1$,条件(1)$a_5=b_5$,则$1+4d=1\cdot q^4 \Rightarrow d=\dfrac{q^4-1}{4}$,根据均值不等式有,$a_2=1+d=\dfrac{q^4+3}{4}\geqslant \sqrt[4]{q^4\cdot 1\cdot 1\cdot 1}=|q|\geqslant q=b_2$,充分;

显然条件(2)不充分,选 A.

25.【参考答案】 E

【解析】 数形结合,由图可知,过圆上一点有两条切线,都不充分,选 E.

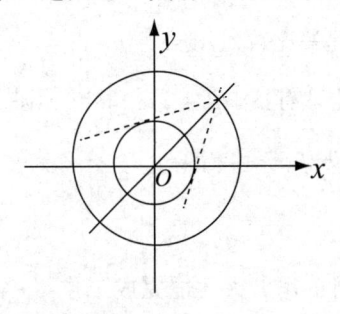

模拟卷五答案解析

一、问题求解.

1.【参考答案】 D

【解析】 数形结合,由图知,要折线在直线的上方,k 的取值范围是 $0 \leqslant k \leqslant 1$,选 D.

2.【参考答案】 E

【解析】 a,b,c 是等差数列又是等比数列,则 $a=b=c\neq 0$,方程变为 $x^2-x+1=0$. α,β 是方程的两根,所以 $\alpha^2=\alpha-1$. 由韦达定理有,$\alpha+\beta=1,\alpha\cdot\beta=1$ 则 $\dfrac{a^2\alpha^4+b^2\beta^2-2bc\beta}{ab}=\alpha^4+\beta^2-2\beta=(\alpha-1)^2+\beta^2-2\beta=\alpha^2+\beta^2-2(\alpha+\beta)+1=(\alpha+\beta)^2-2\alpha\beta-2(\alpha+\beta)+1=-2$.

选 E.

3.【参考答案】 B

【解析】 **方法一** 设原计划工作 n 天才能完成工作,每个工人每天的工作量为 1,后面工作效率提高 x,根据题意有 $24n=5\times 24+(x+1)(n-5)\times 18$,解得 $x=\dfrac{1}{3}$,选 B.

方法二 将剩下的工作量看作"1". 剩下的工作本应是 24 个人完成,现在由 18 个人完成,所以剩下的工人要比之前工作效率提高 $\dfrac{\frac{1}{18}-\frac{1}{24}}{\frac{1}{24}}=\dfrac{1}{3}$.

4.【参考答案】 A

【解析】 由 $a_2+a_5+a_8=39$ 可知 $a_5=13$,所以 $a_1+a_2+\cdots+a_9=9a_5=117$,选(A).

5.【参考答案】 A

【解析】 由三角不等式,$|x+2^x|<|x|+2^x\Leftrightarrow x\cdot 2^x<0$,所以 $x<0$,选 A.

6.【参考答案】 D

【解析】 设桶的容量为 $x\mathrm{L}$,由题意可得 $\dfrac{x-3-\frac{x-3}{x}\times 4+37.5\%\times 4}{x}=50\%$,解得 $x=3$ 或 $x=8$. 显然 $x=3$ 不满足题意,所以 $x=8$.

7.【参考答案】 C

【解析】 设 $\triangle BEF$ 的面积为 x,由 $DE=2AE$,可知 $S_{\triangle BDE}=2S_{\triangle ABE}=\dfrac{2}{3}S_{\triangle ABD}=\dfrac{1}{3}S$,所以 $S_{\triangle DEF}=\dfrac{1}{3}S-x$,又 $S_{\triangle CDF}=x$,所以 $S_{\triangle BCF}=\dfrac{1}{2}S-x$. 而 $\dfrac{S_{\triangle BCF}}{S_{\triangle DEF}}=\left(\dfrac{BC}{DE}\right)^2=\dfrac{9}{4}$,解得 $x=\dfrac{S}{5}$,选 C.

8.【参考答案】 A

【解析】 设 (x,y) 为所求对称直线上任意一点,则它关于直线 $x+y=0$ 对称的点 $(-y,-x)$ 一定在直线 $x-2y+1=0$ 上,所以有 $-y-2(-x)+1=0$,即 $2x-y+1=0$.

9.【参考答案】 B

【解析】 因为 $a_n = \begin{cases} S_n - S_{n-1}, & n \geqslant 2, \\ S_1, & n = 1, \end{cases}$ $S_n = 2n^2 - 3n + 5$,所以 $a_n = \begin{cases} 4n-5, & n \geqslant 2, \\ 4, & n = 1, \end{cases}$ 从第二项开始数列构成首项 $a_2 = 3$ 公差为 4 的等差数列,所以
$$a_1 + a_2 + \cdots + a_{20} = 4 + \frac{19 \times (3+75)}{2} = 745,选 B.$$

10.【参考答案】 E

【解析】 选出两个盒子,使其编号与放入其中的球的编号相同,有 C_5^2 种情况,剩下的 3 个盒子中,其编号与放入其中的球的编号不同,有 2 种情况,由分步计数原理,可得共 $C_5^2 \times 2 = 20$ 种不同放法.

11.【参考答案】 C

【解析】 根据题意可知,甲得到的资金占全部资金的四分之一,乙得到的资金占全部资金的五分之一,从而丙得到的资金占全部资金的比例为 $1 - \frac{1}{4} - \frac{1}{5} = \frac{11}{20}$,所以全部资金为 $330 \div \frac{11}{20} = 600$,选 C.

12.【参考答案】 E

【解析】 $\log_{\frac{1}{2}}(2x^2 - 3x - 1) > 0 \Leftrightarrow \begin{cases} 2x^2 - 3x - 1 > 0, \\ 2x^2 - 3x - 1 < 1, \end{cases}$ 解得 $-\frac{1}{2} < x < \frac{3-\sqrt{17}}{4}$ 或 $\frac{3+\sqrt{17}}{4} < x < 2$,选 E.

13.【参考答案】 A

【解析】 设 $f(x) = (x^2 - 5x - 6) \cdot p(x) + ax + b$,因为 $f(2) = 0, f(3) = 1$,代入求得 $a = 1$, $b = -2$,选 A.

14.【参考答案】 D

【解析】 $x^2 + y^2 + z^2 - xy - yz - zx = \frac{1}{2}[(x-y)^2 + (y-z)^2 + (z-x)^2] = 12$,选 D.

15.【参考答案】 B

【解析】 设甲、乙的工作效率分别为 x, y,根据题意有 $\begin{cases} x + y = \frac{1}{12}, \\ 4x + 8y = \frac{7}{12}, \end{cases}$ 解得 $\begin{cases} x = \frac{1}{48}, \\ y = \frac{1}{16}, \end{cases}$ 选 B.

二、条件充分性判断.

16.【参考答案】 E

【解析】 条件(1),没有实数解,不充分;
条件(2),$x + \frac{1}{x} = 2 \Leftrightarrow x = 1$,此时 $x^7 + \frac{1}{x^7} = 2$,不充分,选 E.

17.【参考答案】 C

【解析】 显然,条件(1)和条件(2)单独都不充分.
联立两个条件,可知 $4 \mid (n-1) \Rightarrow 4 \mid (n+3), 5 \mid (n-2) \Rightarrow 5 \mid (n+3)$,所以 $20 \mid (n+3)$,故 n 除以 20 的余数为 17,充分,选 C.

18.【参考答案】 B

【解析】 条件(1),相同元素分组问题,用"隔板法",$C_9^3 = 84$,不充分;

条件(2),不同元素分组分配问题,先分组再分配,$\left(C_5^3 + \dfrac{C_5^1 \cdot C_4^2}{A_2^2}\right) \cdot A_3^3 = 150$,充分,选 B.

19.【参考答案】 D

【解析】 条件(1)每天蒸发 1 千克水份,放置 5 天,蒸发掉 5 千克水份,还剩下 4.5 千克水份,含水量为 $4.5 \div 5 = 0.9 = 90\%$,充分;

条件(2)每天蒸发 2 千克水份,放置 2.5 天,蒸发掉 5 千克水份,还剩下 4.5 千克水份,含水量为 $4.5 \div 5 = 0.9 = 90\%$,所以也充分,选 D.

20.【参考答案】 D

【解析】 设正三角形的边长为 a,则其外接圆的半径为 $r = \dfrac{\sqrt{3}}{3}a$,所以阴影部分的面积与三角形的面积比为 $\dfrac{\pi r^2 - \dfrac{\sqrt{3}}{4}a^2}{\dfrac{\sqrt{3}}{4}a^2} = \dfrac{4\sqrt{3}}{9}\pi - 1$,与边长无关,选 D.

21.【参考答案】 A

【解析】 设汽车报废的最佳年限为 k 年,年平均费用为 y.

$$y = \dfrac{15 + 1.5k + (0.3 + 0.6 + \cdots + 0.3k)}{k} = \dfrac{15}{k} + 0.15k + 1.65,$$

由均值不等式知,当 $\dfrac{15}{k} = 0.15k$ 即 $k = 10$ 时,平均费用最小,选 A.

22.【参考答案】 E

【解析】 条件(1)和条件(2)单独显然不充分,联立两个条件.

$2014 + m$ 是奇数,可知 m 是奇数;$11n + 28m$ 是偶数,可知 $11n$ 是偶数,所以 n 是偶数,不充分,选 E.

23.【参考答案】 A

【解析】 条件(1),根据题意,生产的甲、乙、丙三种零件的个数比为 $(12 \times 5):(5 \times 4):(60 \times 3) = 3:1:9$,充分;

条件(2),生产的甲、乙、丙三种零件的个数比为 $(18 \times 5):(9 \times 4):(50 \times 3) = 15:6:25$,不充分;选 A.

24.【参考答案】 A

【解析】 条件(1),$a + \sqrt{2}b + \sqrt{3}c = \sqrt{5 + 2\sqrt{6}} = \sqrt{(\sqrt{3} + \sqrt{2})^2} = \sqrt{3} + \sqrt{2}$,所以 $a = 0$,$b = 1, c = 1$,所以 $a + b + c = 2$,充分;

条件(2)$a - b = 8, ab + c^2 + 16 = 0$,把 $a = b + 8$ 代入第二个方程得,$b^2 + 8b + c^2 + 16 = (b+4)^2 + c^2 = 0$,所以 $b = -4, c = 0, a = 4, a + b + c = 0$,不充分;选 A.

25.【参考答案】 D

【解析】 条件(1),$a = 70 = 1 \times 70 = 2 \times 35 = 5 \times 14 = 7 \times 10$,充分;

条件(2),$a = 231 = 1 \times 231 = 3 \times 77 = 7 \times 33 = 11 \times 21$,充分;选 D.

强化效果检测

第一章 算 术

算术部分主要是考查四块内容：

一、实数中一些数的概念、性质和运算. 例如：整数、奇数、偶数、质数、合数、公约数（最大公约数）、公倍数（最小公倍数）、有理数、无理数等基本概念和性质，除此之外，还要掌握这些数之间的联系和区别；

二、分数、小数、百分数的定义和性质；

三、比与比例，主要是比例的性质和应用；

四、数轴与绝对值，一方面是绝对值的定义、性质、几何意义，另一方面是含绝对值的等式与不等式.

第一节 整 数

【考点 1】 奇数与偶数

【例 1.1】 m^2n^2-1 能被 2 整除.

(1)m 为奇数.

(2)n 为奇数.

【考点 2】 质数与合数

【例 1.2】 已知三个不同质数的倒数和为 $\dfrac{631}{1443}$，则这三个质数的和为( ).

(A)49   (B)51   (C)53   (D)55   (E)57

【例 1.3】 已知 a 是质数，x,y 是整数，则方程 $|x+y|+\sqrt{x-y}=a$ 解的个数是( ).

(A)1 组   (B)2 组   (C)3 组   (D)4 组   (E)5 组

【例 1.4】 $a+b+c+d+e$ 的最大值是 133.

(1) a,b,c,d,e 是大于 1 的自然数，且 $abcde = 2700$；

(2) a,b,c,d,e 是大于 1 的自然数，且 $abcde = 2000$.

【考点 3】 数的整除与带余除法

【例 1.5】 有一个自然数 x，除以 3 的余数是 2，除以 4 的余数是 3，则 x 除以 12 的余数是（　　）.

(A) 1　　　　(B) 5　　　　(C) 9　　　　(D) 11　　　　(E) 7

【例 1.6】 设 6000 位数 $\underbrace{111\cdots11}_{2000\text{位}}\underbrace{222\cdots22}_{2000\text{位}}\underbrace{333\cdots33}_{2000\text{位}}$ 被 2000 位数 $\underbrace{333\cdots33}_{2000\text{位}}$ 除商的各个位上的数字和为 k.

(1) $k = 6002$.

(2) $k = 6005$.

【例 1.7】 $\dfrac{a+b}{2}, \dfrac{b+c}{2}, \dfrac{c+a}{2}$ 中至少有一个整数.

(1) a,b,c 是三个任意的整数. (2) a,b,c 是三个连续的整数.

【考点 4】 公约数与公倍数

【例 1.8】 已知两个自然数的平方和为 425，它们的最大公约数与最小公倍数的乘积为 100，求这两个自然数之和为（　　）.

(A) 15　　　　(B) 20　　　　(C) 25　　　　(D) 30　　　　(E) 35

【例 1.9】 两数之和为 168.

（1）两数之差为 126.

（2）两个数的最小公倍数是最大公约数的 7 倍.

第二节 实 数

【考点 1】 小数与分数

【例 1.10】 纯循环小数 $0.\dot{a}b\dot{c}$ 写成最简分数时，分子与分母之和是 58，这个循环小数是（　　）.

(A) $0.\dot{5}6\dot{7}$ 　　(B) $0.\dot{5}3\dot{7}$ 　　(C) $0.\dot{5}1\dot{7}$ 　　(D) $0.\dot{5}6\dot{9}$ 　　(E) $0.\dot{5}6\dot{2}$

【例 1.11】 m 除 10^k 余数为 1.

（1）既约分数 $\dfrac{n}{m}$ 满足 $0 < \dfrac{n}{m} < 1$；

（2）分数 $\dfrac{n}{m}$ 可以化为小数部分的一个循环节有 k 位数字的纯循环小数.

【考点 2】 有理数与无理数

【例 1.12】 比较 $a = \sqrt{7} - \sqrt{2}$ 与 $b = \sqrt{10} - \sqrt{5}$ 的大小，可得（　　）.

(A) $a = b$ 　　(B) $a > b$ 　　(C) $a < b$ 　　(D) $2a < b$ 　　(E) 无法判定

【例 1.13】 已知 m, n 是有理数，并且方程 $x^2 + mx + n = 0$ 有一个根是 $\sqrt{5} - 2$，则 $m + n =$（　　）.

(A) 1 　　(B) 2 　　(C) 3 　　(D) 4 　　(E) 5

【例1.14】 已知 $x = \dfrac{1}{\sqrt{n}+\sqrt{n+1}}$，则 $x^2+\dfrac{1}{x^2}=(\quad)$．

(A) $4n$　　　　(B) $4n+1$　　　　(C) $4n+2$　　　　(D) $4n-1$　　　　(E) $4n-2$

【考点3】 定义新的运算

【例1.15】 在 R 上定义运算 $\odot$：$a\odot b=ab+2a+b$，则满足 $x\odot(x-2)<0$ 的实数 x 的取值范围为（　　）．

(A) $(0,2)$　　　　(B) $(-2,1)$　　　　(C) $(-\infty,-2)\cup(1,+\infty)$

(D) $(-1,2)$　　　　(E) $(1,2)$

第三节　比、比例、百分比

【考点1】 正比与反比

【例1.16】 若 y 与 $x-1$ 成正比，比例系数为 k_1，y 又与 $x+1$ 成反比，比例系数为 k_2，且 $k_1:k_2=2:3$，则 $x=(\quad)$．

(A) $\pm\dfrac{\sqrt{15}}{3}$　　(B) $\dfrac{\sqrt{15}}{3}$　　(C) $-\dfrac{\sqrt{15}}{3}$　　(D) $\pm\dfrac{\sqrt{10}}{2}$　　(E) $\dfrac{\sqrt{10}}{2}$

【考点2】 比与比例问题

【例1.17】 某单位原有男女职工若干人，第一次机构调整，女职工人数减少15人，余下职工男女比例为2:1．第二次调整，又调走45名男职工，这时男女职工比例为1:5，则该单位原有男职工人数为（　　）人．

(A) 70　　　　(B) 65　　　　(C) 60　　　　(D) 55　　　　(E) 50

【例 1.18】 若 $\dfrac{x}{3y} = \dfrac{y}{2x-5y} = \dfrac{6x-15y}{x}$,则 $\dfrac{4x^2-5xy+6y^2}{x^2-2xy+3y^2} = ($).

(A) $\dfrac{9}{4}$　　　　(B) $\dfrac{9}{2}$　　　　(C) 4　　　　(D) 5　　　　(E) 6

【例 1.19】 某公司发年终奖,奖金总额为 363 万元,按照 2∶3∶6 的比例发给甲、乙、丙三个部分,则丙部门获得的年终奖为(　)万元.

(A) 66　　　　(B) 99　　　　(C) 150　　　　(D) 174　　　　(E) 198

【考点 3】 联比问题

【例 1.20】 设 $\dfrac{1}{x} : \dfrac{1}{y} : \dfrac{1}{z} = 4:5:6$,则使 $x+y+z=74$ 成立的 y 值是(　).

(A) 24　　　　(B) 36　　　　(C) $\dfrac{74}{3}$

(D) $\dfrac{37}{2}$　　　　(E) 以上结论都不正确

【例 1.21】 实数 x,y,z 中至少有一个大于零.

(1) a,b,c 是不全相等的任意实数,$x=a^2-bc, y=b^2-ac, z=c^2-ab$;

(2) $\dfrac{a-b}{x} = \dfrac{b-c}{y} = \dfrac{c-a}{z} = xyz < 0.$

【考点 4】 百分比

【例 1.22】 某品牌电冰箱连续两次降价 10% 后的售价是降价前的(　).

(A) 80%　　　　(B) 81%　　　　(C) 82%　　　　(D) 83%　　　　(E) 85%

【例1.23】 1千克鸡肉的价格高于1千克牛肉的价格.
(1)一家超市出售袋装鸡肉与袋装牛肉,一袋鸡肉的价格比一袋牛肉的价格高30%.
(2)一家超市出售袋装鸡肉与袋装牛肉,一袋鸡肉比一袋牛肉重25%.

第四节 数轴与绝对值

【考点1】 绝对值的非负性

【例1.24】 $2^{x+y}+2^{a+b}=17$.

(1)a,b,x,y满足$y+|\sqrt{x}-\sqrt{3}|=1-a^2+\sqrt{3}b$;

(2)a,b,x,y满足$|x-3|+\sqrt{3}b=y-1-b^2$.

【例1.25】 设a,b,c为整数,且$|a-b|^{20}+|c-a|^{41}=1$,则$|a-b|+|a-c|+|b-c|=($).

(A)2   (B)3   (C)4   (D)-3 (E)-2

【考点2】 绝对值的自比性

【例1.26】 如果a,b,c是非零实数,且$a+b+c=0$,那么由此可知表达式$\dfrac{a}{|a|}+\dfrac{b}{|b|}+\dfrac{c}{|c|}+\dfrac{abc}{|abc|}=($).

(A)0   (B)1或-1 (C)2或-2 (D)3或-3 (E)无法确定

【考点3】 绝对值的等式

【例1.27】 方程$x^2-|x|=a$有三个不同的解,则实数a的取值范围是(   ).

(A)$a=0$ (B)$a>0$或$a<-1$ (C)$a<-1$

(D)$-1<a<0$ (E)$a>0$

【例1.28】 关于 x 的方程 $|1-|x||+\sqrt{|x|-2}=x$ 的根的个数为( ).
(A)0　　　　(B)1　　　　(C)3　　　　(D)4　　　　(E)2

【考点4】 绝对值的不等式

【例1.29】 不等式 $|x-1|-|2x+4|>1$ 的解集为( ).
(A)$\left(0,\dfrac{5}{4}\right)$　　(B)$(-4,1)$　　(C)$(-1,2)$　　(D)$(-4,-2)$　　(E)$\left(-4,-\dfrac{4}{3}\right)$

【例1.30】 不等式 $\dfrac{|a-b|}{|a|-|b|}<1$ 能成立.
(1) $ab>0$;
(2) $ab<0$.

【考点5】 绝对值代数式的最值问题

【例1.31】 若关于 x 的不等式 $|3-x|+|x-2|<a$ 的解集是空集,则实数 a 的取值范围是( ).
(A)$a<1$　　(B)$a\leqslant 1$　　(C)$a>1$　　(D)$a\geqslant 1$　　(E)$a\neq 1$

【例1.32】 任取 $n\in \mathbf{N}$,则 $|n-1|+|n-2|+|n-3|+\cdots+|n-100|$ 的最小值是( ).
(A)2475　　(B)2500　　(C)4950　　(D)5050　　(E)无最小值

【例 1.33】 不等式 $|2x-5|-|2x-7|>a$ 无实数解.
(1) $a \geqslant 2$;
(2) $a < 2$.

【例 1.34】 不等式 $|2x-4|+|3x+3|+2|x-1|+2a-6<0$ 解集非空.
(1) $a \leqslant -1$;
(2) $a < -1$.

第二章　代数式和函数

整式和分式的内容是代数部分的基本内容,在整个知识体系中起着承上启下的作用,因此考生需要熟练掌握代数式的基本公式,例如整式中多项式相等,多项式恒等变换,因式定理和余式定理等,以及其他代数式的问题.而函数部分主要包括集合、一元二次函数、指数函数、对数函数等.考生在复习过程中,不仅要掌握这些函数的定义,性质(如单调性),图像,还有熟练掌握这些函数的特殊运算、特殊值等.

第一节　整　式

【考点1】　整式化简

【例2.1】　已知 $a=\frac{1}{20}x+20, b=\frac{1}{20}x+19, c=\frac{1}{20}x+21$,则代数式 $a^2+b^2+c^2-ab-bc-ac=($　　).
(A)4　　　(B)3　　　(C)2　　　(D)1　　　(E)0

【例2.2】　若实数 x 满足 $x^3+x^2+x+1=0$,则 $x^{97}+x^{98}+\cdots+x^{103}$ 的值是(　　).
(A)-1　　(B)0　　(C)1　　(D)2　　(E)3

【例2.3】　已知 a,b 是实数,且 $x=a^2+b^2+21, y=4(2b-a)$,则 x,y 的大小关系是(　　).
(A)$x \leqslant y$　　(B)$x \geqslant y$　　(C)$x < y$
(D)$x > y$　　(E)以上结论均不正确

【考点2】　多项式恒成立

【例2.4】　若 $4x^4-ax^3+bx^2-40x+16$ 是完全平方式,则 a,b 的值为(　　).
(A)$a=20, b=41$　　　　(B)$a=-20, b=9$

(C)$a=20,b=41$ 或 $a=-20,b=9$ (D)$a=20,b=40$
(E)以上都不正确

【例 2.5】 已知$(2x-1)^6 = a_0 + a_1x + a_2x^2 + \cdots + a_6x^6$，则 $a_2+a_4+a_6=($).
(A)360   (B)362   (C)364   (D)366   (E)368

【例 2.6】 多项式 $2(x^2-3xy-y^2)-(x^2+2mxy+2y^2)$ 中不含 xy 项.
(1) $m=3$;
(2) $m=-3$

【考点3】 多项式除法
【例 2.7】 多项式 $2x^4-x^3-6x^2-x+2$ 的因式分解为 $(2x-1)q(x)$，则 $q(x)$ 等于(   ).
(A)$(x+2)(2x-1)^2$ (B)$(x-2)(x+1)^2$
(C)$(2x+1)(x^2-2)$ (D)$(2x-1)^2(x+2)$
(E)$(2x+1)^2(x-2)$

【例 2.8】 若 x^3+x^2+ax+b 能被 x^2-3x+2 整除，则(   ).
(A)$a=4,b=4$ (B)$a=-4,b=-4$
(C)$a=10,b=-8$ (D)$a=-10,b=8$
(E)$a=-2,b=0$

【考点4】 因式定理
【例 2.9】 多项式 $f(x)=x^3+a^2x^2+x-3a$ 能被 $x-1$ 整除，则实数 $a=($).
(A)0   (B)1   (C)0 或 1   (D)2 或 -1   (E)2 或 1

【例 2.10】 多项式 x^3+ax^2+bx-8 的两个因式是 $x-1$ 和 $x-2$，则第三个一次因式为（   ）.

(A) $x-8$ (B) $x+1$ (C) $x-4$ (D) $x+2$ (E) $x+4$

【例 2.11】 二次三项式 x^2+x-6 是多项式 $2x^4+x^3-ax^2+bx+a+b-1$ 的一个因式.
(1) $a=16$；
(2) $b=2$.

【考点 5】 余式（数）定理

【例 2.12】 设 $f(x)$ 为实系数多项式，以 $x-1$ 除之，余数为 9；以 $x-2$ 除之，余数为 16，则 $f(x)$ 除以 $(x-1)(x-2)$ 的余式为（   ）.

(A) $7x+2$ (B) $7x+3$ (C) $7x+4$ (D) $7x+5$ (E) $2x+7$

【例 2.13】 设 $f(x)$ 是三次多项式，且 $f(2)=f(-1)=f(4)=3, f(1)=-9$，则 $f(0)=$（   ）.

(A) -13 (B) -12 (C) -9 (D) 13 (E) 7

【例 2.14】 $f(x)$ 为二次多项式，且 $f(2004)=1, f(2005)=2, f(2006)=7$，则 $f(2008)=$（   ）.

(A) 23   (B) 25   (C) 28   (D) 29   (E) 21

【例 2.15】 若三次多项式 $g(x)$ 满足等式 $g(-1)=g(0)=g(2)=0, g(3)=-24$，多项式 $f(x)=x^4-x^2+1$，则有 $3g(x)-4f(x)$ 被 $x-1$ 除的余式为（   ）.

(A) 3   (B) 5   (C) 8   (D) 9   (E) 11

第二节 分　式

【考点1】 分式简化

【例 2.16】 三角形三边 a,b,c 适合 $\dfrac{a}{b}+\dfrac{a}{c}=\dfrac{b+c}{b+c-a}$，则此三角形是（　　）.

(A) 以 a 为腰的等腰三角形　　　(B) 以 a 为底的等腰三角形
(C) 等边三角形　　　　　　　　(D) 直角三角形
(E) 以上结论均不正确

【例 2.17】 已知 $a+b+c=0, abc=8$，则 $\dfrac{1}{a}+\dfrac{1}{b}+\dfrac{1}{c}$ 的值为（　　）.

(A) 大于零　　(B) 等于零　　(C) 大于等于零　(D) 小于零　　(E) 小于等于零

【例 2.18】 若 $4x-3y-6z=0, x+2y-7z=0$，则 $\dfrac{5x^2+2y^2-z^2}{2x^2-3y^2-10z^2}$ 的值等于（　　）.

(A) $-\dfrac{1}{2}$　　(B) $-\dfrac{19}{2}$　　(C) -15　　(D) -13　　(E) -3

【考点2】 分式联比问题

【例 2.19】 $x=-1$ 或 $x=8$.

(1) $x=\dfrac{(a+b)(b+c)(c+a)}{abc}(abc\neq 0)$；

(2) $\dfrac{a+b-c}{c}=\dfrac{a-b+c}{b}=\dfrac{-a+b+c}{a}$.

【考点3】 有关 $x+\dfrac{1}{x}$ 的分式问题

【例 2.20】 若 $x^2-5x+1=0$，则 $x^4+\dfrac{1}{x^4}$ 的值为（　　）.

(A) 527　　(B) 257　　(C) 526　　(D) 256　　(E) 356

【例 2.21】 已知 a,b 是正实数，$\dfrac{a^2}{a^4+a^2+1} = \dfrac{1}{24}$，$\dfrac{b^3}{b^6+b^3+1} = \dfrac{1}{19}$，则 $\dfrac{ab}{(a^2+a+1)(b^2+b+1)} = (\quad)$.

(A) $\dfrac{1}{16}$ (B) $\dfrac{1}{20}$ (C) $\dfrac{1}{24}$ (D) $\dfrac{1}{28}$ (E) 以上均不对

第三节 函 数

【考点1】 集合

【例 2.22】 设 $A = \{x \mid x^3+2x^2-x-2>0\}$, $B = \{x \mid x^2+ax+b \leqslant 0\}$, 若 $A \cup B = \{x \mid x+2>0\}$, $A \cap B = \{x \mid 1<x \leqslant 3\}$, 则 a,b 分别为( ).

(A) 3,2   (B) 1,-2   (C) -3,2   (D) -2,-3   (E) 以上都不正确

【考点2】 一元二次函数

【例 2.23】 二次函数 $y=ax^2+bx+c(a\neq 0)$ 的图像如图所示，下列四个命题中正确的个数为( ).

(1) $abc>0$;   (2) $b>a+c$;   (3) $4a+2b+c<0$;   (4) $c<2b$.

(A) 0   (B) 1   (C) 2   (D) 3   (E) 4

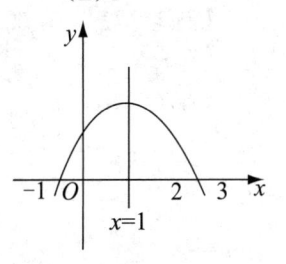

【例 2.24】 某商场将每台进价为2000元的冰箱以2400元销售时，每天销售8台，调研表明这种冰箱的售价每降低50元，每天就能多销售4台。若要每天销售利润最大，则该冰箱的定价应为( )元.

(1) 2200   (B) 2250   (C) 2300   (D) 2350   (E) 2400

【例 2.25】 若函数 $y = x^2 - 2mx + m - 1$ 在 $[-1, 1]$ 上的最小值为 -1，则 $m = ($ $)$.

(A) $-\dfrac{1}{3}$　　(B) 0　　(C) 1　　(D) 0 或 1　　(E) 以上都不正确

【例 2.26】 若 $y = x^2 - 2x + 2$ 在 $x \in [t, t+1]$ 上其最小值为 2，则 $t = ($ $)$.

(A) -1　　(B) 0　　(C) 1　　(D) 2　　(E) -1 或 2

【考点 3】 指数函数

【例 2.27】 已知函数 $f(x) = a^{2x-x^2+1}$，若 $f(3) > 1$，则 $f(x)$ 的单调递减区间为 ($ $).

(A) $(-\infty, 1)$　　(B) $(1, +\infty)$　　(C) $(-\infty, +\infty)$

(D) $(1-\sqrt{2}, 1+\sqrt{2})$　　(E) $\varnothing$

【例 2.28】 已知函数 $f(x) = 2^{x+2} - 3 \times 4^x$，且 $x^2 - x \leqslant 0$，$f(x)$ 的最大值为 ($ $).

(A) 0　　(B) 1　　(C) 2　　(D) 3　　(E) 4

【考点 4】 对数函数

【例 2.29】 函数 $f(x) = \log_a(x^2 + 2x - 3)$，若 $f(2) > 0$，则 $f(x)$ 的单调递减区间为 ($ $).

(A)$(1, +\infty)$　　(B)$(-\infty, -1)$　　(C)$(-\infty, -3)$　　(D)$(-1, +\infty)$　　(E) 以上都不正确

【例 2.30】 若 $0 < a < b < 1$，则 $\log_b a, \log_a b, \log_{\frac{1}{a}} b, \log_{\frac{1}{b}} a$ 之间的大小关系为 ($ $).

(A) $\log_a b > \log_b a > \log_{\frac{1}{b}} a > \log_{\frac{1}{a}} b$　　(B) $\log_b a < \log_a b < \log_{\frac{1}{a}} b < \log_{\frac{1}{b}} a$

(C) $\log_b a > \log_a b > \log_{\frac{1}{b}} a > \log_{\frac{1}{a}} b$　　(D) $\log_b a > \log_a b > \log_{\frac{1}{a}} b > \log_{\frac{1}{b}} a$

(E) 无法确定

【例 2.31】 函数 $y = ax^2 + bx$ 与 $\log_{|\frac{b}{a}|} x$ ($ab \neq 0, |a| \neq |b|$) 在同一直角坐标系中的图像可能是( ).

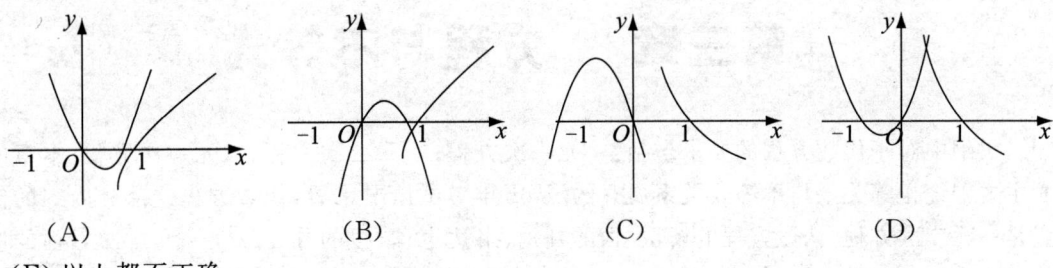

(A)　　　　　(B)　　　　　(C)　　　　　(D)

(E) 以上都不正确

【例 2.32】 设 a, b 和 c 都大于 1, 所以 $\log_a b + 2\log_b c + 4\log_c a$ 的最小值为( ).
(A) 1　　(B) 2　　(C) 3　　(D) 4　　(E) 6

【例 2.33】 在对数函数 $y = \log_2 x$ 的图像上(如图), 有 A, B, C 三点, 它们的横坐标依次为 $a, a+1, a+2$, 其中 $a \geqslant 1$, 则 $\triangle ABC$ 面积的最大值为( ).
(A) $\frac{1}{2}\log_2 \frac{2}{3}$　(B) $\frac{1}{2}\log_2 \frac{5}{3}$　(C) $\frac{1}{2}\log_2 \frac{7}{3}$　(D) $\frac{1}{2}\log_2 \frac{8}{3}$　(E) $\frac{1}{2}\log_2 \frac{4}{3}$

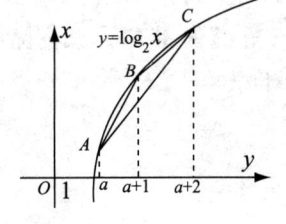

第三章　方程与不等式

大纲中对于代数方程的要求包括：一元一次方程；一元二次方程；二元一次方程．本章的核心主要围绕相等关系与不等式关系展开的．从历年考试情况来看，代数方程这部分内容的侧重点是一元二次方程，从该方程的解法、根的判别、韦达定理、根的分布以及一元二次方程的应用等角度出题．

而本章对于不等式的考查主要考查不等式的性质、均值不等式以及不等式求解（如：一元一次不等式、一元二次不等式、高次不等式、分式不等式、根式不等式以及含有绝对值的不等式），从历年考试情况来看，对于不等式考查主要是以不等式的解法为重点，也会出现由不等式的解集讨论原不等式的性质．

第一节　代数方程

【考点 1】　一元一次方程

【例 3.1】　关于 x 的方程 $(m^2-m-2)x = m^2+2m-8$ 有无穷多解，则 $m=(\quad)$．
(A) -1　　　(B) -4　　　(C) 2　　　(D) -1 或 2　　　(E) -4 或 2

【例 3.2】　某商品的成本为 270 元，若按该商品的 9 折出售，利润率是 15%，则该商品的标价为（　）．
(A) 276　　　(B) 331　　　(C) 345　　　(D) 346　　　(E) 400

【考点 2】　二（多）元一次方程组

【例 3.3】　若 x,y 满足 $\begin{cases} 4^x \cdot 2^y = 128, \\ \dfrac{27^x}{9^y} = 1, \end{cases}$ 则 $x+y=(\quad)$．
(A) 3　　　(B) 4　　　(C) $\dfrac{40}{7}$　　　(D) $\dfrac{30}{7}$　　　(E) 5

【例3.4】 方程组 $\begin{cases} x+y=a, \\ y+z=4, \\ z+x=2, \end{cases}$ 得 x,y,z 成等差数列.

(1) $a=1$；

(2) $a=0$.

【考点3】 一元二次方程

【例3.5】 已知 a,b 是方程 $x^2-4x+m=0$ 的两个根, b,c 是方程 $x^2-8x+5m=0$ 的两个根, 则实数 m 的值为(　　).

(A) 0　　　　(B) 3　　　　(C) -3　　　　(D) 0 或 3　　　　(E) 0 或 -3

【例3.6】 x_1,x_2 是方程 $x^2-2(k+1)x+k^2+2=0$ 的两个实根.

(1) $k>\dfrac{1}{2}$；

(2) $k=1$.

【例3.7】 已知 α 和 β 是方程 $x^2-x-1=0$ 的两个根, 则 $\alpha^4+3\beta$ 的值等于(　　).

(A) 5　　　　(B) 6　　　　(C) $5\sqrt{2}$　　　　(D) $6\sqrt{2}$

(E) 以上答案均不正确

【例3.8】 若 a,b 是互不相等的质数, 且 $a^2-13a+m=0, b^2-13b+m=0$, 则 $\dfrac{b}{a}+\dfrac{a}{b}$ 的值为(　　).

(A) $\dfrac{123}{22}$　　　(B) $\dfrac{125}{22}$　　　(C) $\dfrac{121}{22}$　　　(D) $\dfrac{127}{22}$

(E) 以上答案均不正确

【例 3.9】 已知方程 $3x^2+5x+1=0$ 的两个根是 α 和 β，则 $\sqrt{\dfrac{\beta}{\alpha}}+\sqrt{\dfrac{\alpha}{\beta}}=(\quad)$.

(A) $-\dfrac{5\sqrt{3}}{3}$ (B) $\dfrac{5\sqrt{3}}{3}$ (C) $\dfrac{\sqrt{3}}{5}$ (D) $-\dfrac{\sqrt{3}}{5}$ (E) $-\dfrac{\sqrt{3}}{3}$

【例 3.10】 若方程 $x^2+(k-2)x+2k-1=0$ 的两个实根分别满足 $0<x_1<1$，$1<x_2<2$，则实数 k 的取值范围为( ).

(A) $-2<k<-1$ (B) $\dfrac{1}{2}<k<\dfrac{2}{3}$ (C) $\dfrac{1}{4}<k<\dfrac{2}{3}$

(D) $\dfrac{1}{2}<k<\dfrac{3}{2}$ (E) 以上答案均不正确

【例 3.11】 方程 $2ax^2-2x-3a+5=0$ 的一个根大于 1，另一个根小于 1.
(1) $a>3$；
(2) $a<0$.

【例 3.12】 $k=3$ 成立.
(1) 方程 $(3k+2)x^2-7(k+4)x+k^2-9=0$ 的一个根大于 0，另一个根等于 0；
(2) 方程 $k^2x^2-2(k+1)x-3=0$ 的两实根互为相反数.

【例 3.13】 已知 $f(x)=x^2+ax+b$，则 $0\leqslant f(1)\leqslant 1$.
(1) $f(x)$ 在区间 $[0,1]$ 中有两个零点；
(2) $f(x)$ 在区间 $[1,2]$ 中有两个零点.

【例 3.14】 方程 $x^2+ax+2=0$ 与 $x^2-2x-a=0$ 有一个公共实数解.
(1) $a=3$；
(2) $a=-2$.

【例 3.15】 方程 $x^2+\dfrac{1}{x^2}-3\left(x+\dfrac{1}{x}\right)+4=0$ 的实数解为（　　）.
(A) $x=1$　　　(B) $x=2$　　　(C) $x=-1$　　　(D) $x=-2$　　　(E) $x=3$

【例 3.16】 方程 $\log_2(4^x+4)=x+\log_2(2^{x+1}-3)$ 的实数解为（　　）.
(A) $x=1$　　　(B) $x=-2$　　　(C) $x=-1$　　　(D) $x=2$　　　(E) 以上都不正确

【考点 4】 绝对值方程
【例 3.17】 方程 $|2x+1|+|2x-1|=a$ 无解.
(1) $a=1$；　　　(2) $a<2$.

【例 3.18】 关于方程 $|9x^2-6x|=1$ 的根，说法正确的是（　　）.
(A) 只有一个正实根　　　　　(B) 只有两个负实根
(C) 共有四个不相等的实根　　(D) 有一个正实根和一负实根
(E) 有两个正实根和一个负实根

【考点 5】 分式方程
【例 3.19】 方程 $\dfrac{1}{x^2+x}+\dfrac{1}{x^2+3x+2}+\dfrac{1}{x^2+5x+6}+\dfrac{1}{x^2+7x+12}=\dfrac{4}{21}$，则 x 的解是（　　）.
(A) 3　　　(B) -7　　　(C) 3 或 -7　　　(D) 3 或 7　　　(E) 7

【例 3.20】 如果关于 x 的方程 $\dfrac{2}{x-3} = 1 - \dfrac{m}{x-3}$ 有增根，则 m 的值等于（　　）.

(A) -3　　　(B) -2　　　(C) -1　　　(D) 0　　　(E) 1

【例 3.21】 方程 $\dfrac{a}{x^2-1} + \dfrac{1}{x+1} + \dfrac{1}{x-1} = 0$ 有实根.

(1) $a \neq 2$;

(2) $a \neq -2$.

【考点 6】 指数方程

【例 3.22】 方程 $4^{-|x-1|} - 4 \times 2^{-|x-1|} = a$ 有实根，则 a 的取值范围为（　　）.

(A) $a \leqslant -3$ 或 $a \geqslant 0$　　　(B) $a \leqslant -3$ 或 $a > 0$

(C) $-3 \leqslant a < 0$　　　(D) $-3 \leqslant a \leqslant 0$

(E) 以上都不对

【考点 7】 对数方程

【例 3.23】 关于 x 的方程 $2\log_2 x - 3\log_x 2 - 5 = 0$ 的解为（　　）.

(A) 4　　　(B) 8　　　(C) 8 或 $\dfrac{\sqrt{2}}{2}$　　　(D) 4 或 $\dfrac{\sqrt{2}}{2}$　　　(E) 无解

【考点 8】 根式方程

【例 3.24】 关于 x 的方程 $f(x) = 0$ 的唯一实数根为 $x = 2$.

(1) $f(x) = x^2 + x + 2x\sqrt{x+2} - 14$；

(2) $f(x) = \sqrt{\dfrac{x-1}{x+2}} + \sqrt{\dfrac{x+2}{x-1}} - \dfrac{5}{2}$.

第二节　不等式

【考点 1】 不等式的性质

【例 3.25】 $\dfrac{c}{a+b} < \dfrac{a}{b+c} < \dfrac{b}{c+a}$.

(1) $0 < c < a < b$；

(2) $0 < a < b < c$.

【例 3.26】 $ab^2 < cb^2$.

(1) 实数 a,b,c 满足 $a+b+c=0$；

(2) 实数 a,b,c 满足 $a < b < c$.

【考点 2】 一元一次不等式(组)的性质

【例 3.27】 若不等式 $(2a-b)x+3a-4b<0$ 的解集为 $x < \dfrac{4}{9}$，则 $(a-4b)x+2a-3b>0$ 的解集为(　　).

(A) $x < -\dfrac{1}{2}$　　(B) $x > -\dfrac{1}{2}$　　(C) $x < -\dfrac{1}{4}$　　(D) $x > -\dfrac{1}{4}$

(E) 以上答案都不正确

【考点 3】 一元二次不等式相关问题

【例 3.28】 一元二次不等式 $3x^2-4ax+a^2<0 (a<0)$ 的解集是(　　).

(A) $\dfrac{a}{3} < x < a$　　(B) $x > a$ 或 $x < \dfrac{a}{3}$　　(C) $\dfrac{a}{3} > x > a$

(D) $\dfrac{a}{3} < x$ 或 $x < a$　　(E) $a < x < 3a$

【例3.29】 已知不等式 $ax^2+2x+2>0$ 的解集是 $\left(-\dfrac{1}{3},\dfrac{1}{2}\right)$，则 $a=(\quad)$.

(A) -12 (B) 6 (C) 0 (D) 12 (E) 5

【例3.30】 如果不等式 $(a-2)x^2+2(a-2)x-4<0$ 的对一切实数 x 恒成立，那么 a 的取值范围是（　　）.

(A) $(-\infty,-2)$ (B) $(-2,2]$ (C) $(-\infty,-2]$ (D) $(-2,2)$

(E) 以上结论都不正确

【考点4】 高次不等式

【例3.31】 $\dfrac{(-x^2+5x-6)(x^2+6x+8)}{x^2+x+1} \geqslant 0$.

(1) $x \in [-4,-2]$；

(2) $x \in [2,3]$.

【考点5】 根式不等式

【例3.32】 不等式 $\sqrt{x^2-5x+6}>x-1$ 的解集是（　　）.

(A) $(-\infty,1)$ (B) $(2,+\infty)$ (C) $\left[1,\dfrac{5}{3}\right]$ (D) $\left(-\infty,\dfrac{5}{3}\right)$

(E) 以上结论都不正确

【例3.33】 $\sqrt{1-x^2}<x+1$.

(1) $x \in [-1,0]$；

(2) $x \in \left(0,\dfrac{1}{2}\right]$.

【考点 6】 绝对值不等式

【例 3.34】 不等式 $\left|\sqrt{x-2}-3\right|<1$ 的解集是( ).

(A) $6<x<18$　(B) $-6<x<18$　(C) $1\leqslant x\leqslant 7$　(D) $-2\leqslant x\leqslant 3$

(E) 以上结论都不正确

【例 3.35】 不等式 $\sqrt{4-x^2}+\dfrac{|x|}{x}\geqslant 0$ 的解集是( ).

(A) $-\sqrt{3}\leqslant x<0$　　　　　(B) $0<x\leqslant 2$　(C) $-\sqrt{3}\leqslant x\leqslant 2$

(D) $-\sqrt{3}\leqslant x<0$ 或 $0<x\leqslant 2$　(E) $x\in\varnothing$

【考点 7】 分式不等式

【例 3.36】 不等式 $\dfrac{9x-5}{x^2-5x+6}\geqslant -2$ 的解集是( ).

(A) $x\leqslant 2$ 或 $x\geqslant 3$　　　(B) $-2\leqslant x\leqslant -3$　(C) $x<2$ 或 $x\geqslant 3$

(D) $x<2$ 或 $x>3$　　　(E) 空集

【例 3.37】 不等式 $\dfrac{3x^2+3x+2}{x^2+x+1}<k$ 恒成立,则正数 k 的取值范围为( ).

(A) $k<3$　　(B) $k>3$　　(C) $1<k<3$　(D) $\dfrac{5}{3}<x<3$ (E) $k\geqslant 3$

【考点 8】 对数不等式

【例 3.38】 不等式 $\lg x-\lg(x+1)>\lg(x-1)$ 成立.

(1) $x>1$;

(2) $x<\dfrac{3}{2}$.

【考点 9】 指数不等式

【例 3.39】 不等式 $2^{x^2-2x-3} > \left(\dfrac{1}{8}\right)^{x-1}$ 成立.

(1) $x < -3$；
(2) $x > 2$.

【考点 10】 利用均值不等式求最值

【例 3.40】 函数 $y = 4x^2 + \dfrac{8}{x-3} - 24x \ (x > 3)$ 的最小值为（　　）.

(A) -24 (B) -16 (C) 20 (D) -24 (E) -28

【例 3.41】 $y = \sqrt{x^2+4} + \dfrac{1}{\sqrt{x^2+4}}$ 的最小值为（　　）.

(A) 0 (B) 2 (C) 2.25 (D) 2.5

(E) 以上结论都不正确

第四章 数　　列

本章内容是每年必考内容,一般考查两个左右的试题.主要考查三部分的内容:
一、数列的基本概念,包括数列的通项和前 n 项和;二、等差数列;三、等比数列.其中等差数列和等比数列的性质及应用是重点,尤其是它们的性质,必须熟练掌握.

第一节　　等差数列

【考点 1】　等差数列的定义

【例 4.1】　以下各项公式表示的数列为等差数列的是(　　).

(A)$a_n = \dfrac{n}{n+1}$　　　　　　　(B)$a_n = n^2 - 1$

(C)$a_n = 5n + (-1)^n$　　　　　　(D)$a_n = 3n - 1$

(E)$a_n = \sqrt{n} - \sqrt[3]{n}$

【例 4.2】　数列 $\{a_n\}$ 中 $a_5 = 10$.

(1) 数列 $\{a_n\}$ 中 $S_n = \dfrac{1}{4}a_n(a_n + 2)$,且 $a_n > 0$;

(2) 数列 $\{a_n\}$ 中 $a_1 = 1, a_2 = 2, a_3 = 3, a_4 = 5, a_6 = 13$.

【考点 2】　等差数列的公式

【例 4.3】　若等差数列的前三项依次为 $a - 1, a + 3, 2a + 4$,则这个数列的前 n 项和 $S_n = (\quad)$.

(A)$2n^2$　　　　　　　　(B)$2n^2 - n$　　　　　　　　(C)$2n^2 + 2n$

(D)$2n^2 - 2n$　　　　　　(E)$2n^2 + n$

【例 4.4】　正项数列 $\{a_n\}$ 中 $a_1 a_8 < a_4 a_5$.

(1) 数列 $\{a_n\}$ 为等差数列,且 $a_1 > 1$;

(2) 数列 $\{a_n\}$ 为等差数列,且公差 $d \neq 0$.

【例 4.5】 等差数列 $\{a_n\}$ 中,$a_1 = -5$,它的前 11 项的算术平均值为 5,从这个数列前 11 项中抽去一项后,余下的 10 项的算术平均值为 4,则抽去的是( ).
(A)a_6 (B)a_8 (C)a_{11} (D)a_{12} (E)a_{13}

【考点 3】 等差数列的性质

【例 4.6】 若数列 $x, a_1, \cdots, a_m, y$ 和数列 $x, b_1, \cdots, b_n, y$ 都是等差数列,则 $\dfrac{a_2 - a_1}{b_4 - b_2}$ =( ).
(A) $\dfrac{n}{2m}$ (B) $\dfrac{n+1}{2m}$ (C) $\dfrac{n+1}{2(m+1)}$ (D) $\dfrac{n+1}{m+1}$ (E) 以上都不正确

【例 4.7】 已知等差数列 $\{a_n\}$ 中,$a_2 + a_3 + a_{10} + a_{11} = 64$,则 $S_{12} = ($).
(A)64 (B)81 (C)128 (D)192 (E)188

【例 4.8】 若等差数列 $\{a_n\}$ 的前 m 项和为 40,第 $m+1$ 项到第 $2m$ 项的和为 60,则它的前 $3m$ 项的和为( ).
(A)130 (B)170 (C)180 (D)260 (E)280

【例 4.9】 等差数列 $\{a_n\}$ 的前 6 项和为 $S_6 = 48$,在这 6 项中奇数项之和与偶数项之和的比为 7:9,则公差 $d = ($).
(A)3 (B)-3 (C)2 (D)-2 (E)4

【例 4.10】 等差数列 $\{a_n\}$ 和 $\{b_n\}$ 的前 n 项和分别是 S_n 和 T_n,且 $\dfrac{S_n}{T_n} = \dfrac{2n}{3n+1}$,则 $\dfrac{a_5}{b_5} =$ (   ).

(A) $\dfrac{2}{3}$ (B) $\dfrac{7}{9}$ (C) $\dfrac{20}{31}$ (D) $\dfrac{9}{14}$ (E) 22

【例 4.11】 等差数列 $\{a_n\}$ 中,$a_1 > 0$,其前 n 项和为 S_n,且有 $S_6 = S_{13}$,则当 S_n 取最大值时,$n =$ (   ).

(A) 7 或 8   (B) 8 或 9   (C) 9   (D) 9 或 10   (E) 10

【例 4.12】 等差数列 $\{a_n\}$ 中,首项 $a_1 > 0$,$a_{2007} + a_{2008} > 0$,$a_{2007} \cdot a_{2008} < 0$,则使前 n 项和 $S_n > 0$ 成立的最大的自然数 n 是(   ).

(A) 4011   (B) 4012   (C) 4013   (D) 4014   (E) 4015

第二节　等比数列

【考点 1】 等比数列的定义

【例 4.13】 若 $2, 2^x - 1, 2^x + 3$ 成等比数列,则 $x =$ (   ).

(A) $\log_2 5$ (B) $\log_2 6$ (C) $\log_2 7$ (D) $\log_2 8$ (E) 以上都不正确

【例 4.14】 等差数列 $\{a_n\}$ 中,$a_3 = 2$,$a_{11} = 6$;等比数列 $\{b_n\}$ 中,$b_2 = a_3$,$b_3 = \dfrac{1}{a_2}$,则满足 $b_n > \dfrac{1}{a_{26}}$ 的最大的 n 是(   ).

(A) 3   (B) 4   (C) 5   (D) 6   (E) 8

【考点 2】 等比数列的公式

【例 4.15】 设 $\{a_n\}$ 为公比不为 1 的正项等比数列,则（　　）.
(A)$a_1+a_8>a_4+a_5$　　　　　(B)$a_1+a_8<a_4+a_5$
(C)$a_1+a_8=a_4+a_5$　　　　　(D)a_1+a_8 与 a_4+a_5 大小不定
(E) 与公比有关

【例 4.16】 $S_6=126$.
(1) 数列 $\{a_n\}$ 的通项公式为 $a_n=10(3n+4)(n\in\mathbf{N}^+)$；
(2) 数列 $\{a_n\}$ 的通项公式为 $a_n=2^n(n\in\mathbf{N}^+)$.

【例 4.17】 等比数列 $\{a_n\}$ 的前 n 项和为 S_n,使 $S_n>10^5$ 的最小的 n 为 8.
(1) 首项 $a_1=4$；
(2) 公比 $q=5$.

【例 4.18】 设等比数列 $\{a_n\}$ 的公比 $q<1$,前 n 项和为 S_n,已知 $a_3=2,S_4=5S_2$,则公比 $q=$（　　）.
(A)-1　　(B)1 或 2　　(C)-1 或 -2　　(D)1 或 -2　　(E)-1 或 2

【考点 3】 等比数列的性质

【例 4.19】 $\{a_n\}$ 是等比数列,且 $a_n>0$,则 $\log_3 a_1+\log_3 a_2+\cdots+\log_3 a_{10}$ 的值可求.
(1)$a_5\cdot a_6=81$；
(2)$a_4\cdot a_7=27$.

【例 4.20】 设首项为正的等比数列 $\{a_n\}$ 的前 n 项和为 80,前 $2n$ 项和为 6560,且前 n 项中最大的项为 54,则此数列的首项和公比的乘积为(   ).

(A)4　　　　(B)8　　　　(C)6　　　　(D)12　　　　(E)16

【例 4.21】 三个数依次构成等比数列,其和为 114,这三个数按相同的顺序又是某等差数列的第 1,4,25 项,则此三个数的各位上的数字之和为(   ).

(A)24　　　(B)33　　　(C)24 或 33　　　(D)22 或 33　　　(E)24 或 35

【例 4.22】 数列 $\{a_n\}$ 是等比数列.

(1) 设 $f(x) = \log_2 x$,数列 $f(a_1), f(a_2), \cdots, f(a_n)$ 是等差数列;

(2) 数列 $\{b_n\}$ 中,$S_{n+1} = 4b_n + 2, b_1 = 1$,且 $a_n = b_{n+1} - 2b_n$.

【考点 4】 应用题考查

【例 4.23】 将全体正整数排成一个三角形数表,如下图,按照以下排列的规律,第 n 行($n \geqslant 3$) 从左向右的第 3 个数为(   ).

(A)$n^2 - n + 6$　　(B)$n+3$　　(C)$\dfrac{n^2-n+6}{2}$　　(D)$\dfrac{n^2-n+2}{2}$　　(E)以上都不正确

```
         1
        2 3
       4 5 6
      7 8 9 10
      ·······
```

【例 4.24】 某公司以分期付款方式购买一套定价为 1100 万元的设备,首期付款 100 万元后,之后每月付款 50 万元,并支付上期余款的利息,月利率 1%,该公司共为此设备支付了(   ).

(A)1195 万元　　　　　　(B)1200 万元　　　　　　(C)1205 万元

(D)1215 万元　　　　　　(E)1300 万元

第三节　数列的基本概念

【考点 1】 数列的通项

【例 4.25】 数列 $\{a_n\}$ 的通项公式可以唯一确定.
(1) 在数列 $\{a_n\}$ 中,有 $a_{n+1} = a_n + n$ 成立.
(2) 数列 $\{a_n\}$ 的第 5 项为 1.

【例 4.26】 已知数列 $\{a_n\}$ 中,$a_1 = 2, a_{n+1} = 2a_n + 3 (n \in \mathbf{N}^+)$,则数列 a_n 的通项公式为(　　).
(A) $a_n = 3 \times 2^{n-1} - 1$　　　　(B) $a_n = 5 \times 2^{n-1} - 3$
(C) $a_n = 5 \times 2^{n-1} - 8$　　　　(D) $a_n = 4^n - 1$
(E) 以上都不正确

【例 4.27】 已知数列 (a_n) 中,$a_1 = 1, a_{n+1} = a_n + \dfrac{1}{n(n+1)} (n \in \mathbf{N})$,则 $a_n = ($ 　　$)$.
(A) $1 + \dfrac{1}{n}$　　(B) $2 - \dfrac{1}{n(n+1)}$　　(C) $1 + \dfrac{1}{n(n+1)}$　(D) $2 - \dfrac{1}{n}$　　(E) $2 + \dfrac{1}{n+1}$

【考点 2】 数列的前 n 项和

【例 4.28】 $1 + \dfrac{1}{1+2} + \dfrac{1}{1+2+3} + \cdots + \dfrac{1}{1+2+3+\cdots+100} = ($ 　　$)$.
(A) 1　　　　(B) 2　　　　(C) $\dfrac{200}{101}$　　　　(D) $\dfrac{200}{99}$　　　　(E) 以上都不正确

【例 4.29】 已知 $f(x) = \dfrac{a^x}{a^x + \sqrt{a}} (a > 0)$,求 $f\left(\dfrac{1}{1001}\right) + f\left(\dfrac{2}{1001}\right) + \cdots + f\left(\dfrac{999}{1001}\right) + f\left(\dfrac{1000}{1001}\right) = ($ 　　$)$.

(A) 200　　　　(B) 300　　　　(C) 400　　　　(D) 500　　　　(E) 600

【例 4.30】 在数列 $\{a_n\}$ 中，$a_1=9,\cdots,a_n=3a_{n-1}+5\cdot 3^n (n\geqslant 2, n\in \mathbf{N})$，则 $\{a_n\}$ 的前 n 项和 $S_n=(\quad)$.

(A) $\left(\dfrac{5n}{2}-\dfrac{9}{4}\right)3^{n+1}$ 　　　　(B) $\dfrac{27}{4}+\left(\dfrac{5n}{2}-\dfrac{9}{4}\right)3^{n+1}$

(C) $\dfrac{27}{4}+\left(\dfrac{5n}{2}-\dfrac{9}{4}\right)3^n$ 　　　　(D) $\left(\dfrac{5n}{2}-\dfrac{9}{4}\right)3^n$

(E) 以上都不正确

【考点 3】 a_n 与 S_n 的关系

【例 4.31】 已知数列 $\{a_n\}$ 的前 n 项和为 $S_n=4n^2+n-2$，则 $\{a_n\}$ 的通项公式为（　　）．

(A) $a_n=8n-3$ 　　　　(B) $a_n=8n+5$

(C) $a_n=8n-1$ 　　　　(D) $a_n=\begin{cases}3, & n=1\\ 8n-3, & n\geqslant 2\end{cases}$

(E) $a_n=\begin{cases}3, & n=1\\ 8n+5, & n\geqslant 2\end{cases}$

【例 4.32】 设数列 $\{a_n\}$ 的前 n 项和为 S_n，$S_n=\dfrac{a_1(3^n-1)}{2}$（对于所有的 $n\geqslant 1$），则 $a_1=2$．

(1) $a_4=54$；

(2) $a_6=80$．

第五章 几 何

几何是数学的一个分支,与前面的算术、代数式、方程和不等式等内容有很大的差别,它不仅要求有一定的逻辑判断、推理能力,更要求对几何图形有一定的识别能力和空间想象能力。简言之,它是建立在想象能力基础上的演绎推理和数学计算。平面几何每 2—3 道题,主要涉及到三角形形状的判断、相似三角形的应用、阴影部分面积的求法等。解析几何是历年考查的重点,每年 1—2 道题,主要涉及到两点之间的距离公式、直线与直线的关系、点到直线的距离、直线与圆的位置关系、圆与圆的位置关系、对称性等。立体几何每年 1—2 道题,该部分主要考查长方体、柱体、球体等立体几何体的表面积、体积以及与体积相关的问题,重点考查体积、表面积的计算和灵活运用。

第一节 平面图形

1.三角形

【考点 1】 三角形角度问题

【例 5.1】 在 $\triangle ABC$ 中,$\angle A = 38°$,$\angle B = 70°$,$CD \perp AB$ 于 D,CE 平分 $\angle ACB$,$DP \perp CE$ 于 P,则 $\angle CDP = ($ $)$.

(A) $75°$　　　　(B) $74°$　　　　(C) $36°$　　　　(D) $16°$　　　　(E) $63°$

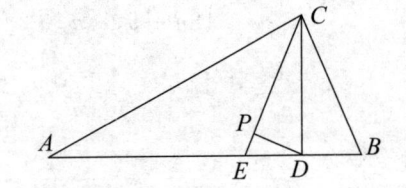

【考点 2】 三角形的边长问题

【例 5.2】 已知三边均不相等的三角形的边长为正整数 a,b,c,且满足 $a^2 + b^2 - 4a - 6b + 13 = 0$,则 c 边的长是( ).

(A)2　　　　(B)3　　　　(C)4　　　　(D)5　　　　(E)6

【例 5.3】 直角 $\triangle ABC$ 的斜边长为 $2\sqrt{10}$.

(1) 直角 $\triangle ABC$ 的面积等于 10;

(2) $\triangle ABC$ 是等腰直角三角形.

【考点3】 三角形的形状判定

【例 5.4】 已知 p,q 均为质数,且满足 $5p^2+3q=59$,由 $p+3, 1-p+q, 2p+q-4$,为边长的三角形是( ).

(A) 锐角三角形   (B) 直角三角形   (C) 钝角三角形
(D) 等腰三角形   (E) 以上均不正确

【例 5.5】 已知 a,b,c 是 $\triangle ABC$ 三条边长,且 $a=c=1$,若 $(b-x)^2-4(a-x)(c-x)=0$ 有两个相等实根,则 $\triangle ABC$ 是( ).

(A) 等边三角形   (B) 等腰三角形   (C) 直角三角形
(D) 钝角三角形   (E) 等腰直角三角形

【例 5.6】 已知 a,b,c 是 $\triangle ABC$ 三条边长,则 $\triangle ABC$ 是直角三角形.
(1) a,b,c 满足 $a^4+b^4+c^4+2a^2b^2-2a^2c^2-2b^2c^2=0$;
(2) $a=9, b=12, c=15$.

【考点4】 三角形全等或相似

【例 5.7】 如图,在 Rt$\triangle ABC$ 中,$\angle C=90°$,半圆的圆心 O 在 AB 上,AC、BC 分别切半圆于 E、F,$AC=b, BC=a$,则 $\odot O$ 的半径是( ).

(A) $\dfrac{a+b}{ab}$ (B) $\dfrac{ab}{a+b}$ (C) $\dfrac{a^2}{a+b}$ (D) $\dfrac{a+b}{a^2}$ (E) $\dfrac{a+b}{b^2}$

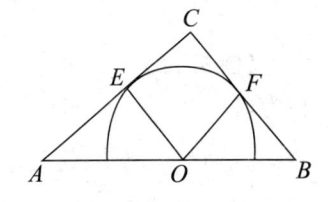

【例 5.8】 如图,$\triangle ABC$ 的高 $AD=80, BC=120$,矩形 $PQMN$ 的面积最大.
(1) $QM=60$;
(2) $MN=40$.

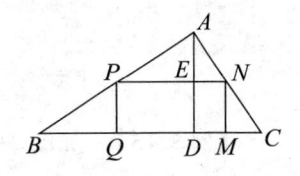

【考点5】 三角形面积的计算

【例5.9】 如图所示，△ABC 的面积为 1，且 △AEC，△DEC，△BED 的面积相等，则 △AED 的面积是( )．

(A) $\dfrac{1}{3}$　　(B) $\dfrac{1}{6}$　　(C) $\dfrac{1}{5}$　　(D) $\dfrac{1}{4}$　　(E) $\dfrac{2}{5}$

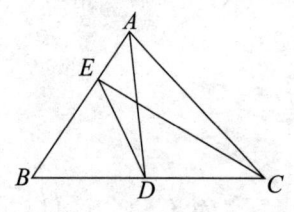

【例5.10】 设抛物线 $y = x^2 + 2ax + b$ 与 x 轴相交于 A,B 两点，点 C 坐标为 $(0,2)$，若 △ABC 的面积等于 6，则( )．

(A) $a^2 - b = 9$　　(B) $a^2 + b = 9$　　(C) $a^2 - b = 36$
(D) $a^2 + b = 36$　　(E) $a^2 - 4b = 9$

2. 四边形

【例5.11】 如图，边长为 a 的正方形 ABCD 绕点 A 逆时针旋转 $30°$ 得到正方形 $A'B'C'D'$，图中阴影部分的面积为( )．

(A) $\dfrac{1}{2}a^2$　　(B) $\dfrac{\sqrt{3}}{3}a^2$　　(C) $\left(1 - \dfrac{\sqrt{3}}{3}\right)a^2$

(D) $\left(1 - \dfrac{\sqrt{3}}{4}\right)a^2$　　(E) $\dfrac{1}{3}a^2$

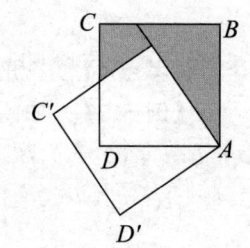

【例5.12】 如图，正方形 ABCD 中，$BE = 2EC$，△AOB 的面积是 9，则图中阴影部分的面积为( )．

(A) 16　　(B) $\dfrac{33}{2}$　　(C) 17　　(D) $\dfrac{35}{2}$　　(E) 18

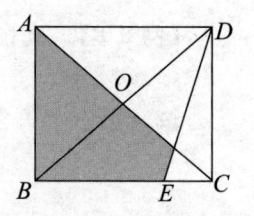

【例5.13】 如图，ABCD 是正方形，△ABA_1，△BCB_1，△CDC_1，△DAD_1 是四个全等的直

角三角形,能确定正方形 $A_1B_1C_1D_1$ 的面积是 $4-2\sqrt{3}$.

(1) 正方形 $ABCD$ 的边长是 2;

(2) $\angle ABA_1 = 30°$.

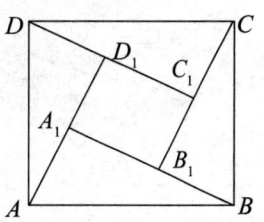

【例 5.14】 已知菱形的一条对角线是另一对角线的 2 倍,且面积是 S,则菱形的边长为( ).

(A) $\dfrac{\sqrt{S}}{2}$ (B) $\dfrac{\sqrt{3S}}{2}$ (C) $\dfrac{\sqrt{5S}}{2}$ (D) $\dfrac{\sqrt{6S}}{2}$ (E) $\dfrac{\sqrt{7S}}{2}$

【例 5.15】 如图,梯形 $ABCD$ 中,$AD//BC$,$\triangle AOD$ 的面积是 8,上底长是下底长的 $\dfrac{2}{3}$,则图中阴影部分的面积为( ).

(A) 24   (B) 25   (C) 26   (D) 27   (E) 28

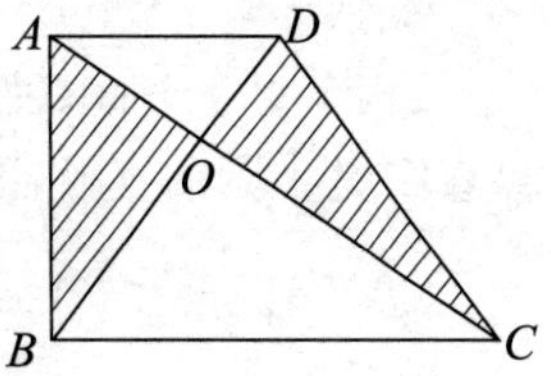

【例 5.16】 如图,梯形 $ABCD$ 中,$AB // CD$,$\angle A = 90°$,$\angle CBD = 90°$,$AB = 1$,$BC = 3AD$,则梯形 $ABCD$ 的面积为( ).

(A) $10\sqrt{2}$ (B) $10\sqrt{5}$ (C) $9\sqrt{2}$ (D) $9\sqrt{5}$ (E) $12\sqrt{3}$

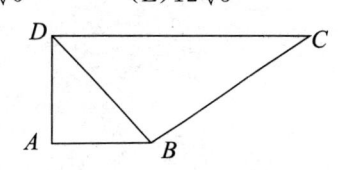

3. 圆与扇形

【例 5.17】 如图,$\triangle ABC$ 中,$AB = 10$,$AC = 8$,$BC = 6$,过点 C 以点 C 到 AB 的距离为直径作圆,该圆与 AB 有交点,且交 AC 于 M,交 BC 于 N,则 MN = ( ).

(A) $3\dfrac{3}{4}$ (B) $4\dfrac{4}{5}$ (C) $7\dfrac{1}{2}$ (D) $13\dfrac{1}{3}$ (E) 5

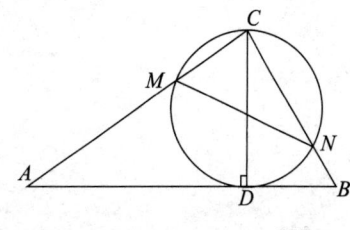

【例 5.18】 过点 $A(2,0)$ 向圆 $x^2+y^2=1$ 作两条切线 AM 和 AN. 如图所示,两条切线与弧 MN 所围成的面积(阴影部分的面积)为(   ).

(A) $1-\dfrac{\pi}{3}$ (B) $1-\dfrac{\pi}{6}$ (C) $\dfrac{\sqrt{3}}{2}-\dfrac{\pi}{6}$

(D) $\sqrt{3}-\dfrac{\pi}{6}$ (E) $\sqrt{3}-\dfrac{\pi}{3}$

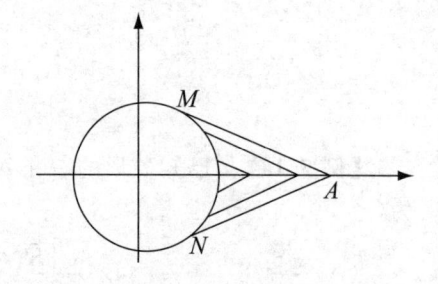

【例 5.19】 如图所示,在圆 O 中 CD 是直径,AB 是弦,$AB\perp CD$ 于 M,则 $AB=12$ 厘米.
(1) $CD=15$ 厘米;
(2) $OM:OC=3:5$.

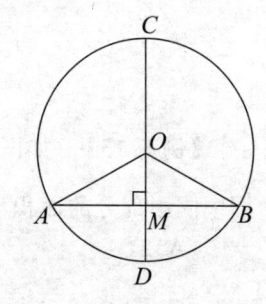

【例 5.20】 如图所示,$\triangle ABC$ 是等腰直角三角形,$AB=BC=10$ 厘米,D 是半圆周上的中点,BC 是半圆的直径,图中阴影部分的面积是(   )平方厘米.

(A) $25\left(\dfrac{1}{2}+\dfrac{\pi}{4}\right)$ (B) $25\left(\dfrac{1}{2}-\dfrac{\pi}{4}\right)$ (C) $25\left(\dfrac{\pi}{2}-1\right)$

(D) $50\left(\dfrac{1}{3}+\dfrac{\pi}{4}\right)$ (E) 以上答案均不正确

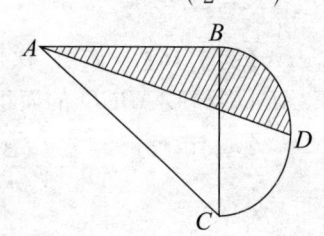

【例 5.21】 如图所示,半径为 r 的四分之一的圆 ABC 上,分别以 AB 和 AC 为直径作两个半圆,标有 a 的阴影部分和 b 的阴影部分的面积分别为 S_a,S_b,则这两部分面积 S_a 与 S_b 的关系为(   ).

(A) $S_a>S_b$ (B) $S_a<S_b$ (C) $S_a=S_b$ (D) $S_a\leqslant S_b$ (E) $S_a\geqslant S_b$

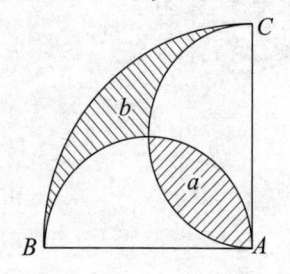

第二节　平面解析几何

【考点1】　坐标系与点

【例5.22】　点 $P(-1,-\sqrt{5})$ 到 x 轴的距离与其在 y 轴上的投影的纵坐标之和是(　　).

(A)1　　　(B)$\sqrt{5}$　　　(C)$1+\sqrt{5}$　　　(D)0　　　(E)3

【例5.23】　已知有两点 $P_1(3,-2),P_2(-9,4)$，线段 P_1P_2 与 x 轴的交点 P 分有向线段 $\overrightarrow{P_1P_2}$ 所成比为 λ，则有(　　).

(A)$\lambda=2$　　(B)$\lambda=-2$　　(C)$\lambda=-\dfrac{1}{2}$　　(D)$\lambda=\dfrac{1}{2}$　　(E)$\lambda=1$

【例5.24】　已知平行四边形 $ABCD$ 的三个顶点 $A(-1,-2),B(3,4),C(0,3)$，则顶点 D 的坐标为(　　).

(A)$(4,3)$　　(B)$(-4,3)$　　(C)$(-4,-3)$　　(D)$(-4,-4)$　　(E)$(-3,-4)$

【考点2】　距离公式

【例5.25】　正三角形 ABC 的两个顶点为 $A(2,0),B(5,3\sqrt{3})$，则另一个顶点 C 的坐标(　　).

(A)$(8,0)$　　　　　　(B)$(-8,0)$　　　　　　(C)$(1,-3\sqrt{3})$

(D)$(8,0)$ 或 $(-1,3\sqrt{3})$　　　(E)$(-1,3\sqrt{3})$

【例5.26】　$a\leqslant 5$ 成立.

(1) 点 $A(a,6)$ 到直线 $3x-4y=2$ 的距离大于4；

(2) 两平行线 $l_1:x-y-a=0,l_2:x-y-3=0$ 之间的距离小于 $\sqrt{2}$.

【考点3】 直线方程

【例 5.27】 过点 $A(-1,2)$,且在两坐标轴上的截距相等的直线方程是(   ).
(A) $x-y+3=0$
(B) $x+y-1=0$
(C) $x-y+3=0$ 或 $y=-2x$
(D) $x+y-1=0$ 或 $y=-2x$
(E) $y=2x$

【例 5.28】 直线过点 $(1,2)$ 且到 $(2,0)$ 的距离为 1,则此直线方程为(   ).
(A) $3x+4y+11=0$
(B) $3x+4y-11=0$
(C) $3x+4y-11=0$ 或 $x=1$
(D) $3x+4y-10=0$ 或 $x=1$
(E) 以上均不正确

【例 5.29】 直线 $l:ax+by+c=0$ 必不过第三象限.
(1) $ac\leqslant 0,bc<0$;
(2) $ab>0,c<0$.

【例 5.30】 方程 $2x^2+mxy-22y^2-5x+35y-3=0$ 的图像是两条直线.
(1) $m=-7$;
(2) $m=7$.

【考点4】 两直线位置关系

【例 5.31】 若直线 $l_1:y=kx+k+2$ 与 $l_2:y=-2x+4$ 的交点在第一象限,则实数 k 的取值范围为(   ).
(A) $k>-\dfrac{2}{3}$
(B) $k<2$
(C) $-\dfrac{2}{3}<k<2$
(D) $k<-\dfrac{2}{3}$ 或 $k>2$
(E) 以上均不正确

【例 5.32】 已知直线 $l_1:(k-3)x+(4-k)y+1=0$ 与 $l_2:2(k-3)x-2y+3=0$ 平行，则 k 的值为（　　）.

(A) 1 或 3　　　　(B) 1 或 5　　　　(C) 3 或 5　　　　(D) 1 或 2　　　　(E) 以上均不正确

【例 5.33】 当 m 为（　　）时，$(m+2)x+3my+1=0$ 与 $(m-2)x+(m+2)y-3=0$ 互相垂直.

(A) $\dfrac{1}{2}$　　(B) -2　　(C) 2　　(D) $\dfrac{1}{2}$ 或 -2　　(E) $\dfrac{1}{2}$ 或 2

【考点 5】 圆的方程

【例 5.34】 一圆与 y 轴相切，圆心在直线 $x-3y=0$ 上，且在直线 $y=x$ 上截得的弦长为 $2\sqrt{7}$，则此圆的方程为（　　）.

(A) $(x-3)^2+(y-1)^2=9$　　　　(B) $(x+3)^2+(y+1)^2=9$
(C) $(x-3)^2+(y-1)^2=3$
(D) $(x+3)^2+(y+1)^2=9$ 或 $(x-3)^2+(y-1)^2=9$
(E) $(x-3)^2+(y-1)^2=3$ 或 $(x+3)^2+(y-1)^2=3$

【例 5.35】 点 $P(4,-2)$ 与圆 $x^2+y^2=4$ 上任一点连线的中点轨迹方程是（　　）.

(A) $(x-2)^2+(y-1)^2=1$　　　　(B) $(x-2)^2+(y+1)^2=1$
(C) $(x+4)^2+(y-2)^2=4$　　　　(D) $(x+2)^2+(y-1)^2=1$
(E) 以上答案均不正确

【考点 6】 点与圆的位置关系

【例 5.36】 点 $(2,1)$ 在圆 $(x-1)^2+(y-2)^2=a^2$ 的内部.

(1) $a=-1$；
(2) $a=2$.

【考点 7】 直线与圆的位置关系

【例 5.37】 圆 $x^2+y^2-4x-4y+5=0$ 上的点到直线 $x+y-9=0$ 的最大距离和最小距离的差为( ).
(A)6　　　(B)2　　　(C)3　　　(D)$2\sqrt{3}$　　　(E)$3\sqrt{3}$

【例 5.38】 圆 $(x-3)^2+(y-3)^2=9$ 上到直线 $x+4y-11=0$ 的距离等于1的点的个数有( )个.
(A)1　　　(B)2　　　(C)3　　　(D)4　　　(E)5

【例 5.39】 直线 $y=2x+k$ 和圆 $x^2+y^2=4$ 有两个交点.
(1)$1\leqslant k<2\sqrt{5}$;
(2)$-1<k<2\sqrt{5}$.

【例 5.40】 直线 l 与圆 $x^2+y^2=4$ 交于 A、B 两点,则弦长 $|AB|=\sqrt{14}$.
(1)l 的方程是 $x+y=1$;
(2)l 的方程是 $x-y=1$.

【考点 8】 圆与圆的位置关系

【例 5.41】 圆 $O_1:x^2+y^2-2x=0$ 与圆 $O_2:x^2+y^2-4y=0$ 的位置关系是( ).
(A) 相离　　　(B) 相交　　　(C) 外切　　　(D) 内切
(E) 以上答案均不正确

【考点 9】 对称性问题

【例 5.42】 点 $P(2,3)$ 关于直线 $x+y=0$ 的对称点是( ).

(A)(4,3)　　　　(B)(−2,−3)　　　(C)(−3,−2)　　　(D)(−2,3)　　　(E)(−4,−3)

【例 5.43】 直线 $l:3x+y-2=0$ 关于点 $A(-4,4)$ 对称的直线方程是(　　).
(A)$3x-y+18=0$　　　　　　(B)$3x+y+18=0$
(C)$3x+y-18=0$　　　　　　(D)$3x-y-18=0$
(E)$3x+y+18=0$ 或 $3x+y-18=0$

【例 5.44】 直线 $l_1:2x+y-4=0$ 关于直线 $l:3x+4y-1=0$ 对称的直线 l_2 的方程是(　　).
(A)$2x-11y+16=0$　　　　　(B)$2x+11y-16=0$
(C)$2x+11y+16=0$　　　　　(D)$2x-11y-16=0$
(E)$2x+11y+16=0$ 或 $2x+11y-16=0$

【例 5.45】 $m=-4$ 或 $m=-3$.
(1) 直线 $l_1:(3+m)x+4y-5=0, l_2:mx+(3+m)y-8=0$ 互相垂直;
(2) 点 $A(1,0)$ 关于直线 $x-y+1=0$ 的对称点是 $A'\left(\dfrac{m}{4},-\dfrac{m}{2}\right)$.

【考点 10】 解析几何其他问题
【例 5.46】 线段 AB 在坐标轴上活动(A 在 y 轴上,B 在 x 轴上),若 AB 的长为 $2a$,则 AB 的中点 P 的轨迹方程为(　　).
(A)$x^2+y^2=a^2$　　　　　　(B)$(x-a)^2+y^2=a^2$
(C)$x^2+(y-a)^2=a^2$　　　　(D)$x+y=a$
(E)以上均不正确

【例 5.47】 已知直线 $\dfrac{x}{a}+\dfrac{y}{b}=1$ 过点 $(1,2)$，且 a,b 皆为正数. 那么直线与 x 轴和 y 轴所围成的三角形的面积最小值为(　　).

(A) 2　　　　(B) 4　　　　(C) $2\sqrt{2}$　　　　(D) $4\sqrt{2}$　　　　(E) 8

【例 5.48】 已知实数 x,y 满足 $3x^2+2y^2=6x$，则 x^2+y^2 的最大值为(　　).

(A) $\dfrac{9}{2}$　　　　(B) 4　　　　(C) 5　　　　(D) 2　　　　(E) 6

【例 5.49】 曲线 $|xy|+6=3|x|+2|y|$ 所围成的图形的面积等于(　　).

(A) 12　　　　(B) 16　　　　(C) 24　　　　(D) 4π　　　　(E) 8π

【例 5.50】 设 x,y 满足 $x^2-6x+y^2+8=0$，记 $\dfrac{y}{x-1}$ 的最大值为 a，$x-y$ 的最小值为 b，则 a 与 b 的大小关系为(　　).

(A) $a>b$　　(B) $a\geqslant b$　　(C) $a<b$　　(D) $a\leqslant b$　　(E) 无法比较

第三节　空间几何体

【考点 1】 长方体、正方体

【例 5.51】 要建立一个长方体形状的仓库，其内部的高为 3 米，长与宽的和为 20 米，则仓库容积的最大值为(　　)立方米.

(A) 300　　　　(B) 400　　　　(C) 500　　　　(D) 600　　　　(E) 700

【例5.52】 长方体的体对角线为$\sqrt{14}$,全面积为22,则长方体的所有棱长之和是(　　).
(A)22　　(B)24　　(C)6　　(D)28　　(E)32

【考点2】 圆柱体

【例5.53】 一个两头密封的圆柱形水桶,水平横放时桶内有水部分占水桶一头圆周长的$\frac{1}{4}$,则水桶直立时水的高度和桶的高度之比是(　　).

(A) $\frac{1}{4}$　　(B) $\frac{1}{4}-\frac{1}{\pi}$　　(C) $\frac{1}{4}-\frac{1}{2\pi}$　　(D) $\frac{1}{8}$　　(E) $\frac{\pi}{4}$

【例5.54】 一张长为12,宽为8的矩形铁皮卷成一个圆柱体的侧面,其高是12,则这个圆柱体的体积是(　　).

(A) $\frac{288}{\pi}$　　(B) $\frac{192}{\pi}$　　(C)288　　(D)192　　(E)288π

【例5.55】 如图,有一个圆柱形仓库,它的高为10米,底面半径为4米,在圆柱形仓库下底面的A处有一只蚂蚁,它想吃到相对侧中点B处的食物,蚂蚁爬行的速度是50厘米/分钟,那么蚂蚁吃到食物最少需要(　　)分钟.(π取3)
(A)23　　(B)32　　(C)24　　(D)25　　(E)26

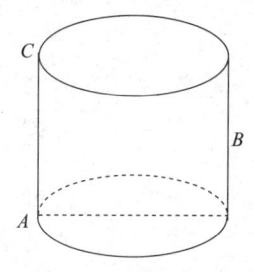

【考点3】 球体

【例5.56】 一个底面半径为R的圆柱形杯子中装有适量的水.如放入一个半径为r的实心铁球(铁球完全浸在水中),水面高度正好升高r,则$\frac{R}{r}=$(　　).

(A) $\frac{4\sqrt{3}}{3}$　　(B) $\frac{3\sqrt{2}}{2}$　　(C) $\frac{2\sqrt{3}}{3}$　　(D)2　　(E)以上均不正确

【例 5.57】 如果球的一个内接长方体的三条棱长分别为 $1,2,3$，那么该球的表面积是（   ）.

(A) $\dfrac{7\sqrt{14}}{6}\pi$ (B) 7π (C) $\dfrac{7\sqrt{14}}{3}\pi$ (D) 14π (E) 28π

【例 5.58】 体积相等的正方体、等边圆柱（轴截面是正方形）和球，它们的表面积分别为 S_1, S_2, S_3，则有（   ）.

(A) $S_3 < S_2 < S_1$ (B) $S_1 < S_3 < S_2$ (C) $S_2 < S_3 < S_1$

(D) $S_1 < S_2 < S_3$ (E) $S_3 < S_1 < S_2$

第六章　计数原理与概率初步

本章内容在历年考试中是必考的知识点,且占比较大.

计数原理部分每年一般是2个试题左右.要求考生掌握加法原理和乘法原理,并能用这两个原理分析解决一些简单的问题.理解排列、组合的意义,掌握排列数、组合数的计算公式及性质,并能用它们解决一些简单的问题.

概率初步部分一般至少有两个试题.无论是古典概型还是伯努利概型的概率计算一般比较简单,只要抓住问题的实质,判定出是古典概型还是伯努利概型,正确使用公式即可.

数据描述部分包括:平均值、方差、标准差、数据的图表表示(如直方图、饼图、数表等内容)是2011年考试大纲中新增的考点.从近几年的命题趋势来看,本部分越来越重要.考生需要理解平均值、方差、频率直方图等概念和性质.尤其要注意的是这些知识点的实际应用.

第一节　计数原理

【考点1】　加法原理与乘法原理

【例6.1】　某公司员工义务献血,在体检合格的人中,O型血的有10人,A型血的有5人,B型血的有8人,AB型血的有3人,若从四种血型的人中各选出1人去献血,则共有(　　)种.
　　(A)1200　　　　(B)600　　　　(C)400　　　　(D)300　　　　(E)26

【例6.2】　从长度为3,5,7,9,11的5条线段中取三条做成一个三角形,能做成不同的三角形个数为(　　).
　　(A)4　　　　(B)5　　　　(C)6　　　　(D)7　　　　(E)8

【例6.3】　如图所示,从甲地到乙地有2条路可通,从乙地到丙地有3条路可通,从甲地到丁地有4条路可通,从丁地到丙地有2条路可通,则从甲地到丙地不同的路共有(　　).
　　(A)12条　　　　(B)13条　　　　(C)14条　　　　(D)15条　　　　(E)以上均不正确

【考点2】　排列与组合定义

【例6.4】　公路AB上各站之间共有90种不同的车票.

(1) 公路 AB 上有 10 个车站,每两站之间都有往返车票.
(2) 公路 AB 上有 9 个车站,每两站之间都有往返车票.

【例 6.5】 从 1、2、3、4、5、6、7 这七个数字中任意选出 3 个数字,在组成的无重复数字的三位数中,各位数字之和为奇数的共有(　　)种.
(A)72　　　(B)100　　　(C)80　　　(D)96　　　(E)240

【例 6.6】 平面上有 4 条平行直线与另外 5 条平行直线互相垂直,则它们构成的矩形共有(　　)个.
(A)30　　　(B)45　　　(C)60　　　(D)120　　　(E)180

【例 6.7】 某商店经营 10 种商品,每次在橱窗内陈列 3 种,若每两次陈列的商品不完全相同,则最多可陈列(　　)次.
(A)60　　　(B)90　　　(C)120　　　(D)720　　　(E)1440

【考点 3】 特殊要求
【例 6.8】 由 0,1,2,3,4,5 组成没有重复数字五位奇数,则共有(　　)种组合方法.
(A)260　　　(B)278　　　(C)280　　　(D)288　　　(E)720

【例 6.9】 0,1,2,3,4,5 可以组成无重复数字且奇偶数字相间的六位数的个数有(　　).
(A)72　　　(B)60　　　(C)48　　　(D)52　　　(E)58

【例6.10】 两队进行乒乓球团体赛,每队派出3男2女共进行5局单打比赛,要求女子比赛安排在第二局和第四局进行,则每队的不同出场顺序有( )种情况.
(A)12　　　　(B)10　　　　(C)8　　　　(D)6　　　　(E)4

【考点4】 相邻问题
【例6.11】 6名同学排成一排,其中甲、乙两人必须排在一起的不同排法有( )种.
(A)720　　　(B)360　　　(C)240　　　(D)120　　　(E)480

【例6.12】 6名同学排成一横排,其中甲、乙两人必须排在一起,且甲在乙的右边,则不同排法有( ).
(A)360　　　(B)180　　　(C)120　　　(D)90　　　(E)60

【例6.13】 3个三口之家观看演出,他们购买了同一排的9张连座票,则每一家的三口人都坐在一起的不同坐法( )种.
(A)36　　　　(B)216　　　(C)648　　　(D)1296　　　(E)9!

【考点5】 不相邻问题
【例6.14】 若有A、B、C、D、E五个人排队,要求A和B两个人必须不站在一起,则有多少排队方法?
(A)24　　　　(B)36　　　(C)72　　　(D)144　　　(E)216

【例6.15】 5人站成一排,其中A不在左端并且也不和B相邻的排法种数为( ).
(A)48　　　　(B)54　　　(C)60　　　(D)66　　　(E)76

【例 6.16】 有前后两排座位,前排 6 个座,后排 7 个座.若安排 2 人就座,规定前排中间 2 个座位不能坐,且此 2 人始终不能相邻而坐,则不同的坐法种数为(　　).

(A)92　　(B)93　　(C)94　　(D)95　　(E)96

【考点 6】 分组分配问题

【例 6.17】 分组问题

(1)3 本不同的书平均分成三堆,即每堆一本的不同分法有(　　)种.

(2)6 本不同的书平均分成三堆,即每堆两本的不同分法有(　　)种.

(3)6 本不同的书分成三堆,一堆一本,一堆两本,一堆三本的不同分法有(　　)种.

(4)8 本不同的书分成四堆,二堆各一本,二堆各三本的不同分法有(　　)种.

(5)11 本不同的书分成六堆,三堆各一本,二堆各三本,一堆二本的不同分法有(　　)种.

【例 6.18】 分配问题

(1)3 本不同的书平均分给 3 个人,每人一本的不同分法有(　　).

(2)6 本不同的书平均分给 3 个人,每人两本的不同分法有(　　).

(3)6 本不同的书分给 3 个人,其中一人一本,一人两本,一人三本的不同分法有(　　).

(4)8 本不同的书分给 4 个人,其中二人各一本,二人各三本的不同分法有(　　).

(5)11 本不同的书分给 6 个人,其中三人各一本,二人各三本,一人二本的不同分法有(　　).

【例 6.19】 三个教师分配到 6 个班级任教,若其中一人教一个班,一个人教两个班,一人教三个班,共有分配方法(　　)种.

(A)720　　(B)360　　(C)120　　(D)60　　(E)30

【例 6.20】 将 4 张不同的卡片投入 3 个不同的抽屉中,若 4 张卡片全部投完,且每个抽屉至少投一张,则共有投法(　　)种.

(A)12　　(B)21　　(C)36　　(D)42　　(E)55

【考点 7】 定序问题

【例 6.21】 信号兵把红旗与白旗从上到下挂在旗杆上表示信号,现有 5 面红旗和 4 面白旗,把这 9 面旗都挂上去,可表示不同信号的种数为( )

(A)C_9^4 (B)$\dfrac{P_9^9}{20}$ (C)$\dfrac{P_5^5 P_4^4}{20}$ (D)P_9^4 (E)$\dfrac{P_9^5}{P_4^4}$

【例 6.22】 2 个 a,3 个 b,4 个 c 共 9 个字母排成一排,有( )种排法.

(A)P_9^4 (B)$\dfrac{P_9^9}{P_2^2 P_3^3 P_4^4}$ (C)$\dfrac{P_9^9}{P_2^2 P_3^3}$ (D)$\dfrac{P_9^9}{P_2^2 P_4^4}$ (E)$\dfrac{P_9^9}{P_3^3 P_4^4}$

【考点 8】 机会均等法

【例 6.23】 10 个人排成一队,其中甲一定要在乙的左边,共有( )种排法.

(A)$\dfrac{P_{10}^{10}}{2}$ (B)P_{10}^{10} (C)$P_2^2 P_8^8 C_7^1$ (D)$P_2^2 P_9^9$ (E)C_8^2

【例 6.24】 10 个人排成一队,其中甲一定要在乙的左边,丙一定要在乙的右边,共有( )种排法.

(A)$\dfrac{P_{10}^{10}}{3}$ (B)P_{10}^7 (C)$P_3^3 P_7^7 C_6^1$ (D)$P_3^3 P_8^8$ (E)C_{10}^3

【考点 9】 隔板法

【例 6.25】 现有 13 个完全相同的足球全部分给 8 个班级,每班至少 1 个球,共有( )种不同分法.

(A)$C_{12}^7 P_7^7$ (B)C_{12}^7 (C)C_{13}^7 (D)C_{14}^7 (E)P_{13}^7

【例 6.26】 满足 $x_1+x_2+x_3+x_4=14$ 的正整数解的组数有( ).
(A)$C_{14}^3 P_4^4$ (B)C_{15}^3 (C)C_{14}^3 (D)C_{13}^3 (E)P_{13}^3

【例 6.27】 满足 $x_1+x_2+x_3+x_4=14$ 的非负整数解的组数有( ).
(A)$C_{15}^3 P_4^4$ (B)C_{16}^3 (C)C_{17}^3 (D)C_{14}^3 (E)P_{17}^3

【考点 10】 分房问题
【例 6.28】 8 名学生报名参加 4 项比赛,每人只能报一项,则不同的报名方法有( )种.
(A)8^4 (B)4^8 (C)C_8^4 (D)P_8^4 (E)$P_4^4 P_8^8$

【例 6.29】 $a=7^8$.
(1)某 8 层大楼一楼电梯上来 8 名乘客,他们到各自的一层下电梯,下电梯的方法有 a 种;
(2)某 9 层大楼一楼电梯上来 7 名乘客,他们到各自的一层下电梯,下电梯的方法有 a 种.

【考点 11】 正难则反
【例 6.30】 编号为 1,2,3,4,5 的 5 人入座编号也为 1,2,3,4,5 的 5 个座位,至多有两人对号入座的坐法有( )种.
(A)103 (B)105 (C)107 (D)106 (E)109

【例 6.31】 从 0,1,2,3,5,7,11 这 7 个数字中每次取两个相乘,不同的积有( )种.
(A)15 (B)16 (C)19 (D)23 (E)21

【例 6.32】 湖中有四个小岛,它们的位置恰好构成四边形的四个顶点,若要修建三座桥将这四个小岛连接起来,则不同的建桥方案有（　　）种.

(A)12　　　(B)16　　　(C)18　　　(D)20　　　(E)24

【考点 12】 涂色问题

一、区域的涂色问题

【例 6.33】 最多可使用五种不同的颜色涂在图中四个区域,每一个区域涂上 1 种颜色,且相邻两个区域的颜色不相同,则不同的涂法共有（　　）种.

(A)124　　　(B)146　　　(C)160　　　(D)120　　　(E)260

【例 6.34】 有一环形花坛被分成 A,B,C,D 四块,有 4 种花供选择,要求在每块里种一种花,且相邻的两块种不同的花,则不同的种法有（　　）种.

(A)4　　　(B)16　　　(C)24　　　(D)64　　　(E)84

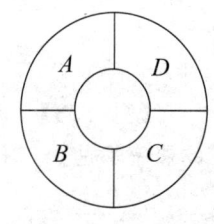

二、点的涂色问题

【例 6.35】 将一个四棱锥的每个顶点染上一种颜色,使同一条棱的两端点异色,如果只有 5 种颜色可供选择,则不同的染色方法有（　　）种.

(A)420　　　(B)160　　　(C)300

(D)60　　　(E)840

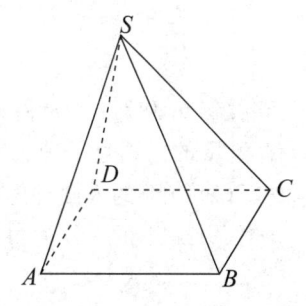

第二节　概率初步

【考点 1】　随机事件

【例 6.36】 A,B,C 为随机事件，A 发生必导致 B,C 同时发生.
(1) $A \cap B \cap C = A$；
(2) $A \cup B \cup C = A$.

【考点 2】　随机事件的概率计算

【例 6.37】 若 $C \subset A, C \subset B, P(A) = 0.7, P(A-C) = 0.4, P(AB) = 0.5$，则 $P(AB-C) = (\quad)$.
(A) 0.1　　(B) 0.2　　(C) 0.3　　(D) 0.4　　(E) 0.5

【例 6.38】 在一次竞猜活动中，设有 5 关，如果连续通过 2 关就算闯关成功，某人通过每关的概率都是 0.5，他闯关成功的概率为（　）.
(A) $\dfrac{1}{8}$　　(B) $\dfrac{1}{4}$　　(C) $\dfrac{3}{8}$　　(D) $\dfrac{4}{8}$　　(E) $\dfrac{19}{32}$

【例 6.39】 申请驾照时必须参加理论考试和路考且两种考试均通过，若在同一批学员中有 70% 的人通过了理论考试，80% 的人通过了路考，则最后拿到驾照的人有 60%.
(1) 10% 的人两种考试都没通过；
(2) 20% 的人仅通过路考.

【考点 3】　古典概型的计算

【例 6.40】 将 3 个红球与 1 个白球随机地放入甲、乙、丙三个盒子中，则乙盒中至少有 1 个红球的概率为( ).

(A) $\dfrac{19}{27}$ (B) $\dfrac{8}{27}$ (C) $\dfrac{1}{9}$ (D) $\dfrac{9}{28}$

(E) 以上结论都不正确

【例6.41】 10名网球选手中有2名种子选手,现将他们分成两个小组,每组5人,则2名种子选手不在同一小组的概率为( ).

(A) $\dfrac{1}{9}$ (B) $\dfrac{8}{27}$ (C) $\dfrac{4}{9}$ (D) $\dfrac{5}{9}$ (E) $\dfrac{17}{27}$

【例6.42】 点(m,n)落在圆$(x-a)^2+(y-a)^2=a^2$内的概率是$\dfrac{1}{3}$.

(1) m,n是连续掷一枚骰子两次所得到的点数,且$a=3$;

(2) m,n是连续掷一枚骰子两次所得到的点数,且$a=2$.

【考点4】 独立试验(n重伯努利概型)的概率计算

【例6.43】 人群中血型为O型、A型、B型、AB型的概率分别为0.46,0.4,0.11,0.03,从中任取5人,则至多有1个人的血型为A型的概率为( ).

(A) 0.245   (B) 0.337   (C) 0.201   (D) 0.241   (E) 0.361

【例6.44】 经统计,某路口在每天8点到8点10分的十分钟里通过的车辆数及对应的概率如下表,则该路口在2天中同时段至少有1天通过的车辆数大于15辆的概率是( ).

车流量	0—5	6—10	11—15	16—20	21—25	26以上
概率	0.1	0.2	0.2	0.25	0.2	0.05

(A) 0.2   (B) 0.25   (C) 0.4   (D) 0.5   (E) 0.75

【例 6.45】 在某次考试中,若 3 道题答对 2 道题为及格,假设某人答对各题的概率相同,则此人及格的概率为 $\frac{20}{27}$.

(1) 答对各题的概率均为 $\frac{2}{3}$;

(2) 3 道题全部做错的概率为 $\frac{1}{27}$.

第三节　数据描述

【考点 1】 平均数、方差和标准差

【例 6.46】 数据 $-1, 0, 3, 5, x$ 的方差是 $\frac{34}{5}$,则 $x = (\quad)$.
(A) -2 或 5.5　　(B) 2 或 5.5　　(C) 4 或 11　　(D) -4 或 -11　(E) 3 或 10

【例 6.47】 某班学生共 40 人,其中数学考试成绩统计如下表所示:

成绩	90—100	80—89	70—79	60—69	50—59
人数	12	18	5	0	5

则该班数学的平均成绩不会低于( )分.
(A) 83　　　(B) 80　　　(C) 75　　　(D) 78　　　(E) 70

【例 6.48】 车间共有 40 人,某次技术操作考核的平均成绩为 80 分,其中男工的平均成绩为 83 分,女工平均成绩为 78 分,则该车间有女工( )人.
(A) 16　　　(B) 18　　　(C) 20　　　(D) 24　　　(E) 25

【例 6.49】 假设 5 个相异正整数的平均数为 15,中位数为 18,则此 5 个正整数中的最大数的最大值可能为(   ).

(A) 24   (B) 32   (C) 35   (D) 40   (E) 45

【例 6.50】 设有两组数(每组 9 个数),分别为:

| 第一组 | 10 | 10 | 20 | 30 | 40 | 50 | 60 | 70 | 70 |
| 第二组 | 10 | 20 | 30 | 30 | 40 | 50 | 50 | 60 | 70 |

用 $\bar{x}_\mathrm{I}$ 和 $\bar{x}_\mathrm{II}$ 分别表示第一组数和第二组数的平均数,用 σ_I 和 σ_II 分别表示它们的标准差,则(   ).

(A) $\bar{x}_\mathrm{I} < \bar{x}_\mathrm{II}, \sigma_\mathrm{I} < \sigma_\mathrm{II}$ (B) $\bar{x}_\mathrm{I} = \bar{x}_\mathrm{II}, \sigma_\mathrm{I} > \sigma_\mathrm{II}$

(C) $\bar{x}_\mathrm{I} > \bar{x}_\mathrm{II}, \sigma_\mathrm{I} < \sigma_\mathrm{II}$ (D) $\bar{x}_\mathrm{I} < \bar{x}_\mathrm{II}, \sigma_\mathrm{I} = \sigma_\mathrm{II}$

(E) $\bar{x}_\mathrm{I} = \bar{x}_\mathrm{II}, \sigma_\mathrm{I} < \sigma_\mathrm{II}$

【例 6.51】 A 班与 B 班举行英文打字比赛,参赛学生每分钟输入英文个数的统计数据如下:

班级	人数	平均数	中位数	方差
A	46	120	149	190
B	46	120	151	110

根据上面的样本数据可以得出如下结论:

① 两个班学生打字的平均水平相同;
② B 班优秀的人数不小于 A 班优秀的人数(每分钟输入英文个数大于 150 个为优秀);
③ B 班打字水平波动情况比 A 班的打字水平波动小.

其中正确的结论是(   ).

(A) ①②③   (B) ①②   (C) ①③   (D) ②③

(E) 以上结果均不正确

【例 6.52】 设有两组数据 $S_1:3,4,5,6,7$ 和 $S_2:4,5,6,7,a$,则确定 a 的值.
(1) S_1 与 S_2 的均值相等；
(2) S_1 与 S_2 的方差相等.

【考点 2】 直方图、饼图、数表

【例 6.53】 将容量为 n 的样本中的数据分成 6 组,绘制频率分布直方图.若第一组至第六组数据的频率之比为 $2:3:4:6:4:1$,且前三组数据的频数之和等于 27,则 n 等于( ).
(A)80　　(B)75　　(C)70　　(D)65　　(E)60

【例 6.54】 图 (a)、(b) 中是 2 个学院各 50 名学生身高绘制的频数直方图,从图中可以推断出( ).
(A) $\overline{x}_A < \overline{x}_B, \sigma_A < \sigma_B$　　(B) $\overline{x}_A > \overline{x}_B, \sigma_A > \sigma_B$　　(C) $\overline{x}_A < \overline{x}_B, \sigma_A > \sigma_B$
(D) $\overline{x}_A > \overline{x}_B, \sigma_A < \sigma_B$　　(E) 以上选项都不正确

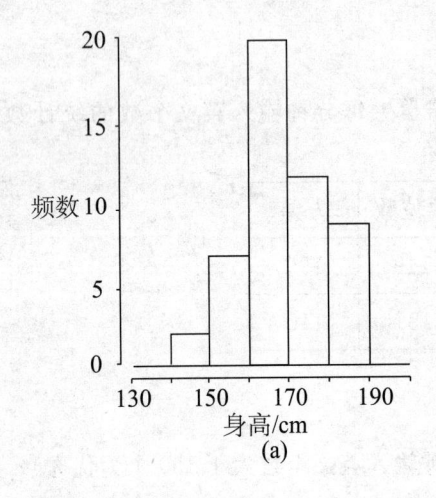

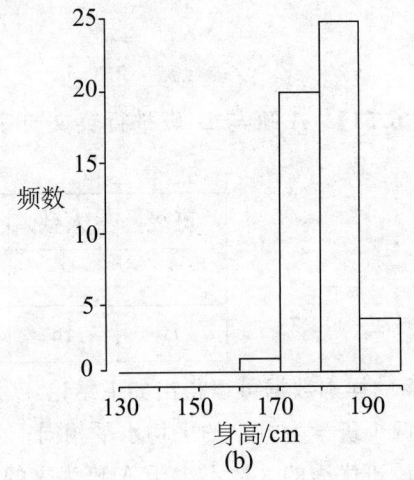

第七章　　应用题集训

应用题是简单的实际应用问题,需要通过建立数学模型进行求解,在历届考试中所占比重都比较大,我们前边所学的所有内容都可以和现实生活结合在应用题中考查.考试中常见的几种应用题类型,例如:比和比例;百分比问题;行程问题;工程问题;浓度问题;航运问题;价格问题;经济问题;费用问题;集合问题等等.考生只需把相应章节知识点掌握,熟悉现实生活背景即可解题.

【考点1】　方程问题

【例7.1】　在年底的献爱心活动中,某单位共有100人参加捐款.据统计,捐款总额是19000元,个人捐款数额有100元,500元和2000元三种,该单位捐款500元的人数为(　　).

(A)13　　　(B)18　　　(C)25　　　(D)30　　　(E)38

【例7.2】　一件含有25张一类贺卡和30张二类贺卡的邮包的总重量(不计包装重量)为700克.

(1)每张一类贺卡重量是每张二类贺卡重量的3倍;

(2)一张一类贺卡与两张二类贺卡的总重量是$\frac{100}{3}$克.

【考点2】　比例问题

【例7.3】　公司年终发奖金240万,分配给甲、乙、丙三个部门,甲、乙分配比例为7:3,乙、丙分配比例为$\frac{1}{4}:\frac{1}{6}$,则甲部门分配(　　)万.

(A)40　　　(B)60　　　(C)70　　　(D)120　　　(E)140

【例7.4】　某国参加北京奥运会的男女运动员的比例原为19:12,由于先增加若干名女运动员,使男女运动员的比例变为20:13,后又增加若干名男运动员,于是男女运动员比例最终变为30:19.如果后增加的男运动员比先增加的女运动员多3人,则最后运动员的总人数为( ).

(A)686 　　(B)637 　　(C)700 　　(D)661 　　(E)600

【例 7.5】 某厂生产的一批产品经产品检验,优等品与二等品的比例是 5∶2,二等品与次品的比例是 5∶1,则该产品的合格率(合格品包括优等品与二等品)为( ).

(A)92%　　(B)92.3%　　(C)94.6%　　(D)96%　　(E)90%

【例 7.6】 某俱乐部男女会员的人数之比是 3∶2,这些会员又分为甲乙丙三组.已知甲组中男女比例是 3∶1,乙组中男女比例是 5∶3,若甲乙丙三组的人数之比为 10∶8∶7,那么丙组中男女人数之比是( ).

(A)11∶9　　(B)12∶11　　(C)13∶8　　(D)5∶9　　(E)9∶5

【考点 3】 百分比问题

【例 7.7】 王女士将一笔资金分别投入股市和基金,但因故抽回一部分资金,若从股市中抽回 10%,从基金中抽回 5%,则总投资额减少 8%,若从股市和基金中分别抽回 15% 和 10%,则总投资减少 130 万元,则其投资总额为( ).

(A)1000 万元　(B)1500 万元　(C)2000 万元　(D)2500 万元　(E)3000 万元

【考点 4】 价格问题

【例 7.8】 甲、乙两商店某种商品的进货价格都是 200 元,甲店以高于进货价格 20% 的价格出售,乙店以高于进货价格 15% 的价格出售,结果乙店的售出件数是甲店的 2 倍.扣除营业税后乙店的利润比甲店多 5400 元.若设营业税率是营业额的 5%,那么甲、乙两店售出该商品各为( )件.

(A)450,900　　(B)500,1000　　(C)550,1100　　(D)600,1200

(E)650,1300

【例7.9】 某水果店以每3斤16元的价格购入一批水果,又以每4斤21元的价格购入同样的水果,数量是之前的两倍。该水果店统一以每3斤 y 元的价格全部卖掉,可得到所投资金额的 x 倍的收益,则 y 与 x 的函数关系是( ).

(A) $y = \dfrac{95}{6}x$　　　　　　(B) $y = \dfrac{95}{6}x + 1$　　　　　　(C) $y = \dfrac{95}{6}x - 1$

(D) $y = \dfrac{95}{6}(x - 1)$　　　　(E) $y = \dfrac{95}{6}(x + 1)$

【考点5】 浓度问题

【例7.10】 若用浓度为30%和20%的甲、乙两种食盐溶液配成浓度为24%的食盐溶液500克,则甲、乙两种溶液各取( ).

(A)180克,320克　　　　(B)185克,315克　　　　(C)190克,310克
(D)195克,305克　　　　(E)200克,300克

【例7.11】 某容器中装满了浓度为90%的酒精,倒出1升后用水将容器充满,搅拌均匀后倒出1升,再用水将容器注满,已知此时的酒精浓度为40%,则该容器的容积是( ).

(A)2.5升　　　(B)3升　　　(C)3.5升　　　(D)4升　　　(E)4.5升

【例7.12】 容器中有纯酒精90升,则在经过一系列的操作后,容器中酒精的浓度约为44%.

(1) 先倒出30升纯酒精,然后倒水填满,充分混合后再倒出30升后再用水填满.
(2) 先倒出80升纯酒精,再用浓度为37.5%的酒精填满.

【考点6】 行程、航运问题

【例7.13】 甲、乙、丙三人进行百米赛跑(假设他们的速度不变),甲到达终点时,乙距终点

还差 10 米,丙距终点还差 16 米.那么乙到达终点时,丙距终点还有(　　).

(A) $\frac{22}{3}$ 米　　(B) $\frac{20}{3}$ 米　　(C) $\frac{15}{3}$ 米　　(D) $\frac{10}{3}$ 米　　(E) $\frac{11}{3}$ 米

【例 7.14】　小明放学回家沿直线以 4 千米/时回家,途中每隔 9 分钟有一辆公交车超过他,每隔 6 分钟遇见对面开过来一辆公交车.如果公交车按相同的时间间隔发车,以相同速度行驶,则公交车每隔(　　)分钟发一辆车?

(A)6　　(B)6.3　　(C)7　　(D)7.2　　(E)7.5

【例 7.15】　甲、乙两人在环形跑道上跑步,他们同时从起点出发,当方向相反时每隔 48 秒相遇一次,当方向相同时每隔 10 分钟相遇一次.若甲每分钟比乙每分钟快 40 米,则甲、乙两人的跑步速度分别是(　　)米/分.

(A)470,430　　(B)380,340　　(C)370,330　　(D)280,240　　(E)270,230

【例 7.16】　一艘小轮船上午 8:00 起航逆流而上(设船速和水流速度一定),中途船上一块木板落入水中,直到 8:50 船员才发现这块重要的木板丢失,立即调转船头去追,最终于 9:20 追上木板.由上述数据可以算出木板落入水中的时间是(　　).

(A)8:50　　(B)8:30　　(C)8:25　　(D)8:20　　(E)8:15

【考点 7】　工程问题

【例 7.17】　某单位进行办公室装修,若甲、乙两个装修公司合作做,需 10 周完成,工时费为 100 万元,甲公司单独做 6 周后由乙公司接着做 18 周完成,工时费为 96 万元,甲公司每周的工时费为(　　).

(A)7.5 万元　　(B)7 万元　　(C)6.5 万元　　(D)6 万元　　(E)5.5 万元

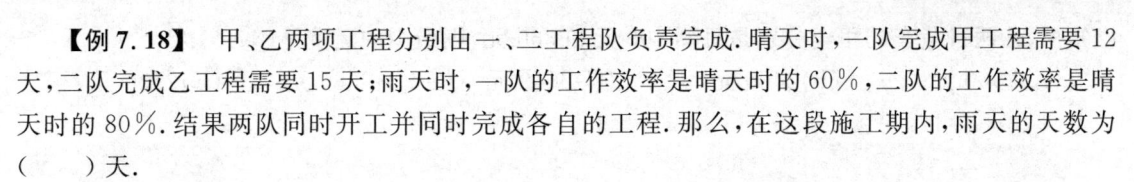

【例7.18】 甲、乙两项工程分别由一、二工程队负责完成. 晴天时,一队完成甲工程需要12天,二队完成乙工程需要15天;雨天时,一队的工作效率是晴天时的60%,二队的工作效率是晴天时的80%. 结果两队同时开工并同时完成各自的工程. 那么,在这段施工期内,雨天的天数为(　　)天.

(A)8　　　　(B)10　　　　(C)12　　　　(D)15

(E) 以上结论均不正确

【例7.19】 现有一批文字材料需要打印,两台新型打印机单独完成此任务分别需要4小时和5小时,两台旧型打印机单独完成此任务分别需要9小时和11小时,则能在2.5小时完成任务.

(1) 安排两台新型打印机同时打印;

(2) 安排一台新型打印机与两台旧型打印机同时打印.

【考点8】　集合问题

【例7.20】 某单位有90人,其中65人参加外语培训,72人参加计算机培训,已知参加外语培训而未参加计算机培训的有8人,则参加计算机培训而未参加英语培训的人数是(　　).

(A)5　　　(B)8　　　(C)10　　　(D)12　　　(E)15

【考点9】　线性规划问题

【例7.21】 某居民小区决定投资15万元修建停车位,据测算,修建一个室内车位的费用为5000元,修建一个室外车位的费用为1000元,考虑到实际因素,计划室外车位的数量不少于室内车位的2倍,也不多于室内车位的3倍,这笔投资最多可建车位的数量为(　　).

(A)78　　　(B)74　　　(C)72　　　(D)70　　　(E)66

【例7.22】 某公司计划运送180台电视机和110台洗衣机下乡. 现在两种货车,甲种货车每辆最多可载40台电视机和10台洗衣机,乙种货车每辆最多可载20台电视机和20台洗衣机,已知甲、乙两种货车的租金分别是每辆400元和360元,则最少的运费是( ).
(A)2560元　　　(B)2600元　　　(C)2640元　　　(D)2580元　　　(E)2720元

【考点10】 平均值问题

【例7.23】 某班有学生36人,期末各科平均成绩为85分以上的为优秀生,若该班优秀生平均成绩为90分,非优秀生平均成绩为72分,全班平均成绩为80分,则优秀生的人数是( ).
(A)12　　　(B)14　　　(C)16　　　(D)18　　　(E)20

【例7.24】 已知某车间的男工人数比女工人数多80%,若在该车间一次技术考核中全体工人的平均成绩为75分,而女工平均成绩比男工平均成绩高20%,则女工的平均成绩为( )分.
(A)88　　　(B)86　　　(C)84　　　(D)82　　　(E)80

【例7.25】 已知某公司男员工的平均年龄和女员工的平均年龄,则能确定该公司员工的平均年龄.
(1) 已知该公司员工的人数;
(2) 已知该公司男女员工的人数之比.

【考点11】 其他问题

【例7.26】 如图所示,向放在水槽底部的口杯注水(流量一定),注满口杯后继续注水,直到注满水槽,水槽中水平面上升高度h与注水时间t之间的函数关系大致是( ).

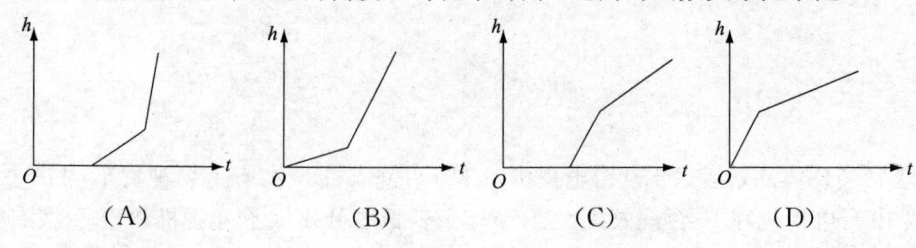

(A)　　　　　(B)　　　　　(C)　　　　　(D)

(E) 以上图形都不正确

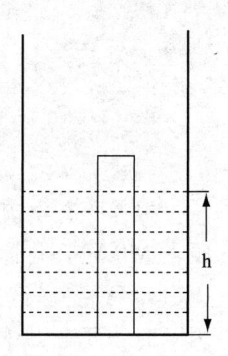

【例 7.27】 某户要建一个长方形的羊栏,该羊栏的面积大于 500 平方米.
(1) 该羊栏周长为 120 米;
(2) 该羊栏对角线的长不超过 50 米.

附录 考试大纲说明

报考所有学校管理类专业硕士学位（会计硕士 MPAcc、审计硕士、图书情报硕士、工商管理硕士 MBA、公共管理硕士 MPA、旅游管理硕士、工程管理硕士）的考生，需要参加管理类综合能力(199 科目)考试。报考部分学校经济类专业硕士学位（金融硕士、应用统计硕士、税务硕士、国际商务硕士、保险硕士、资产评估硕士）的考生，需要参加经济类综合能力(396 科目)考试。

两类考试均包含三个部分。

第一部分，数学基础。管理类综合能力主要考核初等数学的内容，全部是选择题；经济类综合能力主要考核高等数学的内容，也全部是选择题。

第二部分，逻辑推理。管理类综合能力和经济类综合能力的考核内容完全一致，管综逻辑 30 题，经综逻辑 20 题，全部是选择题。

第三部分，写作。管理类综合能力和经济类综合能力的考核内容完全一致，均包含论证有效性分析(600 字左右)和论说文(700 字左右)，分值不同。详见下述《考试大纲》正文。

管理类综合能力考试大纲

Ⅰ. 考试性质

综合能力考试是为高等院校和科研院所招收管理类专业学位硕士研究生而设置的具有选拔性质的全国招生考试科目，其目的是科学、公平、有效地测试考生是否具备攻读专业学位所必需的基本素质、一般能力和培养潜能，评价的标准是高等学校本科毕业生所能达到的及格或及格以上水平，以利于各高等院校和科研院所在专业上择优选拔，确保专业学位硕士研究生的招生质量。

Ⅱ. 考查目标

1. 具有运用数学基础知识、基本方法分析和解决问题的能力。
2. 具有较强的分析、推理、论证等逻辑思维能力。
3. 具有较强的文字材料理解能力、分析能力以及书面表达能力。

Ⅲ. 考试形式和试卷结构

一、试卷满分及考试时间

试卷满分为 200 分，考试时间为 180 分钟。

二、答题方式

答题方式为闭卷、笔试。不允许使用计算器。

三、试卷内容与题型结构

数学基础　　　　　75 分,有以下两种题型:
问题求解　　　　　15 小题,每小题 3 分,共 45 分
条件充分性判断　　10 小题,每小题 3 分,共 30 分
逻辑推理　　　　　30 小题,每小题 2 分,共 60 分
写作　　　　　　　2 小题,其中论证有效性分析 30 分,
论说文 35 分,共 65 分

Ⅳ. 考查内容

一、数学基础

综合能力考试中的数学基础部分主要考查考生的运算能力、逻辑推理能力、空间想象能力和数据处理能力,通过问题求解和条件充分性判断两种形式来测试。

试题涉及的数学知识范围有:

(一)算术

1. 整数

(1)整数及其运算

(2)整除、公倍数、公约数

(3)奇数、偶数

(4)质数、合数

2. 分数、小数、百分数

3. 比与比例

4. 数轴与绝对值

(二)代数

1. 整式

(1)整式及其运算

(2)整式的因式与因式分解

2. 分式及其运算

3. 函数

(1)集合

(2)一元二次函数及其图像

(3)指数函数、对数函数

4. 代数方程

(1)一元一次方程

(2)一元二次方程

(3)二元一次方程组

5.不等式

(1)不等式的性质

(2)均值不等式

(3)不等式求解

一元一次不等式(组),一元二次不等式,简单绝对值不等式,简单分式不等式。

6.数列、等差数列、等比数列

(三)几何

1.平面图形

(1)三角形

(2)四边形

矩形,平行四边形,梯形

(3)圆与扇形

2.空间几何体

(1)长方体

(2)柱体

(3)球体

3.平面解析几何

(1)平面直角坐标系

(2)直线方程与圆的方程

(3)两点间距离公式与点到直线的距离公式

(四)数据分析

1.计数原理

(1)加法原理、乘法原理

(2)排列与排列数

(3)组合与组合数

2.数据描述

(1)平均值

(2)方差与标准差

(3)数据的图表表示

直方图,饼图,数表。

3.概率

(1)事件及其简单运算

(2)加法公式

(3)乘法公式

(4)古典概型

(5)伯努利概型

二、逻辑推理

综合能力考试中的逻辑推理部分主要考查学生对各种信息的理解、分析和综合,以及相应的判断、推理、论证等逻辑思维能力,不考查逻辑学的专业知识。试题题材涉及自然、社会和人文等各个领域,但不考查相关领域的专业知识。

试题涉及的内容主要包括:

(一)概念

1. 概念的种类
2. 概念之间的关系
3. 定义
4. 划分

(二)判断

1. 判断的种类
2. 判断之间的关系

(三)推理

1. 演绎推理
2. 归纳推理
3. 类比推理
4. 综合推理

(四)论证

1. 论证方式分析
2. 论证评价
 (1)加强
 (2)削弱
 (3)解释
 (4)其他
3. 谬误识别
 (1)混淆概念
 (2)转移论题
 (3)自相矛盾
 (4)模棱两可
 (5)不当类比
 (6)以偏概全
 (7)其它谬误

三、写作

综合能力考试中的写作部分主要考查学生的分析论证能力和文字表达能力,通过论证有效性分析和论说文两种形式来测试。

1. 论证有效性分析

论证有效性分析试题的题干为一篇有缺陷的论证,要求考生分析其中存在的问题,选择若干要点,评论该论证的有效性。

本类试题的分析要点是:论证中的概念是否明确,判断是否准确,推理是否严密,论证是否充分等。

文章要求分析得当,理由充分,结构严谨,语言得体。

2. 论说文

论说文的考试形式有两种:命题作文、基于文字材料的自由命题作文。每次考试为其中一种形式。要求考生在准确、全面地理解题意的基础上,对命题或材料所给观点进行分析,表明自己的观点并加以论证。

文章要求思想健康,观点明确,论据充足,论证严密,结构合理,语言流畅。

经济类综合能力考试大纲

Ⅰ. 考试性质

经济类综合能力考试是为高等院校和科研院所招收金融硕士、应用统计硕士、税务硕士、国际商务硕士、保险硕士和资产评估硕士而设置的具有选拔性质的全国招生考试科目,其目的是科学、公平、有效地测试考生是否具备攻读相关专业学位所必需的基本素质、一般能力和培养潜能,评价的标准是高等学校本科毕业生所能达到的及格或及格以上水平,以利于各高等院校和科研院所在专业上择优选拔,确保专业学位硕士研究生的招生质量。

Ⅱ. 考查目标

1. 具有运用数学基础知识、基本方法分析和解决问题的能力。
2. 具有较强的逻辑分析和推理论证能力。
3. 具有较强的文字材料理解能力和书面表达能力。

Ⅲ. 考试形式和试卷结构

一、试卷满分及考试时间

试卷满分为 150 分,考试时间为 180 分钟。

二、答题方式

答题方式为闭卷、笔试。不允许使用计算器。

三、试卷内容与题型结构

数学基础　　35 小题，每小题 2 分，共 70 分
逻辑推理　　20 小题，每小题 2 分，共 40 分
写作　　　　2 小题，其中论证有效性分析 20 分，
论说文　　　20 分，共 40 分

Ⅳ. 考查内容

一、数学基础

综合能力考试中的数学基础部分主要考查考生对经济分析常用数学知识中的基本概念和基本方法的理解和应用。

试题涉及的数学知识范围有：

（一）微积分部分

一元函数微分学，一元函数积分学；多元函数的偏导数、多元函数的极值。

（二）概率论部分

分布和分布函数的概念；常见分布；期望和方差。

（三）线性代数部分

线性方程组；向量的线性相关和线性无关；行列式和矩阵的基本运算。

二、逻辑推理

综合能力考试中的逻辑推理部分主要考查学生对各种信息的理解、分析、综合和判断，并进行相应的推理、论证、比较、评价等逻辑思维能力。试题内容涉及自然、社会的各个领域，但不考查相关领域的专业知识，也不考查逻辑学的专业知识。

试题涉及的内容主要包括：

（一）概念

1. 概念的种类
2. 概念之间的关系
3. 定义
4. 划分

（二）判断

1. 判断的种类
2. 判断之间的关系

（三）推理

1. 演绎推理
2. 归纳推理
3. 类比推理

4. 综合推理

（四）论证

1. 论证方式分析
2. 论证评价
（1）加强
（2）削弱
（3）解释
（4）其他
3. 谬误识别
（1）混淆概念
（2）转移论题
（3）自相矛盾
（4）模棱两可
（5）不当类比
（6）以偏概全
（7）其它谬误

三、写作

综合能力考试中的写作部分主要考查学生的分析论证能力和文字表达能力，通过论证有效性分析和论说文两种形式来测试。

1. 论证有效性分析

论证有效性分析试题的题干为一篇有缺陷的论证，要求考生分析其中存在缺陷和漏洞，选择若干要点，围绕论证中的缺陷或漏洞，分析和评述论证的有效性。

论证有效性分析的一般要点是：概念特别是核心概念的界定和使用是否准确并前后一致，有无明显的逻辑错误，论证的论据是否支持结论，论据成立的条件是否充分等。

文章根据分析评论的内容、论证程度、文章结构及语言表达给分。要求内容合理、论证有力、结构严谨、条理清楚、语言流畅。

2. 论说文

论说文的考试形式有两种：命题作文、基于文字材料的自由命题作文。每次考试为其中一种形式。要求考生在准确、全面地理解题意的基础上，对材料所给观点或命题进行分析，表明自己的态度、观点并加以论证。文章要求思想健康、观点明确、材料充实、结构严谨完整、条理清楚、语言流畅。